中国矿业大学卓越采矿工程师教材

钢筋混凝土结构设计

李庆涛　袁广林　舒前进
蒋其刚　刘金龙　任　宇　主编

中国矿业大学出版社
·徐州·

内 容 提 要

“钢筋混凝土结构设计”是“混凝土结构设计原理”的后置课程，是土木工程专业建筑工程方向的专业必修课。本书共分 4 章，内容包括绪论、单层厂房结构设计、多层框架结构设计和高层建筑结构设计，主要介绍了混凝土结构设计的基本步骤、单层钢筋混凝土厂房结构、多层钢筋混凝土框架结构及高层钢筋混凝土结构的设计方法和构造要求。在编写的过程中，本书密切结合现行设计规范，力求简洁、易懂。每章后面设置有练习题，以帮助学生巩固所学知识。

本书既可以作为高校土木工程专业学生的学习教材，也可以供从事钢筋混凝土结构设计、施工的相关技术人员参考。

图书在版编目(CIP)数据

钢筋混凝土结构设计 / 李庆涛等主编.—徐州：中国矿业大学出版社，2020.1

ISBN 978-7-5646-1324-2

Ⅰ.①钢… Ⅱ.①李… Ⅲ.①钢筋混凝土结构—结构设计 Ⅳ.①TU375.04

中国版本图书馆 CIP 数据核字(2019)第 219711 号

书　　名　钢筋混凝土结构设计
主　　编　李庆涛　袁广林　舒前进　蒋其刚　刘金龙　任　宇
责任编辑　吴学兵
出版发行　中国矿业大学出版社有限责任公司
（江苏省徐州市解放南路　邮编 221008）
营销热线　(0516)83884103　83885105
出版服务　(0516)83995789　83884920
网　　址　http://www.cumtp.com　**E-mail**:cumtpvip@cumtp.com
印　　刷　江苏苏中印刷有限公司
开　　本　787 mm×1092 mm　1/16　**印张** 16.75　**字数** 418 千字
版次印次　2020 年 1 月第 1 版　2020 年 1 月第 1 次印刷
定　　价　39.00 元
（图书出现印装质量问题，本社负责调换）

前　言

钢筋混凝土结构是目前土木工程中应用最广泛的结构形式，并且随着科技和经济的发展，不断地得到完善和发展。“钢筋混凝土结构设计”作为土木工程专业的核心课程，也在不断发展和更新。为了培养学生理论联系实际并解决实际工程问题的能力，编者结合多年来的教学和实践经验，依据高校土木工程专业的培养方案编写了此书。本书既可以作为高校土木工程专业学生的学习教材，也可以供从事钢筋混凝土结构设计、施工的相关技术人员参考。

本书是“中国矿业大学卓越采矿工程师教材”之一，参照《混凝土结构设计规范》(GB 50010—2010，2015 年版)、《建筑结构荷载规范》(GB 50009—2012)、《建筑结构可靠性设计统一标准》(GB 50068—2018)、《建筑地基基础设计规范》(GB 50007—2011)、《建筑抗震设计规范》(GB 50011—2010，2016 年版)、《装配式混凝土建筑技术标准》(GB/T 51231—2016)、《高层建筑混凝土结构技术规程》(JGJ 3—2010)等现行规范、标准和规程进行编写。

“钢筋混凝土结构设计”是“混凝土结构设计原理”的后置课程，是土木工程专业建筑工程方向的专业必修课。本书共分 4 章，内容包括绪论、单层厂房结构设计、多层框架结构设计和高层建筑结构设计，主要介绍了混凝土结构设计的基本步骤、单层钢筋混凝土厂房结构、多层钢筋混凝土框架结构及高层钢筋混凝土结构的设计方法和构造要求。在编写的过程中，本书密切结合现行设计规范，力求简洁、易懂。每章后设置有练习题，以帮助学生巩固所学知识。

本书由李庆涛、袁广林、舒前进、蒋其刚、刘金龙和任宇共同编写。中国矿业大学徐海学院苗生龙副教授以及中国矿业大学硕士研究生庞豪磊、王明华、赵志远、崔壮壮、孙胡斐等绘制了插图，在此表示感谢。

由于编者水平和时间有限，错误之处在所难免，敬请读者和专家批评指正。

编　者

2019 年 6 月

目　　录

1 绪　论

【本章要点】

① 熟悉建筑结构设计的阶段和内容;

② 掌握建筑结构设计的原则;

③ 掌握结构的功能要求、极限状态;

④ 了解混凝土结构方案设计的要求。

【本章重点】

① 建筑结构设计的内容;

② 建筑结构设计的原则;

③ 混凝土结构的极限状态。

【本章难点】

混凝土结构的极限状态。

1.1 钢筋混凝土结构设计的内容及原则

1.1.1 钢筋混凝土结构设计的依据

钢筋混凝土结构是目前土木工程中应用最广泛的结构,为了达到安全、适用和经济的目的,保证钢筋混凝土结构设计的质量,我国制定了《混凝土结构设计规范》,随着经济技术的发展,《混凝土结构设计规范》不断得到改进和修订,仅近30年修订的《混凝土结构设计规范》就有GBJ 10—1989、GB 50010—2002、GB 50010—2010、GB 50010—2010(2015年版),目前我国采用的是《混凝土结构设计规范》(GB 50010—2010,2015年版)。

混凝土结构设计的内容应包括结构方案设计、作用及作用效应分析、结构构件截面配筋计算或验算、结构及构件的构造和连接措施、对耐久性及施工的要求、满足特殊要求结构的专门性能设计。

《混凝土结构设计规范》(GB 50010—2010,2015年版)采用以概率理论为基础的极限状态设计方法。钢筋混凝土结构的极限状态是指整个钢筋混凝土结构或结构的一部分超过某一特定状态就不能满足设计规定的某一功能,此特定的状态即该功能的极限状态。钢筋混凝土结构的极限状态设计包括承载能力极限状态、正常使用极限状态和耐久性极限状态。其中,承载能力极限状态是指结构或结构构件达到最大承载力或不适于继续承载的变形的状态;正常使用极限状态是指结构或结构构件达到正常使用的某项规定限值的状态;耐久性极限状态对应于结构或结构构件在环境影响下出现的劣化达到耐久性能的某项规定限值或标志的状态。

1.1.2 建筑结构设计的阶段和内容

建筑结构设计是工程设计的重要组成部分，一般分为三个阶段，即初步设计阶段、技术设计阶段和施工图设计阶段。

初步设计阶段的主要内容是：对地基，上、下部结构等提出设计方案，并进行技术经济比较，从而确定一个可行的结构方案；同时对结构设计的关键问题提出技术措施。

技术设计阶段的主要内容是：进行结构平面布置和结构立面布置；对结构的整体进行荷载效应分析，必要时应对结构中受力情况特殊的部分进行更详细的结构分析；确定主要的构造措施及重要部位和薄弱部位的技术措施。

施工图设计阶段的主要内容是：给出准确完整的各楼层的结构平面布置图；对结构构件及构件的连接进行设计计算，并给出配筋和构造图；给出结构施工说明并以施工图的形式提交最终设计图纸；将整个设计过程中的各项技术工作整理成设计计算书存档。

建筑结构设计的主要阶段及其内容示意图如图 1-1 所示。

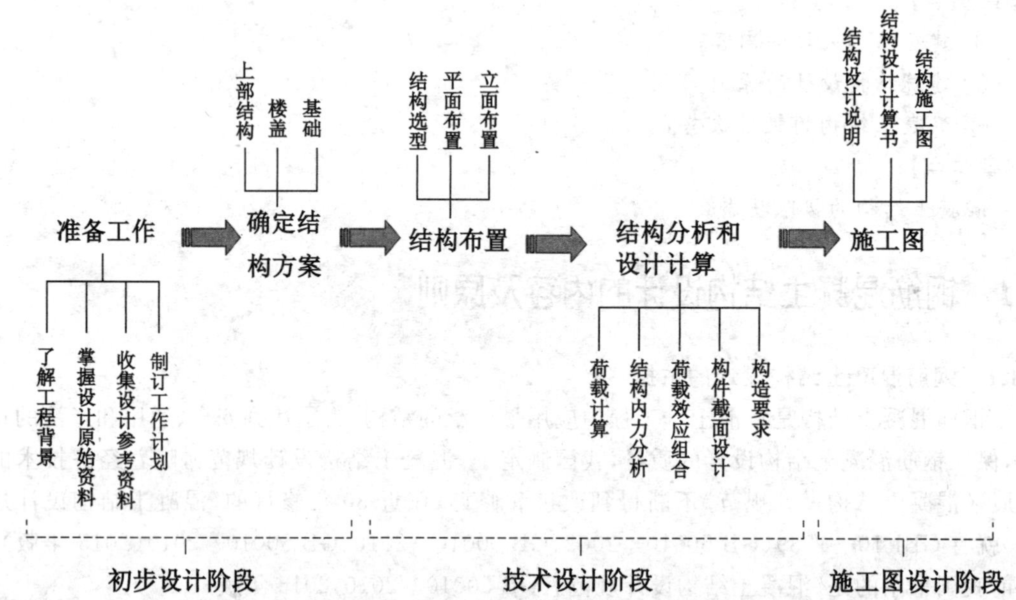

图 1-1 建筑结构设计的流程示意图

1.1.2.1 结构方案设计

在整个结构设计流程中，主要的内容包括结构选型、结构布置和主要构件的截面尺寸估算。无论是单层钢筋混凝土厂房结构、多层钢筋混凝土框架结构，还是高层钢筋混凝土结构，基本上都是按此流程进行设计的。

(1) 结构选型

结构选型包括上部结构选型和基础选型，主要依据建筑物的功能要求、场地的工程地质条件、现场施工条件、工期要求和当地的环境要求，经过多方案比较和技术经济分析后加以确定。方案的选择应体现科学性、先进性、经济性和可实施性：科学性要求结构受力合理，先进性要求采用新技术、新材料、新结构和新工艺，经济性要求尽可能降低材料的消耗量和劳动力使用量以及建筑物的维护费用，可实施性要求方便施工。

(2) 结构布置

结构布置包括结构的平面柱网布置、立面布置、构件布置和变形缝设置。

在柱网布置后,用定位轴线来确定所有结构构件的水平位置,一般有横向定位轴线和纵向定位轴线,当建筑平面形状复杂时还采用斜向定位轴线。

结构的立面布置主要确定结构构件在竖向的位置,在竖向使结构尽量达到规则、连续和对称,质量和刚度变化均匀。

构件布置就是确定构件的平面位置和竖向位置。平面位置由与定位轴线的关系加以确定,竖向位置由标高确定。在建筑物中存在建筑标高和结构标高两种标高。建筑标高指包含粉刷层、装饰层在内,完成装修以后的标高;结构标高指不包括构件表面粉刷层、装饰层的标高。结构标高等于建筑标高扣除粉刷层、装饰层的厚度。

变形缝包括伸缩缝、沉降缝和防震缝。变形缝的设置要求由相应的结构设计规范规定。由于变形缝的设置会给建筑平面、立面处理以及建筑使用带来不少的麻烦,特别是地下室在设变形缝后经常出现渗水等问题,因此应尽量通过平面布置、结构构造和施工措施做到不设缝或少设缝。

(3) 结构截面尺寸估算

为了进行结构分析,需要确定构件的截面尺寸。构件截面尺寸一般根据变形条件和稳定条件,利用经验公式初步确定。截面设计时,若尺寸不满足,则再作调整。梁、板等水平构件可根据挠度的限值和整体稳定条件得到截面高度与跨度的近似关系,柱、剪力墙竖向构件的截面尺寸可根据结构的水平侧移限制条件估算。

1.1.2.2 结构分析

结构分析是计算结构在各种作用下的效应,它是结构设计的重要内容。结构分析的正确与否直接关系所设计结构能否满足安全性、适用性和耐久性等结构功能要求。

1.1.2.3 构件设计

构件设计包括截面设计和节点设计两个部分。对于混凝土结构,截面设计有时也被称为配筋计算,因为截面尺寸在方案设计阶段已初步确定,构件设计阶段所做的工作是确定钢筋的类型、位置和数量。节点设计也称为连接设计。

构件设计有两项工作内容:计算和构造。在结构设计中一部分内容是根据计算确定的,而另一部分内容是根据构造确定的。一个合理的设计,一方面在于计算的正确,另一方面在于构造的正确,所以说构造是计算的重要补充,两者同等重要,在各设计规范中对构造都有明确的规定。构造的内容非常广泛,在方案设计阶段和构件设计节点均涉及构造,所以结构设计人员切忌重计算轻构造。需要进行构造处理的情况大致分为以下几大类:

(1) 在确定计算简图时,作为计算假定的保证,如保证钢筋与混凝土之间的连接必须有足够的锚固长度等;

(2) 在计算内力或者配筋时,作为计算中忽略某个因素或某项内容的补充,如板中设置分布筋是对忽略温度因素的弥补;

(3) 在结构尺寸的估算时,需要满足强度、刚度、经济等方面要求;

(4) 在配筋图中,钢筋的直径、间距及钢筋的锚固等。

1.1.2.4 施工图绘制

施工图是工程师的语言,工程师的设计意图要通过图纸来表达。图面的表达应该做到正确、规范、简明和美观。国家建筑标准设计图集《混凝土结构施工图平面整体表示方法制图规则和构造详图》(16G101)是目前混凝土结构施工图通用的表达规范。

1.1.3 建筑结构设计的一般原则

结构设计的一般原则是安全、适用、耐久和经济合理。其中,安全性、适用性和耐久性是建筑结构应满足的功能要求。

结构的安全性,是指结构在正常设计、正常施工、正常使用条件下,能够承受可能出现的各种作用,即具有足够的承载力。结构的适用性,是指结构在正常使用条件下具有良好的工作性能,能满足预定的使用功能要求,其变形、挠度、裂缝及振动等不超过规范规定的相应限值。结构的耐久性,是指结构在预定工作环境、预期维护和使用条件下,结构及其构件能在预定的期限内维持其需要的最低性能要求的能力。

结构设计应考虑功能要求与经济性之间的均衡,即在保证结构可靠的前提下,设计出经济的、技术先进的、施工方便的结构。

1.2 钢筋混凝土结构设计的基本规定

1.2.1 钢筋混凝土结构设计的一般规定

《混凝土结构设计规范》(GB 50010—2010,2015 年版)从结构设计方法、结构上的作用的计算原则、设计和使用年限、结构构件的安全等级及施工水平的考虑等方面对混凝土结构设计进行了如下规定。

1.2.1.1 钢筋混凝土结构的设计方法

钢筋混凝土结构设计采用以概率理论为基础的极限状态设计方法,以可靠指标度量结构构件的可靠度,采用分项系数的设计表达式进行设计。钢筋混凝土结构的极限状态包括承载能力极限状态、正常使用极限状态和耐久性极限状态。

1) 当结构或结构构件出现下列状态之一时,应认定为超过了承载能力极限状态:

(1) 结构构件或连接因超过材料强度而破坏,或因过度变形而不适于继续承载;

(2) 整个结构或其一部分作为刚体失去平衡;

(3) 结构转变为机动体系;

(4) 结构或结构构件丧失稳定;

(5) 结构因局部破坏而发生连续倒塌;

(6) 地基丧失承载力而破坏;

(7) 结构或结构构件的疲劳破坏。

2) 当结构或结构构件出现下列状态之一时,应认定为超过了正常使用极限状态:

(1) 影响正常使用或外观的变形;

(2) 影响正常使用的局部损坏;

(3) 影响正常使用的振动;

(4) 影响正常使用的其他特定状态。

3) 当结构或结构构件出现下列状态之一时,应认定为超过了耐久性极限状态:

(1) 影响承载能力和正常使用的材料性能劣化;

(2) 影响耐久性能的裂缝、变形、缺口、外观变化、材料削弱等;

(3) 影响耐久性能的其他特定状态。

对结构的各种极限状态，均应规定明确的标志或限值。结构设计时应对结构的不同极限状态分别进行计算或验算；当某一极限状态的计算或验算起控制作用时，可仅对该极限状态进行计算或验算。

当采用结构的作用效应和结构的抗力作为综合基本变量时，结构按极限状态设计应符合下式规定：

$$R - S \geqslant 0 \tag{1-1}$$

式中 R——结构的抗力；

S——结构的作用效应。

1.2.1.2 结构上的作用及其计算原则

使结构产生内力和变形的原因称为作用，分为直接作用、间接作用和偶然作用。直接作用即荷载，温度变化、混凝土收缩与徐变、基础的差异沉降、地震等引起结构外加变形或约束称为间接作用，偶然作用主要是指爆炸、撞击、火灾等。

结构上的各种作用，当在时间和空间上可认为是相互独立时，则每一种作用可分别作为单个作用；当某些作用密切相关且有可能同时以最大值出现时，也可将这些作用一起作为单个作用。同时施加在结构上的各单个作用对结构的共同影响，应通过作用组合来考虑；对不可能同时出现的各种作用，不应考虑其组合。

结构上的作用按照不同的性质进行分类，有如下几种类别：

1) 按时间的变化分类：

(1) 永久作用；

(2) 可变作用；

(3) 偶然作用。

2) 按随空间的变化分类：

(1) 固定作用；

(2) 自由作用。

3) 按结构的反应特点分类：

(1) 静态作用；

(2) 动态作用。

4) 按有无限值分类：

(1) 有界作用；

(2) 无界作用。

结构上的直接作用(荷载)应根据《建筑结构荷载规范》(GB 50009—2012)及相关标准确定，地震作用应根据《建筑抗震设计规范》(GB 50011—2010，2016 年版)确定，间接作用和偶然作用应根据有关标准或具体条件确定。

直接承受吊车荷载的结构构件应考虑吊车荷载的动力系数。预制构件制作、运输及安装时，应考虑相应的动力系数。对现浇结构，必要时应考虑施工阶段的荷载。

1.2.1.3 设计使用年限和耐久性

建筑结构的设计基准期应为 50 年，在建筑结构设计时，应规定结构的设计使用年限。建筑结构的设计使用年限，应符合表 1-1 的规定。

表 1-1 建筑结构的设计使用年限

类 别	设计使用年限/年
临时性建筑结构	5
易于替换的结构构件	25
普通房屋和构筑物	50
标志性建筑和特别重要的建筑结构	100

设计使用年限是指设计规定的结构或结构构件不需要进行大修即可按其预定目的使用的时间，应根据建筑物的用途和环境的侵蚀性确定。各类建筑结构的设计使用年限应按照《建筑结构可靠性设计统一标准》(GB 50068—2018)的规定取用。

需注意的是，结构的设计使用年限虽与其使用寿命有联系，但不等同于使用寿命。超过设计使用年限的结构并不意味着其已损坏而不能使用，只能说明其完成预定功能的能力越来越低了。

建筑结构设计时应对其环境影响进行评估，当结构所处的环境对其耐久性有较大影响时，应根据不同的环境类别采用相应的结构材料、设计构造、防护措施、施工质量要求等，并制定结构在使用期间的定期检修和维护制度，使结构在设计使用年限内不致因材料的劣化而影响其安全或正常使用。

环境对结构耐久性的影响，可通过工程经验、试验研究、计算、检验或综合分析等方法进行评估。结构的耐久性极限状态设计，应使结构构件出现耐久性极限状态标志或限值的年限不小于其设计使用年限。结构构件的耐久性极限状态设计，应包括保证构件质量的预防性处理措施、减小侵蚀作用的局部环境改善措施、延缓构件出现损伤的表面防护措施和延缓材料性能劣化速度的保护措施。

应根据结构构件及其连接件所处的环境及材料的特点确定其耐久性极限状态的标志和限值。对于钢筋混凝土结构的配筋和金属连接件，宜以出现下列状况之一作为达到耐久性极限状态的标志或限值：

(1) 混凝土构件表面出现锈蚀裂缝；

(2) 构件的金属连接件出现锈蚀；

(3) 预应力钢筋和直径较细的受力主筋具备锈蚀条件；

(4) 阴极或阳极保护措施失去作用。

建筑结构的耐久性可采用经验的方法、半定量的方法及定量控制耐久性失效概率的方法进行设计。对缺乏侵蚀作用或作用效应统计规律的结构或结构构件，宜采用经验方法确定耐久性的系列措施；具有一定侵蚀作用和作用效应统计规律的结构构件，可采取半定量的耐久性极限状态设计方法；具有相对完善的侵蚀作用和作用效应统计规律的结构构件且具有快速检验方法予以验证时，可采取定量的耐久性极限状态设计方法。

1.2.1.4 安全等级和可靠度

建筑结构设计时，应根据结构破坏可能产生的后果，即危及人的生命、造成经济损失、对社会或环境产生影响等的严重性，采用不同的安全等级。建筑结构安全等级的划分应符合表 1-2 的规定。

表 1-2 建筑结构的安全等级

安全等级	破坏后果
一级	很严重：对人的生命、经济、社会或环境影响很大
二级	严重：对人的生命、经济、社会或环境影响较大
三级	不严重：对人的生命、经济、社会或环境影响较小

钢筋混凝土结构中各类结构构件的安全等级，宜与整个结构的安全等级相同。对于结构中的部分结构构件的安全等级可进行调整，但不得低于三级。

除上述规定外，混凝土结构设计还应考虑施工技术水平及实际工程条件的可行性。有特殊要求的混凝土结构，应提出相应的施工要求。

可靠度水平的设置应根据结构构件的安全等级、失效模式和经济因素等确定。对结构的安全性、适用性和耐久性可采用不同的可靠度水平。当有充分的统计数据时，结构构件的可靠度宜采用可靠指标 β 度量，结构构件设计时采用的可靠指标，可根据对现有结构构件的可靠度分析，并结合使用经验和经济因素等确定。各类结构构件的安全等级每相差一级，其可靠指标的取值宜相差 0.5。

结构构件持久设计状况承载能力极限状态设计的可靠指标，根据《建筑结构可靠性设计统一标准》(GB 50068—2018)规定，不应小于表 1-3 的规定。结构构件持久设计状况正常使用极限状态设计的可靠指标，宜根据其可逆程度取 0～1.5。结构构件持久设计状况耐久性极限状态设计的可靠指标，宜根据其可逆程度取 1.0～2.0。

表 1-3 结构构件的可靠指标 β

破坏类型	安全等级		
	一级	二级	三级
延性破坏	3.7	3.2	2.7
脆性破坏	4.2	3.7	3.2

1.2.2 钢筋混凝土结构方案的确定

结构方案的确定主要是指配合建筑设计的功能和造型要求，结合所选结构材料的特性，从结构受力、安全、经济及地基基础和抗震等条件出发，综合确定出合理的结构形式。它是结构设计中最重要的一项工作，是结构设计成败的关键。对钢筋混凝土建筑结构而言，结构方案的确定主要包括：确定上部主要承重结构、楼(屋)盖结构和基础的形式，变形缝的设计，结构构件的布置及连接等。

1.2.2.1 钢筋混凝土结构方案设计要求

钢筋混凝土结构方案的设计应符合下列要求：

(1) 选用合理的结构体系、构件形式和布置方式。

(2) 结构的平、立面布置宜规则，各部分的质量和刚度宜均匀、连续。

(3) 结构传力途径应简捷、明确，竖向构件宜连续贯通、对齐。

(4) 宜采用超静定结构，重要构件和关键传力部位应增加冗余约束或有多条传力途径。

(5) 宜减小偶然作用的影响范围，避免发生局部破坏引起的结构连续倒塌。

1.2.2.2 钢筋混凝土结构中变形缝的设计要求

变形缝包括伸缩缝、沉降缝和防震缝等。设置变形缝应符合下列要求：

(1) 应根据结构受力特点及建筑尺度、形状、使用功能要求，合理确定变形缝的位置和构造形式。

(2) 宜控制变形缝的数量，并应采取有效措施减小变形缝对结构使用功能的不利影响。

(3) 可根据需要设置施工阶段的临时性变形缝。

1.2.2.3 结构构件的连接

结构构件的可靠连接是保证有效传力并使结构形成整体的关键。结构构件的连接应符合下列原则：

(1) 连接部位的承载力应保证被连接构件之间的传力性能。

(2) 当混凝土构件与其他材料构件连接时，应采取可靠的连接措施。

(3) 应考虑构件变形对连接节点及相邻结构或构件造成的影响。

1.2.3 钢筋混凝土结构的分析

结构分析可采用计算、模型试验或原型试验等方法进行。结构分析的精度，应能满足结构设计要求，必要时宜进行试验验证。在结构分析中，宜考虑环境对材料、构件和结构性能的影响。

结构分析采用的基本假定和计算模型应能合理描述所考虑的极限状态下的结构反应。根据结构的具体情况，可采用一维、二维或三维的计算模型进行结构分析。结构分析所采用的各种简化或近似假定，应具有理论或试验依据，或经工程验证可行。

当结构承受自由作用时，应根据每一自由作用可能出现的空间位置、大小和方向，分析确定对结构最不利的荷载布置。

结构分析应根据结构类型、材料性能和受力特点等因素，采用线性、非线性或试验分析方法；当结构性能始终处于弹性状态时，可采用弹性理论进行结构分析，否则宜采用弹塑性理论进行结构分析。当结构在达到极限状态前能够产生足够的塑性变形，且所承受的不是多次重复的作用时，可采用塑性理论进行结构分析；当结构的承载力由脆性破坏或稳定控制时，不应采用塑性理论进行分析。

对没有适当分析模型的特殊情况，可通过试验辅助设计进行结构分析。

结构构件极限状态设计表达式中所包含的各种分项系数，宜根据有关基本变量的概率分布类型和统计参数及规定的可靠指标，通过计算分析，并结合工程经验，经优化确定；当缺乏统计数据时，可根据传统的或经验的设计方法，由有关标准规定各种分项系数。

1.2.3.1 按承载能力极限状态设计

结构或结构构件按承载能力极限状态设计时，应考虑下列状态：

(1) 结构或结构构件破坏或过度变形，此时结构的材料强度起控制作用。

(2) 整个结构或其一部分作为刚体失去静力平衡，此时结构材料或地基的强度不起控制作用。

(3) 地基破坏或过度变形，此时岩土的强度起控制作用。

(4) 结构或结构构件疲劳破坏，此时结构的材料疲劳强度起控制作用。

结构或结构构件按承载能力极限状态设计时，应符合下列规定。

(1) 结构或结构构件的破坏或过度变形的承载能力极限状态设计，应符合下式规定：

$$\gamma_0 S_d - R_d \leqslant 0 \tag{1-2}$$

式中 γ_0——结构的重要性系数，其值按表 1-4 中的数值采用；

R_d——结构或结构构件的抗力设计值；

S_d——作用组合的效应设计值。

表 1-4 结构重要性系数

结构重要性系数	对持久设计状况和短暂设计状况			对偶然设计状况和地震设计状况
	安全等级			
	一级	二级	三级	
γ_0	1.1	1.0	0.9	1.0

(2) 承载能力极限状态设计表达式中的作用组合，应符合下列规定：

① 作用组合应为可能同时出现的作用的组合；

② 每个作用组合中应包括一个主导可变作用或一个偶然作用或一个地震作用；

③ 当结构中永久作用位置的变异，对静力平衡或类似的极限状态设计结果很敏感时，该永久作用的有利部分和不利部分应分别作为单个作用；

④ 当一种作用产生的几种效应非全相关时，对产生有利效应的作用，其分项系数的取值应予以降低；

⑤ 对不同的设计状况应采用不同的作用组合。

(3) 对持久设计状况和短暂设计状况，应采用作用的基本组合，基本组合的效应设计值按下式中最不利值确定：

$$S_d = S\left[\sum_{i \geqslant 1}(\gamma_{Gi} G_{ik}) + \gamma_P P + \gamma_{Q1}\gamma_{L1} Q_{1k} + \sum_{j>1}(\gamma_{Qj}\psi_{cj}\gamma_{Lj} Q_{jk})\right] \tag{1-3}$$

式中 $S(\cdot)$——作用组合的效应函数；

G_{ik}——第 i 个永久作用的标准值；

P——预应力作用的有关代表值；

Q_{1k}——第 1 个可变作用的标准值；

Q_{jk}——第 j 个可变作用的标准值；

γ_{Gi}——第 i 个永久作用的分项系数，应按表 1-5 中的数值采用；

γ_P——预应力作用的分项系数，应按表 1-5 中的数值采用；

γ_{Q1}——第 1 个可变作用的分项系数，应按表 1-5 中的数值采用；

γ_{Qj}——第 j 个可变作用的分项系数，应按表 1-5 中的数值采用；

γ_{L1}、γ_{Lj}——第 1 个和第 j 个考虑结构设计使用年限的荷载调整系数，应按表 1-6 中的数值采用；

ψ_{cj}——第 j 个可变作用的组合值系数，应按现行有关标准的规定采用。

表 1-5 建筑结构的作用分项系数

作用分项系数	使用情况	
	当作用效应对承载力不利时	当作用效应对承载力有利时
γ_G	1.3	≤1.0
γ_P	1.3	≤1.0
γ_Q	1.3	0

表 1-6 建筑结构考虑结构设计使用年限的荷载调整系数 γ_L

结构设计使用年限/年	γ_L
5	0.9
50	1.0
100	1.1

注：对设计使用年限为 25 年的结构构件，γ_L应按各种材料结构设计标准的规定采用。

(4) 当作用与作用效应按线性关系考虑时，基本组合的效应设计值按下式中最不利值计算：

$$S_d = \sum_{i\geqslant 1}(\gamma_{Gi}S_{Gik}) + \gamma_P S_P + \gamma_{Q1}\gamma_{L1}S_{Q1k} + \sum_{j>1}(\gamma_{Qj}\psi_{cj}\gamma_{Lj}S_{Qjk}) \tag{1-4}$$

式中 S_{Gik}——第 i 个永久作用标准值的效应；

S_P——预应力作用有关代表值的效应；

S_{Q1k}——第 1 个可变作用标准值的效应；

S_{Qjk}——第 j 个可变作用标准值的效应。

1.2.3.2 按正常使用极限状态设计

结构或结构构件按正常使用极限状态设计时，应符合下式规定：

$$S_d < C \tag{1-5}$$

式中 S_d——作用组合的效应设计值；

C——设计对变形、裂缝等规定的相应限值，应按有关的结构设计标准的规定采用。

按正常使用极限状态设计时，宜根据不同情况采用作用的标准组合、频遇组合或准永久组合，并应符合下列规定。

(1) 标准组合的效应设计值按下式确定：

$$S_d = S\left[\sum_{i\geqslant 1} G_{ik} + P + Q_{1k} + \sum_{j>1}(\psi_{cj} Q_{jk})\right] \tag{1-6}$$

当作用与作用效应按线性关系考虑时，标准组合的效应设计值按下式计算：

$$S_d = \sum_{i\geqslant 1} S_{G_{ik}} + S_P + S_{Q_{1k}} + \sum_{j>1}(\psi_{cj} S_{Q_{jk}}) \tag{1-7}$$

（2）频遇组合应符合下列规定：

① 频遇组合的效应设计值按下式确定：

$$S_d = S\left[\sum_{i\geqslant 1} G_{ik} + P + \psi_{f1} Q_{1k} + \sum_{j>1}(\psi_{qj} Q_{jk})\right] \tag{1-8}$$

② 当作用与作用效应按线性关系考虑时，频遇组合的效应设计值按下式计算：

$$S_d = \sum_{i\geqslant 1} S_{G_{ik}} + S_P + \psi_{f1} S_{Q_{1k}} + \sum_{j>1}(\psi_{qj} S_{Q_{jk}}) \tag{1-9}$$

（3）准永久组合应符合下列规定：

① 准永久组合的效应设计值按下式确定：

$$S_d = S\left[\sum_{i\geqslant 1} G_{ik} + P + \sum_{j>1}(\psi_{qj} Q_{jk})\right] \tag{1-10}$$

② 当作用与作用效应按线性关系考虑时，准永久组合的效应设计值按下式计算：

$$S_d = \sum_{i\geqslant 1} S_{G_{ik}} + S_P + \sum_{j>1}(\psi_{qj} S_{Q_{jk}}) \tag{1-11}$$

1.3 教材内容及特点

本教材的内容是针对不同的钢筋混凝土结构体系，阐述混凝土结构设计的基本原理和设计方法，具体内容如下：

（1）单层厂房结构设计。主要内容包括：单层厂房结构的组成及其布置，主要构件的选型，排架结构内力分析方法，内力组合以及排架柱、牛腿和柱下独立基础的受力性能及其设计方法等。

（2）多层框架结构设计。主要内容包括：混凝土框架结构的承重方案、结构布置，梁柱截面尺寸估算，计算简图的确定、荷载计算和结构内力分析方法、内力组合，梁柱构件的配筋计算和构造要求，以及柱下独立基础的设计等。

（3）高层建筑结构设计。主要内容包括：高层建筑结构的布置原则，剪力墙的分类与判别方法，剪力墙结构的布置与分析，框架-剪力墙结构的布置与计算，筒体结构的布置等。

本教材及时更新了国家颁布实施的最新规范和规程；充分考虑了学生的学习能力和特点；在学时有限的情况下，增强了理论知识点在工程应用中的体现，加强了教材中例题的理论与实际的联系；将重点和难点知识进行细化解释，有助于学生的理解和掌握。依据工程教育认证通用标准中的培养目标，我们邀请施工企业、检测单位和设计院的专家共同参与教材的编写。

练 习 题

1.1 混凝土结构设计的内容包括哪些？

1.2 钢筋混凝土结构的极限状态设计包括哪些内容？

1.3 钢筋混凝土结构方案的确定主要包括哪些内容？

2 单层厂房结构设计

【本章要点】

① 了解单层厂房结构的类型、结构组成及结构布置，熟悉各种支撑的作用和布置原则；
② 掌握单层厂房结构承受的各种荷载及荷载计算方法；
③ 掌握排架结构内力分析方法；
④ 掌握排架柱及牛腿的设计方法，并了解相关的构造要求；
⑤ 掌握柱下独立基础的设计内容和方法，并了解相关的构造要求。

【本章重点】

① 单层厂房结构的布置；
② 排架结构内力的分析方法；
③ 排架柱及牛腿的设计；
④ 柱下独立基础设计。

【本章难点】

排架结构内力的分析方法。

2.1 概　　述

单层工业厂房是指层数仅为一层的工业用厂房。在印刷、冶金、机械、模具、化工、纺织等制造业中有较大的生产设备，要求具有较大的内置空间，单层工业厂房得到广泛应用。此外，一些仓库、汽车4S店及实验室也采用单层厂房结构。

随着我国经济的飞速发展，工业技术也得到了革新，作为工业重要的日常生产和经营活动场所，单层工业厂房结构的设计也在不断革新与进步。本章主要讨论钢筋混凝土单层厂房结构的设计。图2-1分别给出了典型单层工业厂房的外景图和内景图。

2.1.1 单层厂房结构的特点

由于单层厂房经常需要满足较重生产设备和产品的放置及运输，因此单层厂房结构具有如下几个主要特点：

(1) 单层厂房具有较大的使用空间，容易满足工艺流程的需要，内部交通运输组织方便，有利于大型生产设备和产品的放置。

(2) 单层厂房结构的跨度大、高度大、承受的荷载大，因而构件的内力大、截面尺寸大。同时单层厂房结构常受到来自吊车、动力机械设备的荷载的作用，因此进行结构设计时需考虑动力荷载的影响。

(3) 单层厂房结构的构件便于定型设计、标准化生产。单层厂房常采用构配件标准化、系列化、通用化、生产工厂化和便于机械化施工的建造方式，加快了厂房建设施工的速度。

(a)

(b)

图 2-1　单层工业厂房实景图

(a) 某单层工业厂房外景；(b) 某金属加工厂房内景。

(4) 对地质勘察的要求高，地基及基础施工要求高。由于其荷载形式多样，并且经常承受动力荷载以及动力设备等移动荷载，对于承重柱以及承重柱下的地基与基础要求也更高。

(5) 单层厂房设计高度不一，内部结构要求不同，应根据工程实际需要进行设计。虽然都是单层工业厂房，但是由于其使用用途不同，厂房设计高度也不一样。

2.1.2　单层厂房结构的分类

依据不同的分类标准，可以把单层厂房结构分成不同的类型。通常，依据单层厂房的承重结构所用材料和承重结构体系来进行分类。

2.1.2.1　按承重结构材料分类

单层厂房结构按承重结构的材料可分为砖混结构、钢筋混凝土结构和钢结构等。承重结构材料的选择主要依据单层厂房的跨度、高度和吊车的起重量等参数。

(1) 砖混结构单层厂房

砖混结构是指采用砖柱、钢筋混凝土屋架或木屋架、轻钢屋架等所组成的承重体系。它适用于无吊车或吊车吨位不超过 5 t，跨度在 15 m 以内，柱顶标高在 8 m 以下，无特殊工艺要求的小型厂房，目前已经较少采用。

(2) 钢筋混凝土结构单层厂房

钢筋混凝土结构是指采用钢筋混凝土柱、预应力混凝土屋架或屋面梁，或采用钢筋混凝土柱、钢屋架和大型屋面板所组成的承重结构。它适用于厂房跨度 18～30 m，吊车吨位在

250 t(吊车工作级别为 A4、A5 级)以下的大部分厂房结构。钢筋混凝土结构单层厂房是目前我国广泛采用的一种单层厂房形式。

(3) 钢结构单层厂房

钢结构是指采用钢柱、钢屋架或钢筋混凝土屋架及大型屋面板所组成的承重体系。适用于吊车吨位在 250 t(吊车工作级别为 A4、A5 级)以上,或跨度大于 36 m 的大型厂房,或有特殊工艺要求的厂房。随着我国经济和技术的发展,已经有越来越多的单层厂房采用钢结构。

2.1.2.2 按承重结构类型分类

单层厂房结构按承重结构的类型可分为排架结构和刚架结构两种。

(1) 排架结构单层厂房

排架结构是目前单层厂房结构中应用范围最广的结构形式,其跨度可超过 30 m,高度可达 20～30 m,吊车吨位可达 150 t。排架结构是由屋架或屋面梁、排架柱和基础组成。通常,排架柱顶与屋架或屋面梁为铰接,而排架柱底与基础顶面为刚接。

按照厂房的生产工艺和使用要求不同,排架结构可设计为单跨或多跨、等高或不等高等多种形式,如图 2-2 所示。

(a) (b) (c)

图 2-2 排架结构的形式

(a) 单跨排架;(b) 双跨等高排架;(c) 三跨不等高排架。

在单层厂房设计中,对于跨度较大以及对相邻厂房有较大干扰的车间,应采用单跨厂房;对于跨度较小且生产工艺和使用要求相同或相近的一些车间,可组合成一个多跨厂房。多跨厂房有利于提高厂房结构的横向刚度,减少柱的截面尺寸,节省材料,提高土地利用率,减少公共设施及工程管道等,但需设置天窗等解决通风和采光问题。

单层多跨厂房一般应设计成等高排架,以使结构受力明确,设计和计算简单,这种方式构件种类规格少,施工方便,但当生产工艺要求的相邻跨高差较大时,则应设计成不等高排架。

(2) 刚架结构单层厂房

刚架结构由横梁、柱和基础组成。在刚架结构中,柱与横梁为刚接,柱与基础常为铰接。常用的钢筋混凝土刚架为门式刚架。刚架结构按横梁形式的不同,分为如图 2-3(a)、(b)所示的折线形门式刚架,以及如图 2-3(c)所示的拱形门式刚架。钢筋混凝土门式刚架的顶节点做成铰接时,称为三铰门式刚架,如图 2-3(a)所示;当其顶节点做成刚接时,称为两铰门式刚架,如图 2-3(b)、(c)所示。

刚架结构的优点是截面随内力的大小而发生变化,因而节约材料;同时刚架结构中梁柱合一,构件种类少,制作简单。

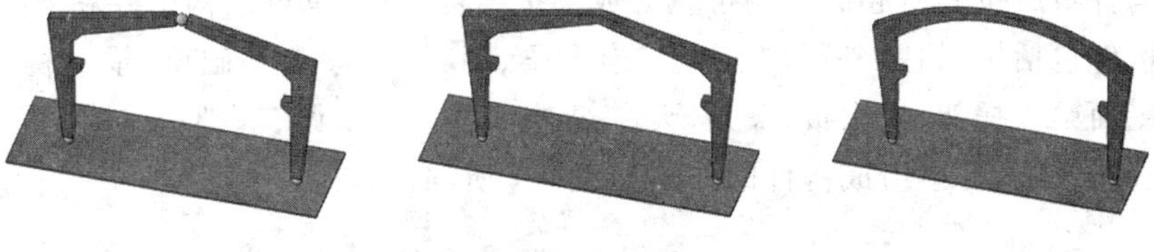

图 2-3 刚架结构的形式

(a) 三铰折线形门式刚架；(b) 两铰折线形门式刚架；(c) 两铰拱形门式刚架。

刚架结构的缺点是刚度较差，承载后会产生变形，梁柱转角处易产生早期裂缝。因此，刚架结构在有较大起重量的吊车厂房中的应用受到了一定的限制。

刚架结构适用于屋盖较轻的无吊车或吊车起重量不大于 10 t、跨度不大于 18 m、檐口高度不超过 10 m 的中小型厂房、仓库、食堂和礼堂等建筑。

2.2 单层厂房结构的组成与荷载

2.2.1 单层厂房结构的组成

常见的单层厂房的组成构件有：屋面板、天沟板、天窗架、屋架(屋面梁)、托架、排架柱、吊车梁、山墙、外纵墙、连系梁、抗风柱、圈梁、过梁、基础梁、基础、屋盖支撑和柱间支撑等，如图 2-4 所示。

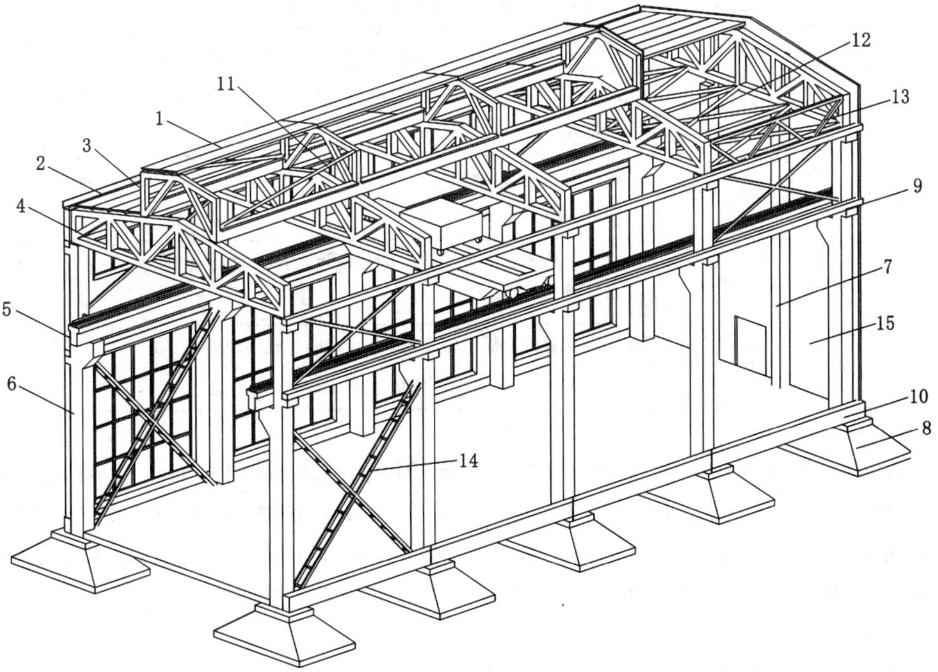

1—屋面板；2—天沟板；3—天窗架；4—屋架；5—吊车梁；6—排架柱；7—抗风柱；8—基础；9—连系梁；10—基础梁；11—天窗架垂直支撑；12—屋架下弦横向水平支撑；13—屋架端部垂直支撑；14—柱间支撑；15—山墙。

图 2-4 单层厂房的结构组成示意图

这些构件组成按其所起的作用可以分成围护结构构件、承重结构构件和支撑体系构件。其中围护构件包括抗风柱、外纵墙、山墙、连系梁、圈梁、过梁和基础梁；承重构件包括屋面板、屋架(屋面梁)、托架、天沟板、檩条、天窗架、排架柱、吊车梁、基础；支撑体系构件包括屋盖支撑、柱间支撑。各个组成构件的作用如表 2-1 所列。

表 2-1　单层厂房结构的组成构件及其作用

单层厂房的组成构件名称		构件的作用
承重结构	屋面板	承受屋面构造层自重、可变荷载，并将它们传给屋架(屋面梁)
	天沟板	屋面排水并承受积水及天沟板上构造层自重、施工荷载等，并将它们传给屋架
	天窗架	形成天窗以便采光和通风，承受其上屋面板传来的荷载及天窗上的风荷载，并将它们传给屋架
	托架	当柱距比屋架间距大时，用以支撑屋架，并将荷载传给柱
	屋架	与柱形成横向排架结构，承受屋盖上的全部荷载，并将它们传给柱
	檩条	支撑小型屋面板(或瓦材)，承受屋面板传来的荷载，并将它们传给屋架
	排架柱	承受屋盖结构、吊车梁、外墙、柱间支撑等传来的竖向和水平荷载，并将它们传给基础
	吊车梁	承受吊车竖向和横向或纵向水平荷载，并将它们分别传递给横向或纵向排架
	基础	承受柱、基础梁传来的全部荷载，并将它们传给地基
支撑体系	屋盖支撑	加强屋盖空间刚度，保证屋盖的稳定，将风荷载传给排架结构
	柱间支撑	加强厂房的纵向刚度和稳定性，承受并传递纵向水平荷载至基础
围护结构	外纵墙	厂房的围护结构部分，承受自重及风荷载
	山墙	厂房两端的围墙，承受自重及风荷载，对单层厂房的空间作用影响较大
	抗风柱	使山墙受到的风荷载的一部分经上端通过屋盖系统传至纵向柱列和经下端直接传给基础
	连系梁(墙梁)	连系纵向柱列，以增强厂房的纵向刚度并传递风荷载至纵向柱列，同时还承受其上部墙体的自重
	圈梁	加强厂房的整体刚度，防止由于地基不均匀沉降或较大振动荷载引起的不利影响
	过梁	承受门窗洞口上部墙体自重，并将它们传给门窗两侧的墙体
	基础梁	承受墙体自重，并将它们传给基础

此外，这些构件组成按其所处的位置可以分成屋盖结构、横向平面排架、纵向平面排架和围护结构。其中屋面板、天沟板、天窗架、屋架(屋面梁)、檩条、托架及屋盖支撑等构成厂房的屋盖结构；排架柱、屋架(屋面梁)、基础组成横向平面排架，是厂房的基本承重体系；排架柱与纵向的连系梁、吊车梁、柱间支撑和基础组成纵向平面排架。

(1) 屋盖结构

屋盖结构除起到围护作用外，它还承受屋盖系统自重和屋面荷载，并将这些荷载传递给排架柱。

根据是否设置有檩条，将屋盖结构分为无檩屋盖体系[图 2-5(a)]和有檩屋盖体系

[图 2-5(b)]。无檩屋盖体系由大型屋面板、屋架或屋面梁、屋盖支撑组成，大型屋面板直接支承在屋架或屋面梁上，该屋盖的刚度大、整体性好、构件数量和种类少、便于施工，适用于大、中型厂房。有檩屋盖体系由小型屋面板、檩条、屋架或屋面梁、屋盖支撑组成。有檩体系屋盖的构件小，便于安装和运输，但是其刚度小，并且整体性差，故仅适用于中、小型厂房。

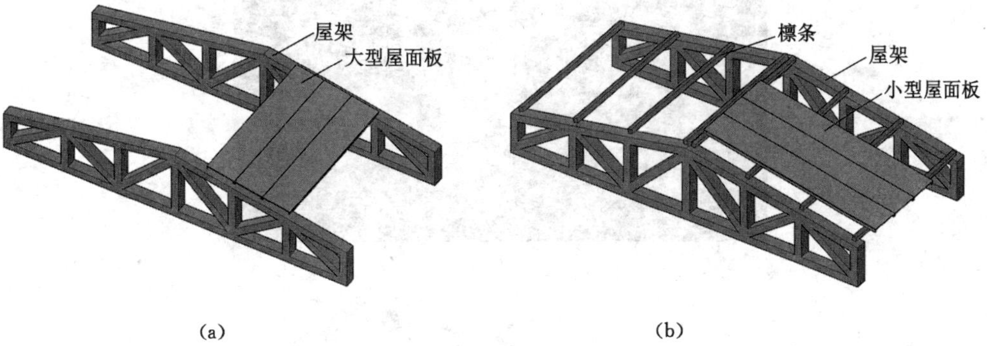

图 2-5　屋盖结构体系

(a) 无檩屋盖；(b) 有檩屋盖。

为满足厂房内通风和采光需要，屋盖结构中有时还需设置天窗架(其上也有屋面板)及天窗架支撑。当生产工艺或使用上要求抽柱时，则需在抽柱的屋架下设置托架。

(2) 横向平面排架

横向平面排架示意图如图 2-6 所示。厂房结构受到的竖向荷载(结构自重、屋面活荷载、吊车竖向荷载等)和横向水平荷载(横向风荷载、吊车横向水平荷载、横向水平地震作用等)主要由横向平面排架承受，并传给基础和地基。横向平面排架是单层厂房结构的基本受力结构。

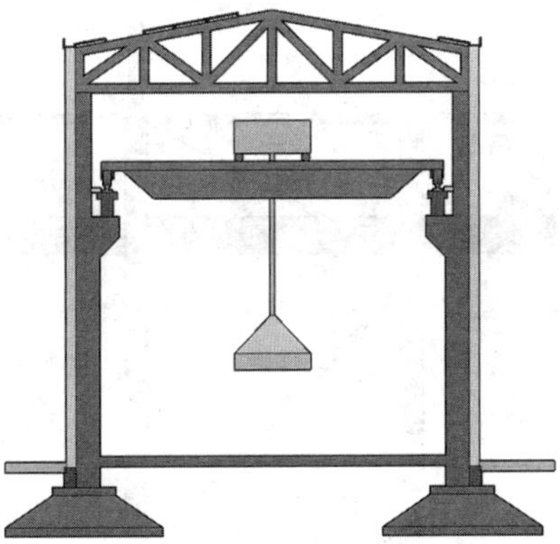

图 2-6　横向平面排架示意图

(3) 纵向平面排架

纵向平面排架如图 2-7 所示。其作用是保证厂房结构的纵向刚度和稳定性，承受厂房结构受到的纵向水平荷载(山墙传来的纵向风荷载、吊车纵向水平荷载、纵向水平地震作用和温度应力等)，并将其传给基础。

(a)

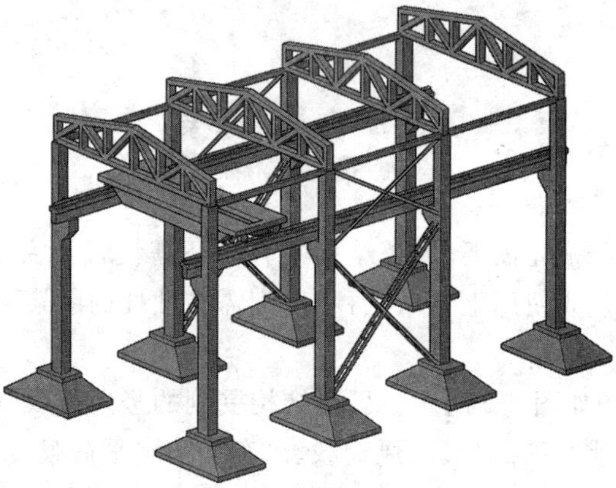

(b)

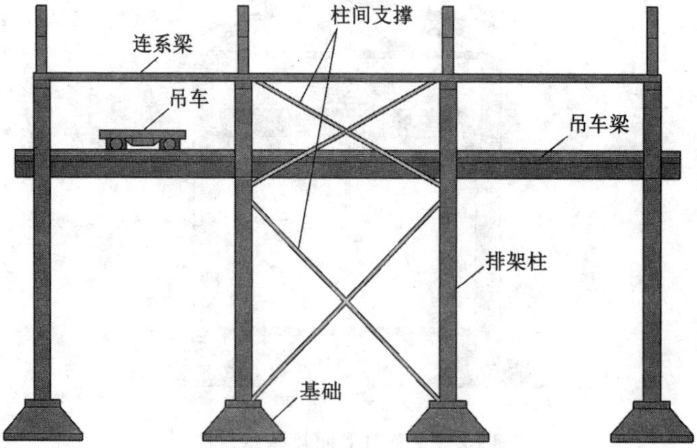

(c)

图 2-7　纵向平面排架

(a) 某厂房纵向排架；(b) 纵向排架示意图；(c) 纵向排架平面示意图。

(4) 围护结构

围护结构由外纵墙、山墙、圈梁、连系梁、基础梁、抗风柱等组成。这些构件主要承受自身和墙体的重量以及作用在墙面上的风荷载。

2.2.2　单层厂房结构的荷载

单层厂房结构的荷载主要包含恒荷载和活荷载。其中恒荷载主要包括屋盖结构、排架柱、围护结构等构件的自重，以及吊车、吊车梁、轨道等设备的自重。屋盖自重主要包括：屋面板、屋架、天沟板、天窗架、屋面构造层（找平层、保温层、防水层等）、屋盖支撑等的自重。围护结构的自重包括墙体、连系梁、窗等构件的自重。活荷载主要包括屋面活荷载、雪荷载、积灰荷载、吊车荷载等。

作用在单层厂房结构上的荷载按方向又可以分为竖向荷载和水平荷载两大类。竖向荷载包括屋面上的恒荷载和活载、各承重结构构件及围护结构等非承重构件自重、吊车自重及吊车竖向活荷载等；而水平荷载根据其与厂房结构的走向又可以分为横向水平荷载和纵向水平荷载，水平荷载主要包括风荷载、吊车横向和纵向水平荷载以及水平地震作用等。

单层厂房结构竖向荷载的传递途径如图 2-8 所示。

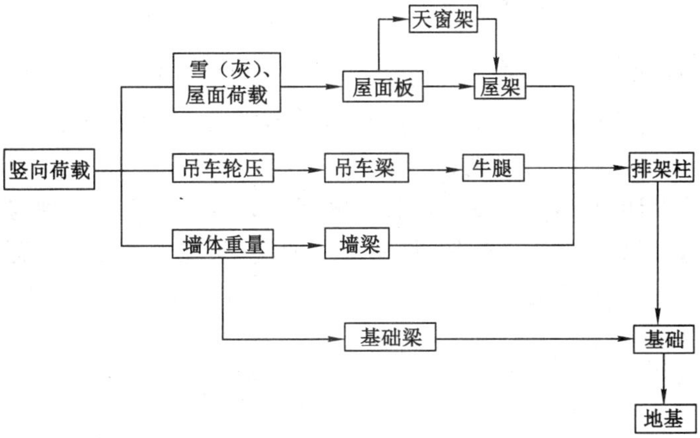

图 2-8　单层厂房结构竖向荷载传递途径

单层厂房结构横向水平荷载的传递途径如图 2-9 所示。

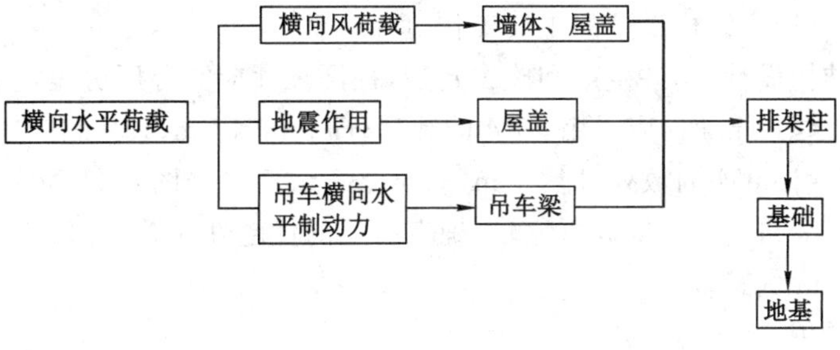

图 2-9　单层厂房结构横向水平荷载传递途径

单层厂房结构纵向水平荷载的传递途径如图 2-10 所示。

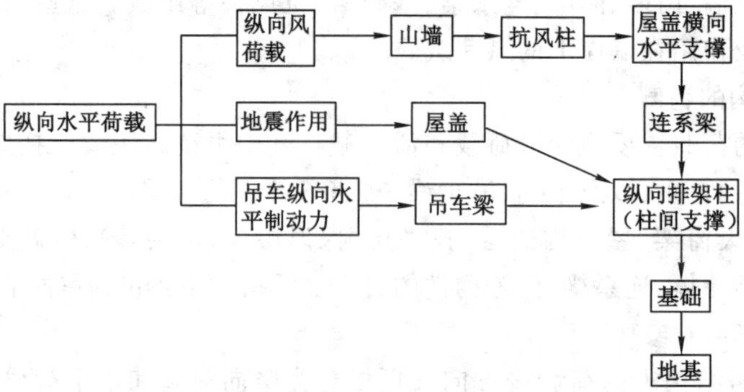

图 2-10　单层厂房结构纵向水平荷载传递途径

由图 2-8～图 2-10 可知,单层厂房结构的荷载主要通过排架柱传递给基础和地基,因此,在单层厂房结构的组成构件中,主要的承重构件是屋架(屋面梁)、排架柱和基础。

2.3　单层厂房的结构布置

本章主要介绍单层钢筋混凝土排架结构厂房的设计,在确定了单层厂房的结构类型和承重结构体系以后,需要根据设计要求,进行厂房的结构布置,主要包括厂房的平面布置、剖面布置、支撑布置和围护结构的布置等。

单层厂房结构设计中,结构布置是最关键的环节。结构布置的合理与否直接关系到厂房结构设计的安全可靠性、经济合理性、厂房面积的使用、施工速度等问题。在进行单层厂房的结构布置时,必须使其主要尺寸和标高符合《厂房建筑模数协调标准》(GB/T 50006—2010)规定的统一模数制,以 100 mm 为"1M"。

2.3.1　结构平面布置

2.3.1.1　柱网布置

在厂房的结构平面布置中,需根据生产工艺和使用要求,确定厂房排架柱的纵向定位轴线之间的距离(跨度)和横向定位轴线之间的距离(柱距)。通常把柱的定位轴线在平面上形成的网格称为柱网。柱网布置既要确定排架柱的位置,也要确定屋面板、屋架(或屋面梁)和吊车梁等构件的跨度,同时涉及其他结构构件的布置。柱网布置直接关系到厂房的经济合理性和先进性,因此是厂房结构设计的重要工作。

为了便于厂房结构设计、构件生产和施工建造,柱网尺寸应符合厂房建筑统一化的基本规则。当厂房跨度 $L \leqslant 18$ m 时,应采用 30M 的数列,即 9 m、12 m、15 m 和 18 m;当厂房跨度 $L > 18$ m 时,应采用 60M 的数列,即 24 m、30 m、36 m 等(如图 2-11 所示)。当厂房跨度 $L > 18$ m 时,从技术和经济角度分析比较,确有明显的优越性时,也可采用 30M 的数列,即 21 m、27 m 或 33 m 的跨度。

厂房的柱距应采用 60M 的数列。

为便于施工定位,明确结构中各构配件的相互位置和关系,提高不同类型结构构配件的互换性,需要按照相关规定明确各构配件与定位轴线的相对关系。对一般的排架结构,墙、

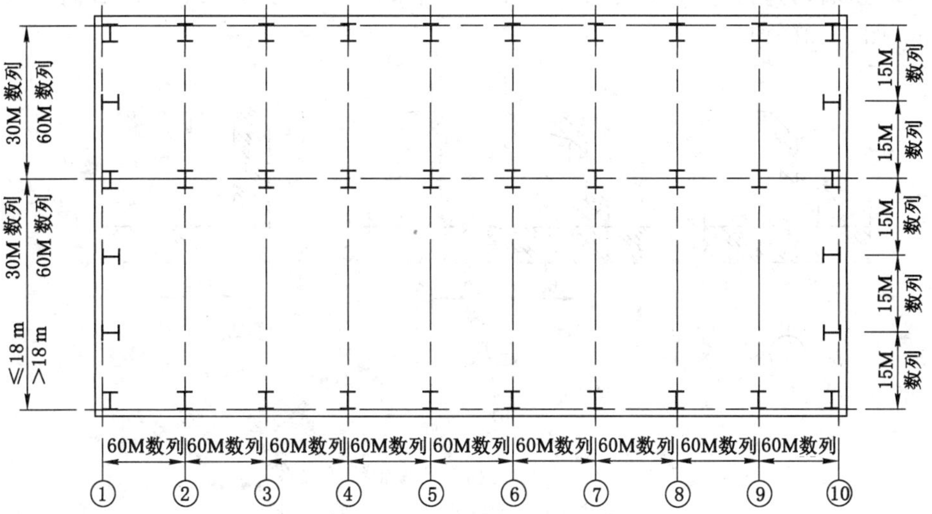

图 2-11 柱网布置示意图

柱等构件与轴线的关系应符合下列规定：

(1) 边柱、墙与纵向定位轴线的关系

在无吊车或吊车起重量较小(一般小于或等于 20 t)的厂房中，边柱外缘和墙的内缘应与纵向定位轴线重合[图 2-12(a)]，这种结合称为封闭结合；对吊车起重量较大的厂房，由于吊车外轮廓尺寸和柱截面尺寸均有所增大，为了保证柱内边缘与吊车外轮廓之间必要的空隙，应将边柱外移，使边柱外缘与纵向定位轴线之间存在一定的距离 D(D 为 150 mm、250 mm 或 500 mm 等)，墙的内缘仍与柱子外缘重合，即与纵向定位轴线距离为 D[图 2-12(b)]，这种结合称为非封闭结合。

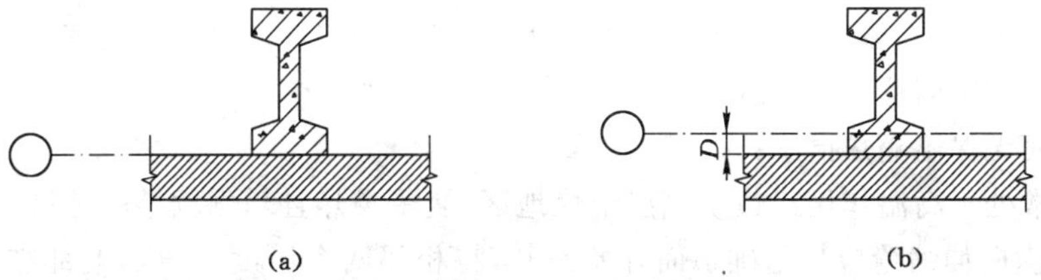

图 2-12 边柱、墙与纵向定位轴线的关系

(a) 封闭结合；(b) 非封闭结合。

(2) 中柱与纵向定位轴线的关系

对等高排架，上柱的中心线应该与纵向定位轴线重合。对有高低跨的厂房，排架柱和轴线的关系较复杂，可以参考有关构造手册。

(3) 柱、墙与横向定位轴线的关系

除伸缩缝处的柱和端部柱外，柱的中心线应与横向定位轴线重合[图 2-13(a)]。在伸缩缝处(一般采用双柱)，伸缩缝的中心线应与横向定位轴线重合，而伸缩缝处的排架柱的中心线与横向定位轴线的距离应为 600 mm[图 2-13(b)]。在厂房的端部，当山墙为非承重墙时，墙内边缘应该与横向定位轴线重合，端部柱的中心线应距横向定位轴线600 mm[图 2-13(c)]。

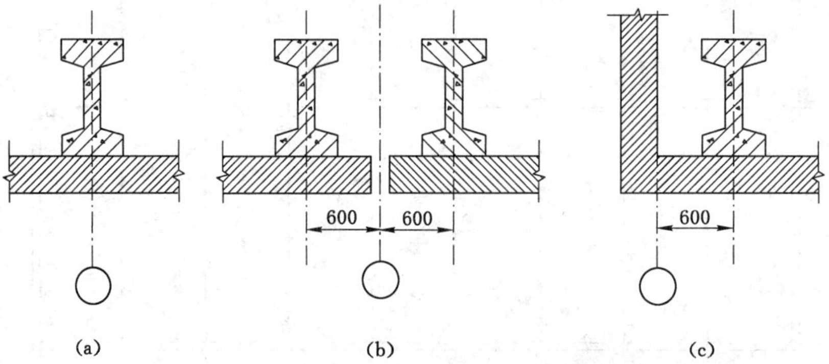

图 2-13　柱、墙与横向定位轴线的关系

(a) 一般柱；(b) 伸缩缝处；(c) 非承重山墙处。

2.3.1.2　变形缝设置

变形缝包括伸缩缝、沉降缝和防震缝。

1) 伸缩缝

如果厂房的长度或宽度过大，当气温变化时，厂房结构地上部分热胀冷缩大，而地下部分受温度变化影响小，基本上不产生温度变形，这时，厂房上部结构的伸缩受到限制，结构内部产生温度应力。当温度应力较大时，可使屋面、墙体等开裂，影响厂房的正常使用。为了减少温度变化对厂房的不利影响，需要沿厂房的横向或纵向设置伸缩缝，将厂房结构分成若干个温度区段。温度区段的划分应尽可能简单规整，并应使伸缩缝的数量最少。温度区段的长度(伸缩缝之间的距离)与结构类型及其所处的环境条件有关。《混凝土结构设计规范》(GB 50010—2010，2015 年版)规定，装配式钢筋混凝土排架结构的伸缩缝最大间距，在室内或土中时为 100 m，在露天时为 70 m。对于下列情况，伸缩缝的最大间距宜适当减小：

(1) 从基础顶面算起柱高低于 8 m；

(2) 屋面无保温隔热措施；

(3) 经常处于高温作用或位于气温干燥地区、夏季炎热且暴雨频繁的地区。

厂房的横向伸缩缝应从基础顶面开始断开，将相邻两个温度区段的上部结构构件全部分开；伸缩缝处采用双柱、双屋架(屋面梁)，纵墙和各构件间留出一定宽度的缝隙，如图 2-14(a)所示，以使上部结构在温度变化时，沿纵向可自由地变形，不致引起厂房开裂。对厂房的纵向伸缩缝，一般做法是将伸缩缝一侧的屋架或屋面梁用滚轴式支座与柱相连，如图 2-14(b)所示。

2) 沉降缝

如果单层厂房相邻两部分高度差很大(10 m 以上)、两跨间吊车起重量相差较大、地基承载力或土的压缩性有较大的差异、厂房各部分的施工时间先后相差较长时，可考虑设置沉降缝。沉降缝应将厂房从屋顶至基础完全分开，以使缝两侧结构发生不同沉降时不致影响厂房的使用功能。沉降缝可兼起伸缩缝的作用，但是不能将伸缩缝兼做沉降缝。

3) 防震缝

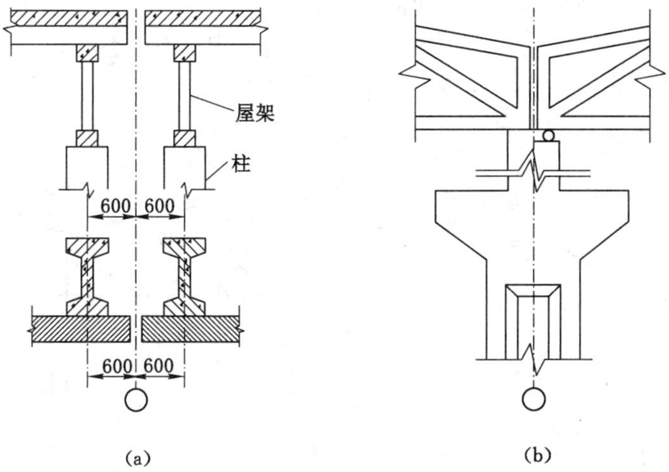

图 2-14　伸缩缝构造

(a) 横向伸缩缝；(b) 纵向伸缩缝。

为减轻位于地震区单层厂房的震害，应考虑设置防震缝。当厂房的建筑平面、立面复杂或结构相邻部分的刚度、高度相差较大时，需采用防震缝将其分开。防震缝从基础顶面开始沿厂房全高设置，其宽度需符合一定的要求，以避免地震时相邻部分互相碰撞，导致厂房破坏。

在设置变形缝的时候，宜尽量将伸缩缝、沉降缝和防震缝这三种变形缝设置在同一位置，并且地震区厂房中设置的伸缩缝或沉降缝均应符合防震缝的要求。

2.3.2　结构剖面布置

2.3.2.1　单层厂房的高度确定

厂房高度是指室内地面(±0.000 m)到排架柱顶(或者屋面梁底面、屋架下弦底面)的距离，如图 2-15 所示。在进行厂房剖面布置时，需要考虑生产工艺的要求和吊车的影响，确定排架柱顶的标高及吊车轨顶的标高。这两个标高是厂房结构设计中重要的参数，应根据生产工艺和使用要求确定，同时要符合建筑模数的规定。但对无吊车的单层厂房，屋面梁底标高 H 需要根据生产设备高度和生产使用、检修所需的高度确定。

确定厂房高度的原则是：在满足生产工艺前提下，尽可能合理地降低厂房高度，以便减小柱的内力，减少围护结构面积，降低造价；同时又要考虑减少构件种类，简化连接构造，保证施工方便等因素。

对设有吊车的单层厂房，屋面梁底标高 H 由生产设备高度和吊车起吊运行所需的高度确定。可按下列公式计算，并取两者中的较大值，即

$$H = h_1 + h_2 + h_3 + h_4 + h_5 + h_6 + h_7 \tag{2-1}$$

或

$$H = h_1 + h_2 + h_5 + h_6 + h_7 + h_8 \tag{2-2}$$

式中　h_1——厂房中最高设备的高度，mm；

h_2——吊车起吊重物超越设备的安全高度，mm，一般>500 mm；

h_3——最高起吊重物的高度，mm；

h_4——吊索的最小高度，mm；

h_5——吊车底面到吊车轨道顶面的高度，可根据吊车规格查得，mm；

h_6——吊车底轨道顶面到小车顶面的高度，可根据吊车规格查得，mm；

h_7——吊车行驶安全高度，mm，一般不小于 220 mm；

h_8——操纵室底至吊车底高度，由吊车规格查得，mm。

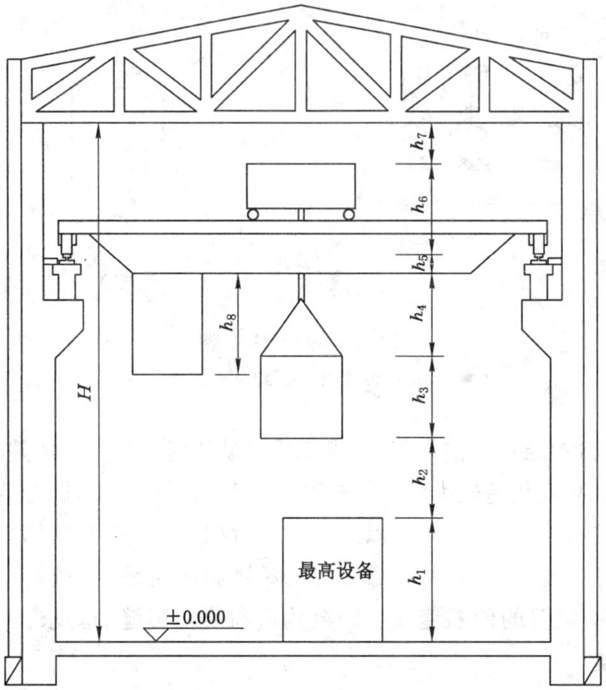

图 2-15　厂房高度示意图

吊车轨顶标高由屋面梁底标高或屋架下弦底标高减去 h_6 和 h_7 得到。柱的牛腿顶面标高为吊车轨顶标高减去吊车轨道连接高度和吊车梁端高度。

确定厂房高度时，考虑建筑模数的要求，屋面梁底标高应采用扩大模数 3 M 数列；柱的牛腿顶面标高也应采用扩大模数 3 M 数列；当支承起重机梁的牛腿面的高度大于 7.2 m 时，宜采用扩大模数 6 M 数列。为满足以上要求，允许吊车轨顶实际设计标高与工艺要求的标志高度相差±200 mm。

2.3.2.2　*单层厂房的跨度确定*

厂房跨度 L 根据生产工艺要求确定，同时满足《厂房建筑模数协调标准》(GB/T 50006—2010)的要求，以便采用标准预制构件，如图 2-16 所示。对于有吊车的厂房，跨度 L 可采用下列公式确定：

$$\begin{aligned} L &= L_k + 2e \\ e &= B + C + h_1 \end{aligned} \tag{2-3}$$

式中　L_k——吊车跨度，即吊车轨道中心线间的距离，根据生产工艺要求，由吊车规格表查得，mm；

e——吊车轨道中心线至纵向定位轴线间的距离，一般取 750 mm，当吊车起重量大于 75 t 时，e 宜为 1 000 mm，当采用梁式吊车而厂房为混合结构时，e 宜为 500 mm；

B——吊车桥架的外边缘至吊车轨道中心线的距离，其值可由吊车规格表查得，一般在 200～400 mm 之间；

C——吊车桥架外边缘至上柱内边缘的净空宽度，当吊车起重量小于或等于 50 t 时，$C \geqslant 80$ mm，当吊车起重量大于 75 t 时，$C \geqslant 100$ mm；

h_1——边柱上柱内边缘或中柱边缘至该柱纵向定位轴线之间的距离，mm。

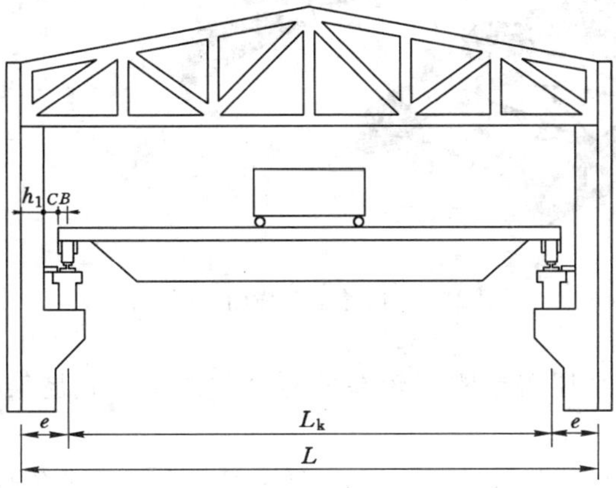

图 2-16　厂房跨度示意图

2.3.3　支撑布置

在钢筋混凝土单层厂房结构中，支撑体系是连系屋架、柱等主要构件并使其构成整体的重要组成部分。单层厂房的支撑系统包括屋盖支撑和柱间支撑两大部分，其主要作用是：

(1) 在施工和使用阶段保证厂房结构的几何稳定性和安全；

(2) 保证厂房结构的空间整体性；

(3) 为主体结构构件提供侧向支撑，减小其计算长度；

(4) 将某些局部性水平荷载（如风荷载、吊车水平荷载或地震作用）传递到主要承重结构构件上。

2.3.3.1　*屋盖支撑*

屋盖支撑包括上、下弦横向水平支撑，下弦纵向水平支撑，垂直支撑及水平系杆，天窗架支撑。

1) 上弦横向水平支撑

横向水平支撑是由交叉角钢和屋架上弦或下弦组成的水平桁架，布置在厂房端部及伸缩缝区段两端的第一或第二柱间，如图 2-17 所示。其作用是增强屋盖的整体刚度，保证屋架（屋面梁）的侧向稳定，同时将山墙抗风柱所承受的纵向水平力传到两侧柱列上。

对跨度较大的无檩体系屋盖，当屋面板与屋架（或屋面梁）有三点焊接且屋面板纵肋间的空隙用 C15 或 C20 细石混凝土灌实，则可认为无檩体系屋盖刚度相当大，无须设置上弦横向水平支撑，否则需设置上弦横向水平支撑。此外，具有以下情况之一时，应设置上弦横向水平支撑：

(1) 屋面设置了天窗，且天窗通到厂房端部的第二柱间或通过伸缩缝时，应在第一或第二柱间的天窗范围内设置上弦横向水平支撑，并应在屋脊设置一道通长水平系杆；

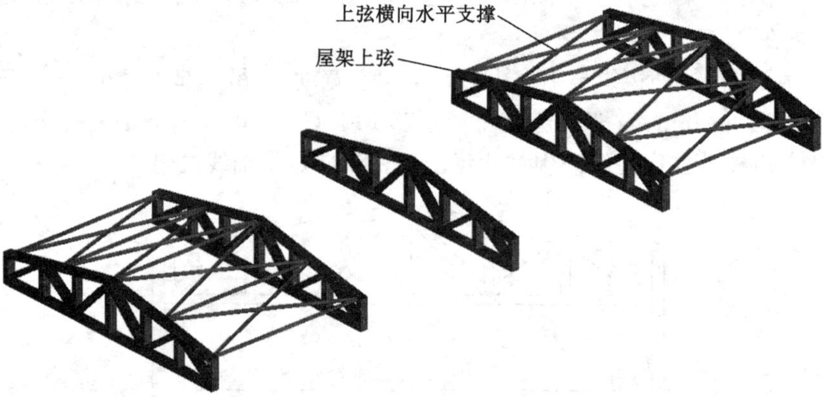

图 2-17　屋盖上弦横向水平支撑

(2) 当采用有檩体系屋盖或刚度较差的组合式或下撑式屋架时，不论有无天窗均应设置；

(3) 设有重级工作制吊车，吨位 $Q \geqslant 30$ t 吊车或设有振动设备时，均应设置。

2) 下弦横向水平支撑

下弦横向水平支撑的作用是保证将屋架下弦受到的纵向水平荷载传给纵向排架柱顶，防止下弦杆产生振动。它一般宜设于厂房端部及伸缩缝处第一柱间，如图 2-18 所示。当具有以下情况之一时，应设置下弦横向水平支撑：

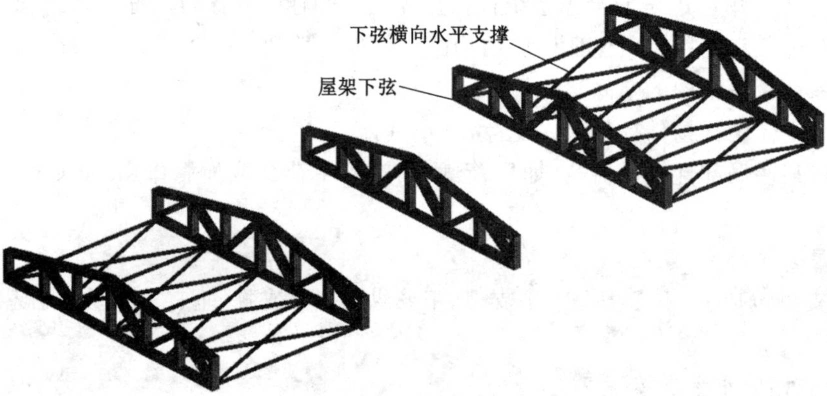

图 2-18　屋盖下弦横向水平支撑

(1) 山墙抗风柱与屋架下弦连接，纵向水平力通过下弦传递时；

(2) 厂房内有较大的振动源，如设有硬钩桥式吊车或 5 t 及以上的锻锤时；

(3) 有纵向运行的悬挂吊车，且吊点设在屋架上弦时，可在悬挂吊车轨道尽头的柱间设置。

3) 下弦纵向水平支撑

下弦纵向水平支撑是由交叉角钢等钢杆件和屋架下弦第一节间组成的水平桁架，如图 2-19 所示。其作用是加强屋盖结构在横向水平面内的刚度，保证横向水平荷载的纵向分布，增强排架的空间工作性能。在屋盖设有托架时，还可以保证托架上缘的侧向稳定，并将托架区域内的横向水平风荷载有效地传到相邻柱上。

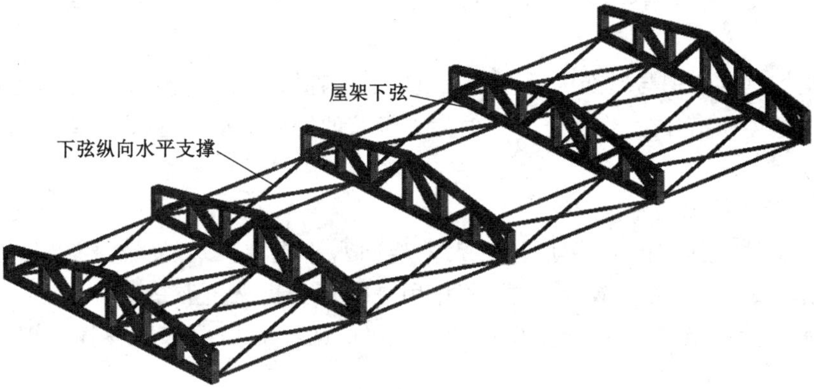

图 2-19　屋盖下弦纵向水平支撑

当具有下列情况之一时，应设置纵向水平支撑：

(1) 当厂房内设有托架时，将纵向水平支撑布置在托架所在的柱间，并向两端各延伸一个柱间；

(2) 当厂房高度大(如单跨厂房柱高 15 m 以上)，软钩桥式吊车吨位 $Q \geqslant 10$ t(重级工作制)或 $Q \geqslant 30$ t(中级工作制)时；

(3) 当厂房内设有硬钩桥式吊车或 5 t 及以上的锻锤时。

4) 垂直支撑及水平系杆

当具有下列情况之一时，应设置垂直支撑或水平系杆：

(1) 当厂房跨度 $L \leqslant 18$ m，且无天窗时，一般可不设垂直支撑及水平系杆；当 18 m$< L \leqslant 30$ m时，应在厂房伸缩缝区段两端第一或第二柱间(与上弦横向水平支撑在同一柱间)设一道中间垂直支撑，并在相应的下弦节点处设置通长水平系杆，如图 2-20 所示；当 $L>$30 m时，应设置两道对称垂直支撑。

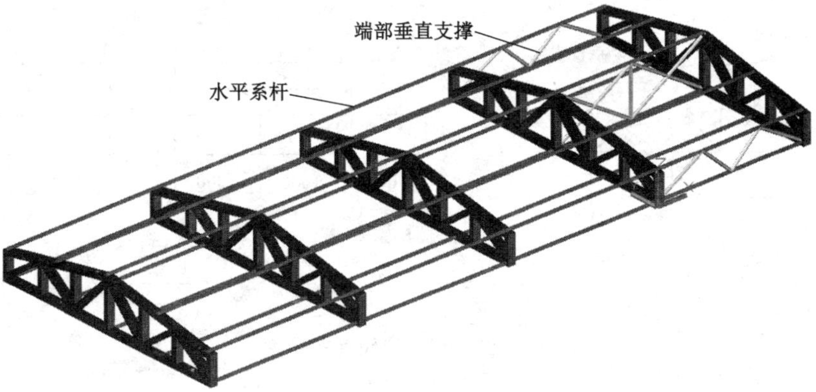

图 2-20　屋架间的垂直支撑和水平系杆

(2) 当采用梯形屋架时，除按上述要求设置外，还应在伸缩缝区段第一或第二柱间内，于屋架支承处设置屋架端部垂直支撑及相应的纵向水平系杆，如图 2-20 所示。

(3) 当屋架下弦设有悬挂式吊车时，在悬挂吊车所在节点处应设置垂直支撑及相应水平系杆。

垂直支撑是由角钢与屋架的垂直腹杆组成的垂直桁架。垂直支撑和水平系杆的作用是保证屋架的整体稳定，防止在吊车工作时屋架下弦的侧向颤动，上弦水平系杆可保证屋架上弦的侧向稳定。

5) 天窗架支撑

天窗架支撑包括如图 2-21 所示的天窗架间水平支撑，以及如图 2-22 所示的天窗架间垂直支撑，一般设置在天窗架两端，其作用是保证天窗架上弦的侧向稳定，并将天窗端壁上的水平风荷载传递给屋架。天窗架支撑与屋架上弦横向水平支撑一般布置在同一柱间。

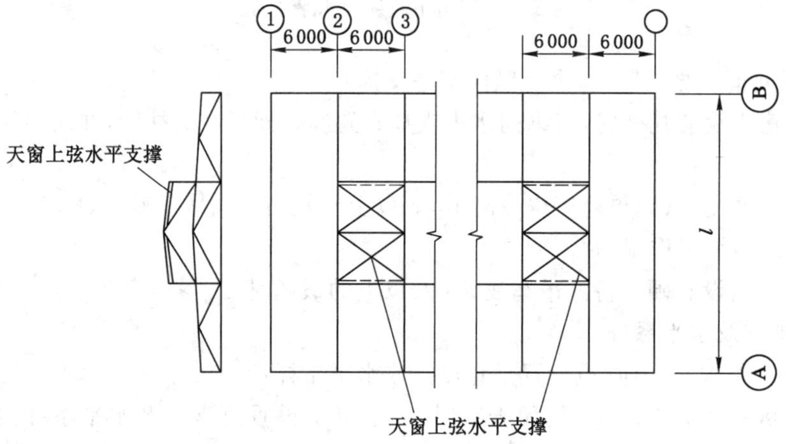

图 2-21 天窗架间水平支撑

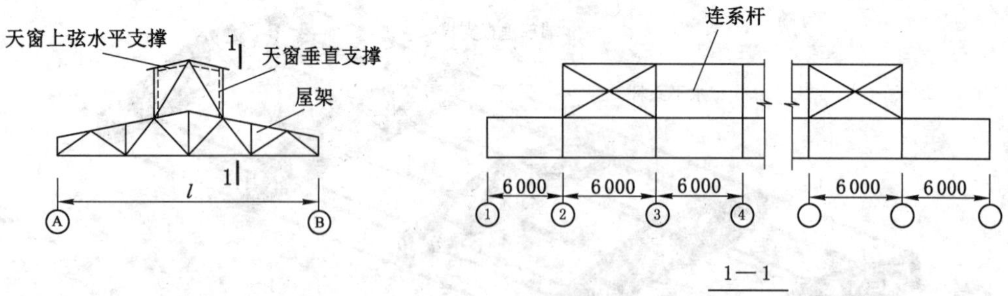

图 2-22 天窗架间垂直支撑

2.3.3.2 柱间支撑

设置柱间支撑主要是为了提高厂房的纵向刚度和稳定性。有吊车的厂房，柱间支撑分为上部柱间支撑和下部柱间支撑，前者位于吊车梁上部，用以承受作用在山墙上的风力并保证厂房上部的纵向刚度；后者位于吊车梁下部，承受上部支撑传来的风力和吊车梁的吊车纵向水平力，并把它们传至基础。

当具有下列情况之一时，应设置柱间支撑：

(1) 设有重级工作制吊车，或起重量 $Q \geqslant 10$ t 的中、轻级工作制吊车；

(2) 设有悬臂式吊车或起重量 $Q \geqslant 3$ t 的悬挂式吊车；

(3) 厂房跨度 $L \geqslant 18$ m，或柱高 $H \geqslant 8$ m 时；

(4) 纵向柱的总数在 7 根以下时；

(5) 露天吊车栈桥的柱列。

当柱间设有承载力和稳定性足够的墙体，且墙体与柱连接紧密能起整体作用，同时吊车起重量较小($Q \leqslant 5$ t)时，可不设柱间支撑。

柱间支撑应设置在伸缩缝区段的中央或邻近中央的柱间，以便在温度变化或混凝土收缩时，厂房能自由变形而不致发生较大的温度或收缩应力。

柱间支撑一般采用交叉钢斜杆，如图 2-23 所示。交叉倾角在 35°～55°之间，钢杆件的截面尺寸应经强度和稳定计算确定。

图 2-23 柱间支撑

2.3.4 围护结构布置

单层厂房的围护结构包括屋面板、墙体、抗风柱、圈梁、连系梁、过梁和基础梁等构件。

2.3.4.1 抗风柱布置

单层厂房的山墙，受风荷载面积大，一般需设置抗风柱将山墙分成几个区格，使山墙受到的风荷载的一部分(靠近纵向柱列的区格)直接传到纵向柱列，另一部分则经抗风柱下端直接传到基础和经上端通过屋盖系统传到纵向柱列。

当厂房高度和跨度均不大(如柱顶标高在 8 m 以下，跨度在 12 m 以下)时，可采用砌体壁柱作为抗风柱；其他情况下，则采用钢筋混凝土抗风柱，如图 2-24(a)所示。钢筋混凝土抗风柱一般设在山墙内侧，并用钢筋与山墙拉结。当厂房高度很大时，为减小抗风柱的截面尺寸，可加设水平抗风梁或桁架，作为抗风柱的中间铰支点。

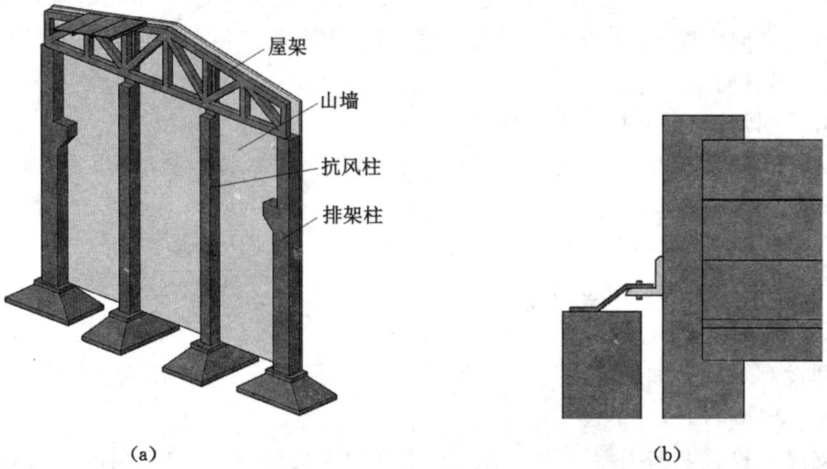

图 2-24　钢筋混凝土抗风柱

(a) 抗风柱、屋架与山墙；(b) 抗风柱与屋架的连接。

抗风柱一般与基础刚接，与屋架上弦铰接，根据具体情况，也可只与下弦铰接或同时与上、下弦铰接。抗风柱与屋架连接必须满足两个要求：

(1) 在水平方向必须与屋架有可靠的连接以保证有效地传递风荷载；

(2) 在竖向应允许两者之间有一定相对位移，防止厂房与抗风柱沉降不均匀时产生不利影响。

所以抗风柱和屋架一般采用竖向可以移动、水平向有较大刚度的弹簧板连接，如图 2-24(b)所示。

2.3.4.2　圈梁、连系梁、过梁和基础梁的布置

(1) 圈梁

圈梁将墙体与排架柱箍在一起，其作用是增强房屋的整体刚度，防止由于地基的不均匀沉降或较大振动荷载等对厂房的不利影响。圈梁置于墙体内和柱连接，仅起拉结作用。圈梁不承受墙体重量，柱上不需设置支承圈梁的牛腿。

圈梁的布置与墙体高度、对厂房刚度的要求和地基情况有关。对于一般单层厂房，圈梁位置的布置示意图如图 2-25(a)所示。对无桥式吊车的厂房，当墙厚 $h<240$ mm，檐口标高为 5～8 m 时，应在檐口附近布置一道，当檐口高度大于 8 m 时宜增设一道。对有桥式吊车或较大振动设备的厂房，除在檐口或窗顶布置圈梁外，宜在吊车梁标高处或其他适当位置增设一道，外墙高度大于 15 m 时还应适当增设。

圈梁宜连续地设在同一水平面上，并形成封闭状；当圈梁被门窗洞口截断时，应在洞口上部增设相同截面的附加圈梁。附加圈梁与圈梁的搭接长度不应小于其垂直距离的 2 倍，且不得小于 1 m，如图 2-25(b)所示。圈梁的截面宽度宜与墙厚相同，当墙厚 $h>240$ mm 时，圈梁的宽度不宜小于 $2h/3$。圈梁高度应为砌体每皮厚度的倍数，且不小于 120 mm。

(2) 连系梁

连系梁的作用是连系纵向柱列，以增强厂房的纵向刚度并传递风荷载到纵向柱列，同时还承受其上部墙体的重量。连系梁通常是预制的，两端搁置在柱牛腿上，其连接可采用螺栓

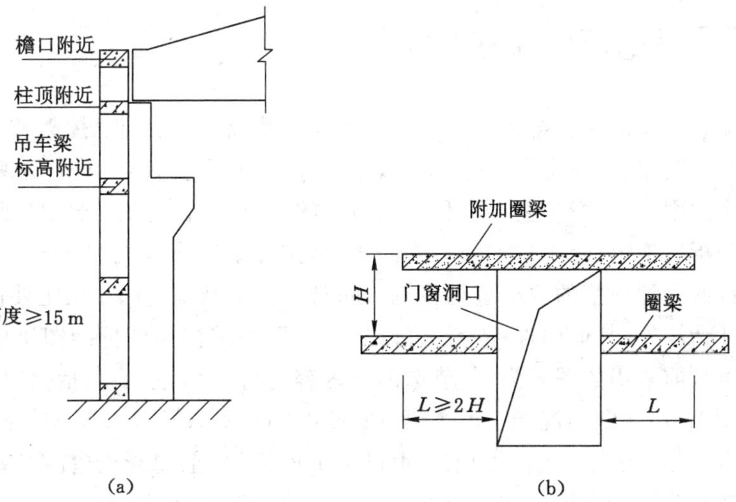

图 2-25 圈梁布置示意图

(a) 圈梁位置示意图;(b) 圈梁的搭接长度。

连接或焊接连接。

(3) 过梁

过梁的作用是承托门窗洞口上的墙体重量。在进行厂房结构布置时,应尽可能将圈梁、连系梁和过梁结合起来,使一个构件起到两个或三个构件的作用,以节约材料,简化施工。

(4) 基础梁

在一般厂房中,通常用基础梁来承托围护墙体的重量,而不另做墙基础。基础梁底距地基土壤表面应预留 100 mm 的孔隙,使梁可随柱基础一起沉降。当基础下有冻胀性土时,应在梁下铺设一层干砂、碎砖或矿渣等松散材料并留 50~150 mm 的空隙,这可防止土壤冻结膨胀时将梁顶裂。基础梁与柱一般可不连接(一级抗震等级的基础梁顶面应增设预埋件与柱焊接),将基础梁直接搁置在柱基础杯口上,或当基础埋置较深时,放置在基础上面的混凝土垫块上,如图 2-26 所示。施工时,基础梁支承处应坐浆。

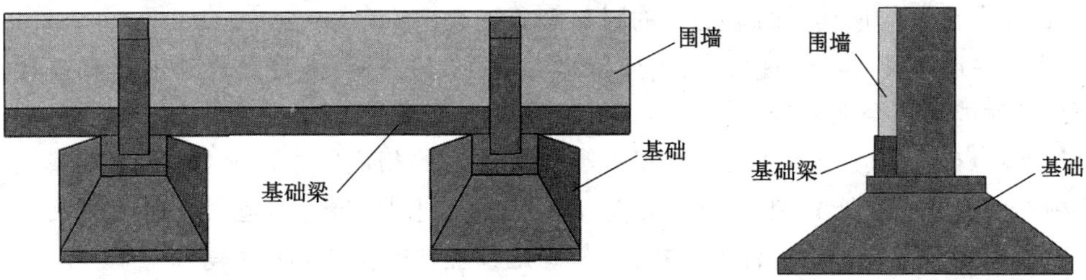

图 2-26 基础梁的布置

当厂房高度不大且地基比较好,同时柱下独立基础埋得较浅时,也可不设基础梁而做砖石或混凝土的墙基础。

2.4 单层厂房结构构件的选型

单层装配式钢筋混凝土排架结构厂房的主要构件包括:屋面板、屋架或屋面梁、吊车梁、连系梁、基础梁、支撑、屋盖支撑、柱间支撑、排架柱、基础等构件,在进行这些构件的选型时需要考虑厂房的刚度、生产工艺要求和建筑施工的要求,结合施工条件、施工技术、构件供应等因素综合分析后确定,经过技术和经济的比较,按标准图集中的要求合理地选用,同时还需要根据现行的各种规范的要求进行核算。除排架柱和基础这两个最主要的承重构件需要进行具体设计计算外,其他构件一般都可以从工业厂房结构构件标准图集中选用合适的标准构件。仅以目前常用的图集为例,节选部分内容进行介绍,主要包括《预应力混凝土折线形屋架》(04G415-1)、《钢筋混凝土吊车梁》(15G323-1～2)、《钢筋混凝土基础梁》(16G320)、《1.5 m×6.0 m 预应力混凝土屋面板》(04G410-1～2)、《钢筋混凝土屋面梁》(04G353)等。

2.4.1 单层工业厂房标准设计图集简介

为加速工业建设步伐,提高设计标准化水平,缩短施工工期,在单层厂房结构设计中,多选用标准、定型构件。钢筋混凝土单层厂房结构构件包括屋面板、天窗架(檩条)、支撑、屋架、吊车梁、墙板、连系梁、圈梁、基础梁、柱和基础等。

工业厂房结构构件标准图集有三类:

(1) 经中华人民共和国住房和城乡建设部批准的全国通用标准图集,适用于全国各地;

(2) 经某地区审定的通用图集,适用于该地区;

(3) 经某设计院审定的定型图集,适用于该设计院所设计的工程。

下面以全国通用标准图集为例说明这类设计文件所包含的内容以及选用构件时的注意事项。

全国通用标准图集一般包括设计和施工说明、构件选用表、结构布置图、连接大样图、模板图、配筋图、预埋件详图、钢筋及钢材用量表等内容,它们均属于结构施工图,因此可作为施工的依据。

(1) 设计和施工说明:包括本类构件的使用范围、设计依据、选用方法、设计计算原则、所用材料、施工制作及安装要求等部分。选用构件时,特别要注意的是它的适用范围和规定的选用条件,这是选用构件的前提。设计者可根据设计计算原则对构件进行复核和检查,选用构件还要考虑制作该构件时需提供的材料和施工设施。

(2) 构件选用表:是选用构件的主要依据。在选用时只要满足允许外加荷载组合设计值的要求,就能选用合适的构件。

(3) 结构布置图、连接大样图:是和本类构件配套的相应图纸。例如,选用某型号屋架时,必须参阅有关结构布置图,才能确定与该屋架配套的支撑构件,还必须参阅有关连接大样图,才能确定屋架与其他构件的连接做法,确定预埋件的位置和尺寸等。

(4) 模板图:表示构件总体尺寸、截面尺寸、预埋件等细部尺寸,主要供支模时应用。

(5) 配筋图:表示构件的配筋情况和节点配筋大样,主要供钢筋工成型和绑扎钢筋时应用。

(6) 预埋件详图:表示构件中各种预埋件的尺寸和做法,主要供制作加工预埋件时应用。

(7) 钢筋及钢材用量表:表示构件中各种钢筋和钢材的形状、尺寸、数量、总用量、总重量等，主要供钢筋成型、钢筋加工和编制施工预算时应用。

在选用构件时，应认真了解以上各部分内容，尤其要仔细阅读“设计和施工说明”和“构件选用表”两部分，对其中适用范围和施工要求更要予以重视。

当所设计的构件完全符合标准图集中所列的各项要求时，便可直接选用标准图集中的某个型号的构件。但在某些情况下，如材料强度、荷载情况、施工条件等不能符合标准图集的各项要求时，则可以对标准图集中某个型号的构件进行必要的承载力、抗裂度、变形和最大裂缝宽度验算，有时要做局部修改，以满足设计要求。

2.4.2 屋面板

单层厂房屋面板主要有以下几种：预应力混凝土大型屋面板，预应力混凝土 F 形屋面板、预应力混凝土单肋板、预应力混凝土夹心保温屋面板、钢筋混凝土槽瓦和波形大瓦等。

2.4.2.1 无檩屋盖的屋面板

不同的屋盖体系一般选用对应的屋面板，对于无檩体系的屋盖，常采用大型预应力混凝土屋面板。此外，还可以采用预应力 F 形屋面板、预应力自防水保温板等，如表 2-2 所示。其中应用较多的预应力混凝土屋面板（或称为预应力混凝土大型屋面板），其外形尺寸常用的是 1.5 m×6 m，为配合屋架尺寸，还有 0.9 m×6 m 的嵌板，其形式见国家标准图集《1.5 m×6.0 m 预应力混凝土屋面板》(04G410-1～2)。在《1.5 m×6.0 m 预应力混凝土屋面板》(04G410-1)中，主要包括预应力屋面板及其檐口板、预应力混凝土屋面板采光、通风开洞板、预应力混凝土嵌板及其檐口板；在《1.5 m×6.0 m 预应力混凝土屋面板》(04G410-2)中，主要包括钢筋混凝土屋面板、嵌板、钢筋混凝土天沟板和檐口板。当受施工条件限制且外加荷载值较小时，可采用钢筋混凝土屋面板和嵌板。

表 2-2 常用无檩屋盖屋面板类型

序号	构件名称	形　　式	特点及适用范围
1	预应力混凝土屋面板		(1) 屋面可为卷材防水，也可为非卷材防水； (2) 屋面水平刚度大； (3) 适用于中、重型和振动较大的厂房； (4) 屋面坡度：卷材防水≤1/5，非卷材防水≤1/4。
2	预应力混凝土 F 形屋面板	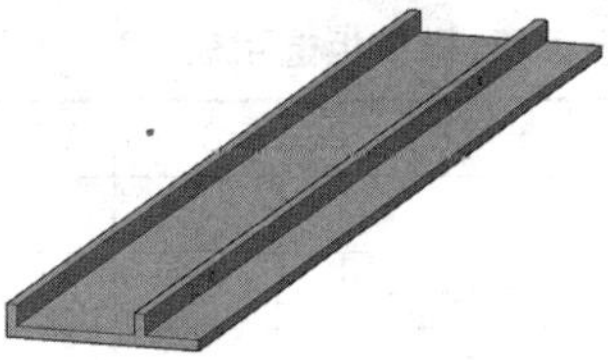	(1) 屋面为自防水； (2) 屋面水平刚度小，但节省材料； (3) 适用于中、小型非保温厂房； (4) 屋面坡度 1/8～1/4。
3	预应力混凝土单肋板	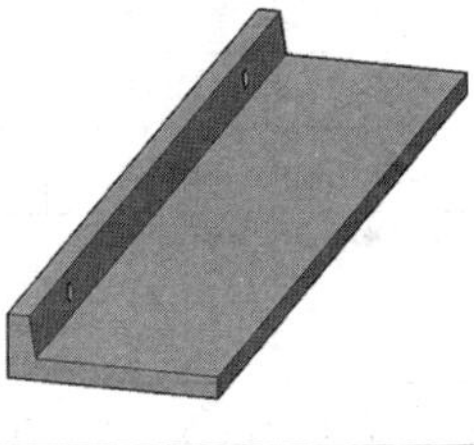	(1) 屋面为自防水； (2) 屋面刚度差，但节省材料； (3) 适用于中、小型非保温厂房； (4) 屋面坡度 1/4～1/3。

预应力混凝土屋面板由面板、横肋和纵肋组成，预应力混凝土屋面板的平面构造尺寸(从纵肋和端肋底面外边缘到外边缘计算)为 1 490 mm×5 970 mm，比标志尺寸 1.5 m×6 m略小，所留孔隙作为嵌缝之用。

主肋(纵肋)中配有预应力钢筋，是屋面板主要受力部分。主肋高度除应满足承载力、刚度和抗裂度要求外，还要考虑经济和制作条件，国家建筑标准图集《1.5 m×6.0 m 预应力混凝土屋面板》(04G410)统一采用 240 mm，主要是为了减少模板规格，便于施工，使各级屋面荷载和各类钢筋均能适用。

横肋和端肋可增加板的刚度和减小板的弯矩，横肋的间距一般为 1.5 m，高度一般为 120 mm。

确定面板的厚度不但要根据板的受力情况和刚度要求，而且要考虑制作条件，根据实践经验，卷材防水屋面板厚度不宜小于 25 mm，非卷材防水屋面板(自防水)厚度不宜小于 30 mm。板肋交接处做成圆弧或八字角，主要为方便脱模，有利于分散传递预应力以减少交接处开裂。

屋面板的混凝土强度等级常用 C30，当荷载较大时可用 C40。面板配筋采用 ϕ6 mm@200 mm×200 mm 方格网，纵肋预应力钢筋可采用冷拉Ⅰ、Ⅲ、Ⅳ级钢筋，国家建筑标准图集中有相应的三种配筋方案。

屋面板的受力情况与现浇钢筋混凝土肋梁楼盖相似，横肋相当于次梁，纵肋相当于主梁。面板依肋间距的不同，可分为单向板和双向板两种。面板与纵肋和横肋按固定边相接，而与端肋按简支边相接。横肋和纵肋均可按 T 形截面简支梁计算，计算跨度取净跨。考虑施工或检修集中荷载时，集中荷载的作用位置按最不利情况考虑：计算弯矩时考虑集中荷载作用于跨中，计算剪力时考虑集中荷载作用于支座边。

2.4.2.2 按标准图集选择屋面板的方法

下面以 1.5 m×6.0 m 预应力混凝土屋面板为例，说明构件选用方法。

1）选用方法

(1) 若板上只有均布荷载时，可直接按选用表 2-3 中所给的允许外加均布荷载组合设计值进行选用。若板上有其他形式荷载作用时，应按实际情况核算。

(2) 用于厂房端部或伸缩缝处的屋面板、檐口板与一般屋面板、檐口板的承载力相同。

(3) 屋面板、檐口板选用参考表 2-3 进行。

表 2-3 屋面板、檐口板选用表

板号		Y-WB-1x	Y-WB-2x	Y-WB-3x	Y-WB-4x	Y-WBT-1x	Y-WBT-2x
混凝土强度等级		C30			C40		
板自重/(kN/m²)		1.4	1.4	1.4	1.4	1.4	1.4
灌缝重/(kN/m²)		0.1	0.1	0.1	0.1	0.05	0.05
预应力钢筋种类与直径	冷拉 HRB335 级钢筋	$B^{1}14$	$B^{1}16$	$B^{1}18$	$B^{1}20$	$B^{1}20$	$B^{1}22$
	冷拉 HRB400 级钢筋		$C^{1}14$	$C^{1}16$	$C^{1}18$	$C^{1}18$	$C^{1}20$
允许外加均布荷载基本组合设计值 $[q]$/(kN/m²)	冷拉 HRB335 级钢筋	1.47	2.50	3.65	4.96	2.58	3.49
	冷拉 HRB400 级钢筋		2.05	3.24	4.62	2.35	3.32

注：1. 板编号：Y-WB-1x，其中 Y—预应力；WB—屋面板；1—荷载等级；x—主筋类别。

2. 选用时，应满足 $q \leqslant [q]$，q 值按式(2-4)计算。

$$q=\gamma_G G_k+\sum_{i=1}^{n}(\gamma_{Qi}\psi_{ci}Q_{ik}) \tag{2-4}$$

式中　q——外加均布荷载基本组合设计值；

γ_G——永久荷载的分项系数；

G_k——永久荷载标准值，不包括板自重及灌缝自重；

γ_{Qi}——第 i 个可变作用的分项系数；

ψ_{ci}——可变荷载 Q_i 的组合值系数；

Q_{ik}——第 i 个可变作用的标准值。

2）选用实例

【例题 2.1】　某单层厂房车间，采用卷材防水屋面，抗震设防烈度为 8 度，结构构件重要性系数 $\gamma_0=1.0$，屋面荷载为：

4 mm 厚 SBS 卷材防水层	$G_{1k}=0.05\ \text{kN/m}^2$
80 mm 厚泡沫混凝土保温层	$G_{2k}=0.48\ \text{kN/m}^2$
20 mm 厚水泥砂浆找平层	$G_{3k}=0.40\ \text{kN/m}^2$
积灰荷载	$Q_{1k}=0.5\times2\ \text{kN/m}^2$
活荷载	$Q_{1k}=0.7\ \text{kN/m}^2$

试选用屋面板号。

解　计算外加荷载组合设计值

$$q=1.3\times(0.05+0.48+0.40)+1.5\times(0.5\times2+0.7)=3.76\ (\text{kN/m}^2)$$

从表 2-3 查知，选用 Y-WB-4x 可以满足要求。

2.4.2.3　有檩屋盖的屋面板

对于有檩体系屋盖，常选用表 2-4 所示的屋面板，采用如图 2-27 所示的预应力混凝土槽形瓦和波形大瓦等小型屋面板。小型屋面板支承在檩条上，檩条搁置在屋架上，檩条支承小型屋面板并将荷载传递给屋架。目前应用较多的是钢筋混凝土檩条或预应力混凝土檩条，如图 2-28 所示。

表 2-4　有檩体系屋盖常用屋面板类型表

序号	构件名称	形　　式	特点及适用范围
1	钢筋混凝土槽形瓦	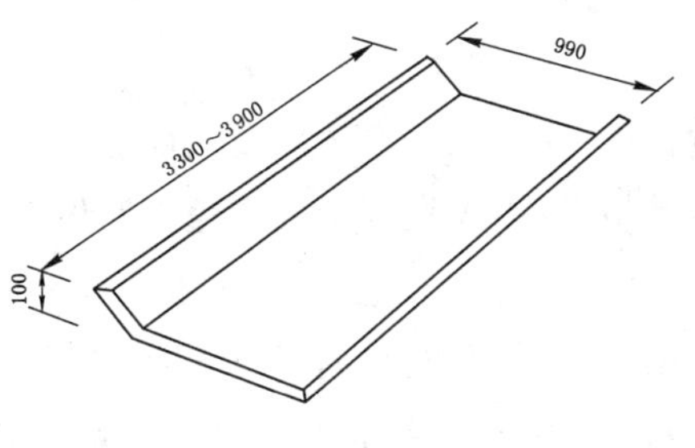	(1) 在檩条上互相搭接，沿横缝及脊缝加盖瓦和脊瓦； (2) 屋面材料省，构造简单，施工方便，但刚度差，如构造和施工不当，易渗漏； (3) 适用于中、轻型厂房，不适用于有腐蚀性介质、较大振动、对屋面刚度及防水要求高的厂房； (4) 屋面坡度 1/5～1/3。

表 2-4(续)

序号	构件名称	形　式	特点及适用范围
2	钢丝网水泥波形瓦	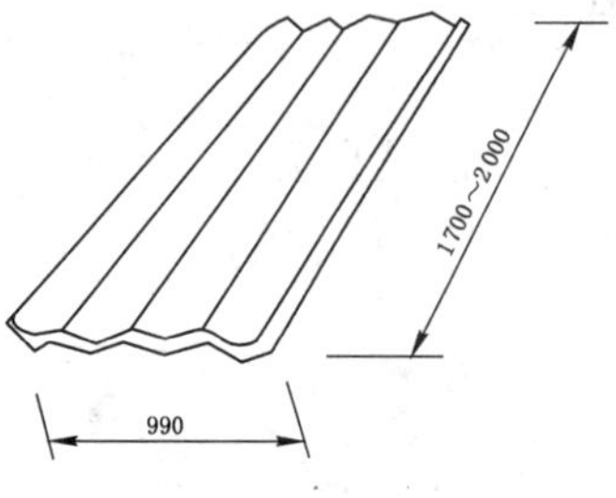	(1) 在纵横向互相搭接,加脊瓦; (2) 屋面材料省,施工方便,但刚度差,运输安装不当,易损坏; (3) 适用于轻型厂房,不适用于有腐蚀性介质、较大振动、对屋面刚度及防水要求高的厂房; (4) 屋面坡度 1/5～1/3。

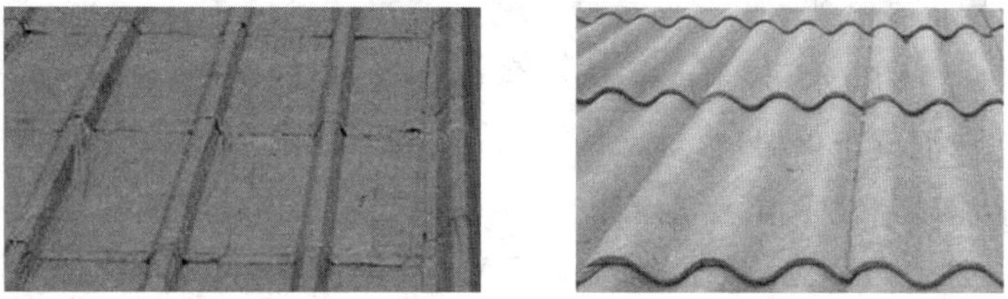

(a)　　(b)

图 2-27　有檩体系屋面板

(a) 槽形瓦;(b) 波形大瓦。

(a)　　(b)

图 2-28　钢筋混凝土檩条

(a) 工字形檩条;(b) 斜面檩条。

2.4.3　屋架和屋面梁

2.4.3.1　屋架和屋面梁的类型

屋架和屋面梁是屋盖的主要承重构件,除了承受自重以及屋面板等上部荷载外,还传递横向排架的横向水平荷载。屋架与屋面板、屋盖支撑等形成屋盖空间体系结构,维持屋盖的刚度和稳定性。

常用屋架(屋面梁)的种类有屋面梁、拱屋架和桁式屋架三大类,如表 2-5 所示。选择合理的屋架形式,不仅要考虑受力合理与否,而且还要综合考虑其他因素,如施工条件、材料供应、跨度大小等。根据国内工程实践经验,对屋架的选用提出了如下建议:

表 2-5　常用屋面梁与屋架(6 m 柱距)

构件名称 (标准图号)	形　　式	跨度 /m	特点及适用条件
预应力混凝土 单坡屋面梁	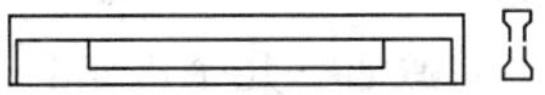	9 12	梁高小,重心低,侧向刚度好,施工较方便,但自重大。适用于有较大振动、腐蚀性介质的厂房。屋面坡度 1/12～1/8。
预应力混凝土 双坡屋面梁		12 15 18	
预应力混凝土 三铰拱屋架	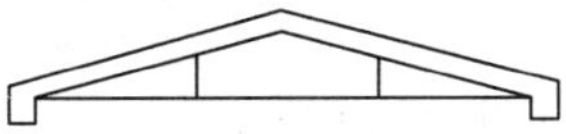	9 12 15 18	上弦为先张法预应力混凝土,下弦为角钢,其他同上。
钢筋混凝土 组合式屋架	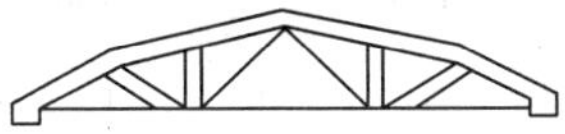	12 15 18	上弦及受压腹杆为钢筋混凝土,下弦及受压腹杆为角钢,自重较轻。适用于中、轻型厂房。屋面坡度 1/4。
钢筋混凝土 折线形屋架 (卷材防水屋面)	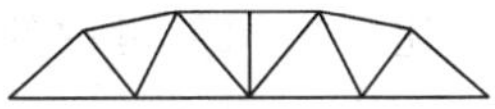	15 18 21 24	外形较合理,屋面坡度合适。适用于卷材防水屋面的中型厂房。
预应力混凝土 折线形屋架 (卷材防水屋面)	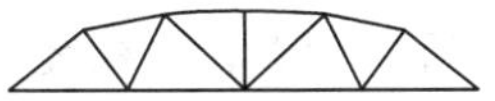	18 21 24 27 30	适用于卷材防水屋面的重、中型厂房，其他同上。
预应力混凝土 折线形屋架 (非卷材防水屋面)	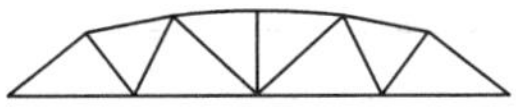	18 21 24	外形较合理,屋面坡度合适,自重较轻。适用于非卷材防水屋面中型厂房。屋面坡度 1/4。
预应力混凝土 梯形屋架	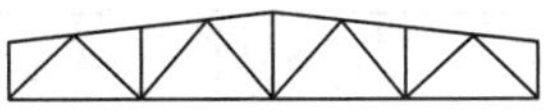	18～30	自重较大,刚度好。适用于卷材防水屋面重型、高温及采用井式横向天窗的厂房。屋面坡度 1/12～1/10。
预应力混凝土 直腹杆屋架	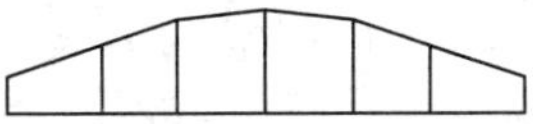	15～36	无斜腹杆,构造简单,但端部坡度较陡。适用于采用井式或横向天窗的厂房。

(1) 厂房跨度为 15 m 及 15 m 以下时:当吊车起重量小于或等于 10 t,且无大的振动荷载时,可选用组合式屋架;当吊车起重量大于 10 t 时,宜选用预应力混凝土双坡屋面梁或折线形屋架。

(2) 厂房跨度为 18 m 及 18 m 以上时:一般宜选用预应力混凝土折线形屋架;当跨度为

18 m时，也可选用组合式屋架，当吊车起重量等于或小于10 t时可选用预应力混凝土双坡屋面梁。对于采用井式天窗的厂房，一般宜选用预应力混凝土梯形屋架。

(3) 对于悬挂吊车多而复杂的车间，宜采用预应力混凝土屋面梁。

目前常用的图集为《钢筋混凝土折线形屋架》(04G314)、《预应力混凝土折线形屋架》(04G415-1)。在选取屋架形式的时候，一般需要考虑如下几个因素：

(1) 工艺和建筑设计要求：跨度、下弦标高、车间的吊车吨位和振动情况、有无悬挂吊车或工艺设备、有无天窗及天窗的做法、屋面排水坡度、有无天沟及天沟的做法等。

(2) 屋面荷载情况：屋面板和天窗架集中荷载位置、屋面构造层的做法等。

(3) 施工条件和材料供应情况：预应力设备、吊装能力、焊接技术、构件制作水平、运输能力等。

(4) 各种屋架的适用范围和技术经济指标，如表2-5所示。

屋架是厂房结构的一个重要组成部分，屋架选型的合理与否直接关系到厂房屋盖结构的刚度和稳定性。因此，选择屋架不仅要从以上几方面考虑，而且还要把屋架与其他构件联系起来，作为一个结构整体，进行全面的、综合的技术经济比较，才能确定合理的屋架形式。

选出相应的屋架形式后，便可查阅有关标准图集。各种屋架形式往往是按屋架的不同跨度、承载能力、檐口形状、天窗类别分别编号的，比一般构件考虑的内容要多一些，在屋架标准图集的设计说明和构件选用方法中，都详细写明了与檐口、天窗类别有关的屋架的代号和各种代号的物理意义，并按照屋架的编号分别列出它的承载能力等级。

《钢筋混凝土折线形屋架》(04G314)中，以6 m天窗类别及其传给屋架的荷载设计值为例，如表2-6所示；檐口形状及其代号如表2-7所示；屋架承载能力等级选用表如表2-8所示。

表2-6　6 m天窗类别及其传给屋架的荷载设计值

天窗类别代号	b	c	d	e
使用情况	钢天窗架	钢天窗架 带轻质墙壁板	钢天窗架 带挡风板	钢天窗架 带轻质墙壁板及挡风板
作用在屋架上的荷载限值/kN	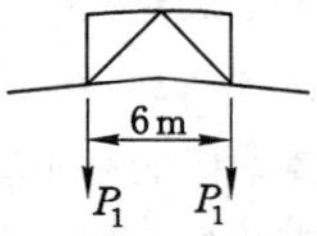 P_1=19.00	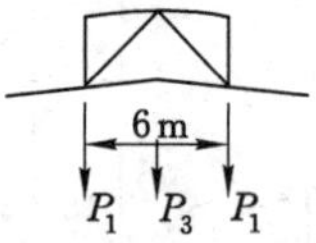 P_1=22.00 P_3=17.00	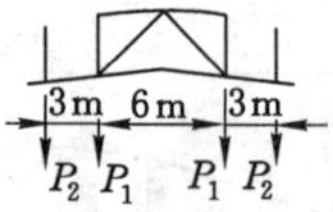 P_1=19.00 P_2=15.50	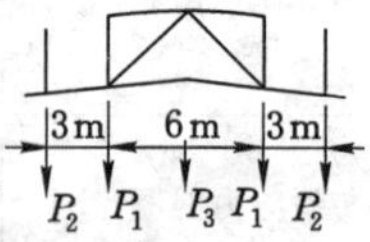 P_1=26.00 P_2=12.00 P_3=17.00

注：1. 无天窗时类别代号为a；

2. 表中P_1、P_2、P_3为天窗架传给屋架的荷载设计值(kN)，其中包括天窗架、窗扇、天窗侧板、端壁板、挡风板和支撑的重力荷载，但不包括屋面荷载设计值。

表 2-7 檐口形状及其代号

代号	跨度情况	檐口示意图	备注
A	单跨或多跨时的内跨	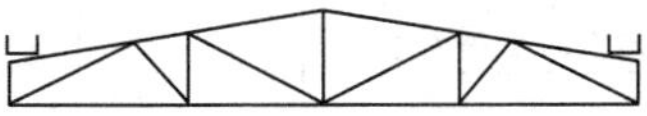	两端内天沟
B	单跨时	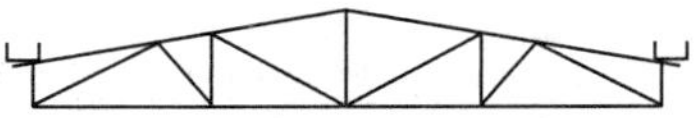	两端外天沟
C	单跨时	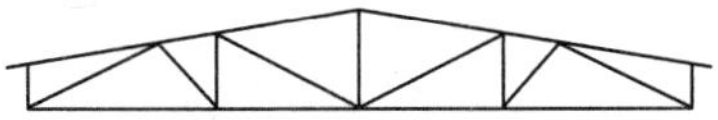	两端自由落水
D	多跨时的边跨	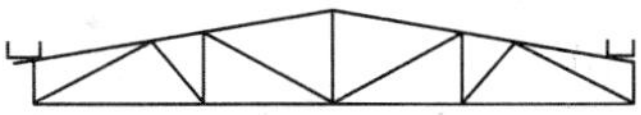	一端外天沟 一端内天沟
E	多跨时的边跨	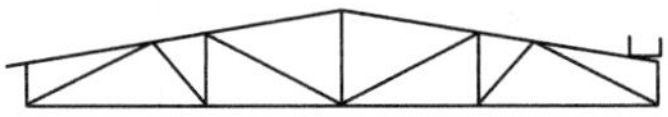	一端自由落水 一端内天沟

表 2-8 屋架承载能力等级选用表(以 18 m 预应力混凝土屋架为例)

屋面荷载设计值/(kN/m²)			3.5			4.0			4.5			5.0			5.5			6.0		
天窗类别			a	b,c	d,e	a	b,c	d,e	a	b,c	d,e	a	b,c	d,e	a	b,c	d,e	a	b,c	d,e
YWJ18-XXx		无悬挂吊车	1	1	2	1	2	2	1	3	3	2	3	3	3	4	4	3	5	5
	悬挂吊车	一台 1 t 电动葫芦	1	2	2	1	2	3	2	3	3	3	3	4	3	5	5	4	6	6
		一台 2 t 电动葫芦	1	2	3	2	3	3	2	3	3	3	4	5	3	5	6	4	—	—
		一台 3 t 电动葫芦	2	3	3	2	3	3	3	4	4	3	5	5	4	6	6	—	—	—
		一台 1 t 电动单梁悬挂吊车	1	2	3	2	3	3	3	3	3	3	4	5	3	5	6	4	6	6
		一台 2 t 电动单梁悬挂吊车	1	2	3	2	3	3	3	3	4	3	5	5	4	6	6	4	—	—
		一台 3 t 电动单梁悬挂吊车	2	3	3	2	3	3	3	4	5	3	6	6	4	6	6	—	—	—

2.4.3.2 按标准图集选择屋架的方法

下面以 18 m 预应力混凝土屋架为例,说明屋架的选用方法。

1) 选用方法

屋架型号中各参数代表的含义:以 YWJ18-XXx 为例,如图 2-29 所示。

从图 2-29 可以看出,YWJ 为预应力混凝土屋架;18 为跨度 18 m;XXx 分别代表承载能力等级、檐口形状代号和天窗类别代号。

2) 选用实例

【例题 2.2】 某工程为一单跨车间,跨度为 18 m,柱距为 6 m,设有 6 m 钢天窗架,带轻质端壁板及挡风板,檐口采用内天沟,抗震设防烈度为 8 度(0.2g),Ⅱ类场地土,悬挂一台

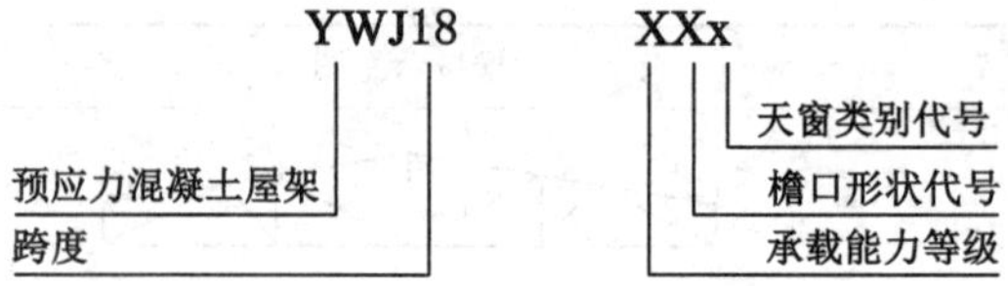

图 2-29　屋架 YWJ18-XXx 型号含义

2 t电动单梁悬挂吊车。

屋面荷载标准值计算如下：

屋面防水层	$0.35\ kN/m^2$
20 mm 厚找平层	$0.40\ kN/m^2$
150 mm 厚保温层	$0.90\ kN/m^2$
预应力混凝土屋面板及灌缝重	$1.50\ kN/m^2$
屋面支撑及吊管自重	$0.15\ kN/m^2$
永久荷载标准值	总计　$3.30\ kN/m^2$

可变荷载标准值　$0.50\ kN/m^2$（组合值系数为 0.7）

雪荷载标准值（考虑不均匀分布）

$$0.40\times1.1=0.44\ (kN/m^2)$$（组合值系数为 0.7）

无积灰荷载

屋面荷载设计值

$$q=1.3\times3.30+1.5\times0.5=5.04\ (kN/m^2)$$

试选用屋架型号。

解　由表 2-6 可知 6 m 钢天窗架带挡风板和带轻质端壁板及挡风板的代号分别为 d、e；

由表 2-7 可知，檐口形状为内天沟，代号为 A；

由屋架承载能力等级选用表 2-8，根据实际屋面荷载设计值，在表中 18 m 屋架屋面荷载设计值为 $q=5.5\ kN/m^2$ 一栏，选取屋架承受能力等级为 3。

因此，有天窗带挡风板处屋架型号为 YWJ18-3Ad；有端壁天窗带挡风板处屋架型号为 YWJ18-3Ae。

2.4.4　托架和天窗架

在工业厂房中，由于工业或者交通需要取掉某轴线上的排架柱，而在大开间位置设置托架，支托去掉柱的屋架。托架一般采用平行弦桁架，其腹杆采用带竖杆的人字形体系，托架安装在两侧的排架柱上。托架多为跨度为 12 m 的预应力混凝土三角形或折线形结构，如图 2-30 所示。

在单层厂房屋面上，为满足厂房天然采光和自然通风的要求，常设置各种形式的天窗，常见的天窗形式有矩形天窗、平天窗及下沉式天窗等。天窗架位于屋架上弦上，常用的钢筋混凝土天窗架如图 2-31 所示。

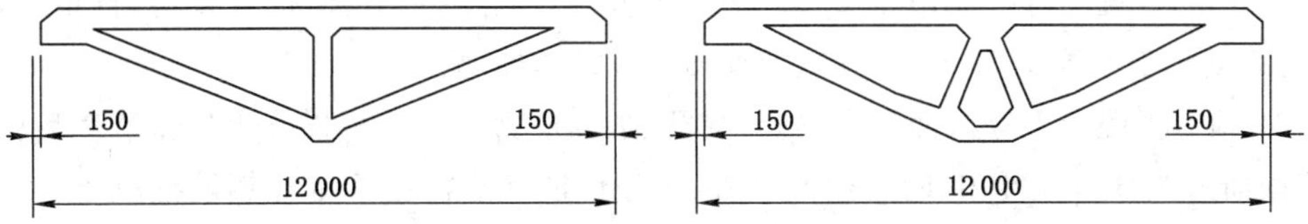

图 2-30 钢筋混凝土托架

(a) 三角形;(b) 折线形。

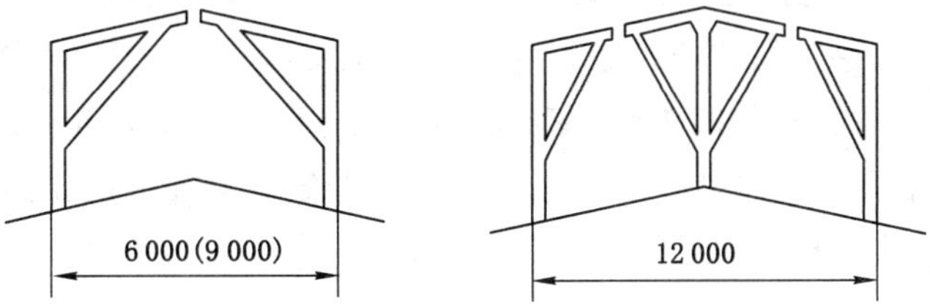

图 2-31 钢筋混凝土天窗架

2.4.5 吊车梁

吊车梁是支承桥式起重机运行的构件。吊车梁上有吊车轨道,起重机通过轨道在吊车梁上来回行驶。吊车梁支承在柱牛腿上,承受吊车传来的竖向荷载以及启动、制动时产生的横向或纵向水平荷载,并把它们传给牛腿和横向或纵向平面排架。吊车梁同时还有连系纵向柱列,增强厂房纵向刚度的作用。常用吊车梁的类型见表 2-9。

表 2-9 常用吊车梁类型

构件名称	形 式	跨度/m	特点及适用范围
钢筋混凝土等截面吊车梁(厚腹)	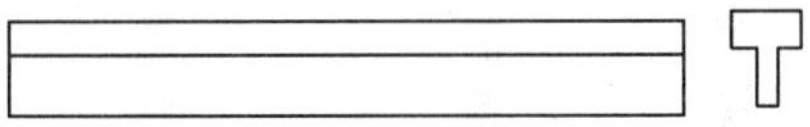	6	轻级:3～50 t 中级:3～30 t 重级:5～20 t
预应力混凝土等截面吊车梁	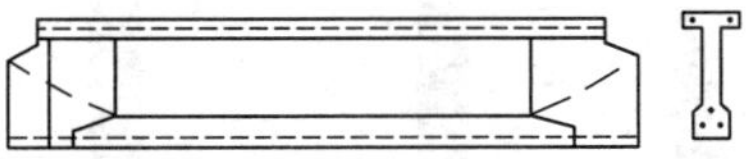	6	轻级:15～100 t 中级:5～100 t 重级:5～50 t
预应力混凝土变截面吊车梁	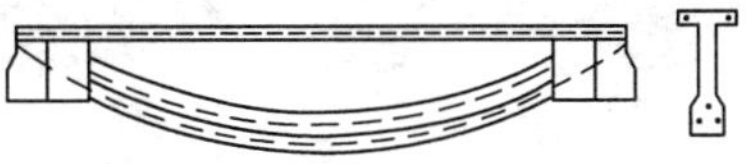	6	中级: 15～125 t 重级:10～100 t
组合式吊车梁	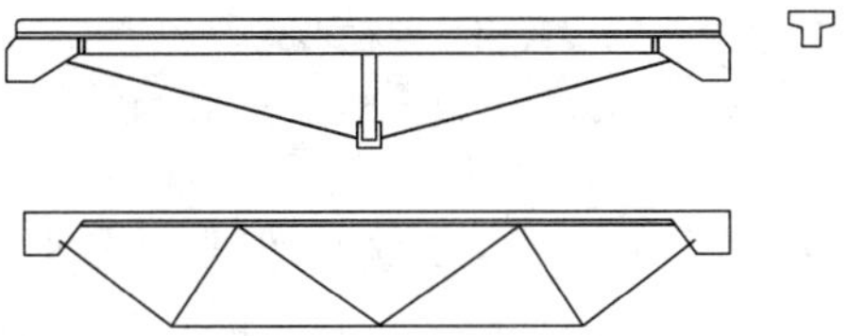	6、12	轻、中级:≤5 t

钢筋混凝土吊车梁的形式很多，目前常用的主要有以下几种：

（1）钢筋混凝土等截面吊车梁。这种吊车梁施工制作简单，但比较费料，自重大，适用于厂房跨度小于或等于 30 m、吊车起重量 30 t 以下的情况。

（2）预应力混凝土等截面吊车梁。根据施加预应力的方法可以分为先张法和后张法两种；其截面形式分为 T 形和 I 形两种。它的工作性能和经济指标都比钢筋混凝土等截面吊车梁好，运输、堆放和施工均较方便，适用于吊车起重量为 75 t 以下的情况。

（3）预应力混凝土变截面吊车梁。这种梁下翼缘设计成抛物线形或折线形，外形接近于弯矩包络图，各正截面抗弯能力接近于等强度。由于受拉边的部分区段是倾斜的，因此受拉主筋的竖向分力可抵消部分剪力，从而减薄腹板的厚度，节约混凝土和减少竖向箍筋用量，取得较好的经济效果。但它的构造和制作比较复杂，运输堆放需设专门支垫，折线形吊车梁的构造和制作较鱼腹式的简单些，变截面吊车梁一般在吊车起重量大、跨度大时采用。

（4）组合式吊车梁。这种梁的上弦是矩形或 T 形截面钢筋混凝土连续梁，下弦和腹杆都采用角钢（受压竖腹杆也可以用钢筋混凝土制作）。该种梁自重轻，但其刚度比钢筋混凝土吊车梁的小，用钢量也比较大，节点处构造复杂，性能难以保证，焊接技术要求高，焊接工作量大。因此，它只适用于吊车起重量较小（一般不大于 5 t）的轻、中级工作制吊车。

设计时可根据厂房的生产工艺要求和吊车的工作级别、跨度、起重量和台数从相应的标准图中选用，并在结构布置图中标明其编号。

2.4.6 排架柱

排架柱一般由上柱、牛腿和下柱组成，其中上柱多为矩形，下柱的常用形式有矩形截面柱、工字形截面柱和双肢柱等，如图 2-32 所示。一般，当排架柱的截面高度 $h \leqslant 500$ mm 时，采用矩形截面柱；当 $h = 600 \sim 800$ mm 时，采用矩形或工字形截面柱；当 $h = 900 \sim 1\,200$ mm时，采用工字形截面柱；当 $h = 1\,300 \sim 1\,500$ mm 时，采用工字形截面柱或双肢柱；当 $h \geqslant 1\,600$ mm 时，采用双肢柱。

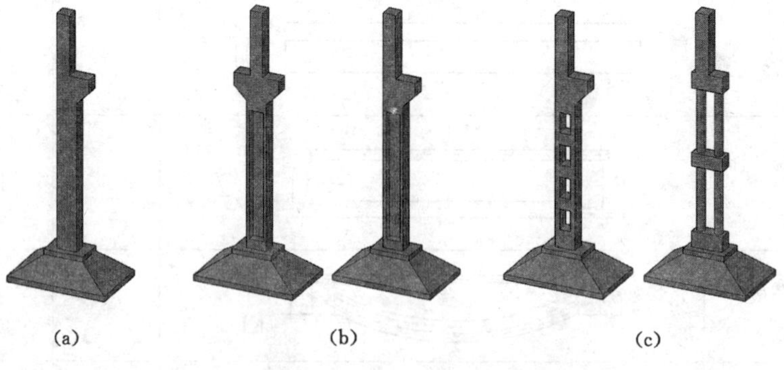

图 2-32　常用排架柱形式

(a) 矩形截面柱；(b) 工字形截面柱；(c) 双肢柱。

矩形排架柱的混凝土用量大，经济指标差，自重大，但是其外形简单，施工方便，在小型厂房中较为常用。工字形排架柱的截面形式能够充分发挥其材料的承载能力，目前应用较为广泛。

排架柱的截面尺寸不仅要满足截面承载力要求，还要具有足够的刚度，以保证厂房在正常使用过程中不出现过大的变形。因为厂房刚度的影响因素比较多，所以现阶段主要是依据已建成厂房的实际经验和实测资料来估算排架柱的截面尺寸，表 2-10 列出可不进行刚度验算的柱的最小截面尺寸。影响排架柱截面尺寸的主要因素包括吊车的起重量和排架柱的类型，此外还需要参考厂房跨数、厂房的高度、排架柱的形式、围护结构所用的材料、施工和吊装方法等。根据刚度要求，当厂房柱距为 6 m 时，采用一般桥式软钩吊车的工作级别为 A4、A5 时，排架柱的选取可以参考表 2-11 列出的柱的截面尺寸。

表 2-10 6 m 柱距矩形和工字形截面柱最小截面尺寸

序号	柱的类型	截面尺寸			
		b	h		
			$Q \leqslant 10$ t	10 t$<Q<$30 t	30 t$\leqslant Q \leqslant$50 t
1	有吊车厂房下柱	$\geqslant H_1/25$	$\geqslant H_1/14$	$\geqslant H_1/12$	$\geqslant H_1/10$
2	露天吊车柱	$\geqslant H_1/25$	$\geqslant H_1/10$	$\geqslant H_1/8$	$\geqslant H_1/7$
3	单跨无吊车厂房	$\geqslant H/30$	$\geqslant 1.5H/25$		
4	多跨无吊车厂房	$\geqslant H/30$	$\geqslant 1.25H/25$		

注：H_1 为基础顶至吊车梁底的高度；H 为基础顶至柱顶总高度；Q 为吊车起重量。

表 2-11 6 m 柱距中级工作吊车厂房柱常用截面尺寸

吊车起重量/t	轨顶标高/m	边柱/mm		中柱/mm	
		上柱 $b \times h$	下柱 $b \times h \times h_f$	上柱 $b \times h$	下柱 $b \times h \times h_f$
≤5	6～8	矩 400×400	Ⅰ 400×600×100	矩 400×400	Ⅰ 400×600×100
10	8	矩 400×400	Ⅰ 400×700×100	矩 400×600	Ⅰ 400×800×150
	10	矩 400×400	Ⅰ 400×800×150	矩 400×600	Ⅰ 400×800×150
15～20	8	矩 400×400	Ⅰ 400×800×150	矩 400×600	Ⅰ 400×800×150
	10	矩 400×400	Ⅰ 400×900×150	矩 400×600	Ⅰ 400×1 000×150
	12	矩 500×400	Ⅰ 500×1 000×200	矩 500×600	Ⅰ 500×1 200×200
30	8	矩 400×400	Ⅰ 400×1 000×150	矩 400×600	Ⅰ 400×1 000×150
	10	矩 400×500	Ⅰ 400×1 000×150	矩 500×600	Ⅰ 500×1 200×200
	12	矩 500×500	Ⅰ 500×1 000×200	矩 500×600	Ⅰ 500×1 200×200
	14	矩 600×500	Ⅰ 600×1 200×200	矩 600×600	Ⅰ 600×1 200×200
50	10	矩 500×500	Ⅰ 500×1 200×200	矩 500×700	双 500×1 600×300
	12	矩 500×600	Ⅰ 500×1 400×200	矩 500×700	双 500×1 600×300
	14	矩 600×600	Ⅰ 600×1 400×200	矩 600×700	双 600×1 800×300

注：b 为截面宽度；h 为截面高度；h_f 为工字形截面翼缘厚度，或为双肢柱的肢杆厚度。

2.4.7 抗风柱

当房屋高度、跨度较大，山墙受风面积较大时需要设置抗风柱。当房屋高度、跨度均不大时(柱顶在 8 m 以下，跨度在 9～12 m)可以砖柱做抗风柱。

单层厂房的抗风柱由上柱和下柱组成，上柱宜采用矩形截面，其截面尺寸 $b \times h$ 不宜小于 350 mm×350 mm，下柱宜采用工字形或矩形截面，其截面宽度 $b \geqslant 350$ mm，截面高度 $h \geqslant 600$ mm，且 $h \geqslant H_e/25$ (H_e 为抗风柱基础顶至与屋架连接处的高度)。

2.4.8 基础

单层厂房的基础常用柱下独立基础，这种基础按外形不同，分为阶形基础和锥形基础，如图 2-33 所示。按照施工方法的不同可以将柱下独立基础分为预制柱下基础和现浇柱下基础。对于钢筋混凝土排架结构，为了便于预制柱的插入，并保证柱与基础的整体性，这种基础与预制柱的连接部分常做成杯口状，故统称杯形基础。常用的柱下独立基础包括杯形基础、高杯基础和桩基础。

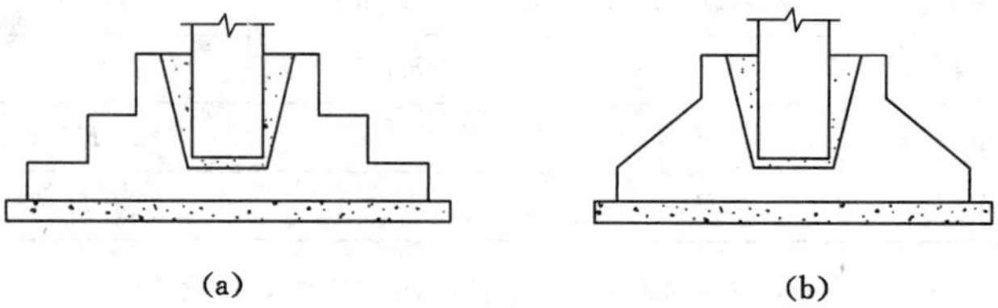

图 2-33　柱下独立基础形式

(a) 阶形基础；(b) 锥形基础。

杯形基础构造简单，施工方便，适用于地基土质较均匀、基础持力层距地面较浅、地基承载力较大、柱传来的荷载不大的一般厂房。

当柱下基础与设备基础的布置发生冲突，或局部地质条件较差，需将柱下基础深埋时，为了不改变预制柱的长度，可采用高杯形基础，如图 2-34 所示。

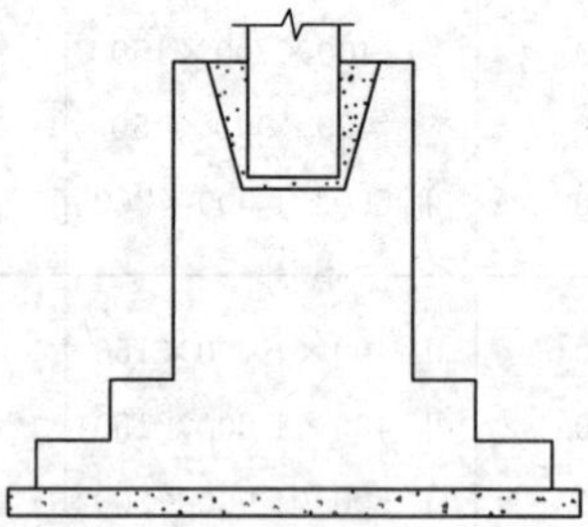

图 2-34　高杯形基础

当柱传来的荷载较大，或地基承载力较小，采用单独的杯形基础所需底面积较大，导致相邻基础非常接近时，可采用柱下条形基础，如图 2-35 所示。当地基土质很不均匀，可能发生影响厂房正常使用的不均匀沉降时，也宜采用条形基础。如果柱传来的荷载很大，而基础的持力层又很深，则应考虑采用桩基础，如图 2-36 所示。

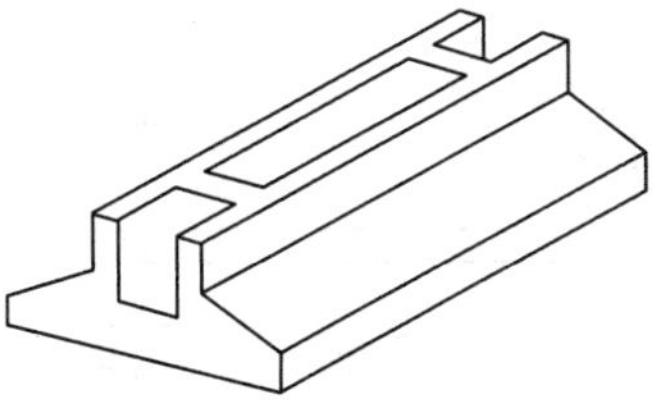

图 2-35 预制柱下条形基础

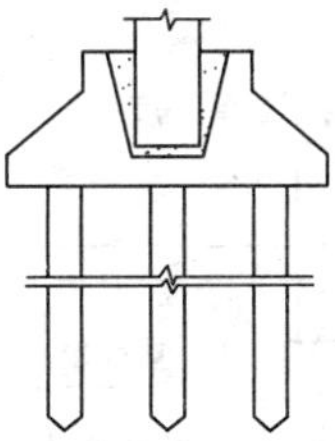

图 2-36 预制柱下桩基础

2.4.9 基础梁

1) 基础梁选用方法

在单层工业厂房中，一般依据图集《钢筋混凝土基础梁》(16G320)选用基础梁。基础梁用于承受围护墙传来的荷载，并将其传递给基础。该图集适用于纵墙柱距为 6.0 m、7.5 m、9.0 m，山墙柱距为 4.5 m、6.0 m，墙体厚度不大于 240 mm 的单层工业厂房。当纵墙柱距为 7.5 m 和 9.0 m 时，砌体墙高度不大于 1.2 m。

该图集适用于烧结普通砖砌体(重力密度为 19 kN/m^3，或重力密度≤19 kN/m^3 的混凝土多孔砖砌体及混凝土砌块砌体砌筑的自承重墙)下的钢筋混凝土基础梁。

基础梁的构件编号为 JL-XXa，其中 JL 为基础梁代号；XX 为基础梁编号(由基础梁选用表查得)；a 仅用于抗震设防烈度为 8 度的Ⅲ、Ⅳ类场地。

基础梁的长度、净跨度、计算跨度及支承长度见表 2-12 及图 2-37。

表 2-12 基础梁的长度

使用范围			梁长 l/mm	净跨度 l_n/mm	计算跨度 l_0/mm	支承长度 a/mm
纵墙	柱距 6.0 m	突出于柱外	5 950	4 950	5 445	500
		两柱之间	5 450	4 850	5 150	300
		边跨或伸缩缝跨两柱之间	4 850	4 250	4 550	300
	柱距 7.5 m	突出于柱外	7 450	6 450	6 950	500
		两柱之间	6 950	6 350	6 650	300
		边跨或伸缩缝跨两柱之间	6 350	5 750	6 050	300
	柱距 9.0 m	突出于柱外	8 950	7 950	8 450	500
		两柱之间	8 450	7 850	8 150	300
		边跨或伸缩缝跨两柱之间	7 850	7 250	7 550	300
山墙		柱距 6.0 m	5 950	4 950	5 445	500
		柱距 4.5 m	4 450	3 450	3 795	500

注：1. 用于两柱之间的基础梁支承长度系按柱宽 500 mm 考虑，当柱宽小于 500 mm 时，应将空隙用 C30 混凝土填实；
2. 山墙的基础梁只用于突出于柱外的墙。

根据柱距、墙高、有无门窗、基础梁所在位置、墙体材料的重力密度及抗震设防烈度、场地类别等已知条件，从钢筋混凝土基础梁选用表中确定基础梁的编号及详图所在页次。制

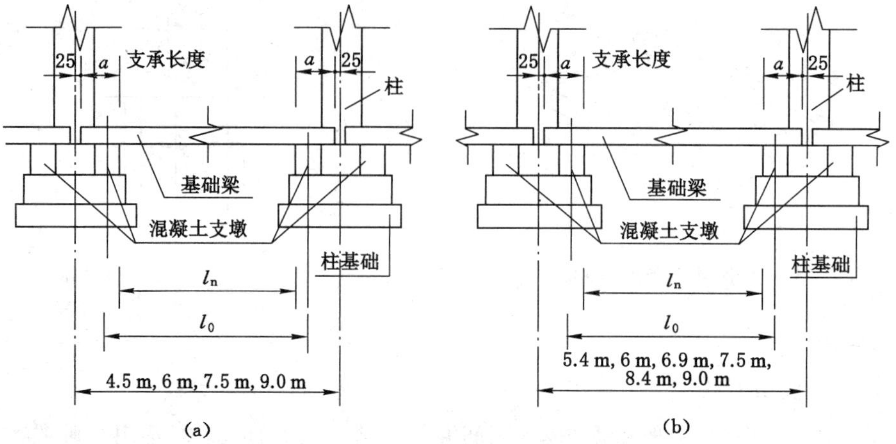

图 2-37　基础梁长度、净跨度、计算跨度及支承长度

(a) 突出于柱外的墙；(b) 两柱之间的墙。

注：混凝土支墩设计及与基础梁的连接由设计者自行考虑。

作带有字符 a 的基础梁时两端预留二次浇筑混凝土长度 200 mm。

2) 基础梁选用举例

【例题 2.3】 (1) 抗震设防烈度为 7 度，纵墙柱距为 6.0 m 的单层工业厂房的内纵墙，墙厚 240 mm，边跨开有门洞，门洞尺寸 1 500 mm×3 000 mm，门洞距柱边 700 mm，墙高 8 m，墙体材料为烧结普通砌体，在“纵墙柱距 6.0 m 钢筋混凝土基础梁(按墙梁计算)选用表[①]”中选用“边跨、伸缩缝跨两柱之间的墙”中的“有门(内墙)”栏，再由墙高选用 JL-20。

(2) 抗震设防烈度为 8 度Ⅲ类场地，纵墙柱距为 6.0 m 的单层工业厂房的外纵墙，墙厚 240 mm，墙高 11 m，墙上开有 3.6 m 宽、3.6 m 高的双层窗，窗台高度为 2 m。在“纵墙柱距 6.0 m 钢筋混凝土基础梁(按墙梁计算)选用表”中选用“突出于柱外的墙”的“由窗”栏，但根据表注 2，应改为同样高度的“整体”栏基础梁 JL-1a 而不是 JL-3a。

基础梁的顶部标高应低于室内地坪 50 mm 及以上，如图 2-38 所示。

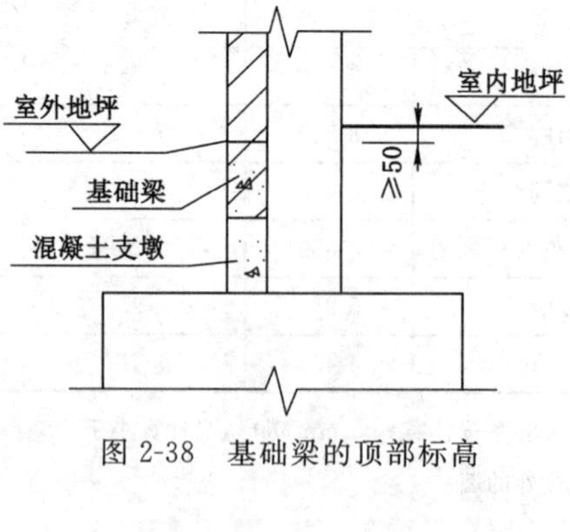

图 2-38　基础梁的顶部标高

① 中国建筑标准设计研究院：《国家建筑标准设计图集.钢筋混凝土基础梁》：16G320，中国计划出版社 2016 年版，第 8 页。

基础梁地面距土层表面宜预留 100 mm 的空隙。当基础梁下有冻胀性土时，则宜在基础梁下填以炉渣等松散材料，并留有 100～150 mm 的空隙。

2.5　单层厂房排架结构的内力计算

实际的单层厂房排架结构是一个空间结构体系，为了方便计算，通常将排架结构简化为平面结构进行计算。排架结构可以简化为横向平面排架和纵向平面排架。横向平面排架是厂房的主要承载结构，主要承受竖向荷载和横向水平荷载。纵向平面排架主要承受风荷载和纵向水平荷载，由于纵向排架的排架柱较多，抗侧刚度大，每根排架柱承受的力不大，因此通常不对纵向平面排架进行计算。当需要考虑地震作用，或者纵向平面排架的柱较少，抗侧刚度差的时候才进行纵向平面排架的内力计算。因此，本节主要介绍横向平面排架的内力计算。由于横向排架主要由屋架、排架柱和基础组成，因此在选定屋架类型以后，主要对排架柱和基础的内力进行计算。横向排架结构内力的计算内容主要包括计算简图的确定、荷载计算、内力分析和内力组合。求出排架结构的内力后，就可以进行排架柱和基础的设计。

2.5.1　排架计算简图

2.5.1.1　计算单元的选取

单层厂房结构受到的荷载主要由横向排架承担。横向排架沿厂房纵向一般为等间距排列，如图 2-39(a)所示。作用于厂房横向的荷载除吊车荷载外，其他荷载（如结构自重、雪荷载、风荷载等）沿纵向又是均匀分布的。因此，在计算时，可通过两相邻柱距的中线取出一个典型区段，如图 2-39(a)中的阴影部分，作为计算单元。作用于计算单元范围内的荷载，则完全由该单元的横向排架承担。

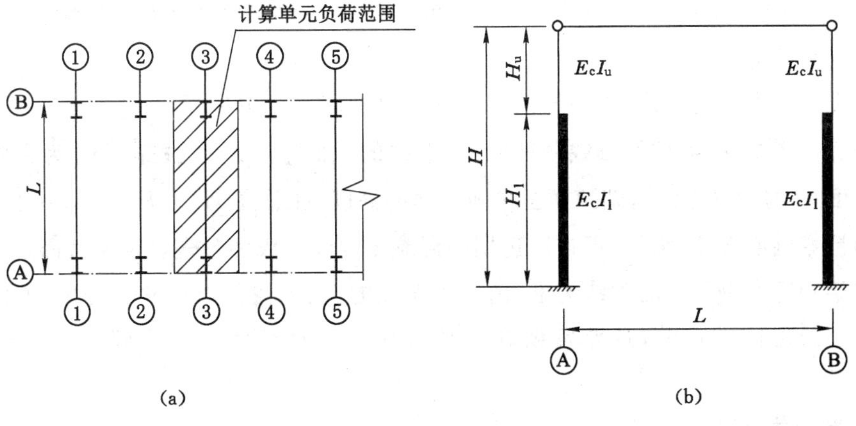

图 2-39　横向排架计算单元选取示意图

(a) 计算单元选取范围；(b) 计算单元的计算模型。

2.5.1.2　基本假定

根据单层厂房结构的实际工程构造，为了简化计算，确定计算简图时，常采用如下基本假定：

(1) 排架柱下端固接于基础顶面，如图 2-40 所示。由于排架柱下端插入基础杯口一定深度后，一般用高等级细石混凝土灌注，将排架柱与基础连接成整体，因此排架柱下端与基础之间不会发生相对转动，所以排架柱下端与基础可按固接考虑。

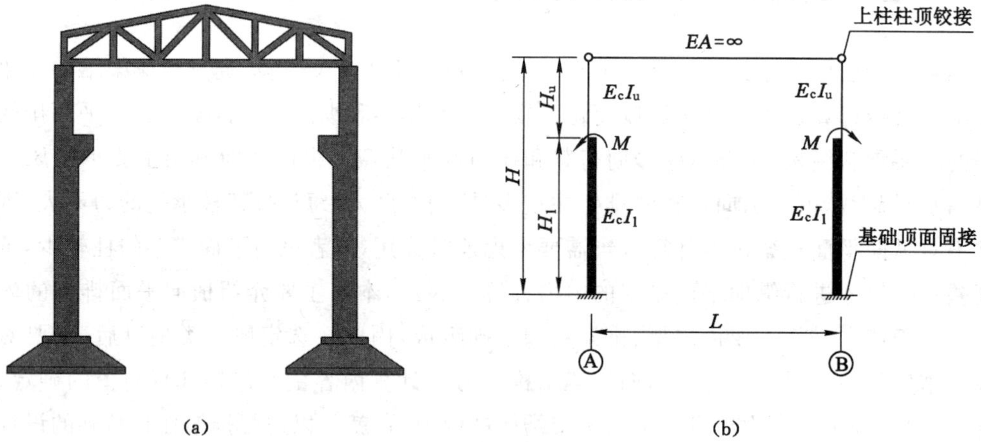

图 2-40 横向排架计算单元的简化

(a) 横向排架柱与屋架、基础的连接；(b) 计算简图。

(2) 排架柱上端与屋架或屋面梁铰接，如图 2-40 所示。由于排架柱上端与屋架(屋面梁)采用预埋件进行焊接或螺栓连接，焊接后排架柱上端和屋架无法抵抗转动，因此排架柱上端与屋架的连接简化为铰接。

(3) 屋架或屋面梁为轴向变形可忽略不计的刚性连杆，由于屋架的轴向刚度很大，受轴向力后其长度变化很小，小到可以忽略不计的程度，在计算时将屋架简化为一个刚性杆。

2.5.1.3 计算简图

根据上述基本假定，可得横向排架的计算简图，如图 2-40(b)所示。

在计算简图中，排架柱的轴线分别取上、下柱的截面中心线；上柱高 H_u 为牛腿顶面至柱顶的高度；下柱高 H_l 为基础顶面至牛腿顶面的高度；柱总高 H 为 H_u 与 H_l 之和；上、下柱的截面抗弯刚度 E_cI_u、E_cI_l 可按所选用的混凝土强度等级和预先设定的截面形状与尺寸确定。排架的跨度以厂房的轴线为准，由于排架柱的上、下柱截面尺寸有变化，上柱形心线与下柱形心线之间的偏差，通常需要在排架结构的计算简图中于牛腿顶面增加一个力矩 M。

2.5.2 排架荷载计算

作用于厂房横向排架上的荷载有恒荷载和活荷载两类，如图 2-41 所示。

恒荷载包括屋盖自重 G_1、上柱自重 G_2、下柱自重 G_3、吊车梁与轨道等自重 G_4 以及由支承在柱牛腿上的连系梁传来的围护结构等自重。

活荷载包括屋面活荷载 Q_1、吊车竖向荷载 D_{max} 和 D_{min}、吊车横向水平荷载 T_{max}、横向的均布风荷载 q 及作用于排架柱顶的集中风荷载 F_w 等。

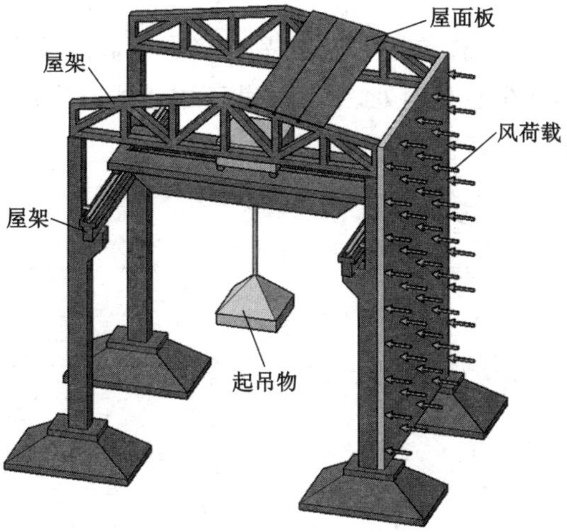

图 2-41 排架柱承受的荷载示意图

2.5.2.1 恒荷载

(1) 屋盖自重 G_1

屋盖自重为计算单元范围内的屋面构造层、屋面板、天窗架、屋架或屋面梁、屋盖支撑等自重。屋盖自重以集中力 G_1 的形式作用于柱顶。当采用屋架时，G_1 的作用线通过屋架上、下弦中心线的交点，一般距厂房纵向定位轴线 150 mm，如图 2-42(a)所示。当采用屋面梁时，G_1 的作用线通过梁端支承垫板的中心线。G_1 对上柱截面中心线一般有偏心距 e_1，对下柱截面中心线又增加一偏心距 e_2（e_2 为上下柱截面中心线的间距）。故 G_1 对柱顶截面有力矩 $M_1=G_1e_1$，对下柱变截面处有一个附加力矩 $M_1'=G_1(e_1+e_2)$，如图 2-42(b)所示。

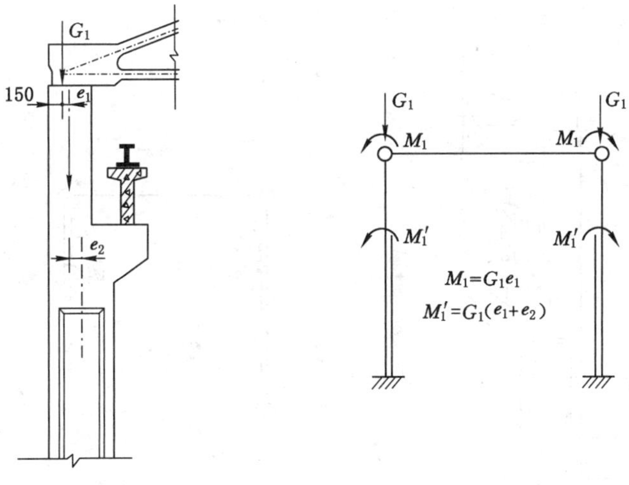

图 2-42 屋盖自重的作用位置及计算简图

(a) G_1 作用位置；(b) G_1 计算简图。

(2) 柱自重 G_2 和 G_3

上、下柱的自重 G_2、G_3(下柱包括牛腿)分别按各自的截面尺寸和高度计算。G_2 作用于上柱底部截面中心线处,在牛腿顶面处,对下柱截面中心线有力矩 $M_2'=G_2e_2$。G_3 作用于下柱底部,且与下柱截面中心线重合,如图 2-43 所示。

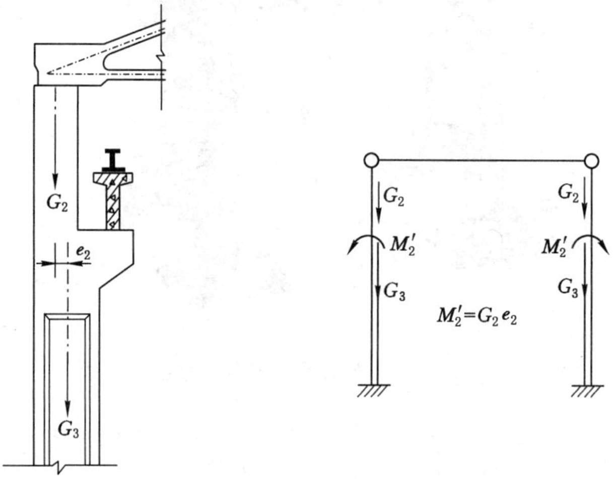

(a) (b)

图 2-43 柱自重 G_2、G_3 作用位置及计算简图

(a) G_2、G_3 作用位置;(b) G_2、G_3 计算简图。

(3) 吊车梁与轨道连接等自重 G_4

吊车梁与轨道连接等自重 G_4 可根据所选用的构配件,由相应的标准图集中查得,轨道连接也可按 1~2 kN/m 计算。G_4 沿吊车梁的中线作用于牛腿顶面,对下柱截面中心线有偏心距 e_3,在牛腿顶面处有力矩 $M_3'=G_4e_3$,如图 2-44 所示。

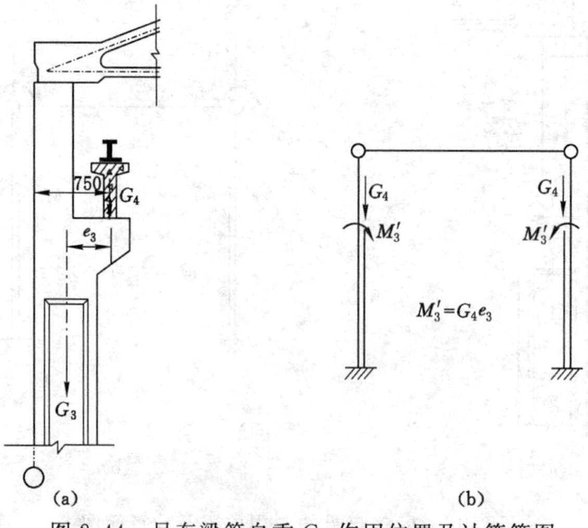

(a) (b)

图 2-44 吊车梁等自重 G_4 作用位置及计算简图

(a) G_4 作用位置;(b) G_4 计算简图。

当考虑 G_1、G_2、G_3、G_4 共同作用时，需要在排架计算内力的简图中同时考虑这四种荷载作用。

2.5.2.2　屋面活荷载

屋面活荷载包括屋面积灰荷载、雪荷载及屋面均布活荷载。由于屋面活荷载是通过屋架传递给排架的，因此屋面活荷载 F_Q 的计算范围、作用形式及位置同屋盖自重 G_1，其示意图如图 2-45 所示。

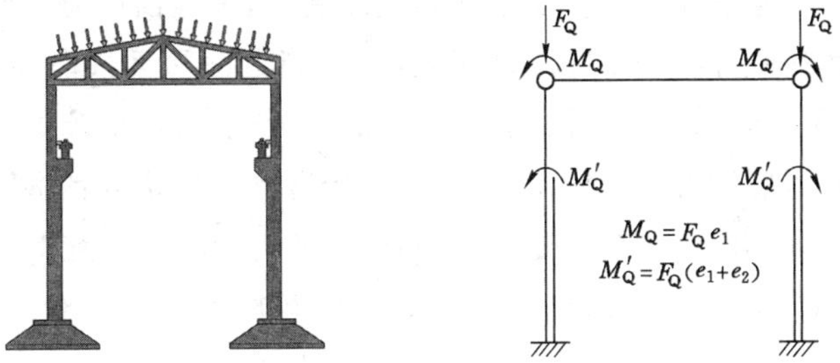

(a)　　(b)

图 2-45　屋面活荷载 F_Q 作用位置及计算简图

(a) F_Q 作用位置；(b) F_Q 计算简图。

(1) 屋面均布活荷载

屋面水平投影面上的屋面均布活荷载按《建筑结构荷载规范》(GB 50009—2012)第3.3.1条的规定采用。当该屋面为不上人的屋面时，屋面均布活荷载标准值取 0.5 kN/m^2；如施工或维修荷载较大时，应按实际情况采用。

(2) 雪荷载

屋面水平投影面上的雪荷载标准值 s_k 按下式计算：

$$s_k = \mu_r s_0 \tag{2-5}$$

式中　μ_r——屋面积雪分布系数，由《建筑结构荷载规范》(GB 50009—2012)表 7.2.1 查得，排架计算时，可按积雪全跨均匀分布考虑，即 $\mu_r = 1$；

s_0——基本雪压，kN/m^2，按《建筑结构荷载规范》(GB 50009—2012)附录 E.5 中附表 E.5 给出的 50 年一遇的雪压采用。

(3) 屋面积灰荷载

当设计的厂房在生产过程中有大量排灰情况时，应考虑屋面积灰荷载。积灰荷载按《建筑结构荷载规范》(GB 50009—2012)采用。屋面均布活荷载不应与雪荷载同时组合，取两者中的较大值；积灰荷载应与雪荷载或屋面均布活荷载两者中的较大值同时考虑。

2.5.2.3　风荷载

建筑物受到的风荷载与建筑物的形式、高度、结构自振周期、地理环境等有关。《建筑结构荷载规范》(GB 50009—2012)规定：垂直于建筑物表面上的风荷载标准值 w_k(kN/m^2)应按下式计算：

$$w_k = \beta_z \mu_s \mu_z w_0 \tag{2-6}$$

式中 β_z——高度 z 处的风振系数，对于基本自振周期大于 0.25 s 的工程结构，以及高度大于 30 m 且高宽比大于 1.5 的房屋结构应考虑风振的影响，单层厂房一般不予考虑，取 $\beta_z=1.0$；

μ_s——风荷载体型系数，主要与建筑物的体型有关，它是作用在建筑物表面的实际风压与理论风压的比值，可由《建筑结构荷载规范》(GB 50009—2012)查得；

μ_z——风压高度变化系数，表示高度 z 处的风压与 10 m 处基本风压的比值，主要与离地面或海平面的高度及地面粗糙度有关，离地面或海平面愈高则风压愈大，地面粗糙度分为 A、B、C、D 四类，A 类指近海海面或海岛、海岸、湖岸及沙漠地区，B 类指田野、乡村、丛林、丘陵以及房屋比较稀疏的乡镇和城市郊区，C 类指有密集建筑群的城市市区，D 类指有密集建筑群且房屋较高的城市市区，μ_z 值可从《建筑结构荷载规范》(GB 50009—2012)中查得；

w_0——基本风压，kN/m^2，以当地比较空旷平坦的地面上离地 10 m 高，经统计分析所得重现期为 50 年的 10 min 平均最大风速为标准确定，可根据建筑物所在地区查《建筑结构荷载规范》(GB 50009—2012)给出的 50 年一遇风压值，但不得小于 0.3 kN/m^2。

单层厂房横向排架承担的风荷载按计算单元考虑。为了简化计算，将沿厂房高度变化的风荷载分为如下两部分作用于横向排架结构：

(1) 柱顶以下的风荷载标准值沿高度取为均匀分布，其值分别为 q_{1k}、q_{2k}(如图 2-46 所示)，此时的风压高度变化系数 μ_z 按柱顶标高确定。

$$q_{1k}=\mu_{s1}\mu_z w_0 B \tag{2-7a}$$

$$q_{2k}=\mu_{s2}\mu_z w_0 B \tag{2-7b}$$

式中 μ_{s1}——单层厂房迎风面的体型系数；

μ_{s2}——单层厂房背风面的体型系数；

μ_z——风压高度变化系数；

B——计算单元的宽度，一般单层厂房 $B=6$ m。

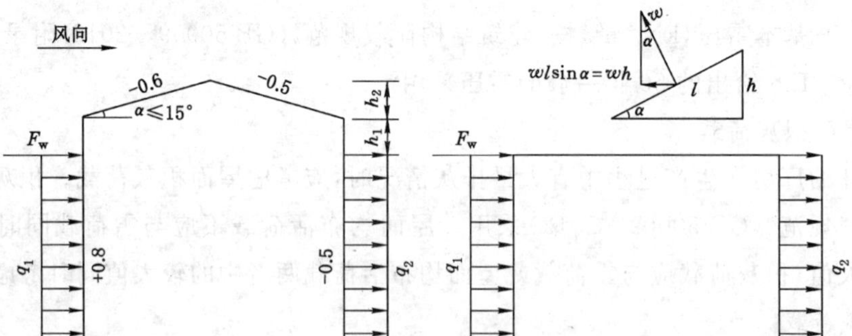

图 2-46 排架风荷载体型系数和风荷载

为简化计算，柱顶以下风压按均布荷载考虑，高度系数按柱顶标高取值；柱顶以上风压按均布荷载考虑，高度系数无天窗时按厂房檐口高取值，有天窗时按天窗檐口高取值。

排架计算单元宽度 B 范围内的风荷载设计值：

$$Q=\gamma_Q q_k=\gamma_Q wB=\gamma_Q \mu_s \mu_z w_0 B$$

则

$$q_1=1.5\times 0.8\times \mu_z w_0 B=1.2\mu_z w_0 B$$

$$q_2=1.5\times 0.5\times \mu_z w_0 B=0.75\mu_z w_0 B$$

(2) 柱顶以上的风荷载标准值取其水平分力之和，并以水平集中风荷载 F_w 的形式作用于排架柱顶(如图 2-46 所示)。此时的风压高度变化系数 μ_z，对有天窗的可按天窗檐口标高确定，对无天窗的可按屋盖的平均标高或檐口标高确定。

$$\begin{aligned}F_w&=1.5\times[(0.8+0.5)\mu_z w_0 Bh_1-0.6\mu_z w_0 Bh_2+0.5\mu_z w_0 Bh_2]\\&=(1.95h_1-0.15h_2)\mu_z w_0 B\end{aligned}\qquad(2\text{-}8)$$

注意：风荷载沿全高均匀分布，是一种偏于安全的近似计算。同时，由于风是变向的，因此排架内力分析时，要考虑左风和右风两种情况。

【例题 2.4】 如图 2-47 所示单层厂房，柱顶标高 9 m，檐口标高 11.15 m，屋顶标高 12.20 m，室内外地坪高差 0.6 m，地面粗糙度为 B 类，计算风荷载值。

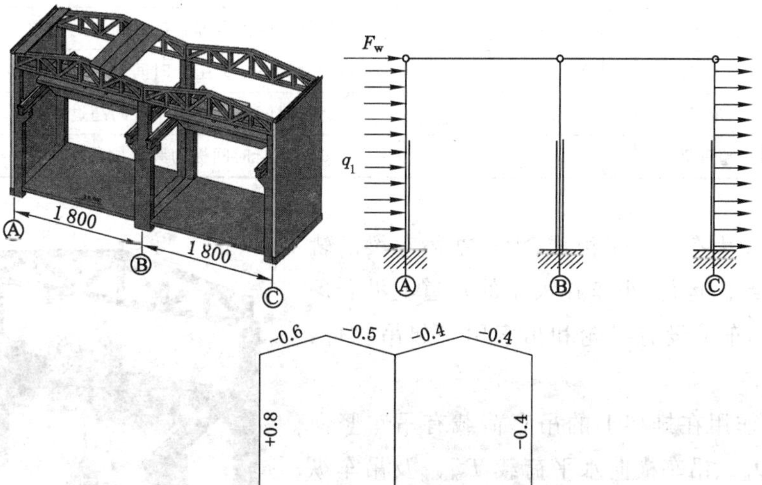

图 2-47　单层厂房风荷载计算

解　风荷载的标准值按 $w_k=\beta_z\mu_z\mu_s w_0$ 计算，其中 $w_0=0.5\ \text{kN/m}^2$，$\beta_z=1.0$，μ_z 根据厂房各部分标高及 B 类地面粗糙度确定如下：

柱顶(9.0 m+0.6 m=9.6 m)：　　$\mu_z=1.000$

檐口(11.15 m+0.6 m=11.75 m)：　　$\mu_z=1.049$

屋顶(12.20 m+0.6 m=12.80 m)：　　$\mu_z=1.078$

则作用于排架计算简图上的风荷载设计值为：

$$q_1 = 1.5 \times 0.4\ \text{kN/m}^2 \times 6.0\ \text{m} = 3.6\ \text{kN/m}$$

$$q_2 = 1.5 \times 0.2\ \text{kN/m}^2 \times 6.0\ \text{m} = 1.8\ \text{kN/m}$$

$$\begin{aligned} F_w &= \gamma_Q[(\mu_{s1} + \mu_{s2})\mu_z h_1 + (\mu_{s3} + \mu_{s4})\mu_z h_z]\beta_z w_0 B \\ &= 1.5 \times [(0.8 + 0.4) \times 1.049 \times 2.15\ \text{m} + (-0.6 + 0.5) \times 1.078 \times 1.05\ \text{m}] \times \\ &\quad 1.0 \times 0.5\ \text{kN/m}^2 \times 6.0\ \text{m} \\ &= 11.67\ \text{kN} \end{aligned}$$

2.5.2.4 吊车荷载

单层厂房中常用的吊车有悬挂吊车、手动吊车、电动葫芦和桥式吊车等。其中悬挂吊车的水平荷载可不列入排架计算，由有关支撑系统承受；手动吊车和电动葫芦可不考虑水平荷载，因此这里讲的吊车荷载是针对桥式吊车而言的。

我国按吊车在使用期间要求的总工作循环次数和载荷状态将吊车分为 8 个工作级别，吊车的工作级别表明起重机的工作繁重程度，按照起重机在时间方面的繁重程度和满载程度来进行分级。常用桥式吊车按其吊车起重量、工作频繁程度及其他因素分为轻级、中级、重级、超重级 4 个工作制等级，如表 2-13 所示。

表 2-13　吊车的工作级别及其工作制等级

吊钩	吊车工作制	工作级别	频繁程度
软钩吊车	轻级	A1～A3	运行时间占全部生产时间不足 15%
	中级	A4、A5	运行时间占全部生产时间的 15%～40%
	重级	A6、A7	运行时间占全部生产时间超过 40%
硬钩吊车	超重级	A8	运行时间极为频繁的吊车

桥式吊车由大车和小车组成，大车在吊车梁的轨道上沿着厂房纵向运行，小车在大车的轨道上沿着厂房横向行驶，小车上设有滑轮和吊索用来起吊物件，如图 2-48 所示。

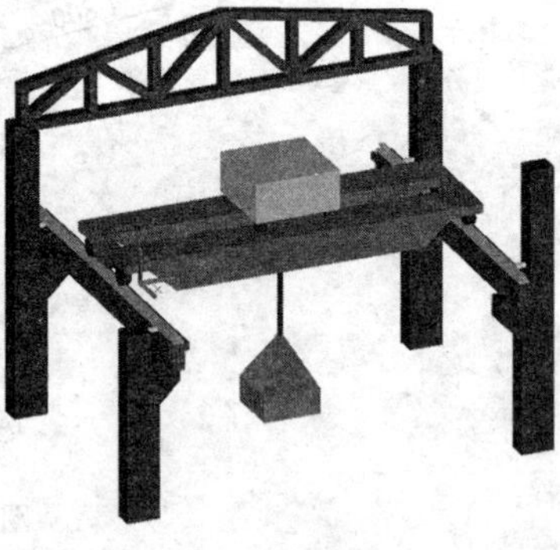

图 2-48　桥式吊车的组成

桥式吊车作用在排架上的吊车荷载有吊车竖向荷载 D_{max} 与 D_{min}、吊车横向水平荷载 $T_{max,k}$ 及吊车纵向水平荷载 T_0。

(1) 吊车竖向荷载 D_{max} 与 D_{min}

吊车竖向荷载是指吊车满载运行时，经吊车梁传给排架柱的竖向移动荷载。

当小车吊有额定最大起重量 Q 的物件，行驶至大车一端的极限位置时，该端大车的每个轮压达到最大轮压标准值 $P_{max,k}$，而另一端大车的各个轮压即为最小轮压标准值 $P_{min,k}$，如图 2-49 所示。$P_{max,k}$ 和 $P_{min,k}$ 可根据所选用的吊车型号、规格等由专业标准《起重机基本参数和尺寸系列》(ZQ1—62～8—62)或直接参照吊车制造厂的产品规格查得。以电动桥式吊车为例，其吊车数据如表 2-14 所示。

表 2-14　电动桥式吊车数据表

吊车类型	起重量 Q	跨度 L_k	起升高度	中级工作制 P_{max}	P_{min}	小车重 Q_1	吊车总重	主要尺寸 吊车最大宽度 B	大车轮距 K	大车底面至轨道顶面的距离 F	轨道顶面至吊车顶面的距离 H	轨道中心至吊车外缘的距离 B_1	操纵室地面至主梁底面的距离 h_3	推荐用大车轨道
	t(kN)	m	m	kN	kN	kN	kN	mm	mm	mm	mm	mm	mm	kN/m
单钩桥式吊车	5	10.5	12	64	19	19.9	116	4 500	3 400	−24	1 753.5	230	2 350	0.38
		13.5		70	22		134			126			2 195	
		16.5		76	27.5		157			226			2 170	
		22.5		90	41		212	4 660	3 550	526			2 180	
	10	10.5	12	103	18.5	39.0	143	5 150	4 050	−24	1 677.0	230	2 350	0.43
		13.5		109	22		162			126			2 195	
		16.5		117	26		186			226			2 170	
		22.5		133	37		240	5 290	4 050	526			2 180	
双钩桥式吊车	15/3 (150/30)	10.5	12/14	136		73.2	203	5 600	4 400	80	2 047	230	2 290	0.43
		13.5		145			220			80			2 290	
		16.5		155			244			180			2 170	
		22.5		176			312			390	2 137		2 180	
	20/5 (200/50)	10.5		158		77.2	209	5 600	4 400	80	2 046	230	2 280	0.43
		13.5		169			228			84			2 280	
		16.5		180			253			184			2 170	
		22.5		202			324			392	2 136	260	2 180	

对常用的四轮吊车，$P_{min,k}$也可按下式计算：

$$P_{min,k}=\frac{G_k+g_k+Q_k}{2}-P_{max,k} \tag{2-9}$$

式中 G_k——吊车的大车自重标准值，kN；

g_k——吊车的小车自重标准值，kN；

Q_k——吊车的额定起重量对应的重力标准值，kN；

由 $P_{max,k}$和 $P_{min,k}$同时在两侧排架柱上产生的吊车最大竖向荷载标准值 $D_{max,k}$和最小竖向荷载标准值 $D_{min,k}$可根据吊车的最不利布置和吊车梁的支座反力影响线计算确定，如图 2-49 所示。

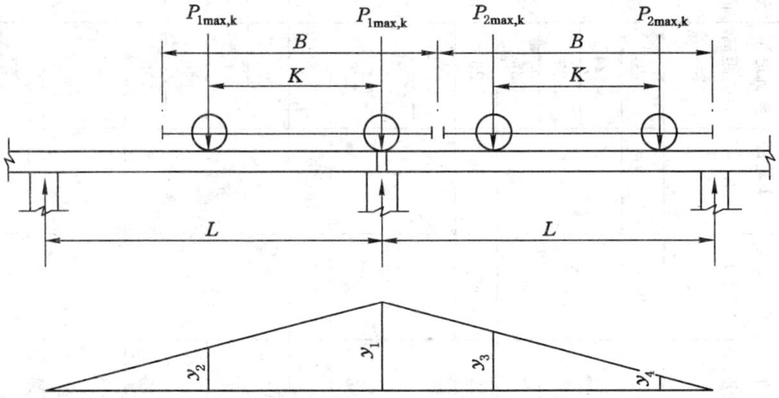

图 2-49 吊车的最不利布置和吊车梁的支座反力影响线

如果单跨厂房中设有相同的两台吊车，则 $D_{max,k}$和 $D_{min,k}$可按下式计算：

$$D_{max,k}=\beta P_{max,k}\sum y_i \tag{2-10}$$

$$D_{min,k}=\beta P_{min,k}\sum y_i=\frac{P_{min,k}}{P_{max,k}}D_{max,k} \tag{2-11}$$

式中 $\sum y_i$—— 吊车最不利布置时，各轮子下影响线竖向坐标值之和，可根据吊车的宽度 B 和轮距 K 确定；

β——多台吊车荷载折减系数，由表 2-15 确定。

表 2-15 多台吊车荷载折减系数 β

参与组合的吊车台数	吊车工作级别	
	A1～A5	A6～A8
2	0.90	0.95
3	0.85	0.90
4	0.80	0.85

当厂房内设有多台吊车时，《建筑结构荷载规范》(GB 50009—2012)规定：多台吊车的

竖向荷载，对一层吊车的单跨厂房的每个排架，参与组合的吊车台数不宜多于 2 台；对一层吊车的多跨厂房的每个排架，不宜多于 4 台。多台吊车竖向荷载和水平荷载的标准值，应乘以表 2-15 中规定的折减系数。

吊车竖向荷载 $D_{max,k}$，$D_{min,k}$沿吊车梁的中心线作用在牛腿顶面，对下柱截面中心线的偏心距为 e_3，如图 2-50(a)所示，相应的力矩 $M_{max,k}$、$M_{min,k}$为

$$M_{max,k}=D_{max,k}e_3 \tag{2-12}$$

$$M_{min,k}=D_{min,k}e_3 \tag{2-13}$$

排架结构在吊车竖向荷载作用下的计算简图如图 2-50(b)所示。

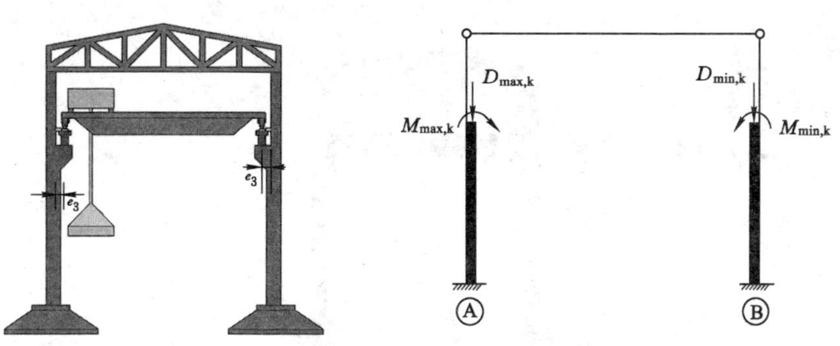

(a) (b)

图 2-50 吊车竖向荷载作用位置及计算简图

(a) 吊车竖向荷载作用位置；(b) 吊车竖向荷载作用下的计算简图。

注意：$D_{max,k}$、$D_{min,k}$应该同时出现于吊车两侧所对应的排架柱上。同时，对于单跨厂房内力分析时应该考虑 $D_{max,k}$作用于左柱和右柱两种情况。

(2) 吊车横向水平荷载 $T_{max,k}$

桥式吊车在使用过程中，位于大车轨道上的小车吊有额定最大起重量 Q 的物件在启动或制动时，将产生横向水平惯性力。此惯性力通过大车轮及其下轨道传给两侧的吊车梁，由于吊车梁上翼缘与排架柱之间用钢板或角钢焊接，再经吊车梁与柱间的连接钢板传至排架柱，如图 2-51 所示。在排架计算中，由此惯性力引起的荷载称为吊车横向水平荷载。显然，吊车横向水平荷载对排架柱的作用位置在吊车梁的顶面，且同时作用于吊车两侧的排架柱上，方向相同。

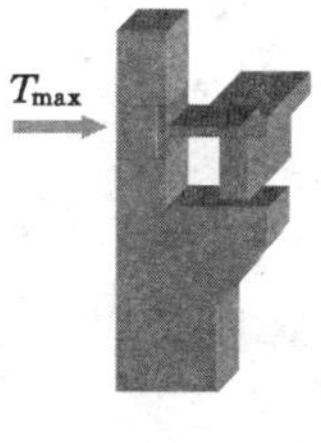

图 2-51 吊车横向水平荷载作用位置

根据《建筑结构荷载规范》(GB 50009—2012)，吊车的横向水平荷载标准值，应取横行小车重量与额定最大起重量之和的百分数，因此，总的吊车横向水平荷载标准由公式(2-14)求得。对常用的四轮吊车，由每个大车轮传递的吊车横向水平荷载标准值由公式(2-15)求得。

$$\sum T_{i,k}=\alpha(g_k+Q_k) \tag{2-14}$$

$$T_{i,k}=\frac{1}{4}\alpha(g_k+Q_k) \tag{2-15}$$

式中 α——横向制动力系数。对软钩吊车，当 $Q\leqslant10$ t 时，$\alpha=12\%$，当 $Q=15\sim50$ t 时，$\alpha=10\%$，当 $Q\geqslant75$ t 时，$\alpha=8\%$；对硬钩吊车，$\alpha=20\%$。

吊车对排架柱产生的最大横向水平荷载标准值 $T_{max,k}$，可利用计算吊车竖向荷载 D_{max} 方法求得，如图 2-52 所示。如果单跨厂房中设有相同的两台吊车，$T_{max,k}$ 可由下式计算得到：

$$T_{max,k}=T_{i,k}\sum y_i=\frac{T_{i,k}}{P_{max,k}}D_{max,k} \tag{2-16}$$

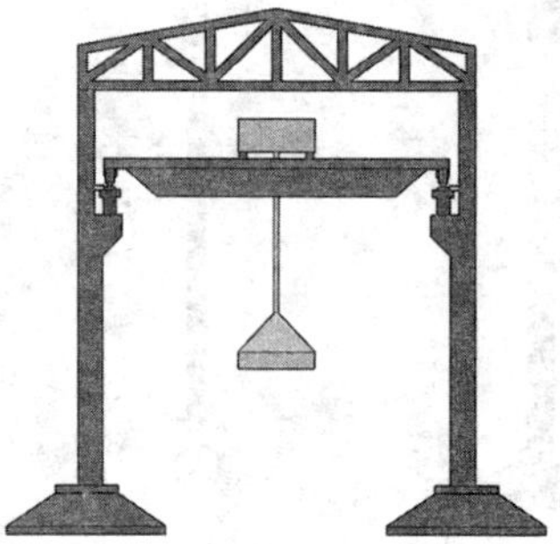

图 2-52 吊车最大横向水平荷载的计算

当计算吊车横向水平荷载引起的排架结构内力时，《建筑结构荷载规范》(GB 50009—2012)规定：对单跨或多跨厂房的每个排架，参与组合的吊车台数不应多于 2 台。

注意：考虑小车往返运行，在两个方向都有可能启动或制动，因此进行排架内力分析时要考虑向左和向右两种情况，其计算简图如图 2-53 所示。

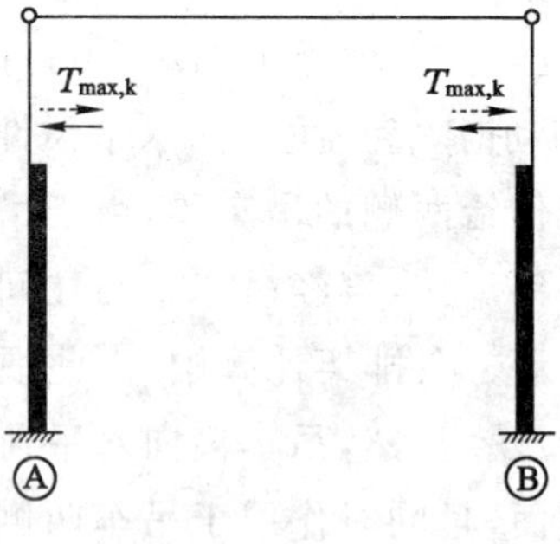

图 2-53 吊车横向水平荷载作用下的计算简图

(3) 吊车纵向水平荷载 T_0

吊车纵向水平荷载是吊车沿厂房纵向运行时，由大车制动引起的惯性力产生的，它通过大车的制动轮与轨道间的摩擦，经吊车梁传到纵向柱列或柱间支撑。

《建筑结构荷载规范》(GB 50009—2012)规定：吊车纵向水平荷载标准值 $T_{0,k}$ 应按作用在一边轨道上所有刹车轮的最大轮压之和的 10%采用；其作用点位于刹车轮与轨道的接触点，方向与轨道方向一致。对每侧有一个制动轮的四轮吊车，可按下式计算：

$$T_{0,k}=0.1P_{max,k} \tag{2-17}$$

计算多台吊车的纵向水平荷载时，对单跨或多跨厂房的每个排架，参与组合的吊车台数不应多于2台。当无柱间支撑时，T_0 由同一伸缩缝区段内的各柱共同承担，且按各柱沿厂房纵向的抗侧移刚度大小比例分配；当有柱间支撑时，则 T_0 由柱间支撑承担。

【例题2.5】 已知：有一单跨厂房，跨度18 m，柱距6 m，设计时考虑两台15 t中级荷载状态的桥式吊车，吊车桥架跨度 $l_k=16.5$ m。

求：D_{max}、D_{min}和 T_{max}。

解 由吊车产品目录ZQ1-62查得，桥架宽度 $B=5.65$ m，轮距 $K=4.40$ m，小车质量 $m_2=5.3$ t，吊车最大轮压标准值 $P_{max,k}=165$ kN，大车质量 $m_1=18.8$ t。

由式(2-9)得

$$P_{min,k}=\frac{G_{1,k}+G_{2,k}+G_{3,k}}{2}-P_{max,k}$$
$$=\frac{(m_1+m_2+Q)g}{2}-P_{max,k}$$
$$=\frac{(18.8+5.3+15)\times 10}{2}-165$$
$$=30.5\ (\text{kN})$$

式中　g——重力加速度，取为10 m/s²。

查表2-15得 $\beta=0.90$。

吊车梁的支座竖向反力影响线及两台吊车的布置如图2-54所示。

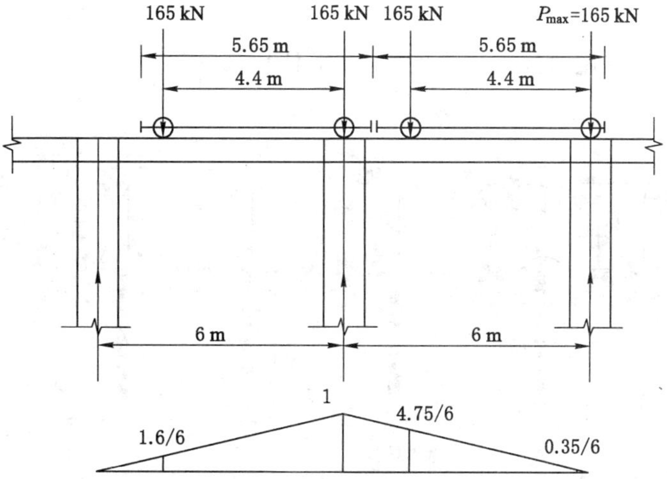

图2-54　吊车梁支座竖向反力影响线及求 D_{max}时的吊车位置

按式(2-10)有：

$$D_{max}=\beta\gamma_Q P_{max,k}\sum y_i=0.90\times 1.5\times 165\times\left(1+\frac{1.6+4.75+0.35}{6}\right)=471.49\ (\text{kN})$$

故 $$D_{min}=D_{max}\frac{P_{min,k}}{P_{max,k}}=471.49\times\frac{30.5}{165}=87.15\ (kN)$$

按式(2-15)和式(2-16)得

$$T_k=\frac{1}{4}\alpha(m_2+Q)g=\frac{1}{4}\times0.10\times(5.3+15)\times10=5.08\ (kN)$$

$$T_{max}=D_{max}\frac{T_k}{P_{max,k}}=471.49\times\frac{5.08}{165}=14.52\ (kN)$$

2.5.3 等高排架的内力计算

单层厂房结构是由屋盖结构、排架柱、山墙、吊车梁和连系梁等构件组成的整体空间结构,排架承受多种荷载的作用。本节主要讨论不考虑厂房整体空间作用的平面排架计算方法。我们可以用结构力学方法对每种荷载情况进行排架内力计算。在排架结构的内力计算过程中,排架结构可能被简化为三种计算简图,分别是柱顶为不动铰支排架(荷载对称、排架对称)、柱顶为可动铰支排架、柱顶为弹性支撑铰支排架,如图 2-55 所示。

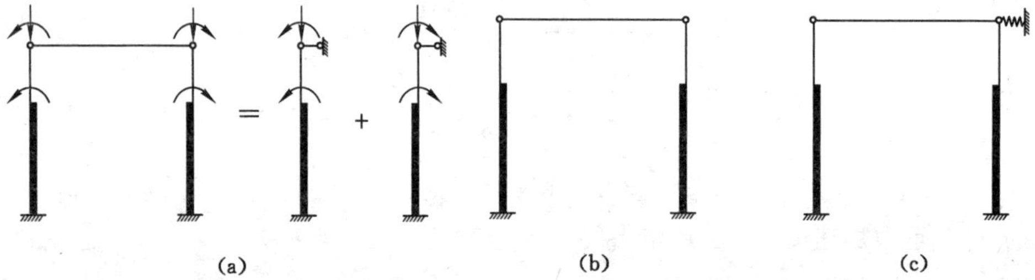

图 2-55　排架结构的计算简图

(a) 不动铰支排架;(b) 可动铰支排架;(c) 弹性支撑铰支排架。

以柱顶为不动铰支座的排架柱为例,求在下柱顶部作用力矩 M_2 时的内力,如图 2-56 所示。

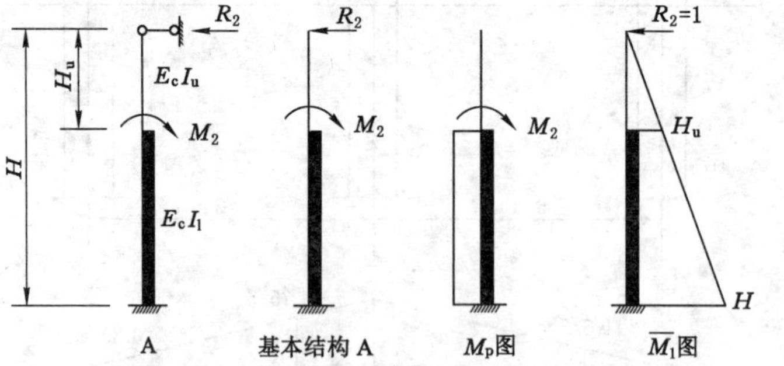

图 2-56　单阶排架柱的抗剪刚度分析

力法基本方程为:

$$\Delta\mu R_2+\Delta_{1P}=0 \tag{2-18}$$

式中　$\Delta\mu$——悬臂柱在柱顶单位水平力作用下柱顶处的侧移值,即形常数;

Δ_{1P}——悬臂柱在荷载作用下柱顶处的侧移值，即载常数。

用图乘法有：

$$\Delta\mu=\frac{1}{E_cI_u}\left(\frac{H_u^2}{2}\cdot\frac{2H_u}{3}\right)+\frac{1}{E_cI_l}\left[\frac{H_u(H-H_u)}{2}\cdot\left(H_u+\frac{H-H_u}{3}\right)\right]+$$
$$\frac{1}{E_cI_l}\left[\frac{H(H-H_u)}{2}\cdot\left(H_u+2\times\frac{H-H_u}{3}\right)\right]$$

令 $n=\frac{I_u}{I_l}$，$\lambda=\frac{H_u}{H}$

则 $$\delta_{11}=\frac{H^3}{E_cI_l}\cdot\frac{1}{\dfrac{3}{1+\lambda^3\left(\frac{1}{n}-1\right)}}=\frac{H^3}{E_cI_lC_0}$$

式中 C_0——单阶变截面柱的柱顶位移系数。

$$C_0=\frac{3}{1+\lambda^3\left(\frac{1}{n}-1\right)}$$

$$\Delta_{1p}=-\frac{1}{E_cI_l}\cdot\frac{H+H_u}{2}\cdot(H-H_u)\cdot M_2=-\frac{H^2}{2E_cI_l}(1-\lambda^2)M_2$$

则 $$R_2=-\frac{\Delta_{1p}}{\Delta\mu}=\frac{C_0M_2}{2H}(1-\lambda^2)=\frac{3}{2}\frac{1-\lambda^2}{1+\lambda^3\left(\frac{1}{n}-1\right)}\frac{M_2}{H}=C_3\frac{M_2}{H}$$

式中 $$C_3=\frac{3}{2}\frac{1-\lambda^2}{1+\lambda^3\left(\frac{1}{n}-1\right)}$$

求得 R_2 后，即可得到排架柱的内力。

在其他各种荷载作用下，都可用类似的方法求得柱顶不动铰支座处的反力。

2.5.3.1 排架柱的抗剪刚度

对于等高排架，由于排架柱的柱顶标高相等，可以运用剪力分配法计算其内力。若柱顶标高略有不同，但有倾斜梁相连，能保证排架各柱柱顶水平位移相同，也可以采用此法计算。对不等高排架，可以用结构力学中的“力法”求解。

由结构力学可知，当单位水平力作用在单阶柱柱顶时（如图 2-57 所示），柱顶的水平位移为：

$$\Delta u=\frac{H^3}{C_0E_cI_l} \tag{2-19}$$

其中 $$C_0=\frac{3}{1+\lambda^3\left(\frac{1}{n}-1\right)},\quad \lambda=\frac{H_u}{H},\quad n=\frac{I_u}{I_l}$$

式中 Δu——柱顶作用有单位水平力时柱顶产生的位移；

C_0——单阶变截面柱的柱顶位移系数，由附图 A-1 查得；

H_u——上柱高度；

H——柱总高度；

I_u——上柱的截面惯性矩；

I_l——下柱的截面惯性矩。

在图 2-57 中，在求上、下柱变刚度的柱顶位移时，采用图乘法来代替分段积分。图中 O_1、O_2、O_3 分别为三个三角形的形心。

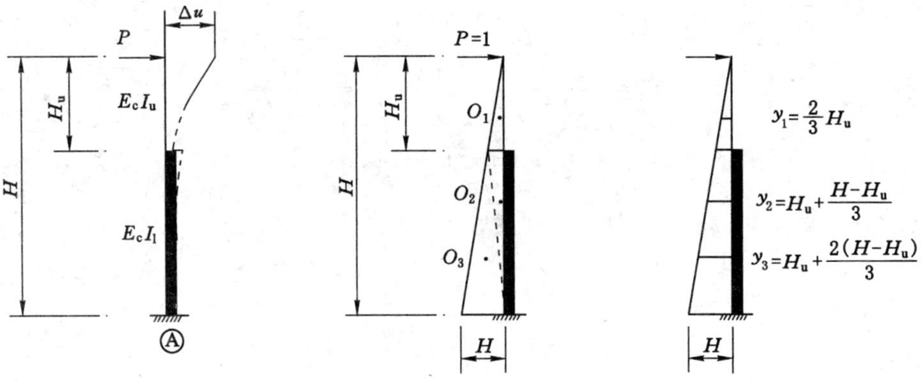

图 2-57　柱顶受水平集中力时位移计算简图

因此，要使柱顶产生单位水平位移，则需在柱顶施加 $1/\Delta u$ 的水平力，如图 2-58 所示。材料相同时，柱截面越大，需施加的柱顶水平力越大，可见 $1/\Delta u$ 反映了柱抵抗侧移的能力，一般称它为柱的抗剪刚度。

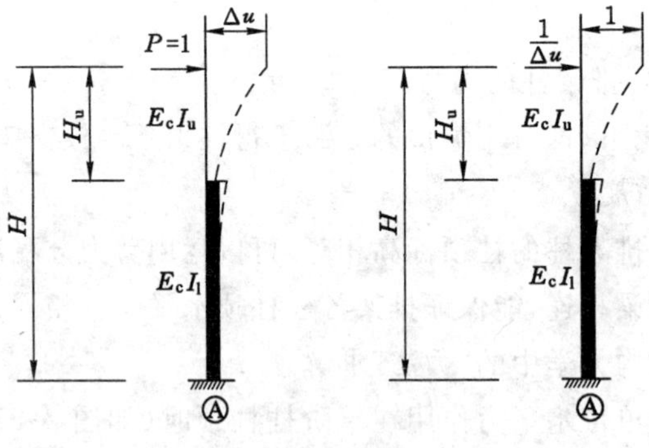

图 2-58　单阶悬臂柱的抗剪刚度

2.5.3.2　柱顶作用水平集中力时的剪力分配

假定等高排架有 n 根柱，柱顶作用水平集中力 F，柱顶水平位移为 u，如图 2-59 所示。任一根柱的抗剪刚度为 $1/\Delta u$，则各柱分担的柱顶剪力 V_i 可由力的平衡条件和变形协调条件求得。

根据抗剪刚度的定义，有：

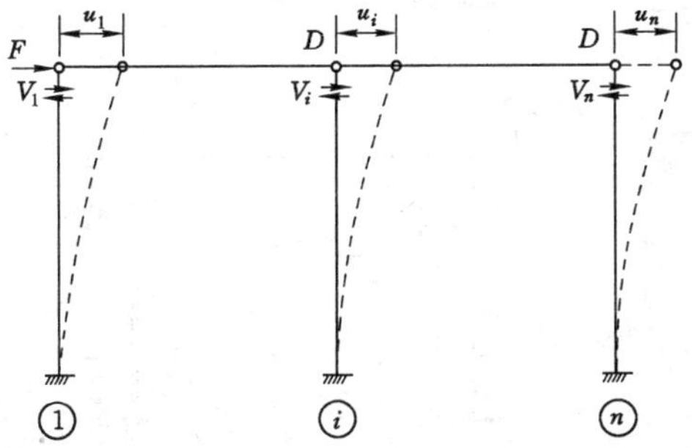

图 2-59 柱顶作用水平集中力时的剪力分配

$$V_i = \frac{1}{\Delta u_i} u_i \tag{2-20}$$

则

$$\sum_{i=1}^{n} V_i = \sum_{i=1}^{n} \frac{1}{\Delta u_i} u_i \tag{2-21}$$

根据变形协调条件,有:

$$u_1 = u_2 = \cdots = u_i = u \tag{2-22}$$

将式(2-22)代入式(2-21)得:

$$\sum_{i=1}^{n} V_i = u \sum_{i=1}^{n} \frac{1}{\Delta u_i} \tag{2-23}$$

根据平衡条件,有:

$$\sum_{i=1}^{n} V_i = F \tag{2-24}$$

将式(2-24)代入式(2-23)整理得:

$$u = \frac{1}{\sum_{i=1}^{n} \frac{1}{\Delta u_i}} F \tag{2-25}$$

所以

$$V_i = \frac{\frac{1}{\Delta u_i}}{\sum_{i=1}^{n} \frac{1}{\Delta u_i}} F = \eta_i F \tag{2-26}$$

式中,$\eta_i = \dfrac{\frac{1}{\Delta u_i}}{\sum_{i=1}^{n} \frac{1}{\Delta u_i}}$ 称为第 i 柱的剪力分配系数,它等于 i 柱自身的抗剪刚度与所有柱总的抗剪刚度的比值。

在求得 V_i 后,就可以求出各排架柱的内力。

2.5.3.3 在任意荷载作用下的剪力分配

当排架上有任意荷载作用时,如图 2-60(a)所示,采用剪力分配法计算时可以分三个步骤进行。

(1) 首先在排架柱顶附加不动铰支座阻止水平位移,如图 2-60(b)所示,按一端固定一端铰支计算各柱柱顶的支座反力,得到相应的内力,然后将各柱柱顶支座反力相加即可以求出不动铰支座的水平反力 R。

(2) 撤销在排架柱顶附加的不动铰支座,在排架柱顶加上一个反向作用的 R,如图

2-60(c)所示,按照剪力分配法计算相应的内力。

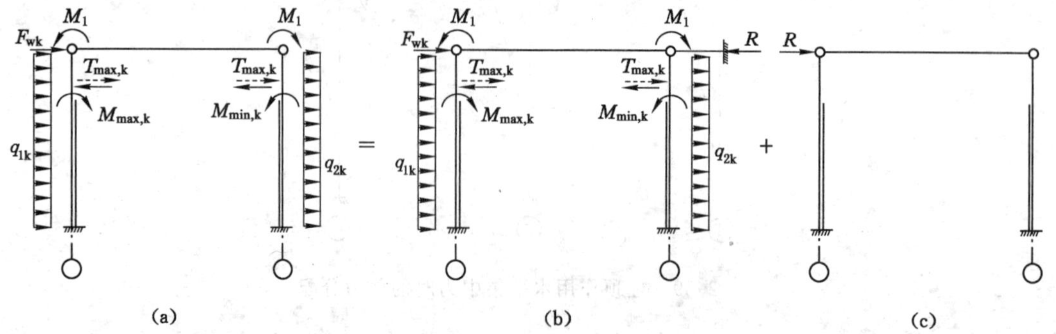

图 2-60 任意荷载作用下的内力计算

(a) 任意荷载图;(b) 添加不动铰支座;(c) 施加反向支座反力。

(3) 将上述两个受力状态叠加,可以恢复结构原受力状态,而叠加上述两个状态下求出的内力即为排架的实际内力。各种荷载作用下的不动铰支座反力值可从附图 A-2～附图 A-8 求得。

本书规定柱顶不动铰支座反力、柱顶剪力以及水平荷载自左向右为正,反之为负。

【例题 2.6】 在风荷载作用下,如图 2-61(a)所示的排架,已知:$\overline{W}=2$ kN,$q_1=1.5$ kN/m,$q_2=1.0$ kN/m;A 柱与 C 柱相同,$I_{uA}=I_{uC}=2.32\times10^9$ mm^4;$I_{lA}=I_{lC}=10.04\times10^9$ mm^4;$I_{uB}=5.10\times10^9$ mm^4,$I_{lB}=11.28\times10^9$ mm^4,E_c 都相同;上柱高为 $H_u=3.25$ m,柱总高为 $H=12.80$ m。

用剪力分配法计算此排架在风荷载作用下的内力。

解 (1) 计算剪力分配系数

$$\lambda=\frac{H_u}{H}=\frac{3.25}{12.80}=0.254$$

A、C 柱 $n=\dfrac{2.32}{10.04}=0.231$,B 柱 $n=\dfrac{5.10}{11.28}=0.452$。

由附录中的附图 A-1 查得:

A、C 柱:$C_0=2.85,\Delta u_A=\Delta u_C=\dfrac{(12.80\times10^3)^3}{E_C\times10.04\times10^9\times2.85}=73.29\dfrac{1}{E_C}$ (mm)

B 柱:$C_0=2.94,\Delta u_B=\dfrac{(12.80\times10^3)^3}{E_C\times11.28\times10^9\times2.94}=63.24\dfrac{1}{E_C}$ (mm)

剪力分配系数:

$$\eta_A=\eta_C=\frac{\frac{1}{73.29}}{2\times\frac{1}{73.29}+\frac{1}{63.24}}=0.32,\eta_B=\frac{\frac{1}{63.24}}{2\times\frac{1}{73.29}+\frac{1}{63.24}}=0.36$$

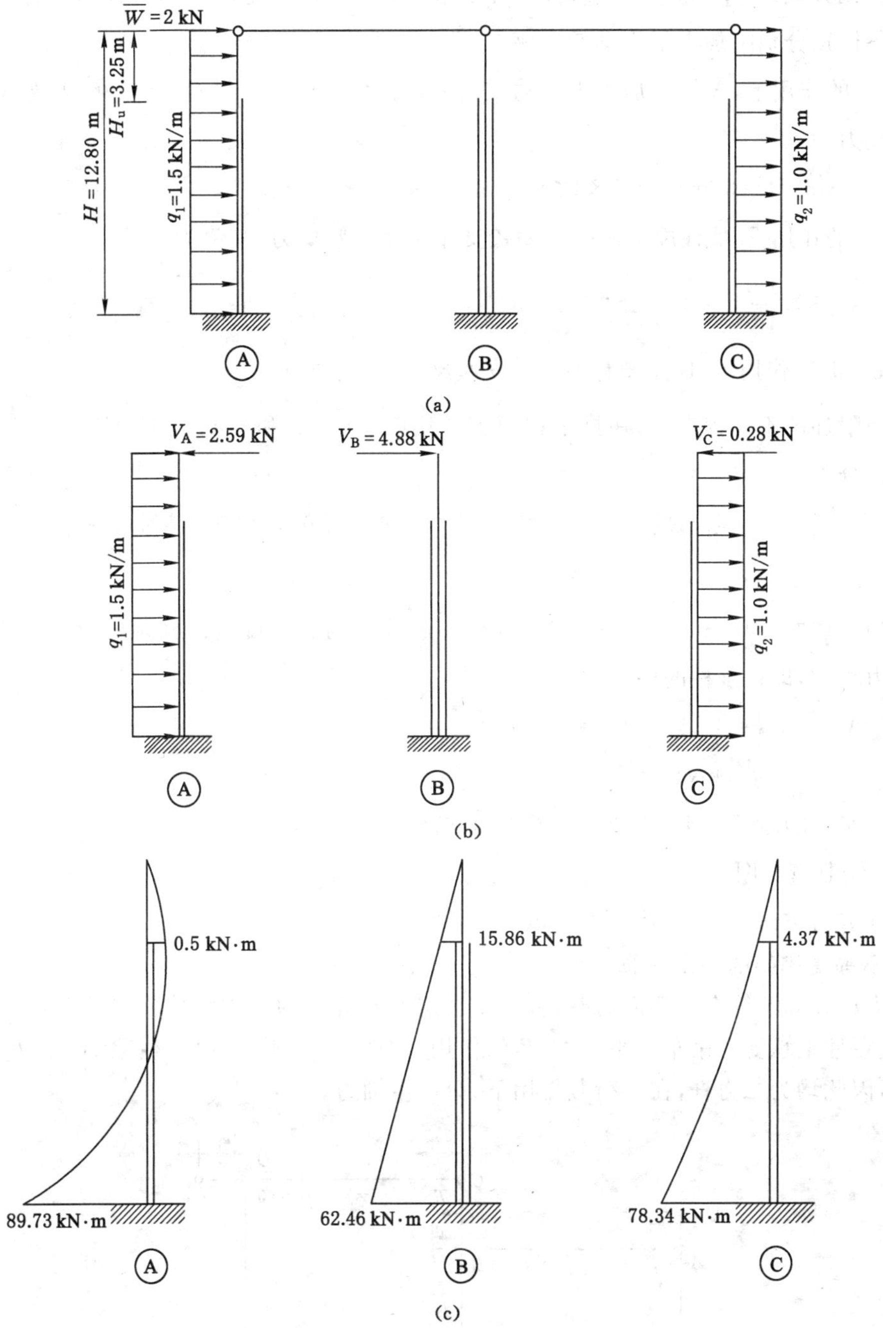

图 2-61 排架计算简图及弯矩图

(a) 风荷载图；(b) 剪力分配图；(c) 弯矩图。

$\eta_A + \eta_B + \eta_C = 0.32 + 0.36 + 0.32 = 1.0$

(2) 计算各柱顶剪力

把荷载分成 $\overline{W}$、q_1 和 q_2 三种情况，分别求出各柱顶所产生的剪力后叠加。

在各柱顶分别附加水平不动铰支座：

在 q_1 的作用下，A 柱虚加水平不动铰支座，由附图 A-8，查得 $C_{11}=0.361$，故 A 柱不动铰支座反力为：

$R_A=C_{11}q_1H=0.361\times1.5\times12.80=6.93\ (\mathrm{kN})(\leftarrow)$

在 q_2 的作用下，C 柱虚加水平不动铰支座产生支座反力，其值为：

$$R_C=6.93\times\frac{1.0}{1.5}=4.62\ (\mathrm{kN})(\leftarrow)$$

在 q_1 和 q_2 作用下，B 柱没有不动铰支座反力。

撤销附加的不动铰支座，在排架柱顶施加集中力 $-R_A$ 和 $-R_C$，并把它们与 $\overline{W}$ 相加后进行剪力分配：

$V_{A2}=V_{C2}=\eta_A(\overline{W}-R_A-R_C)=0.32\times(2+6.93+4.62)=4.34\ (\mathrm{kN})(\rightarrow)$

$V_{B2}=\eta_B(\overline{W}-R_A-R_C)=0.36\times(2+6.93+4.62)=4.88\ (\mathrm{kN})(\rightarrow)$

叠加上述两个状态，恢复结构原有受力状况，即把各柱分配到的柱顶剪力和柱顶不动铰支座反力相加，即得该柱的柱顶剪力：

$V_A=V_{A2}+R_A=4.34-6.93=-2.59\ (\mathrm{kN})(\leftarrow)$

$V_B=V_{B2}=4.88\ (\mathrm{kN})(\rightarrow)$

$V_C=V_{C2}+R_C=4.34-4.62=-0.28\ (\mathrm{kN})(\leftarrow)$

(3) 绘制弯矩图

柱顶剪力求出后，按悬臂柱求弯矩图，如图 2-61(c)所示。

2.5.4 不等高排架的内力计算

用力法计算不等高排架内力时，首先要选定便于计算的基本结构。以两跨不等高排架为例，设在柱上承受一吊车水平荷载 T 的作用，如图 2-62 所示，由于横梁 AB、CD 两墙与柱铰接，因此均为二力杆，在外荷载作用下，只产生轴力。

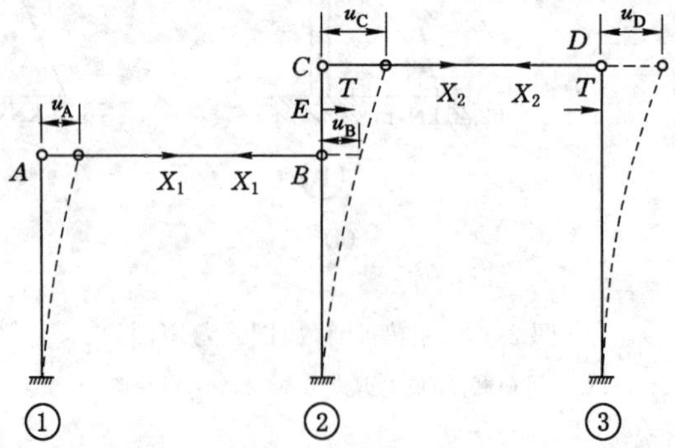

图 2-62　不等高排架内力计算简图

以 X_1 及 X_2 表示(先假定为拉力),其变形协调条件为:

$$\begin{cases} u_A = u_B \\ u_C = u_D \end{cases} \tag{2-27a}$$

对于柱 1,只有 X_1 作用在柱顶 A 处,即

$$u_A = \delta_{AA} \cdot X_1$$

式中,δ_{AA}是当 $X_1=1$ 时 A 处的侧移,规定向右侧移为正。

对于柱 3,同理有

$$u_D = -\delta_{DD} \cdot X_2$$

式中,δ_{DD}是当 X_2 作用时 D 处的侧移,方向向左,故取负号。

对于柱 2,由于其上作用 X_1,X_2 及 T,可分别考虑各力作用时所产生的位移,然后叠加得总位移,即

$$u_B = -\delta_{BB} \cdot X_1 + \delta_{BC} \cdot X_2 + T \cdot \delta_{BE} \tag{2-27b}$$

$$u_C = -\delta_{CB} \cdot X_1 + \delta_{CC} \cdot X_2 + T \cdot \delta_{CE} \tag{2-27c}$$

将上述各位移表达式代入变形协调条件式(2-27a)中,得:

$$\begin{cases} \delta_{AA} \cdot X_1 = -\delta_{BB} \cdot X_1 + \delta_{BC} \cdot X_2 + T \cdot \delta_{BE} \\ -\delta_{CB} \cdot X_1 + \delta_{CC} \cdot X_2 + T \cdot \delta_{CE} = -\delta_{DD} \cdot X_2 \end{cases} \tag{2-28a}$$

整理后得:

$$\begin{cases} (\delta_{AA} + \delta_{BB})X_1 - \delta_{BC} \cdot X_2 - T \cdot \delta_{BE} = 0 \\ (\delta_{CC} + \delta_{DD})X_2 - \delta_{CB} \cdot X_1 + T \cdot \delta_{CE} = 0 \end{cases} \tag{2-28b}$$

在上式中,只有 X_1,X_2 是未知数,其余均可由《建筑结构设计手册》①排架计算中提供的图表求得。当解出 X_1,X_2 后则可求得各柱的内力。对于其他荷载情况,其内力计算方法是一样的。

2.5.5 单层厂房排架结构的整体空间作用

2.5.5.1 单层厂房排架结构整体空间作用的概念

前面已经提到,单层厂房是一个复杂的空间整体结构,各个平面排架之间是相互作用的。结合图 2-63 中的单层厂房在水平力 F 作用下,来看空间作用对排架结构受力的影响。

在图 2-63 中,某一单跨排架结构中的 $C—C'$ 排架柱的柱顶承受集中荷载 F 的作用,把直接承载的 $C—C'$ 这一榀横向排架截离出来,在其排架柱顶施加相同的荷载 F 与考虑整体空间作用的图 2-63(a)中的 $C—C'$ 排架柱的侧移相比较。可以看出:在侧移方面,考虑空间作用的 $C—C'$ 排架柱的柱顶侧移 Δ_1 小于图 2-63(b)中按照平面排架分析得到的侧移 Δ_0,即 $\Delta_0 > \Delta_1$。从受力方面进行分析,当按照图 2-63(b)中的平面排架考虑时,外荷载 F 全部由直接承受外荷载的排架来平衡,即 C 和 C' 这两根排架柱必须承受全部外荷载 F。而考虑空间作用后,外荷载 F 是由厂房的所有排架和山墙共同来平衡的,这时直接承受外荷载的 $C—C'$ 排架只承担其中的一部分反力 F_1,如图 2-63(c)所示,其余部分 F_2($F_2 = F - F_1$)是通过纵向连系构件转移给其他排架(山墙)承担,如图 2-63(d)所示。

① 建筑结构设计手册编写组:《建筑结构设计手册:排架计算》,中国工业出版社 1971 年第 2 版。

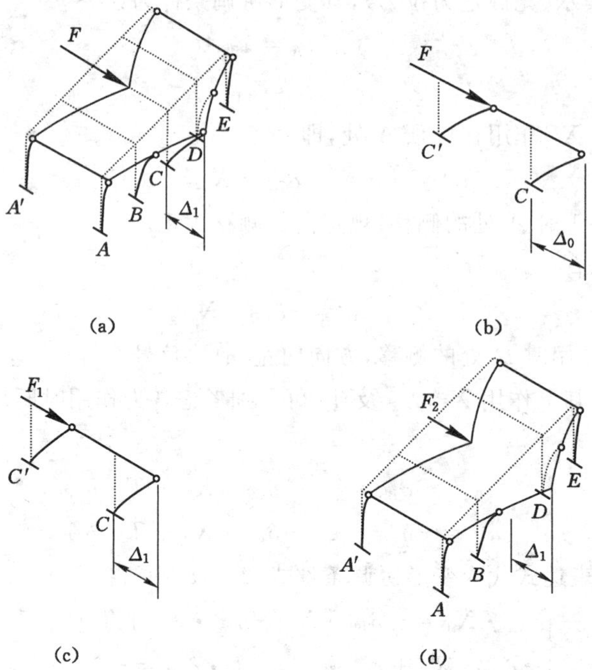

图 2-63　单层排架整体空间作用示意图

(a) 排架整体承受 F 作用；(b) $C—C'$ 排架柱承受 F 作用；

(c) 整体排架受力时的 $C—C'$ 排架柱；(d) 整体排架受力时的其余排架柱。

可见，当考虑空间作用时，直接承受外荷载的排架受到的实际力 F_1，小于按照平面排架分析得到的力 F。当其他排架柱和山墙对直接承受荷载的排架的影响大时，对与它相邻的一些排架水平位移的约束亦大，故在厂房整体空间作用中起着相当大的作用。当然，考虑空间作用后会导致连系构件等一些保证空间效应的构件内力的增大。

排架与排架、排架与山墙之间相互关联的整体作用称为厂房的整体空间作用。单层厂房空间作用的大小主要受屋盖的水平刚度、荷载的类型、山墙的间距和刚度等因素的影响。产生单层厂房整体空间作用的条件有两个：一是各横向排架（山墙可理解为广义的横向排架）之间必须有纵向构件将它们联系起来，二是各横向排架彼此的情况不同，或者是结构不同，或者是承受的外荷载不同。由此可以理解到，有山墙比无山墙的厂房的整体空间作用大，无檩屋盖比有檩屋盖的厂房的整体空间作用大，局部荷载比均布荷载对厂房的整体空间作用影响大。

2.5.5.2　单层厂房排架结构整体空间作用的计算

目前，由于考虑空间作用的定量效果，尤其是均布荷载下的整体空间作用，尚缺乏大量的经验数据，而且从总体上看空间作用对大部分主要结构构件是有利的。因此在设计中，当需要考虑整体空间工作时，只对吊车荷载才考虑厂房的整体空间作用。

(1) 单个水平荷载作用下的厂房空间作用分配系数 m

当整个厂房只作用有一个水平荷载 F 的情况。设：

$$m=\frac{F_1}{F} \tag{2-29}$$

由于假设结构是弹性的，力与柱顶水平侧移成正比，所以可得到：

$$m=\frac{F_1}{F}=\frac{\Delta_1}{\Delta_0} \tag{2-30}$$

称 m 为单个荷载作用下的厂房空间作用分配系数，显然 $m<1$。m 愈小，单个荷载作用下排架空间作用愈大。

(2) 吊车荷载作用下厂房空间作用分配系数 m

厂房在吊车荷载作用下，不仅所计算的排架承受吊车荷载，而且相邻的排架也承受吊车荷载，因此这时的厂房空间作用分配系数与上述单个荷载作用下的情况是不同的。对此，清华大学根据实测和理论分析，分别对无檩和有檩屋盖体系提出了相应计算方法。

表 2-16 中给出了建议的单跨排架厂房空间作用分配系数 m 值。为了慎重起见，对于大吨位吊车的厂房（大型屋面板体系在 75 t 以上，轻型有檩屋盖体系在 30 t 以上）建议暂不考虑厂房空间作用。

表 2-16　单跨厂房空间作用分配系数 m

<table>
<tr><td colspan="2" rowspan="2">屋盖体系及山墙设置</td><td rowspan="2">吊车最大起重量/t</td><td colspan="4">厂房长度/m</td></tr>
<tr><td colspan="2">≤60</td><td colspan="2">>60</td></tr>
<tr><td rowspan="2">有檩屋盖</td><td>两端无山墙及一端有山墙</td><td>≤30</td><td colspan="2">0.95</td><td colspan="2">0.85</td></tr>
<tr><td>两端无山墙</td><td>≤30</td><td colspan="4">0.85</td></tr>
<tr><td rowspan="4">无檩屋盖</td><td rowspan="3">两端无山墙及一端有山墙</td><td rowspan="3">≤75</td><td colspan="4">跨度/m</td></tr>
<tr><td>12～27</td><td>>27</td><td>12～27</td><td>>27</td></tr>
<tr><td>0.90</td><td>0.85</td><td>0.85</td><td>0.80</td></tr>
<tr><td>两端无山墙</td><td>≤75</td><td colspan="4">0.80</td></tr>
</table>

从表 2-16 中可以看出，单层厂房空间作用分配系数 m 的影响因素主要包括：

① 屋盖体系：对于刚度较好的无檩屋盖体系，其空间作用好，m 值就小；反之，有檩屋盖体系的刚度较小，其空间作用稍差，m 值就大。

② 山墙：由于山墙具有较大的刚度，因此两端有山墙的厂房的空间作用就好，m 值就小；反之，两端无山墙厂房的空间作用就差，m 值就大。

③ 荷载形式：在吊车水平作用下，厂房的空间作用比风荷载作用下的空间作用好。

④ 厂房的长度：厂房的长度越大，厂房的空间作用就差，m 值就大。

需要注意的是，在下列四种情况下 $m=1$，即不考虑厂房的空间作用：

① 厂房的一端有山墙，或者两端均无山墙，并且厂房的长度 <36 m。

② 天窗跨度大于厂房跨度的 1/2，或者天窗布置使厂房屋盖沿纵向不连续。

③ 厂房柱距 >12 m，或者柱距 <12 m，但有个别柱距不等，且最大柱距 >12 m。

④ 屋架下弦为柔性拉杆的厂房。

(3) 吊车作用下考虑厂房空间作用的计算

目前在单层厂房计算中，仅在分析吊车荷载内力时，才考虑厂房的空间作用。单层厂房空间作用分配系数可从表 2-16 中直接查得。

平面排架考虑厂房的空间作用的计算方法，与排架内力计算中的任意荷载作用时相类似，仅在其排架顶部加一弹性支承即可。如图 2-64 所示，其内力计算可按下列计算步骤进行：

① 先假设排架无侧移，求出吊车荷载作用下的柱顶反力 R 及柱顶剪力。

② 将柱顶反力 R 乘以空间分配系数 m，并将其沿反方向加于可侧移的排架上，求出各柱顶剪力。

③ 将上述两项的柱顶剪力叠加，即为考虑空间作用的柱顶剪力。

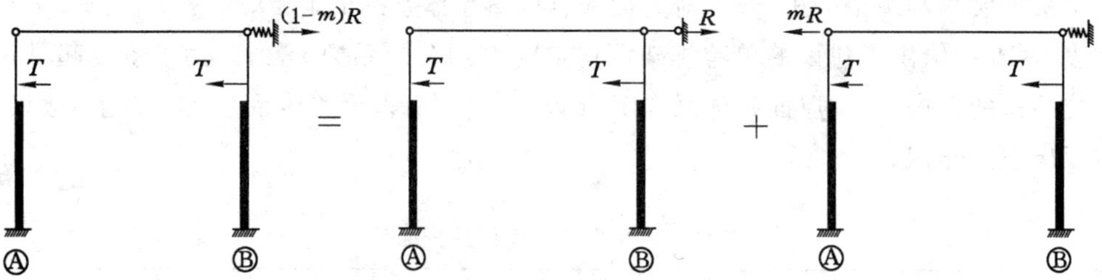

图 2-64　考虑空间作用排架柱内力的计算

单层厂房排架结构在考虑其空间作用后，排架柱的内力及侧移均有所降低，能够降低排架柱的主筋的用量，而直接承受荷载的上柱由于其弯矩值有所增大，配筋量有所增加。

2.5.6　内力组合

经过对排架进行内力计算，求得排架柱在永久荷载和各种可变荷载单独作用下的内力后，按照概率统计和可靠度理论把各个单项荷载作用下的内力按照一定的规律进行组合，即根据厂房排架在使用过程中实际可能同时承受的荷载情况进行内力组合，以获得排架柱控制截面处的最不利内力，作为排架柱和基础进行设计的依据。

2.5.6.1　排架柱控制截面的选取

排架柱的控制截面是指对排架柱的各区段配筋起控制作用的截面，通常选择内力最大处的截面。对图 2-65 所示的排架柱，上柱的最大轴力和弯矩通常发生在其底部截面Ⅰ—Ⅰ处，故此截面为上柱的控制截面。下柱牛腿顶面截面Ⅱ—Ⅱ，在吊车竖向荷载作用下的弯矩最大；而其柱底截面(基础顶面)Ⅲ—Ⅲ，在风荷载和吊车横向水平荷载作用下弯矩最大，且截面Ⅲ—Ⅲ 的最不利内力也是设计基础的依据，故截面Ⅱ—Ⅱ和Ⅲ—Ⅲ 均为下柱的控制截面，下柱的纵向钢筋按这两个截面中钢筋用量较大者配置。

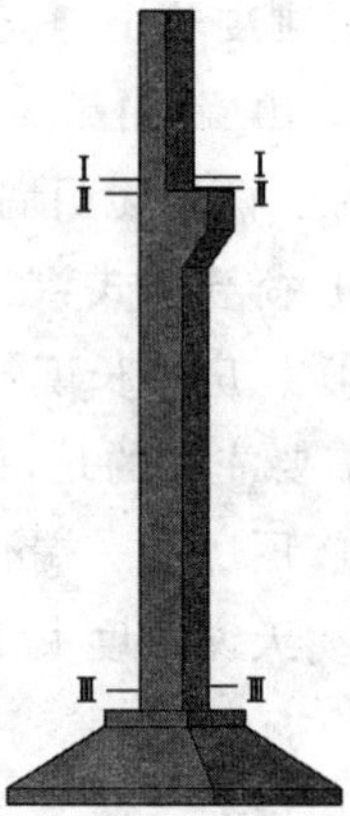

图 2-65　排架柱的控制截面

2.5.6.2　荷载效应组合

根据《建筑结构荷载规范》(GB 50009—2012)，设计排架结构时，应根据使用过程中可能同时产生的荷载效应，对承载力和正常使用两种极限状态分别进行荷载效应（内力）组合，并分别取其最不利的情况进行设计。排架结构所考虑的荷载包括永久荷载、屋面活荷载（积灰荷载＋雪荷载与屋面活荷载两者中较大值）、吊车荷载（吊车竖向荷载和吊车水平荷载）、风荷载（左风和右风）。

对于承载能力极限状态，应按荷载的基本组合或偶然组合计算荷载组合的效应设计值，并应采用下列设计表达式进行设计。

$$\gamma_0 S_d \leqslant R_d \tag{2-31}$$

式中 γ_0——结构重要性系数，应按有关建筑结构设计规范的规定采用；

S_d——荷载组合的效应设计值；

R_d——结构构件抗力的设计值，应按各有关建筑结构设计规范的规定确定。

荷载基本组合的效应设计值 S_d，应从下述荷载组合值中选取最不利的效应设计值确定。

（1）由可变荷载控制的效应设计值，应按下式进行计算：

$$S_d = \sum_{j=1}^{m}(\gamma_{Gj} S_{Gjk}) + \gamma_{Q1}\gamma_{L1} S_{Q1k} + \sum_{i=2}^{n}(\gamma_{Qi}\gamma_{Li}\psi_{ci} S_{Qik}) \tag{2-32}$$

（2）由永久荷载控制的效应设计值，应按下式进行计算：

$$S_d = \sum_{j=1}^{m}(\gamma_{Gj} S_{Gjk}) + \sum_{i=1}^{n}(\gamma_{Qi}\gamma_{Li}\psi_{ci} S_{Qik}) \tag{2-33}$$

式中 γ_{Gj}——第 j 个永久荷载分项系数，对由可变荷载控制的组合，取 1.2，对由永久荷载控制的组合，取 1.35；

γ_{Qi}——第 i 个可变荷载的分项系数，其中 γ_{Q1} 为主导可变荷载 Q_1 的分项系数，一般情况下取 1.5，对标准值大于 4 kN/m^2 的工业房屋楼面结构的活荷载取 1.3；

γ_{Li}——第 i 个可变荷载考虑设计使用年限的调整系数，其中 r_{L1} 为主导可变荷载 Q_1 考虑设计使用年限的调整系数；

S_{Gjk}——按第 j 个永久荷载标准值 G_{jk} 计算的荷载效应值；

S_{Qik}——按第 i 个可变荷载标准值 Q_{ik} 计算的荷载效应值；

ψ_{ci}——可变荷载 Q_i 的组合值系数，对屋面均布活荷载、雪荷载，取 0.7，对屋面积灰荷载，取 0.9，对吊车荷载，取 0.7（软钩吊车）或 0.95（硬钩吊车），对风荷载，取 0.6；

m——参与组合的永久荷载数；

n——参与组合的可变荷载数。

对于正常使用极限状态，应根据不同的设计要求，采用荷载的标准组合或准永久组合。对于排架柱的裂缝宽度进行计算时就需要准永久组合，准永久组合的效应设计值 S_d，应按下式进行计算：

$$S_d = \sum_{j=1}^{m} S_{Gjk} + \sum_{i=1}^{n}(\psi_{qi} S_{Qik}) \tag{2-34}$$

对于排架柱的柱下基础的地基承载力进行计算时，应采用荷载效应的标准组合，可以参照承载能力极限状态的基本组合，各项荷载分项系数均取 1。

2.5.6.3 控制截面的内力组合

单层厂房的排架柱为偏心受压构件，其配筋计算取决于轴力 N 和弯矩 M，而两种内力对承载力的影响存在相关性。对于矩形、工字形截面柱的每一个控制截面，根据可能需要最大钢筋量，可考虑以下四项不利内力组合：

(1) $+M_{max}$ 及相应的 N 和 V；

(2) $-M_{max}$ 及相应的 N 和 V；

(3) N_{max} 及相应的 M 和 V；

(4) N_{min} 及相应的 M 和 V。

在上述四项不利内力组合中，其前两项和第四项可能为大偏心受压情况，而第三项可能发生小偏心受压情况。按此四项进行组合，基本能够控制柱的配筋量，满足工程设计要求。

2.5.6.4 荷载组合注意事项

对排架柱的控制截面进行最不利内力组合时，应注意如下几点：

(1) 恒荷载参与任何一种组合。

(2) 每次内力组合只以一种内力（M_{max}、N_{max}、N_{min}）为目标来控制荷载的取舍，然后计算得到与其对应的另外两种内力。

(3) 吊车竖向荷载 D_{max} 作用于 A 柱和 D_{min} 作用于 A 柱，只能选其中一种参与组合。

(4) 吊车水平荷载 T_{max} 作用方向向右与向左只能选其中一种参与组合。

(5) 有吊车竖向荷载 D_{max}（D_{min}）应同时考虑吊车水平荷载 T_{max} 作用的可能。

(6) 风荷载作用方向向右与向左只能选其中一种参与组合。

(7) 组合 N_{max} 或 N_{min} 项时，相应的 M 应考虑正反两个方向，对于轴向力为零而弯矩不为零的荷载（如风荷载）也应考虑参与组合。

(8) 实际生产过程中，多台吊车同时达到最大起重量的可能性非常小，因此当多台吊车参与组合时，吊车的竖向荷载和水平荷载作用时的内力须按表 2-15 所规定的系数进行折减。

2.5.7 排架柱的吊装验算

单层厂房钢筋混凝土排架柱一般为预制柱。由于预制柱在运输和吊装时的受力状态与其在使用阶段不同，而且，此时混凝土的强度等级还可能达不到设计要求，故需进行吊装时的承载力和裂缝宽度验算。

预制柱的吊装有如图 2-66(a)所示的翻身吊和如图 2-66(b)所示的平吊两种方式。因平吊比翻身吊施工简单，故在满足吊装时承载力和裂缝宽度要求的条件下，宜优先采用平吊。

据翻身吊和平吊时的吊点位置，其计算简图分别如图 2-66(c)、(d)所示。吊装时柱承受的荷载为其自重乘以动力系数 1.5。

吊装验算时的截面形式与尺寸，按实际受力方向确定。对于翻身吊时的工形截面，则可简化为宽度为 b_f、高度为 h 的矩形截面，如图 2-66(e)所示。对平吊时的 H 形截面，则可简化为宽度为 $2h_f$、高度为 b_f 的矩形截面，如图 2-66(f)所示。

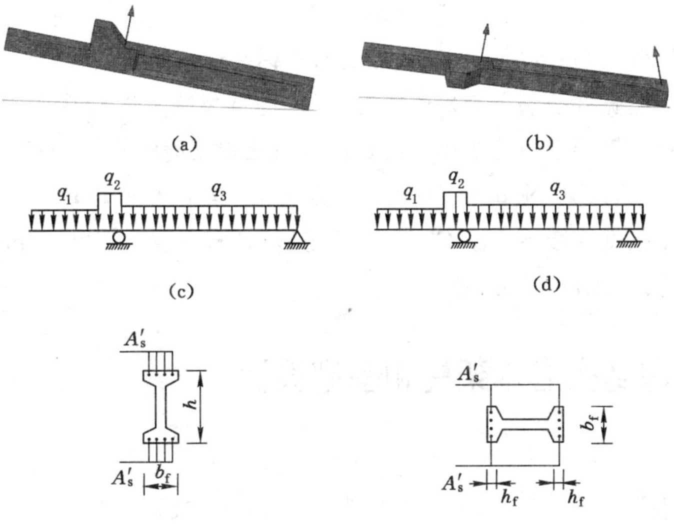

图 2-66 预制柱吊装计算时的简化

(a) 翻身吊示意简图;(b) 平吊示意简图;(c) 翻身吊计算简图;(d) 平吊计算简图;(e) 翻身吊计算截面高度简图;(f) 平吊计算截面高度简图。

吊装时,如果吊点设在牛腿的根部,吊装验算时排架柱的控制截面有上柱柱底、牛腿根部和下柱跨中三个控制截面,如图 2-67 所示。

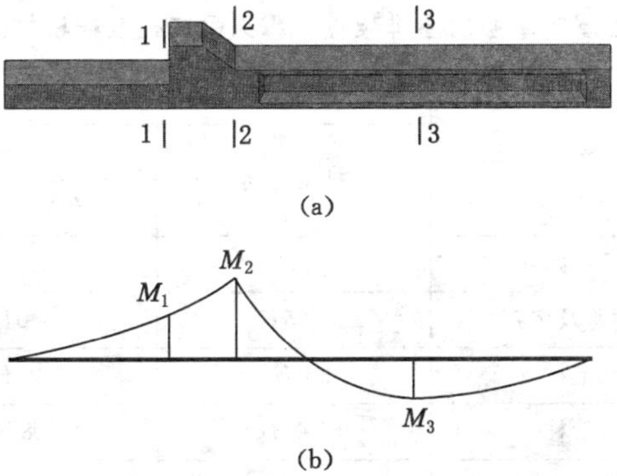

图 2-67 翻身一点吊装时控制截面的选取

(a) 控制截面位置示意图;(b) 吊装时排架柱弯矩示意图。

吊装时的承载力验算,按受弯构件进行,考虑此时的受力状态为临时性,故可将安全等级降低一级。

吊装时的裂缝宽度验算,应按《混凝土结构设计规范》(GB 50010—2010,2015 年版)中给出的相应公式计算。为了简化,根据受弯构件的裂缝宽度与裂缝截面处受拉钢筋应力 σ_s 的近似关系,如满足下式要求可不进行裂缝宽度验算:

$$\sigma_{sk}=\frac{M_k}{0.87h_0A_s}\leqslant[\sigma_s] \quad (2\text{-}35)$$

式中 M_k——考虑动力系数后验算截面处的弯矩标准值。

$[\sigma_s]$——裂缝宽度控制为0.2 mm时，不需进行裂缝宽度验算的钢筋混凝土受弯构件的钢筋应力。当吊装时柱的混凝土强度等级不低于C30时，对变形钢筋，$[\sigma_s]$取240 N/mm^2；对光圆钢筋，$[\sigma_s]$取190 N/mm^2。当吊装时柱的混凝土强度等级不大于C20时，对变形钢筋，$[\sigma_s]$取220 N/mm^2；对光圆钢筋，$[\sigma_s]$取180 N/mm^2。

2.6 单层厂房结构的排架柱和基础设计

2.6.1 排架柱

单层厂房钢筋混凝土排架柱的截面选型在2.4.6节中已经进行详细叙述。此外，作为偏心受压构件的排架柱，其截面设计和配筋需要按偏心受压构件进行设计。本节主要介绍排架柱的计算长度和牛腿设计。

2.6.1.1 柱的计算长度

柱的计算长度 l_0 与柱的支承条件和高度有关。计算偏心受压构件的偏心增大系数时，对单层厂房排架柱，根据理论分析和工程经验，其计算长度 l_0 可按表2-17所示进行取值。

表2-17 刚性屋盖单层房屋排架柱和露天吊车柱及栈桥柱的计算长度 l_0

柱的类别		l_0		
		排架方向	垂直排架方向	
			有柱间支撑	无柱间支撑
无吊车房屋柱	单跨	$1.5H$	$1.0H$	$1.2H$
	两跨及多跨	$1.25H$	$1.0H$	$1.2H$
有吊车房屋柱	上柱	$2.0H_u$	$1.25H_u$	$1.5H_u$
	下柱	$1.0H_l$	$0.8H_l$	$1.0H_l$
露天吊车柱和栈桥柱		$2.0H_l$	$1.0H_l$	

注：1. 表中 H 为从基础顶面算起的柱全高；H_l 为基础顶面至装配式吊车梁底面或现浇式吊车梁顶面的柱下部高度；H_u 为从装配式吊车梁底面或从现浇式吊车梁顶面算起的柱子上部高度。

2. 表中有吊车房屋排架柱的计算长度，当计算中不考虑吊车荷载时，可按无吊车房屋柱的计算长度采用，但上柱的计算长度仍可按有吊车房屋采用。

3. 表中有吊车房屋排架柱的上柱在排架方向的计算长度，仅适用于 $H_u/H_l\geqslant0.3$ 的情况；当 $H_u/H_l<0.3$ 时，计算长度宜采用 $2.5H_u$。

2.6.1.2 牛腿设计

单层厂房中的排架柱一般都设有牛腿，设计牛腿的目的是不加大柱截面而加大支承面积，保证构件可靠连接，有利于构件安装。牛腿主要支承屋架（屋面梁）、吊车梁、连系梁等构件，并将这些构件承受的荷载传给排架柱（如图 2-68 所示）。牛腿设计的内容主要包括确定牛腿截面设计、配筋计算和构造设计。

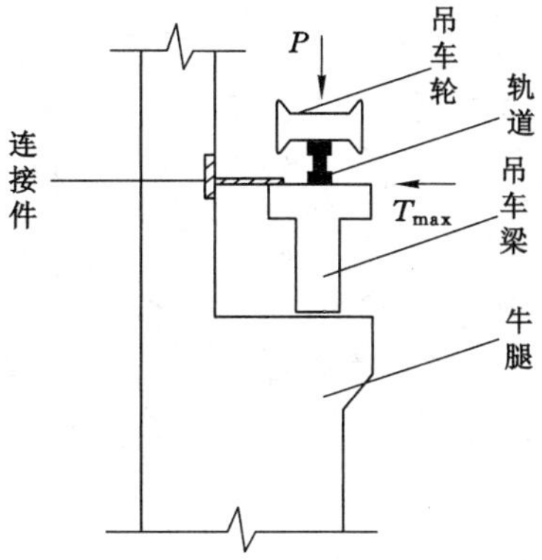

图 2-68　排架柱上牛腿上的支承情况

牛腿按照其承受的竖向力作用点至牛腿根部的水平距离 a 与牛腿有效高度 h_0 之比，分为长牛腿和短牛腿。当 $a/h_0>1.0$ 时，称为长牛腿，如图 2-69(a)所示；而 $a/h_0\leqslant1.0$ 时，称为短牛腿，如图 2-69(b)所示。长牛腿的受力性能与悬臂梁相近，故可按悬臂梁进行设计。下面主要介绍短牛腿的设计。

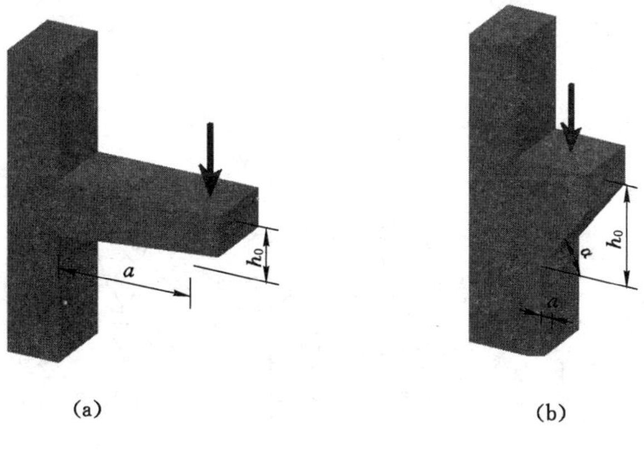

图 2-69　长牛腿和短牛腿示意图

(a) 长牛腿；(b) 短牛腿。

1）牛腿的应力状态

已有的试验结果表明，在如图 2-70 所示的 $a/h_0=0.5$ 的环氧树脂牛腿模型中，在竖向力 F_v 的作用下，在牛腿的上部，其主拉应力迹线平行于牛腿长度方向均匀分布，在牛腿的下部，主压应力迹线则平行于竖向力作用点 A 到牛腿根部与柱交汇处的 O 点的连线。牛腿的这种应力状态，对牛腿的设计有着重要的影响。

2）牛腿的加载过程与裂缝开展

牛腿受到其极限荷载的20%～40%后，首先在上柱与牛腿上表面交界处出现垂直裂缝，但是缝宽较小且发展缓慢。随着荷载增加，在加载板内侧出现向下发展的斜裂缝，当竖向力F_v达到其极限荷载的40%～60%时，加载垫板的内侧开始出现斜裂缝。若继续加载，裂缝不断开展，当竖向力达到其极限荷载的80%左右时，在加载板外侧出现大量的细小裂缝，直到临近破坏，垫板下突然出现裂缝，这预示牛腿即将破坏。

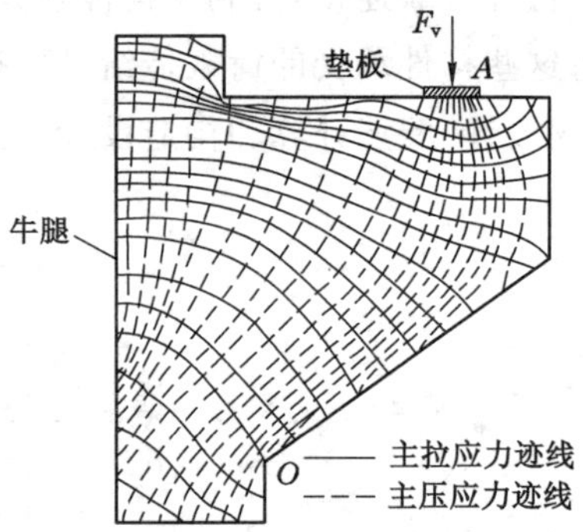

图 2-70　牛腿的应力状态

3）牛腿的破坏形态

对牛腿进一步加载试验表明，在混凝土出现裂缝后，牛腿主要有如下几种破坏形态：

(1) 剪切破坏：当$a/h_0 \leqslant 0.1$，即牛腿的截面尺寸较小时，或牛腿中箍筋配置过少时，可能发生如图 2-71(a)所示的剪切破坏。

(2) 斜压破坏：当$0.1 < a/h_0 \leqslant 0.75$，竖向力作用点与牛腿根部之间的主压应力超过混凝土的抗压强度时，将发生斜向受压破坏，如图 2-71(b)所示。

(3) 弯压破坏：当$0.75 < a/h_0 < 1.0$或牛腿顶部的纵向受力钢筋配置不能满足要求时，可能发生弯压破坏，如图 2-71(c)所示。

(4) 局部受压破坏：当牛腿的宽度过小或支承垫板尺寸较小时，在竖向力作用下，可能发生局部受压破坏，如图 2-71(d)所示。

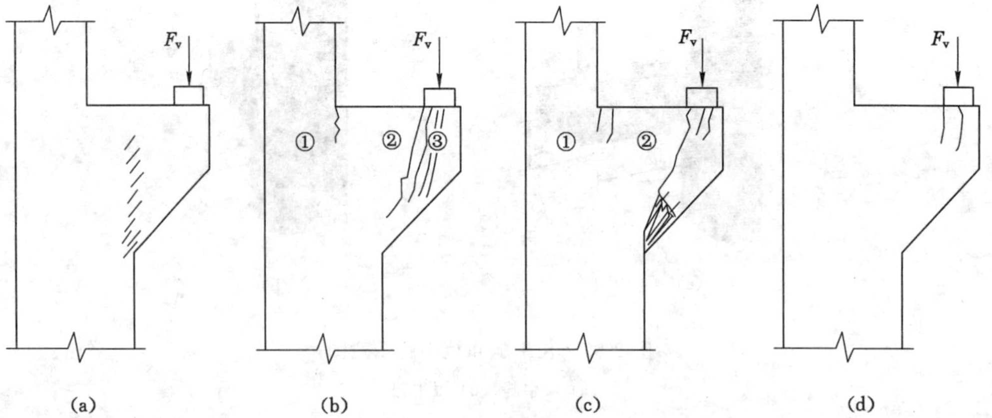

图 2-71　牛腿的破坏形态

(a) 剪切破坏；(b) 斜压破坏；(c) 弯压破坏；(d) 局部受压破坏。

为防止牛腿发生各种可能的破坏，除要求牛腿具有足够的截面尺寸外，其中还必须配置足够数量的各种钢筋。

4）牛腿的截面尺寸

牛腿的截面尺寸如图 2-72 所示。根据裂缝控制要求，牛腿的截面尺寸应符合下式要求：

$$F_{vk} \leqslant \beta\left(1-0.5\frac{F_{hk}}{F_{vk}}\right)\frac{f_{tk}bh_0}{0.5+\dfrac{a}{h_0}} \tag{2-36}$$

式中 F_{vk}——作用于牛腿顶部按荷载效应标准组合计算的竖向力值；

β——裂缝控制系数，对支承吊车梁的牛腿，取 0.65，对其他牛腿，取 0.8；

F_{hk}——作用于牛腿顶部按荷载效应标准组合计算的水平拉力值；

f_{tk}——混凝土抗拉强度标准值；

b——牛腿的宽度，一般取与柱宽相同；

h_0——牛腿与下柱交接处的垂直截面有效高度，$h_0=h_1-a_s+c\tan\alpha$，当 $\alpha>45°$时，取 $\alpha=45°$；

a——竖向力的作用点至下柱边缘的水平距离，应考虑安装偏差增大 20 mm，当考虑 20 mm 的安装偏差后，竖向力的作用点仍位于下柱截面以内时，取 $a=0$。

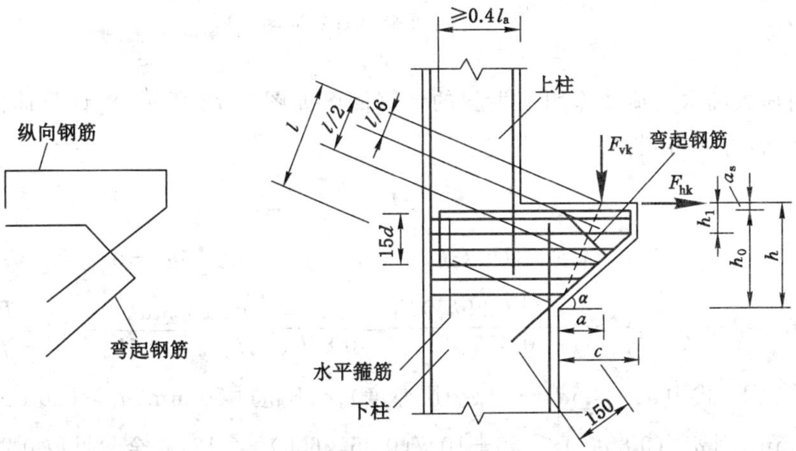

图 2-72 牛腿的截面尺寸和钢筋配置

牛腿的外边缘高度 h_1 不应小于其高度 h 的 1/3，且不应小于 200 mm。

牛腿挑出下柱边缘的长度 c 应使吊车梁外侧至牛腿外边缘的距离 c_1 不小于 70 mm，以保证牛腿顶部的局部受压承载力。

牛腿的底面倾角 α 一般不超过 45°，当 $c\leqslant100$ mm 时，可取 $\alpha=0$，即取牛腿底面为水平面。

为防止牛腿发生局部受压破坏，在牛腿顶部的局部受压面上，由竖向力 F_{vk} 引起的局部压应力不应超过 $0.75f_c$，即

$$F_{vk}/A \leqslant 0.75f_c \tag{2-37}$$

式中　f_c——混凝土轴心抗压强度；

A——牛腿支承面上的局部受压面积。

5）牛腿的配筋及构造

根据牛腿的应力状态和破坏形态，牛腿的工作状况相当于图 2-73 中所示的三角形桁架，顶部纵向受力钢筋为其水平拉杆，竖向力作用点与牛腿根部之间的受压混凝土为其斜向压杆。

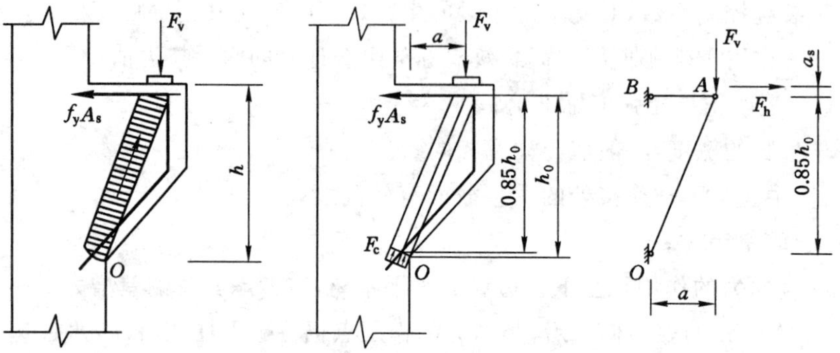

图 2-73　牛腿的计算简图

在竖向荷载和水平荷载作用下牛腿的计算简图如图 2-73 所示，对计算简图中的 O 点建立弯矩平衡，可以得到：

$$\sum M_O=0$$

即
$$F_v\cdot a+F_h\cdot(0.85h_0+a_s)-f_yA_s\cdot 0.85h_0=0$$

则
$$A_s=\frac{a}{0.85h_0}\cdot\frac{F_v}{f_y}+\frac{(a_s+0.85h_0)F_h}{0.85h_0f_y}=\frac{a}{0.85h_0}\cdot\frac{F_v}{f_y}+\left(\frac{a_s}{0.85h_0}+1\right)\cdot\frac{F_h}{f_y}$$

一般情况下，式中 $a_s=0.5d+c$（保护层厚度）；c 不超过 50 mm；$h_0\geqslant 600$ mm；假定钢筋直径为 20 mm，则 $a_s/(0.85h_0)\leqslant(50+10)/(0.85\times600)\approx0.12$，安全起见取 0.2。

此时，牛腿的纵向受力钢筋总截面面积 A_s，由承受竖向力的受拉钢筋截面面积和承受水平拉力的锚筋截面面积组成，其值可按下式计算：

$$A_s\geqslant\frac{F_va}{0.85f_yh_0}+1.2\frac{F_h}{f_y}\tag{2-38}$$

式中　F_v——作用于牛腿顶部的竖向力设计值；

F_h——作用于牛腿顶部的水平拉力设计值；

f_y——牛腿内纵筋抗拉强度设计值；

h_0——牛腿与下柱交接处的垂直截面有效高度。

在式(2-38)中，当 $a<0.3h_0$ 时，取 $a=0.3h_0$。

牛腿顶部的纵向受力钢筋宜采用 HRB 335 级或 HRB 400 级钢筋。承受竖向力 F_v 的受拉钢筋配筋率，按牛腿的有效截面计算不应小于 0.2% 及 $0.45f_t/f_y$，也不宜大于 0.6%；

钢筋的数量不宜少于 4 根，直径不宜小于 12 mm。

全部纵向受力钢筋宜沿牛腿外边缘向下伸入下柱内 150 mm 后截断。伸入上柱的锚固长度，当采用直线锚固时不应小于受拉钢筋的锚固长度 l_a；当上柱尺寸不满足直线锚固要求时，可将钢筋向下弯折，从上柱内边算起的水平段长度不应小于 $0.45l_a$，向下弯折的竖直段应取 $15d$。

牛腿应设置水平箍筋。水平箍筋可采用 HPB 235 级钢筋，直径宜为 6～12 mm，间距宜为 100～150 mm，且在牛腿上部 $2h_0/3$ 范围内的水平箍筋总截面面积不宜小于承受竖向力的受拉钢筋截面面积的 1/2。

当牛腿的 $a/h_0 \geqslant 0.3$ 时，宜增设弯起钢筋。弯起钢筋的种类一般与纵向受力钢筋相同，并宜使其与竖向力作用点到牛腿斜边下端点连线的交点位于牛腿上部 $l/6 \sim l/2$ 的范围内，其中 l 为该连线的长度(如图 2-72 所示)。弯起钢筋的截面面积不宜小于承受竖向力的受拉钢筋截面面积的 1/2，根数不宜少于 2 根，直径不宜小于 12 mm。弯起钢筋沿牛腿外边缘向下伸入下柱内的长度和伸入上柱的锚固长度要求与牛腿的纵向受力钢筋相同。

2.6.1.3 构造要求

排架柱的混凝土强度等级不应低于 C20，当荷载较大时宜选用高强度等级的混凝土。采用强度等级 400 MPa 及以上的钢筋时，混凝土强度等级不应低于 C25。纵向受力钢筋一般采用 HRB 335 和 HRB 400 钢筋，纵向受力钢筋直径 d 不宜小于 12 mm，全部纵向钢筋的配筋率不宜超过 5%。当排架柱的截面高度 $h \geqslant 600$ mm 时，在侧面应设置直径不小于 10 mm的纵向构造钢筋，并相应地设置复合箍筋或拉筋。排架柱内纵向钢筋的净距不应小于 50 mm；对水平浇筑的预制柱，其上部纵向钢筋的最小净间距不应小于 30 mm 和 $1.5d_{max}$ (d_{max}为纵向钢筋的最大直径)，下部纵向钢筋的最小净间距不应小于 25 mm 和 d。偏心受压柱中，垂直于弯矩作用平面的侧面上的纵向受力钢筋以及轴心受压柱中各边的纵向受力钢筋，其中距不宜大于 300 mm。

排架柱内的箍筋应为封闭式。箍筋间距不应大于 400 mm 及构件截面的短边尺寸，且不应大于 $15d_{min}$(d_{min}为纵向钢筋的最小直径)。箍筋直径不应小于 $d_{max}/4$(d_{max}为纵向钢筋的最大直径)，且不应小于 6 mm。

2.6.2 抗风柱

抗风柱设置在单层厂房的两端山墙内，用于抵抗施加给山墙的水平风荷载，抗风柱的上端与屋架(屋面梁)相连，下端设置单独的基础。抗风柱的设计方法和构造措施对抗风柱的设计与受力有较大影响。

抗风柱的尺寸要求及其计算简图如图 2-74 所示。

其外边缘位置与单层工业厂房横向封闭轴线相重合，离屋架中心线 500 mm，为避免它与端屋架相碰，应将抗风柱的上部截面高度适当减少。抗风柱顶标高应低于屋架上弦中心线 50 mm。抗风柱上、下柱交接处标高应低于屋架下弦下边缘 200 mm，避免屋架挠屈时与抗风柱相碰。上柱截面 $h_s = 300 \sim 350$ mm；下柱截面 $h_x \geqslant H_x/25$；当宽度 $b \geqslant H_b/40$(H_b为抗风柱从基础顶面至平面外支承点的距离)时，抗风柱仅承受风荷载和柱自重；当 $b \geqslant$

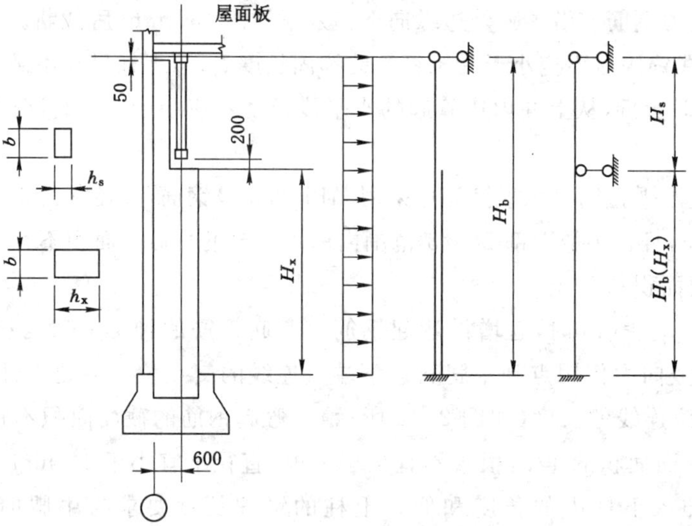

图 2-74 抗风柱的计算简图

$H_b/30$,同时承受连系梁传来的墙重。满足以上要求,可不做水平侧移计算。

在进行抗风柱的计算时,抗风柱顶部支承点可视作不动铰支座,底部支承可视作固定支座,位于基础顶面。当山墙重量由基础梁承受时,抗风柱可作为变截面受弯构件,主要承受风载(自重可忽略)。当山墙重量由连系梁承受时,抗风柱应作为偏心受压构件计算,因为抗风柱承受风荷载和连系梁传来的墙体产生的竖向力和弯矩。

抗风柱承受的风荷载,一般考虑为沿抗风柱竖向均匀分布。

2.6.3 柱下独立基础

单层厂房钢筋混凝土排架柱下常采用单独的杯形基础。此类基础按受力性能可分为轴心受压基础和偏心受压基础,一般情况下为偏心受压基础。轴心受压基础多出现在以恒荷载为主的多层框架中间柱基础,而单层厂房柱基础多为偏心受压基础。

对于单层厂房排架柱下的独立基础的常见形式,在 2.4.8 节已经进行了介绍。为防止基础及其下方的地基发生破坏和过大的变形,确保上部结构承受的荷载安全可靠地传给地基,基础的计算应符合下列规定:

(1) 对柱下独立基础,当冲切破坏锥体落在基础底面以内时,应验算柱与基础交接处以及基础变阶处的受冲切承载力;

(2) 对基础底面短边尺寸小于或等于柱宽加两倍基础有效高度的柱下独立基础,应验算柱与基础交接处的基础受剪切承载力;

(3) 基础底板的配筋,应按抗弯计算确定;

(4) 当基础的混凝土强度等级小于柱的混凝土强度等级时,尚应验算柱下基础顶面的局部受压承载力。

因此,对于单层厂房排架柱下独立基础的设计应包括如下几方面的内容:

（1）基础底面尺寸的确定；

（2）基础高度的确定；

（3）基础配筋计算；

（4）基础的构造设计。

2.6.3.1　轴心受压基础

1）基础底面尺寸的确定

基础底面尺寸应根据地基的承载力和变形条件确定。对场地和地基条件简单、荷载分布均匀的一般工业建筑，当符合《建筑地基基础设计规范》(GB 50007—2011）且不作地基变形验算的规定时，可只按地基的承载力计算确定。

轴心受压基础在荷载作用下，基础底面处的压力为均匀分布（如图 2-75 所示），地基承载力计算时应满足下式要求：

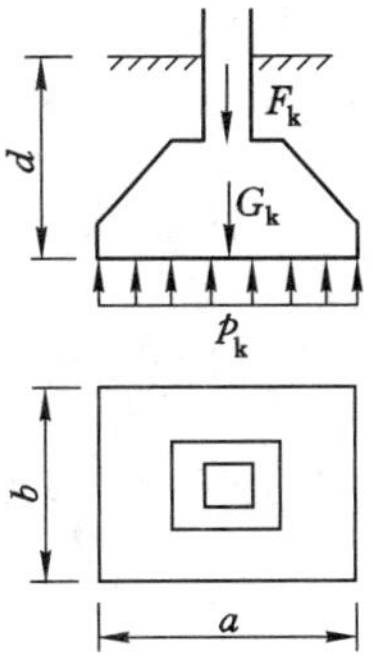

图 2-75　轴心受压基础底面尺寸的确定

$$p_k=\frac{F_k+G_k}{A}\leqslant f_a \tag{2-39}$$

式中　p_k——在荷载标准值作用下，基础底面处的平均压力值；

F_k——上部结构传至基础顶面的竖向压力标准值；

G_k——基础及其上覆土的标准自重，可按 $G_k=\gamma_m Ad$ 计算，其中 γ_m 为基础及其上土的平均重力密度，一般取$\gamma_m=20\ \text{kN/m}^3$，$d$ 为基础埋置深度；

A——基础底面面积；

f_a——经宽度和深度修正后的地基承载力特征值。

由式(2-39)可得：

$$A\geqslant\frac{F_k}{f_a-\gamma_m d} \tag{2-40}$$

当基础底面为正方形时，则 $a=b=\sqrt{A}$；当基础底面为长宽较接近的矩形时，则可设定一个边长，然后求出另一边长。

2）基础高度的确定

柱下杯形基础的高度应满足有关尺寸构造要求和受冲切承载力要求。设计时，一般先根据有关尺寸构造要求和工程经验初步确定基础的高度，然后验算其受冲切承载力。

（1）有关尺寸构造要求

杯形基础的边缘高 a_2 如图 2-76 所示，对锥形基础，其边缘高度 a_2 不宜小于 200 mm；对阶梯形基础，则其每阶高度宜为 300～500 mm；基础底面一般为矩形，其长、宽之比范围为 1～2。

为保证预制钢筋混凝土柱与杯形基础的连接为刚接，柱插入基础杯口中的深度 h_1 应符合表 2-18 的要求，同时还应满足柱中受力钢筋的锚固长度 l_a 的要求和柱吊装时的稳定性要求（不应小于柱吊装时长度的 5%）。考虑基础杯口底部将铺设 50 mm 厚的细石混凝土层，故杯口深度为 h_1+50 mm（如图 2-76 所示）。

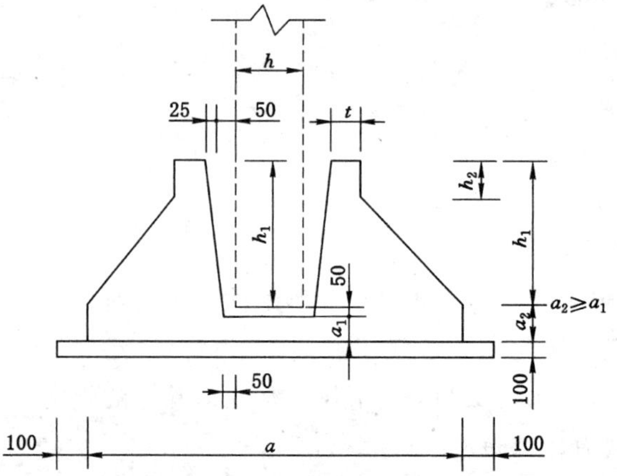

图 2-76　杯形基础的尺寸构造

表 2-18　柱的插入深度 h_1　　单位:mm

矩形或工字形柱				双肢柱
$h<500$	$500\leqslant h<800$	$800\leqslant h\leqslant 1\,000$	$h>1\,000$	
$(1\sim1.2)h$	h	$0.9h$ 且≥800	$0.8h$ 且≥1 000	$(1/3\sim2/3)h_a$ $(1.5\sim1.8)h_b$

注:1. h 为柱截面长边尺寸;h_a 为双肢柱全截面长边尺寸;h_b 为双肢柱全截面短边尺寸。

2. 柱轴心受压或小偏心受压时,h_1 可适当减少,偏心距大于 $2h$ 时,h_1 应适当增大。

为防止在柱的吊装过程中,柱冲击杯底板造成底板破坏,基础的杯底厚度 a_1 应符合表 2-19 的要求。考虑到柱吊装时杯壁将受到水平推力的作用同时为保证杯壁具有足够的承载力,要求杯口顶部壁厚 t 符合表 2-19 的规定。

表 2-19　基础的杯底厚度 a_1 和杯壁厚度 t　　单位:mm

柱截面长边尺寸 h	杯底厚度 a_1	杯壁厚度 t
$h<500$	≥150	150～200
$500\leqslant h<800$	≥200	≥200
$800\leqslant h<1\,000$	≥200	≥300
$1\,000\leqslant h<1\,500$	≥250	≥350
$1\,500\leqslant h<2\,000$	≥300	≥400

注:　1. 双肢柱的杯底厚度值可适当加大。

2. 当有基础梁时,基础梁下杯壁厚度应满足其支承宽度的要求。

3. 柱子插入杯口部分的表面应凿毛,柱子与杯口之间的空隙应用比基础混凝土强度等级高一级的细石混凝土充填密实,当达到材料设计强度的 70%以上时,方可进行上部结构吊装。

(2) 冲切承载力验算

由于基础及其上土的自重引起的向上的地基反力与向下的基础及其上覆土的自重相互抵消,因此,基础承载力计算时,不考虑此部分反力,采用地基净反力 p_j。对如图 2-77(a)所示的轴心受压锥形基础，由上部结构传至基础顶面的竖向压力设计值 F 在基础底面产生的地基净反力 p_j 为：

$$p_j = \frac{F}{A} \tag{2-41}$$

式中　F——上部结构传至基础顶面的竖向压力设计值；

A——基础底面面积；

p_j——基础底面产生的地基净反力。

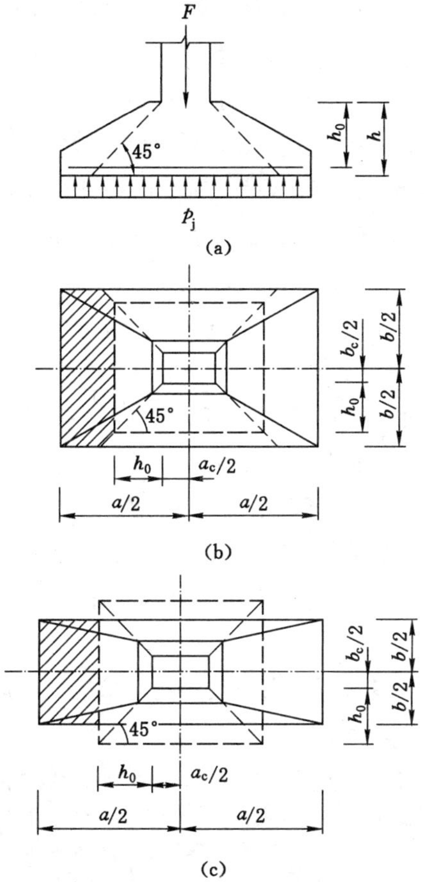

图 2-77　轴心受压锥形基础受冲切验算示意图

(a) 冲切破坏锥体；(b) 冲切破坏锥体底边在基础底面以内；(c) 冲切破坏锥体底边落在 b 方向基础底面以外。

当基础高度 h 较小时，在地基净反力 p_j 作用下，柱与基础交接处将产生与基础底面约为 45°的斜裂缝而破坏，称之为冲切破坏。此时，柱下将形成冲切破坏锥体，如图 2-77(a)所示。为防止发生这种破坏，应对柱与基础交接处以及基础变阶处进行受冲切承载力验算，即符合下式要求：

$$F_l \leqslant 0.7\beta_{hp} f_t b_m h_0 \tag{2-42}$$

$$F_l = p_j A_l \tag{2-43}$$

$$b_m = \frac{b_t + b_b}{2} \tag{2-44}$$

式中 F_t——冲切荷载设计值；

β_{hp}——截面高度影响系数，当 h 不大于 800 mm 时，β_{hp} 取 1.0，当 h 不小于 2 000 mm 时，β_{hp} 取 0.9，其间按线性内插法取用；

f_t——基础混凝土轴心抗拉强度设计值；

h_0——基础冲切破坏锥体的有效高度，当计算柱与基础交接处的受冲切承载力时，取基础的有效高度 h_0，当计算基础变阶处的受冲切承载力时，取下阶的有效高度 h_{01}；

b_m——冲切破坏锥体最不利一侧的计算长度；

b_t——冲切破坏锥体最不利一侧斜截面的上边长，当计算柱与基础交接处的受冲切承载力时，取柱宽，当计算基础变阶处的受冲切承载力时，取上阶宽；

b_b——冲切破坏锥体最不利一侧斜截面在基础底面积范围内的下边长，当冲切破坏锥体的底面落在基础底面以内，如图 2-77(b)所示，计算柱与基础交接处的受冲切承载力时，取柱宽加 2 倍的基础有效高度，当计算基础变阶处的受冲切承载力时，取上阶宽加 2 倍该处的基础有效高度，当冲切破坏锥体的底面在 b 方向落在基础底面以外时，如图 2-77(c)所示，取基础宽度 b；

p_j——扣除基础自重及其上土重后相应于荷载效应基本组合时的地基土单位面积净反力，对偏心受压基础可取基础边缘处最大地基土单位面积净反力；

A_l——冲切验算时取用的部分基底面积，即图 2-77(b)、(c)中的阴影面积。

当不能满足式(2-42)的要求时，应考虑增大柱与基础交接处的基础高度以及基础变阶处下阶基础的高度。

对于如图 2-78 所示的阶形基础，其高度按构造要求应同时满足排架柱对基础的冲切承载力以及变阶处的冲切承载力验算。

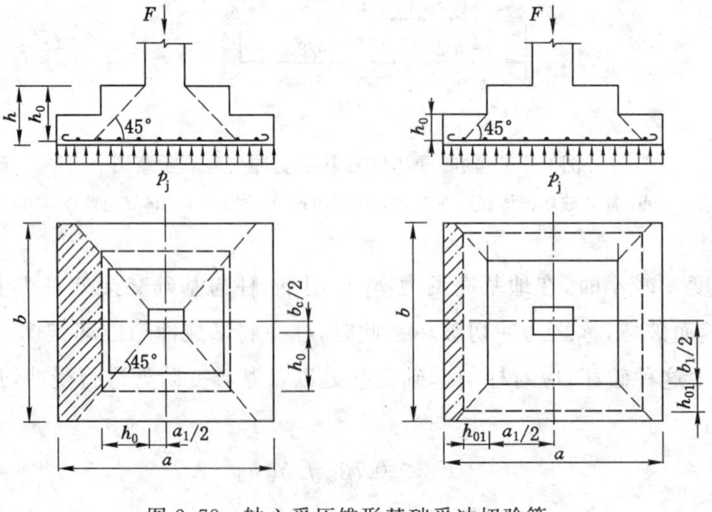

图 2-78 轴心受压锥形基础受冲切验算

3）基础配筋计算

柱下单独基础在上部结构传来的力和地基净反力作用下，将在两个方向发生弯曲变形，可按固接于柱底的悬臂板进行受弯承载力计算。计算截面一般取柱与基础交接处和基础变阶处的截面，例如图 2-79 所示为柱与基础交接处的Ⅰ—Ⅰ和Ⅱ—Ⅱ截面。为了简化计算，可将矩形基础底面沿图 2-79 所示的虚线划分为四个梯形受荷面积，分别计算各个面积的地基净反力对计算截面的弯矩，并取每一方向的弯矩较大值，计算该方向的板底钢筋用量。

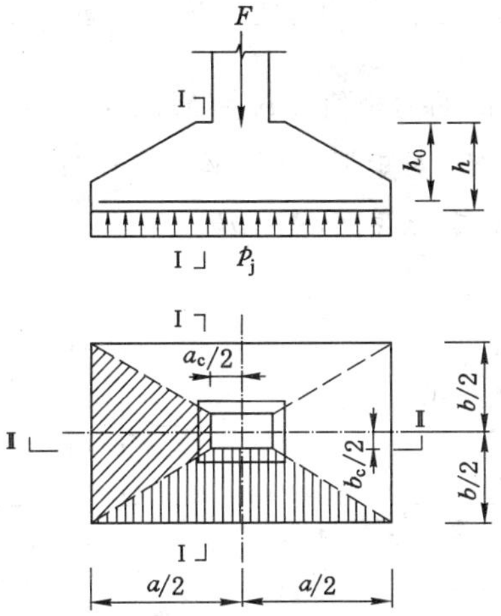

图 2-79　轴心受压基础配筋计算

对图 2-79 所示的Ⅰ—Ⅰ和Ⅱ—Ⅱ截面，依据《建筑地基基础设计规范》(GB 50007—2011)中第 8.2.11 条中的公式，其弯矩 M_{I} 和 M_{II} 可分别按下列简化后的公式计算：

$$M_{\mathrm{I}}=\frac{1}{24}p_j(a-a_c)^2(2b+b_c) \tag{2-45}$$

$$M_{\mathrm{II}}=\frac{1}{24}p_j(b-b_c)^2(2a+a_c) \tag{2-46}$$

基础Ⅰ—Ⅰ和Ⅱ—Ⅱ截面所需钢筋用量 $A_{s\mathrm{I}}$ 和 $A_{s\mathrm{II}}$，可分别按下列公式计算：

$$A_{s\mathrm{I}}=\frac{M_{\mathrm{I}}}{0.9f_yh_0} \tag{2-47}$$

$$A_{s\mathrm{II}}=\frac{M_{\mathrm{II}}}{0.9f_y(h_0-d)} \tag{2-48}$$

基础短边方向的弯矩 M_{II} 较小，其受力钢筋 $A_{s\mathrm{II}}$ 置于 $A_{s\mathrm{I}}$ 上面，故在式(2-48)中用 h_0 减去钢筋 $A_{s\mathrm{I}}$ 直径 d。

对于基础变阶处的计算截面，可用上述同样方法求得其弯矩及相应的钢筋用量，此时将基础的上阶视为柱，进行变阶处截面的钢筋计算，最后基础的配筋要按同方向柱与基础的交接处和基础变阶处的较大值进行配置。

2.6.3.2　偏心受压基础

偏心受压基础在上部结构传来的荷载作用下，基础底面处的压力为线性非均匀分布，因而，在确定基础底面尺寸、基础高度和基础配筋时，需考虑这一特点。

1) 基础底面尺寸的确定

如图 2-80 所示的偏心受压基础，在柱传至基础顶面的竖向压力标准值 F_k、弯矩标准值 M_k、剪力标准值 V_k 和基础及其上土的标准自重 G_k 作用下，基础底面处两边缘的最大和最小压力值可分别按下列公式计算：

$$p_{max,k}=\frac{F_k+G_k}{A}+\frac{M_{kb}}{W} \tag{2-49}$$

$$p_{min,k}=\frac{F_k+G_k}{A}-\frac{M_{kb}}{W} \tag{2-50}$$

式中 M_{kb}——作用于基础底面的力矩值，$M_{kb}=M_k \pm V_k h$；

W——基础底面的抵抗矩，对矩形底面，$W=a^2b/6$；

A——基础底面面积，对矩形底面，$A=ab$。

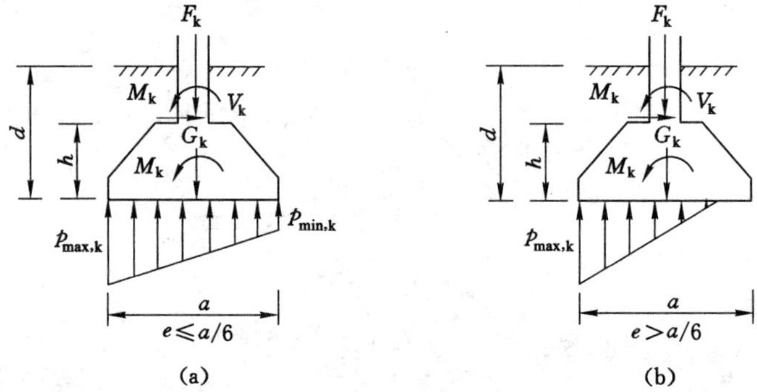

图 2-80 偏心受压基础底面尺寸的确定

当基础底面为矩形，且合力 F_k+G_k 的偏心距 $e=M_{kb}/(F_k+G_k)$ 时，式(2-49)、式(2-50)可写为：

$$p_{\substack{max,k\\min,k}}=\frac{F_k+G_k}{A}\left(1\pm\frac{6e}{a}\right) \tag{2-51}$$

由式(2-51)可见，当 $e\leqslant a/6$ 时，则 $p_{min,k}\geqslant 0$，基础底面全部与地基接触，如图 2-80(a)所示；当 $e>a/6$ 时，则 $p_{min,k}<0$，基础底面部分与地基脱开，如图 2-80(b)所示，此时式(2-51)已不适用。对此种情况，根据力的平衡条件，有：

$$p_{max,k}=\frac{2(F_k+G_k)}{3(a/2-e)b} \tag{2-52}$$

如果基础顶部设置基础梁，则计算基础底面处的压力值时，还应考虑基础梁传来的力。根据地基承载力确定偏心受压基础底面的尺寸时，应同时满足下列要求：

$$p_k=\frac{p_{max,k}+p_{min,k}}{2}\leqslant f_a \tag{2-53}$$

$$p_{max,k}\leqslant 1.2f_a \tag{2-54}$$

偏心受压基础的底面常采用矩形，设计时可先按轴心受压公式(2-39)计算基础底面积，然后将其扩大 1.2～1.4 倍作为偏心受压基础的估算底面积，并使基础长、短边长之比为

$a/b=1.5\sim2.0$。

在此基础上进行计算，直至满足式(2-53)、式(2-54)的要求。

2）基础高度的确定

确定偏心受压基础高度的方法与前述的轴心受压基础相同。如图2-81所示，基础的受冲切承载力仍按式(2-42)进行验算，但计算冲切荷载设计值 F_l 时，考虑地基净反力分布不均匀的影响，F_l 按式(2-43)计算。

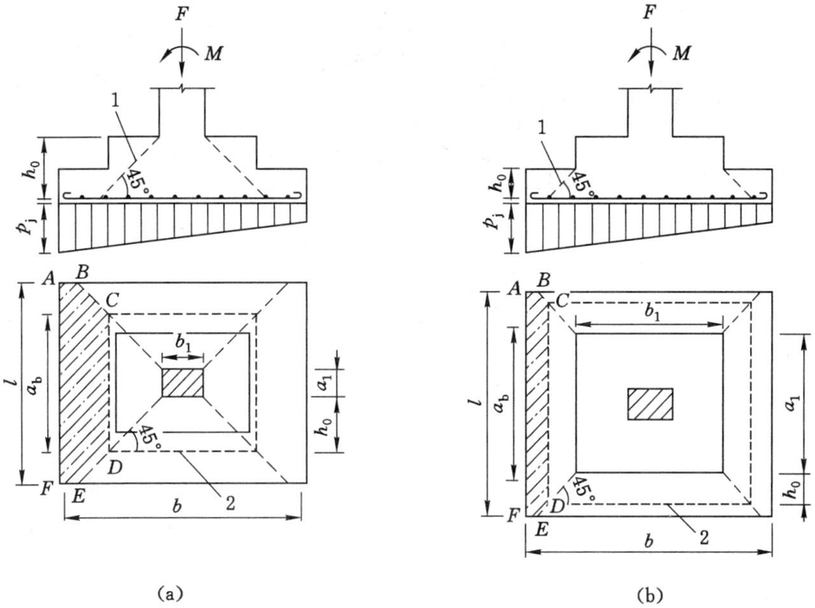

1—冲切破坏锥体最不利一侧的斜截面；2—冲切破坏锥体的底面线。

图2-81　计算阶形基础的受冲切承载力截面位置

(a) 柱与基础交接处；(b) 变阶处。

3）基础配筋计算

偏心受压基础的配筋计算方法与前述的轴心受压基础相同。如图2-82所示，仅考虑地基净反力的不均匀分布，在单向偏心荷载作用下，当台阶的宽高比小于或等于2.5且偏心距小于或等于1/6基础宽度时，柱下矩形独立基础任意截面的底板弯矩可按下列简化方法进行计算。

(1) 计算Ⅰ—Ⅰ截面的弯矩 M_{I} 时，按下式确定：

$$M_{\mathrm{I}}=\frac{1}{12}a_1^2\left[(2l+a')\left(p_{\max}+p-\frac{2G}{A}\right)+(p_{\max}-p)l\right] \tag{2-55}$$

(2) 计算Ⅱ—Ⅱ截面的弯矩 M_{II} 时，按下式确定：

$$M_{\mathrm{II}}=\frac{1}{48}(l-a')^2(2b+b')\left(p_{\max}+p_{\min}-\frac{2G}{A}\right) \tag{2-56}$$

式中　M_{I}、M_{II}——相应于作用的基本组合时，任意截面Ⅰ—Ⅰ、Ⅱ—Ⅱ处的弯矩设计值，kN·m；

a_1——任意截面Ⅰ—Ⅰ至基底边缘最大反力处的距离，m；

l、b——基础底面的边长，m；

p_{max}、p_{min}——相应于作用的基本组合时的基础底面边缘最大和最小地基反力设计值，kPa；

p——相应于作用的基本组合时在任意截面Ⅰ—Ⅰ处基础底面地基反力设计值，kPa；

G——考虑作用分项系数的基础自重及其上的土自重，kN；

A——基底面积，m^2。

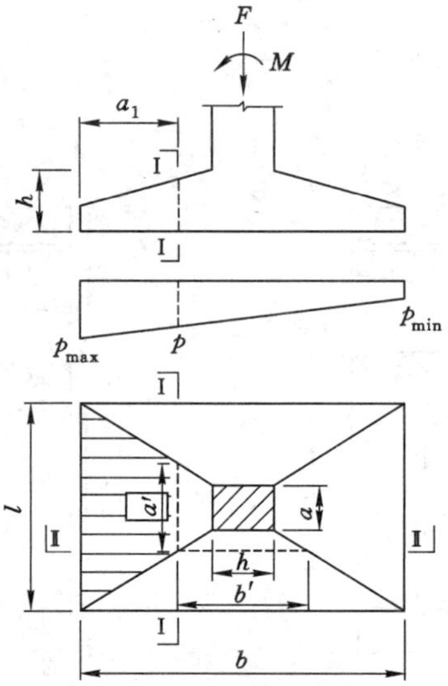

图 2-82　偏心受压基础配筋计算

基础底板配筋除满足计算和最小配筋率等要求外，还需要满足构造要求。计算最小配筋率时，对阶形或锥形基础截面，可将其截面折算成矩形截面，按截面的折算宽度和截面的有效高度计算。基础底板的钢筋可按式(2-47)、式(2-48)计算。

2.6.3.3　受剪承载力验算

当基础底面短边尺寸小于或等于柱宽加2倍基础有效高度时，应按下列公式验算柱与基础交接处截面受剪承载力：

$$V_s \leqslant 0.7\beta_{hs} f_t A_0 \tag{2-57}$$

$$\beta_{hs} = (800/h_0)^{1/4} \tag{2-58}$$

式中　V_s——相应于作用的基本组合时，柱与基础交接处的剪力设计值，kN，等于图2-83中的阴影面积乘以基底平均净反力；

β_{hs}——受剪切承载力截面高度影响系数，当 $h_0 < 800$ mm 时，取 $h_0 = 800$ mm，当 $h_0 > 2\,000$mm 时，取 $h_0 = 2\,000$ mm；

A_0——验算截面处基础的有效截面面积，m^2，当验算截面为阶形或锥形时，可将其截面折算成矩形截面，截面的折算宽度和截面的有效高度按《建筑地基基础设计规范》(GB 50007—2011)附录U计算。

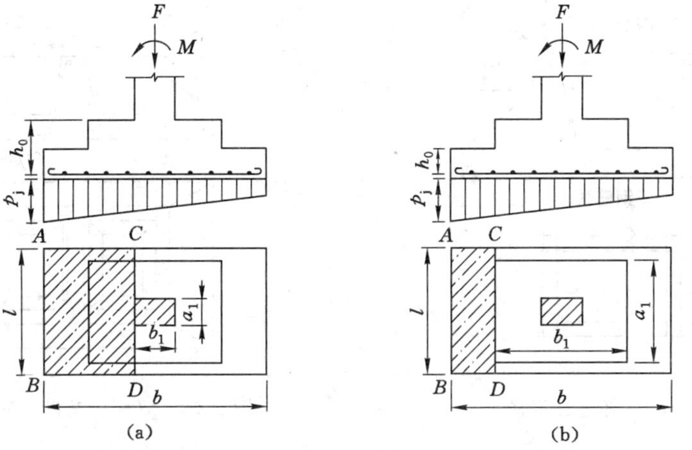

图 2-83 验算阶形基础受剪切承载力示意图

(a) 柱与基础交接处;(b) 基础变阶处。

2.6.3.4 基础的构造要求

柱下单独基础的构造,应符合下述规定:

(1) 锥形基础的边缘高度不宜小于 200 mm,且两个方向的坡度不宜大于 1∶3;阶梯形基础的每阶高度,宜为 300～500 mm。

(2) 垫层的厚度不宜小于 70 mm,垫层混凝土强度等级不宜低于 C10。

(3) 基础受力钢筋最小配筋率不应小于 0.15%,底板受力钢筋的最小直径不应小于 10 mm,间距不应大于 200 mm,也不应小于 100 mm。

(4) 基础的混凝土强度等级不应低于 C20。

(5) 当有垫层时,钢筋的保护层厚度不小于 40 mm,无垫层时不小于 70 mm。

(6) 当基础的边长大于或等于 2.5 m 时(如图 2-84 所示),沿该边长方向的受力钢筋长度可取边长的 0.9 倍,并应交错布置。

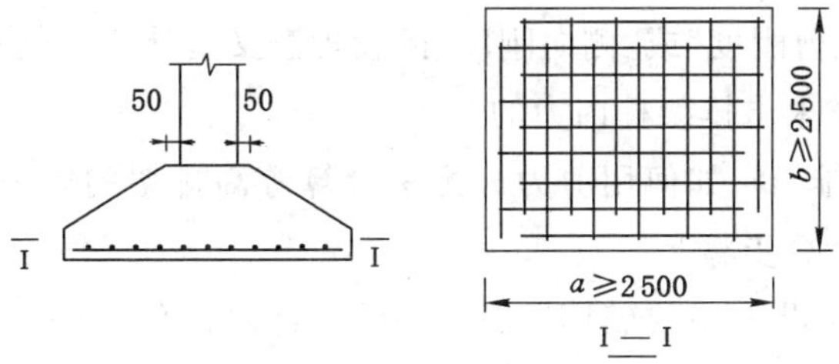

图 2-84 基础受力钢筋的布置

(7) 当柱为轴心受压或小偏心受压,且杯壁厚度 t 与杯壁高度 h_2 之比 $t/h_2 \geqslant 0.65$ 时,或柱为大偏心受压且 $t/h_2 \geqslant 0.75$ 时,杯壁内一般可不配筋;当柱为轴心受压或小偏心受压,且 $0.5 \leqslant t/h_2 < 0.65$ 时,杯壁内可按构造配筋,钢筋位于杯口顶部,每边 2 根(如图 2-85 所示)。

(8) 对厂房伸缩缝处的双杯口基础,当两个杯口之间的宽度 $a < 400$ mm时,宜按图 2-86所示的要求在中间杯壁内配筋。

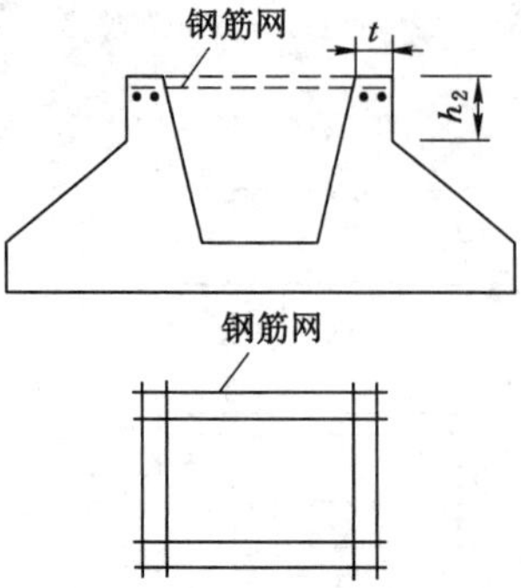

图 2-85　杯壁配筋图

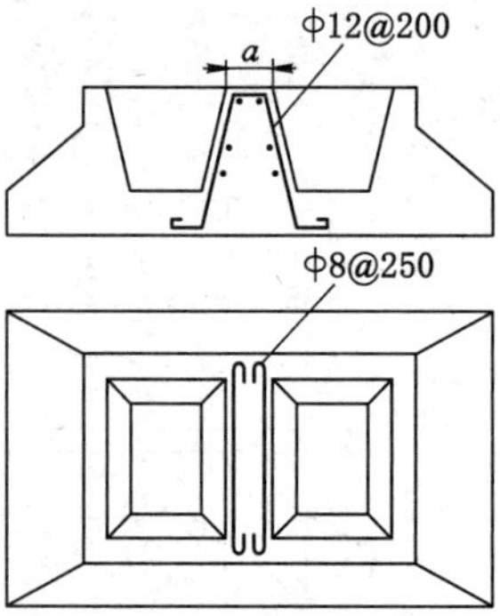

图 2-86　双杯口基础中间杯壁配筋

练　习　题

2.1　单层厂房排架结构中，哪些构件属于主要承重结构构件，哪些构件属于围护结构构件？

2.2　试述横向平面排架承受的竖向荷载和水平荷载的传力途径，以及纵向平面排架承受的水平荷载的传力途径。

2.3　装配式钢筋混凝土排架结构单层厂房中一般应设置哪些支撑？这些支撑的作用和设置原则是什么？

2.4　作用于横向平面排架上的荷载有哪些？这些荷载的作用位置如何确定？试画出各单项荷载作用下排架结构的计算简图。

2.5　作用于排架柱上的吊车竖向荷载 D_{max}(D_{min})和吊车水平荷载 T_{max} 如何计算？

2.6　什么是单层厂房的整体空间作用？影响单层厂房整体空间作用的因素有哪些？考虑整体空间作用对柱内力有何影响？

2.7　排架柱的“抗剪刚度”或“侧向刚度”的物理意义是什么？任意荷载作用下，等高排架的剪力分配法是怎样求出排架柱内力的？

2.8　什么是等高排架？如何用剪力分配法计算等高排架的内力？试述在任意荷载作用下等高排架内力的计算步骤。

2.9　简述柱牛腿的几种主要破坏形态？牛腿设计内容有哪些？

2.10　柱下独立基础的设计步骤有哪些？

2.11　对柱下独立基础，基础底面尺寸和基础高度如何确定？基础底板配筋如何计算？

2.12　某单层单跨厂房，跨度 18 m、柱距 6 m，内有一台 15 t 的 A4 级桥式吊车。试求该柱承受的吊车竖向荷载 D_{max}、D_{min} 和横向水平荷载 T_{max}。起重机有关资料如下：吊车跨度 L_k=16.5 m，吊车宽 B=5.65 m，轮距 K=4.4 m，吊车总质量 24.1 t，小车质量 5.3 t，额定起重量 15 t，最大轮压标准值 $P_{max,k}$=165 kN。

2.13　某单跨厂房排架结构，跨度为 24 m，柱距为 6 m。厂房内设有 10 t 和 20/5 t 工作级别为 A4 的吊车各一台，吊车有关参数见表 2-20，试计算排架柱承受的吊车竖向荷载标准值 D_{max}、D_{min} 和吊车横向水平荷载标准值 T_{max}。

表 2-20　吊车参数

起重量 Q/t	跨度 L_k/m	最大宽度 B/m	大车轮距 K/m	轨道中心到吊车外缘的距离 B_1/mm	小车质量 Q_1/t	最大轮压 P_{max}/t	最小轮压 P_{min}/t
10	22.5	5.55	4.4	230	3.8	12.5	4.7
20/5	22.5	5.55	4.4	260	7.5	21.5	4.5

2.14　试用剪力分配法求图 2-87 所示单跨排架在风荷载作用下各柱的内力。已知 $q_1=1.68$ kN/m，$q_2=0.84$ kN/m，括号内为排架柱的刚度相对值。

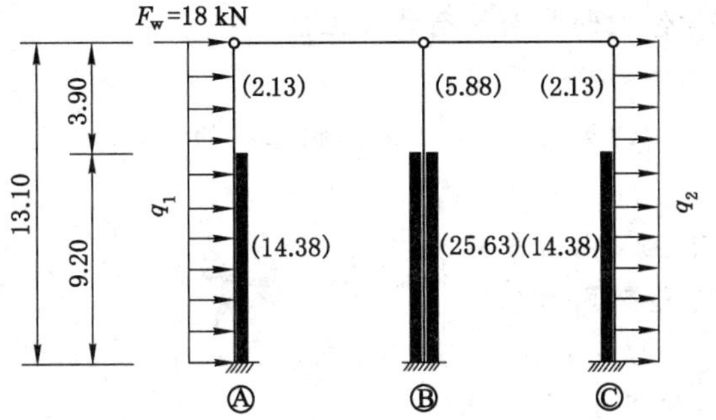

图 2-87　题 2.14 图

2.15　某单层厂房柱下独立锥形基础，已知由柱传来基础顶面的轴向压力标准值 $N_k=890$ kN，弯矩 $M_k=236$ kN·m，剪力 $V_k=22$ kN；设计值 $N=430$ kN，$M=207$ kN·m，$V=16$ kN，剪力对基础底面产生的弯矩与作用在基础顶面的弯矩是同一方向的。柱截面尺寸 $b\times h=400$ mm×600 mm，地基承载力特征值 $f_a=205$ N/m²，基础埋深 1.5 m。基础采用 C20 混凝土，HPB 235 级钢筋。试设计此基础并绘出基础平面、剖面和配筋图。

3 多层框架结构设计

【本章要点】

① 了解框架结构的结构组成特点、布置原则及其计算简图的形成；

② 掌握框架结构承受的荷载及其统计方法；

③ 掌握框架结构在水平及竖向荷载作用下的内力近似分析方法；

④ 掌握框架结构梁、柱构件的截面设计方法，并了解相关的构造要求；

⑤ 掌握框架结构构件控制截面的荷载效应组合；

⑥ 了解框架结构构件的构造要求；

⑦ 掌握框架结构基础的类型，熟悉框架结构基础的设计方法。

【本章重点】

① 竖向荷载作用下框架内力分析；

② 水平荷载作用下框架内力分析。

【本章难点】

框架结构内力的分析方法。

3.1 框架结构概述

框架结构是多、高层建筑采用较为广泛的结构形式，因其建筑平面布置灵活，能获得大空间，也可按需要做成小房间，适用于教学楼、图书馆、办公楼、旅馆、医院、商场、公寓和工业车间等，其典型柱网布置如图 3-1 所示。钢筋混凝土框架结构具有很好的抗震性能，造价低廉、施工方便，建筑造型的可塑空间大。与钢结构相比，钢筋混凝土框架结构具有承载力大、刚度大、抗火性能好和可模性较好等优点。

本章主要介绍钢筋混凝土多层框架的结构布置，框架结构在竖向和水平荷载作用下的内力近似分析方法，混凝土框架梁柱构件的设计要点及框架结构常用基础的设计方法。

3.1.1 框架结构的组成与特点

框架结构是由框架梁和框架柱组成的承受竖向和水平作用的结构。其组成部分除了框架梁和框架柱外，还包括板、节点及基础。由框架梁、框架柱与楼(屋)面板共同构成空间受力结构，并通过布置填充墙形成适应功能需要的建筑空间，如图 3-2 所示。

梁与柱的连接处通常称为框架节点，一般采用刚性连接。刚接节点能承受并传递轴力、剪力和弯矩，从而使梁与柱作为一个整体，共同承担荷载作用。梁柱节点是框架的要害部位，它既是保证结构整体性的关键部位，又是应力集中部位。

采用框架结构的建筑可以形成较大的建筑空间，例如会议室、餐厅和实验室等；增设隔墙后，也可以形成小房间，因而平面布置灵活。

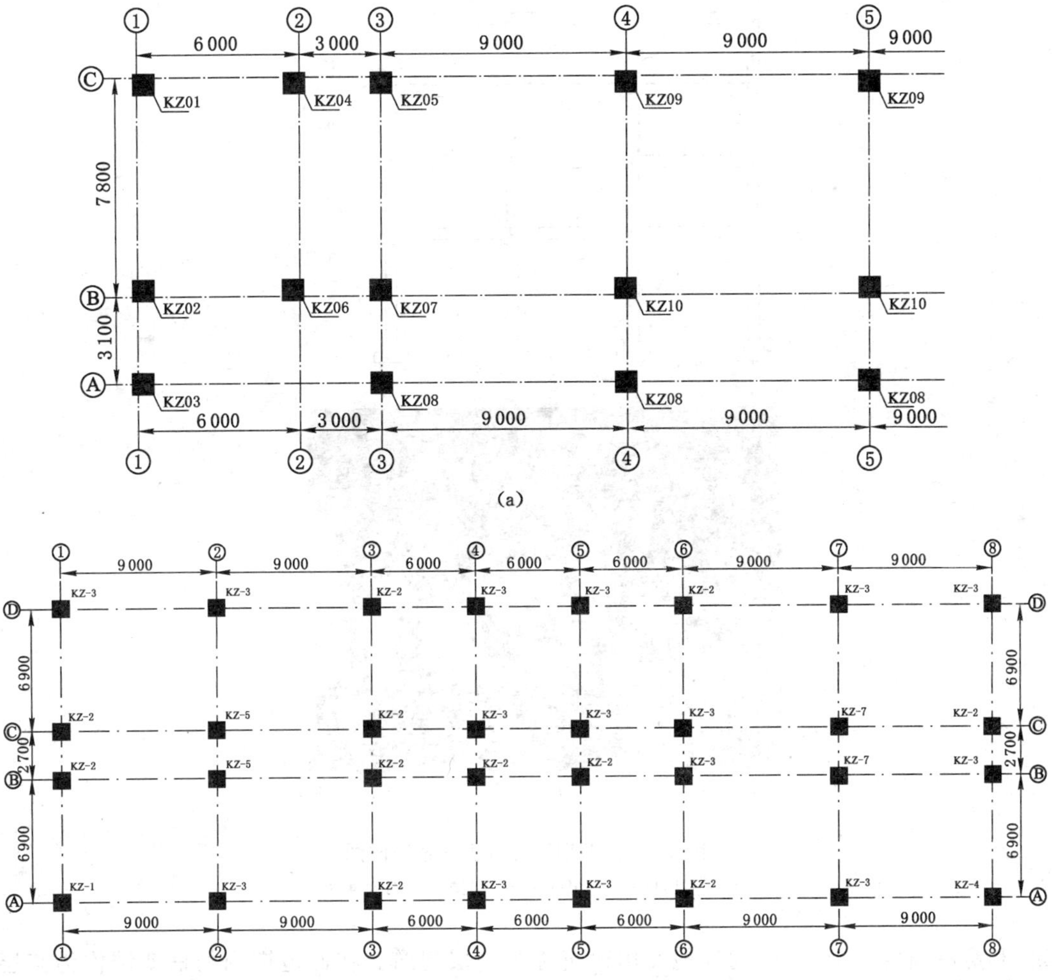

(b)

图 3-1 框架结构柱网布置图

(a) 某小学教学楼柱布置图(外廊式);(b) 某综合办公楼柱布置图(内廊式)。

框架结构的侧向刚度主要取决于框架梁、柱的截面尺寸。通常,由于受到净高和使用面积的限制,梁、柱的截面尺寸不能太大,因而框架结构的侧向刚度相对较小,在水平荷载作用下其侧向位移较大。

通过合理的延性设计,框架结构能承受较大的变形,并能有效消耗地震能量,其本身的抗震性能较好。但是,由于其层间变形较大,所以容易引起非结构构件(填充墙、装修)的破坏,这些破坏不仅会造成很大的经济损失,也会威胁人身安全。因此,在进行钢筋混凝土框架结构设计的过程中,除了对主体结构进行计算分析之外,对构造措施进行合理的设计也是重要内容之一。

3.1.2 框架结构的分类

按建筑高度的不同,可以将钢筋混凝土框架结构分为多层框架和高层框架。《高层建筑混凝土结构技术规程》(JGJ 3—2010)将 10 层及 10 层以上或房屋高度大于 28 m 的住宅建

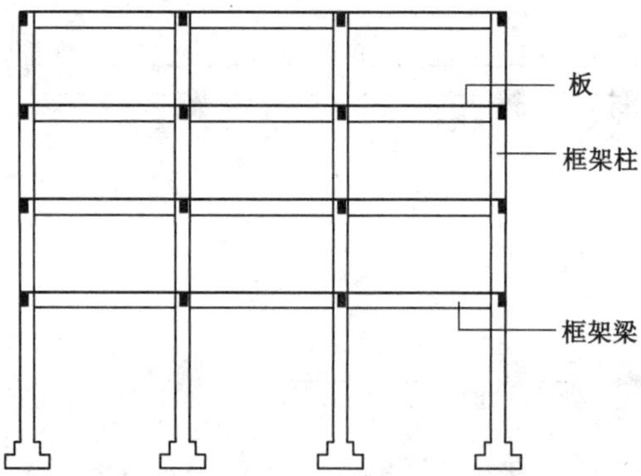

(a)

(b)

图 3-2　典型钢筋混凝土框架空间图

(a) 多层框架示意图;(b) 框架结构内部构件图。

筑,和房屋高度大于 24 m 的其他民用建筑称为高层建筑。在此范围内的框架结构为高层框架结构,在此标准以下的框架建筑结构为多层框架结构。

按施工方法的不同,可以将钢筋混凝土框架结构分为现浇式、装配式和装配整体式。

(1) 现浇式框架,即梁、柱和楼板均为现浇钢筋混凝土,如图 3-2(b)所示。一般是每层的柱与其上部的梁、板同时支模、绑扎钢筋,然后一次性浇捣混凝土,从基础顶面逐层向上施工。板中的钢筋应深入梁内锚固。因此,现浇式框架结构的整体性好,抗震性能较好;其缺点是现场施工的工作量大,工期长,并需要大量的模板。

(2) 装配式框架,是指梁、柱和楼板均为预制,在现场吊装,通过焊接或其他连接拼装手段连成整体的框架结构,如图 3-3(a)所示。由于所有构件均为预制,可实现标准化、机械化生产,节约模板、缩短工期。但是由于在焊接接头处均必须预埋连接件,因而连接节点的用钢量大,而且在荷载大、振动大、要求框架有较大刚度时,连接节点的构造较难处理。装配式框架结构的整体性较差,抗震能力偏弱。

(3) 装配整体式框架,是指梁、柱和楼板均为预制或部分为预制,在吊装就位并进行合理支撑后,焊接或绑扎节点区钢筋,通过浇捣混凝土,形成框架节点,从而将梁、柱和楼板连成整体框架结构,如图 3-3(b)所示。装配整体式框架既具有较好的整体性和抗震能力,又可采用预制构件,减少现场浇捣混凝土的工作量,还可省去接头连接件。因此,它兼具现浇式框架和装配式框架的优点。

(a)

(b)

图 3-3　装配式钢筋混凝土框架结构

(a) 钢筋混凝土装配式框架；(b) 钢筋混凝土装配整体式框架。

3.1.3　框架结构房屋的适用高度和高宽比

钢筋混凝土框架结构房屋的最大适用高度应满足表 3-1 的要求。这里的房屋高度是指室外地面到主要屋面板板顶的高度(不包括局部突出屋顶部分)。对于甲类建筑，抗震设防烈度为 6 度、7 度和 8 度时，宜按本地区抗震设防烈度提高 1 度后符合表 3-1 的要求。平面和竖向均不规则的结构，适用的最大高度宜适当降低。

表 3-1　钢筋混凝土现浇式框架结构的最大适用高度　　单位:m

非抗震设计	抗震设防烈度				
	6 度	7 度	8 度(0.2g)	8 度(0.3g)	9 度
70	60	50	40	35	24

对于装配整体式框架结构的房屋，依据《装配式混凝土建筑技术标准》(GB/T 51231—2016)，其建造高度应较现浇式框架适当降低，并需符合表 3-2 的规定。

表 3-2　钢筋混凝土装配整体式框架结构的适用高度　　单位:m

非抗震设计	抗震设防烈度			
	6 度	7 度	8 度(0.2g)	8 度(0.3g)
70	60	50	40	30

3.2　结构布置与计算简图

3.2.1　结构布置

3.2.1.1　结构体系的规则性

对于处于非地震区的多层框架结构,其结构体系规则性并无特殊要求。建筑及其抗侧力结构的平面布置宜规则、对称,并应具有良好的整体性;建筑的立面和竖向剖面宜规则,避免抗侧力结构的侧向刚度和承载力出现突变。所以,框架结构布置时,尽量使结构构件布置均匀、对称、对直、贯通,尽量避免缺梁抽柱等不规则的形式,规则框架和不规则框架形式如图 3-4 所示。

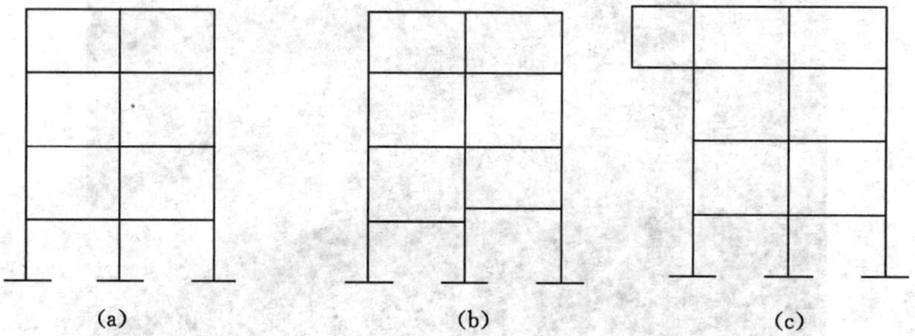

图 3-4　框架结构的规则性示意图

(a) 规则框架;(b)、(c) 不规则框架。

(1) 平面布置的规则性

结构平面布置必须考虑有利于抵抗水平和竖向荷载,受力明确,传力直接,力求结构均匀对称,以减少扭转的影响。在地震作用下,建筑平面要力求简单规则;在风力作用下,则可适当放宽。

《建筑抗震设计规范》(GB 50011—2010,2016 年版)规定的平面不规则的主要类型,如表 3-3 所示。

表 3-3　平面不规则的主要类型

序号	不规则类型	定义和参考指标
1	扭转不规则	楼层的最大弹性水平位移大于该楼层两端弹性水平位移(或层间位移)平均值的 1.2 倍
2	凹凸不规则	结构平面凹进的一侧尺寸大于相应投影方向总尺寸的 30%
3	楼板局部不连续	楼板的尺寸和平面刚度急剧变化,例如,有效楼板厚度小于该层楼板典型厚度的 50%,或开洞面积大于该层楼面面积的 30%,或较大的楼层错层

(2) 竖向布置的规则性

结构竖向布置应在满足建筑功能要求的基础上，尽量简单、规则，结构的侧向刚度宜均匀变化，竖向抗侧力构件的截面尺寸和材料强度宜自下而上逐渐减小。《建筑抗震设计规范》(GB 50011—2010，2016 年版)规定的竖向不规则的主要类型，如表 3-4 所示。

表 3-4　竖向不规则的主要类型

序号	不规则类型	定义和参考指标
1	侧向刚度不规则	该层的侧向刚度小于相邻上一层的 70%，或小于其上相邻三个楼层侧向刚度平均值的 80%；除顶层或出屋面小建筑外，局部收进的水平向尺寸大于相邻下一层的 25%
2	竖向抗侧力构件不连续	竖向抗侧力构件(柱、抗震墙、抗震支撑)的内力由水平转换构件(梁、桁架等)向下传递
3	楼层承载力突变	抗侧力结构的层间受剪承载力小于相邻上一楼层的 80%

钢筋混凝土结构存在表 3-3 中所列举的某项平面不规则类型，或表 3-4 中所列举的某项竖向不规则类型及类似的不规则类型，应属于不规则的结构。

3.2.1.2　柱网布置

平面上框架柱在纵横方向的排列即形成柱网，柱网布置就是确定纵向柱列的柱距和横向柱列的柱距。框架柱网布置时，要从满足生产工艺要求、满足建筑平面要求、使结构受力合理和方便施工四个方面考虑。一般将柱设在建筑纵横轴线的交叉点上，以减少柱网对建筑使用功能的影响。柱网还与梁跨度有关，柱网尺寸大可以获得较大空间，但会加大梁柱的截面尺寸，应结合建筑需要和结构造价综合考虑。柱网布置时，应考虑到使结构在竖向荷载作用下内力分布均匀合理，各构件材料强度均能充分利用，同时还应尽量做到施工便捷、施工速度快，以降低工程造价。

柱网的尺寸和布置应满足建筑平面布置的需要，适应建筑物的功能要求。在办公楼、旅馆等民用建筑中，柱网布置应与分隔墙体的布置相协调，常选用内廊式，多为三跨或者多跨。为此，常将柱设在纵横墙的交叉点处，常用的柱网中的柱距有 3.6 m、4.2 m、6.0 m、6.6 m、7.2 m、7.5 m 等，可选用的跨度有 4.8 m、5.4 m、6.0 m、6.6 m、7.2 m、7.5 m 等。工业厂房中柱网布置还应满足生产工艺的要求，常选用内廊式和等跨式，一般厂房的跨度为6.0 m、6.9 m、7.5 m、9 m、12 m 等，有时能达到 18 m。内廊式中间跨的走廊跨度常为 2.4 m、2.7 m 或 3 m。内廊式和等跨式的柱网布置图如图 3-5 所示。

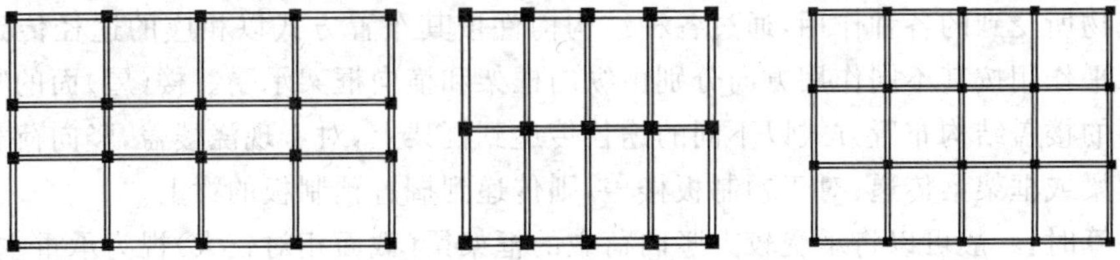

(a)　　(b)　　(c)

图 3-5　框架结构柱网布置示意图

(a) 内廊式；(b)、(c) 等跨式。

柱网尺寸与楼(屋)面梁的跨度和屋盖结构布置有直接关系，对结构合理受力产生影响。当柱网尺寸较大时，楼(屋)面梁的跨度较大，可能导致楼(屋)面板因板跨较大而厚度增大，或者因增加主次梁体系的次梁数量而增加施工的复杂程度。柱网尺寸的设定应使框架受力均匀，所以柱网各跨的跨距应相同或相近。柱网各跨的跨距亦不应太小，一般应避免小于2.4 m，否则往往因仅需按构造要求确定框架构件截面尺寸，会使材料得不到充分作用。

柱网布置时应考虑到结构在竖向荷载作用下的内力分布要尽量均匀合理，各构件材料强度能充分得到利用。如图 3-6 所示的两种结构布置，通过简单的力学分析，可以发现图 3-6(b)所示结构的内力分布要比图 3-6(a)所示结构的内力分布更为均匀合理。

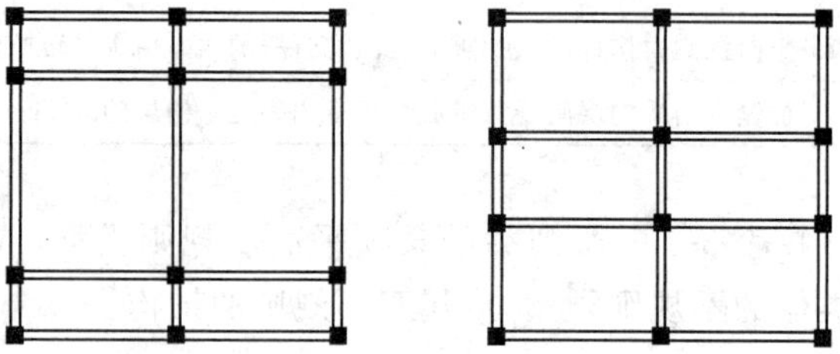

(a)　　(b)

图 3-6　柱网优化布置图

(a) 优化前；(b) 优化后。

此外，在布置柱网时还应考虑到施工方便，以缩短工期和降低造价。从技术合理和经济性要求考虑，梁的跨度一般以 6～9 m 为宜。

根据《建筑抗震设计规范》(GB 50011—2010，2016 年版)第 6.1.5 条可知，甲、乙类建筑以及高度大于 24 m 的丙类建筑，不应采用单跨框架结构；高度不大于 24 m 的丙类建筑不宜采用单跨框架结构。因此，抗震设计的框架结构不宜采用单跨框架。

3.2.1.3　*承重方案*

一般情况下，框架结构中的柱在两个方向均有梁拉结。也就是说，梁是沿房屋纵横向双向布置的，因而框架结构实际上是一个空间受力体系。从理论上讲，精确的分析计算应按空间结构进行，但在手算(或初步估算)时，为了简化计算，往往根据框架的具体特点忽略这种空间作用，将框架结构拆解为纵横双向布置的平面框架近似地进行分析计算。沿建筑物长向布置的平面框架称为纵向框架，沿建筑物短向布置的平面框架则称为横向框架。

建筑物所受到的各种作用，通过各种结构构件按其布置方式以相应的途径传到框架结构上。水平作用按其不同作用方向分别由纵向框架和横向框架承受。楼(屋)面的竖向荷载按照不同的楼盖结构布置方式以不同的途径传递到框架上，对于现浇楼盖，竖向荷载向距离较近的次梁或框架梁传递；对于预制板楼盖，则传递到搁置预制板的梁上。

在手算时，一般可以将承受较大竖向荷载的框架梁(截面相对较大)视为承重主梁，而将另一方向的框架梁(截面相对较小)按连系梁考虑。按楼(屋)面竖向荷载的主要传递方向和楼盖设置的不同，框架的布置方案有横向框架承重、纵向框架承重和纵横向框架双向承重等几种。

(1) 横向框架承重方案

横向框架承重方案是在横向布置框架主梁，而在纵向布置连系梁，如图 3-7 所示。横向框架承受全部竖向荷载和横向水平荷载,纵向框架只承受纵向水平荷载。横向框架往往跨数较少,截面较大的主梁沿横向布置,有利于提高横向抗侧刚度;而纵向框架则往往跨数较多,所以在纵向仅需按构造要求布置连系梁。这也有利于房屋室内的采光与通风等建筑功能要求。

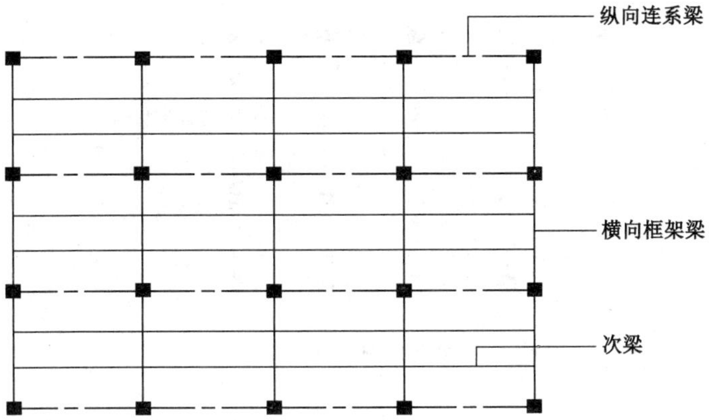

图 3-7 横向框架承重方案

(2) 纵向框架承重方案

纵向框架承重方案在纵向上布置框架主梁,在横向上布置连系梁,如图 3-8 所示。纵向框架为主框架,承受全部竖向荷载和纵向水平荷载,横向框架只承受横向水平荷载。因为楼面荷载由纵向梁传至柱子,所以横梁高度较小,有利于设备管线的穿行;当在房屋开间方向需要较大开间时,可获得较高的室内净高。此外,当地基土的物理力学性能在房屋纵向有明显差异时,可以利用纵向框架的刚度来调节房屋的不均匀沉降。纵向框架承重方案的缺点是房屋的横向刚度较差。

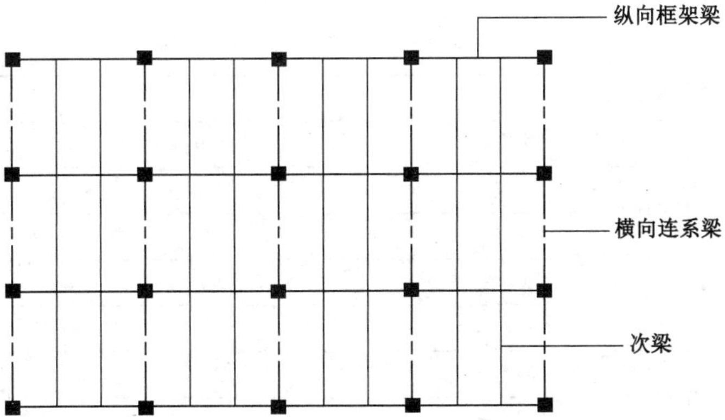

图 3-8 纵向框架承重方案

(3) 纵横向框架双向承重方案

纵横向框架双向承重方案是在两个方向上均布置承重主梁以承受楼面荷载,其布置如图 3-9 所示。采用这种承重方案,两个方向的框架均同时承受竖向荷载和水平荷载。当楼面上作用有较大荷载，或当柱网布置为正方形或接近正方形时，常采用这种承重方案，楼面常采用现浇双向楼板或井式梁楼面。纵横向框架双向承重方案具有较好的整体工作性能，框架柱均为双向偏心受压构件，为空间受力体系。

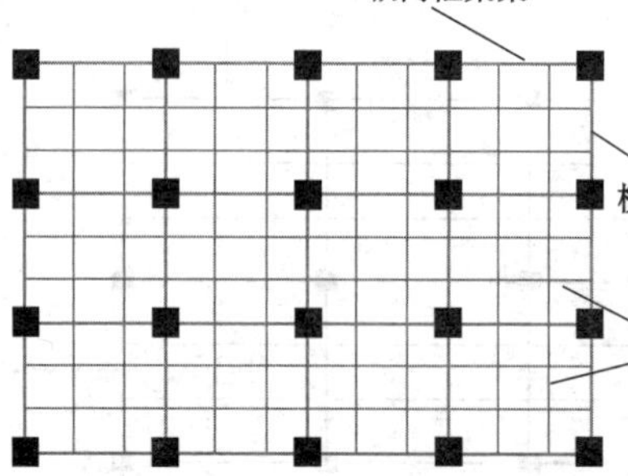

图 3-9　纵横向框架双向承重方案

对于抗震设防的框架结构，或非地震区层数较多的房屋框架结构，横向和纵向均应设计成刚接框架，采用双向梁柱抗侧力体系。

3.2.1.4　变形缝

当建筑物平面较长，或平面复杂、不对称，以及各部分刚度、高度和重量相差悬殊时，为了防止温度变化、不均匀沉降和地震作用等因素引起结构或非结构构件的破坏，应根据规定设置变形缝。变形缝有伸缩缝、沉降缝和防震缝三种。

1）伸缩缝

当房屋平面尺寸过大时，为避免温度和混凝土收缩使房屋产生裂缝，必须设置伸缩缝，将上部结构从顶到基础顶面断开，分成独立的温度区段。各类建筑的伸缩缝的最大间距应符合表 3-5 的要求。

表 3-5　钢筋混凝土结构伸缩缝最大间距　　单位：m

结构类型		室内或土中	露天
排架结构	装配式	100	70
框架结构	装配式	75	50
	现浇式	55	35
剪力墙结构	装配式	65	40
	现浇式	45	30
挡土墙、地下室墙壁等类结构	装配式	40	30
	现浇式	30	20

新浇混凝土在凝结过程中会收缩，已建成的结构受热要膨胀，受冷则收缩，当上述变形受到约束时，就会在结构内部产生应力。混凝土的凝结收缩大部分将在施工后 1～2 个月完成，而温度变化对结构的作用则是长期存在的。这种由温度变化引起的结构应力称为温度应力，它在房屋的长度方向和高度方向都会产生影响。

然而，伸缩缝的设置会造成多用材料、构造复杂和施工困难等问题。近年来，国内外已比较普遍地采取了不设伸缩缝而从施工或构造处理的角度来解决收缩内力问题的方法。目前最大的不设缝间距已超过 100 m，例如北京昆仑饭店(30 层剪力墙结构)长度达 114 m，北京京伦饭店(12 层剪力墙结构)长度达 138 m，均未设置伸缩缝。

若在较长的区段上不设温度伸缩缝，可采取以下构造措施和施工措施：

(1) 设后浇带：混凝土早期收缩占总收缩的大部分，建筑物过长时，可在适当距离选择对结构无严重影响的位置设后浇带，通常每隔 30～40 m 设置一道。后浇带应通过建筑物的整个横截面，将全部墙、梁和楼板分开；在后浇带处，板、墙钢筋应采用搭接接头，如图 3-10(a)、(c)所示，梁主筋可不断开，如图 3-10(b)、(d)所示；后浇带应设在受力和变形较小的部位曲折通过，不宜在同一平面内通过；一般情况下，后浇带可设在框架梁和楼板的1/3 跨处，设在剪力墙洞口上方连梁跨中或内外墙连接处。

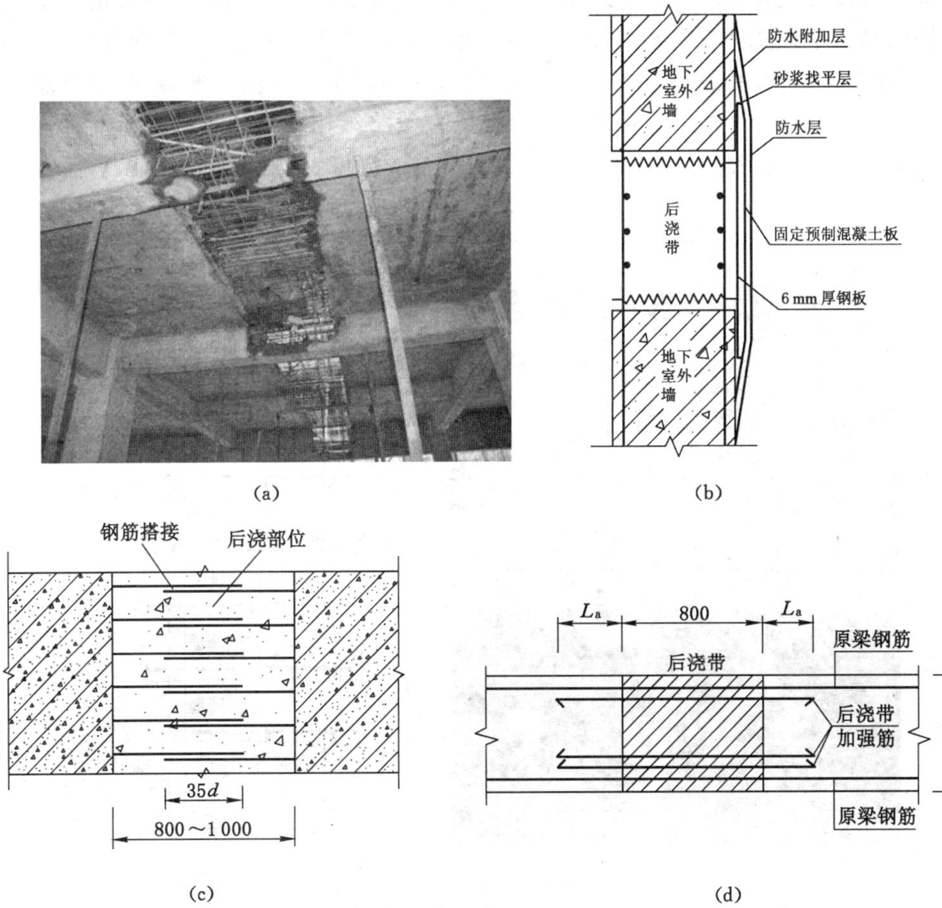

图 3-10 常用后浇带布置示意图

(a) 穿过梁和板的后浇带；(b) 地下室剪力墙上的后浇带；(c) 板后浇带；(d) 梁后浇带。

后浇带的宽度一般为 800～1 000 mm，带内钢筋采用搭接或直通加弯的做法。这样，后浇带两边的混凝土在浇灌以前能自由收缩。在受力较大部位留后浇带时，主筋可先搭接，浇灌前再进行焊接。后浇带混凝土宜用微膨胀水泥配制，一般能取得消除混凝土收缩裂缝的较好效果，是一种较常用的方法。

(2) 局部设伸缩缝：由于结构的顶部及底部受的温度应力较大，因此在高层建筑中可采取在上面和下面几层局部设缝的办法。

(3) 从布置及构造方面采取措施减少温度应力的影响：由于屋顶受温度影响较大，通常应采取有效的保温隔热措施，例如，可采取双层屋顶的做法，或者不使屋顶连成整片大面积平面，而做成高低错落的屋顶。当外墙为现浇混凝土墙体时，也要注意保温隔热措施。

(4) 局部加强配筋：在结构中，对温度应力比较敏感的部位应适当加强配筋，如预应力钢筋，以抵消温度应力，防止出现温度裂缝。

2) 沉降缝

沉降缝的设置主要是为了防止地基不均匀沉降所造成的房屋破坏。一般情况下，多层建筑不同的结构单元高度相差不大，因此，除非地基差别较大，一般不设沉降缝。而在高层建筑中，常在主体结构周围设置 1～3 层高的裙房，它们与主体结构高度悬殊，重量悬殊，会产生相当大的沉降差。通常需采用设置沉降缝的方法将结构从顶到基础整个断开，使各部分自由沉降，以避免由沉降差引起的附加应力对结构的危害，如图 3-11 所示。

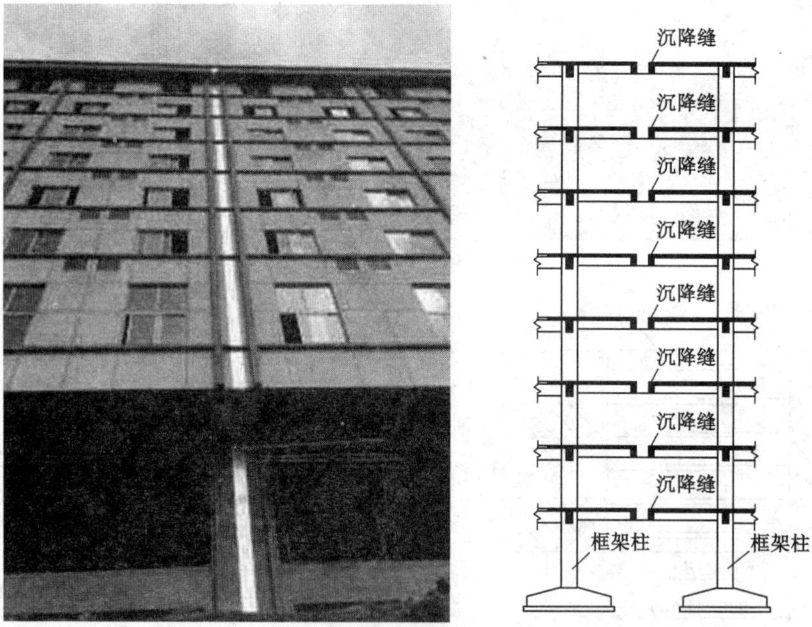

图 3-11　沉降缝布置示意图

一般情况下，沉降缝通常设置在以下部位：

(1) 建筑平面的转折部位；

(2) 高度差异或荷载差异处；

(3) 长高比过大的钢筋混凝土框架结构的适当部位；

（4）地基土的压缩性有显著差异处；

（5）结构或基础类型不同处；

（6）分期建造房屋的交界处。

依据《建筑地基基础设计规范》(GB 50007—2011)第 7.3.2 条规定，设置的沉降缝应具有足够的宽度，具体要求如表 3-6 所示。

表 3-6　房屋沉降缝的宽度

序号	房屋层数	沉降缝宽度/mm
1	2～3	50～80
2	4～5	80～120
3	5 层以上	不小于 120

然而，沉降缝的设置会使建筑的地下室构造复杂，沉降缝部位的防水处理很难做好。因此，在目前的一些建筑中经常不设沉降缝，而将高低部分的结构连成整体，通常采取如下一些措施来减少沉降差：

（1）利用压缩性小的地基，减小总沉降量及沉降差。当土质较好时，可加大埋深，利用天然地基，以减少沉降量。当地基不好时，可以用桩基将重量传到压缩性小的土层中以减少沉降差。

（2）高低部分的结构及基础设计成整体，但在施工时将它们暂时断开，待主体结构施工完毕，已完成大部分沉降量(50%以上)以后再浇灌连接部分的混凝土，将高低层连成整体。这种缝称为后浇施工缝。在设计时，基础应考虑两个阶段不同的受力状态，分别进行强度校核，连成整体后的计算应当考虑后期沉降差引起的附加内力。这种做法要求地基土较好，房屋的沉降能在施工期间内基本完成。

（3）将裙房做在悬挑基础上，这样裙房与高层部分沉降一致，不必用沉降缝分开。这种方法适用于地基土软弱、后期沉降较大的情况。由于悬挑部分不能太长，因此裙房的范围不宜过大。

3）防震缝

抗震设计时，宜将房屋划分为简单规则的形状，使每一部分成为独立的抗震单元。因此，宜调整平面形状和结构布置，避免结构不规则，尽量不设防震缝。因为在地震作用时，由于结构开裂、局部损害，因此，在防震缝的两侧很容易发生碰撞，轻者外装修、女儿墙和檐口损坏，面砖剥落，重者主体结构(主要是顶层结构)发生破坏。

对于体型复杂、平立面不规则的建筑，应根据不规则程度、地基基础条件和技术经济等因素的比较分析，确定是否设置防震缝，并应分别符合下列要求：

（1）当不设置防震缝时，应采用符合实际的计算模型，分析判明其应力集中、变形集中或地震扭转效应等导致的易损部位，采取相应的加强措施。

（2）当在适当部位设置防震缝时，宜形成多个较规则的抗侧力结构单元。防震缝应根据抗震设防烈度、结构材料种类、结构类型、结构单元的高度和高差及可能的地震扭转效应的情况，留有足够的宽度，其两侧的上部结构应完全分开。

（3）当设置伸缩缝和沉降缝时，其宽度应符合防震缝的要求。

如果结构平面或竖向布置不规则且不能调整时，则宜设置防震缝将其划分为较简单的几个结构单元，例如下列情况：

(1) 平面长度和外伸长度尺寸超出了规程限值而没有采取加强措施；

(2) 各部分结构刚度相差很远，采取不同材料和不同结构体系；

(3) 各部分质量相差很大；

(4) 各部分有较大错层。

防震缝的宽度，一般不宜小于两侧房屋在较低房屋屋盖高度处垂直于防震缝方向的侧移之和。一般情况下，钢筋混凝土结构房屋的防震缝最小宽度，应符合《建筑抗震设计规范》(GB 50011—2010，2016 年版)所作的以下规定：

(1) 框架结构(包括设置少量抗震墙的框架结构)房屋的防震缝宽度，当高度不超过 15 m时不应小于 100 mm；高度超过 15 m 时，6 度、7 度、8 度和 9 度分别每增加高度 5 m、4 m、3 m 和 2 m，宜加宽 20 mm。

(2) 框架-抗震墙结构房屋的防震缝宽度不应小于(1)中规定数值的 70%，抗震墙结构房屋的防震缝宽度不应小于(1)中规定数值的 50%，且均不宜小于 100 mm。

(3) 防震缝两侧结构类型不同时，宜按需要较宽防震缝的结构类型和较低房屋高度确定缝宽。

(4) 8、9 度框架结构房屋防震缝两侧结构层高相差较大时，防震缝两侧框架柱的箍筋应沿房屋全高加密，并可根据需要在缝两侧沿房屋全高各设置不少于两道垂直于防震缝的抗撞墙，如图 3-12 所示。抗撞墙的布置宜避免加大扭转效应，其长度可不大于 1/2 层高，抗震等级可同框架结构；框架构件的内力应按设置和不设置抗撞墙两种计算模型的不利情况取值。

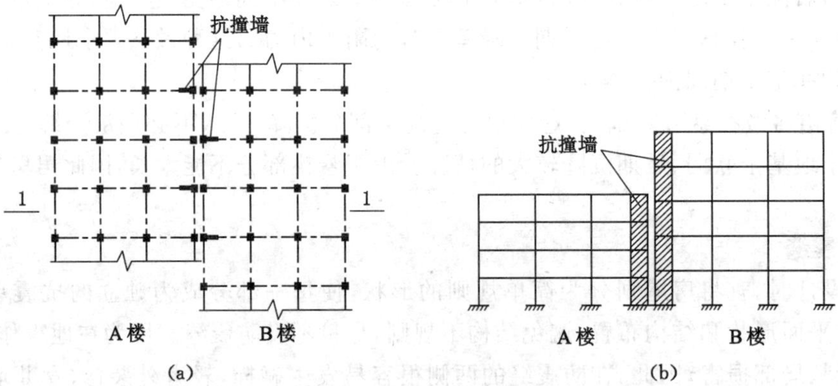

图 3-12　抗撞墙布置示意图

(a) 平面布置图；(b) 1—1 剖面图。

对于抗震设防烈度为 6 度及以上地区的房屋，所有的伸缩缝和沉降缝，均应符合防震缝的要求。

3.2.2　框架梁、框架柱截面的确定

框架梁的截面形状在整体框架中考虑板的影响后以 T 形和 Γ 形为主；在装配式框架中，有矩形、T 形、梯形、花篮形；在装配整体式框架中，常做成花篮形。框架柱一般采用矩形或方形截面。在确定框架结构中的框架梁和框架柱的尺寸时，需要考虑所选的尺寸满足承

载力、刚度和延性的要求。在设计过程中，一般先参照以往经验初步选定截面尺寸，再进行承载力计算和变形验算检查所选尺寸是否满足承载力和变形的要求。在进行多层框架结构设计时，按照估算的构件的截面尺寸，待构件的内力和结构的变形计算好后，若预估的截面尺寸符合要求，便可以此尺寸作为最终截面尺寸；若与实际所需尺寸相差很大，则须重新估算和验算直至符合要求为止。

3.2.2.1　框架梁截面的估算

一般在估算框架梁的截面尺寸时，需要根据框架梁承受荷载的大小、梁的跨度、框架的间距、是否考虑抗震设防要求以及选用的材料强度等诸多因素综合考虑确定。

（1）框架梁的截面高度

$$h_b=\left(\frac{1}{18}\sim\frac{1}{10}\right)l_b \tag{3-1}$$

$$400\leqslant h_b\leqslant\frac{l_n}{4} \tag{3-2}$$

式中　h_b——主梁的截面高度；

l_b——主梁的计算跨度；

l_n——主梁的净跨。

（2）框架梁截面宽度 b_b

$$b_b=\left(\frac{1}{3}\sim\frac{1}{2}\right)h_b \tag{3-3}$$

梁截面宽度不宜小于柱宽的 1/2，且不小于 200 mm，截面高宽比不宜大于 4。

根据《混凝土结构构造手册》[①]、《高层建筑混凝土结构技术规程》(JGJ 3—2010)第 6.3.1 条规定，框架结构的主梁截面高度按计算跨度的 1/10～1/18 确定，是多年来总结出的经验数据，当确有可靠依据，且工程上有需要时，梁的高跨比也可小于 1/18。

为了获得较大的使用空间，降低楼层的高度，或便于通风管道等通行，必要时可设计成宽度较大的扁梁，此时应根据荷载及跨度情况满足梁的挠度限值，扁梁截面高度 h 可取：

$$h=\left(\frac{1}{22}\sim\frac{1}{16}\right)l_b \tag{3-4}$$

扁梁结构的楼板应现浇，梁中心线宜与柱中心线重合，扁梁应双向布置，且不宜用于一级抗震等级的框架结构。扁梁的截面宽高比不宜超过 3；扁梁框架的边梁不宜采用宽度大于柱截面在该方向高度的梁；当与边梁相交的内部框架宽扁梁的宽度大于柱宽时，对边梁应采取措施，以考虑其受扭的不利影响。扁梁的截面宽度应满足：

$$b\leqslant\min\{b_c+h,2b_c\} \tag{3-5}$$

$$h\geqslant 16d \tag{3-6}$$

式中　b——扁梁的截面宽度；

h——扁梁的截面高度；

d——柱纵向钢筋直径；

b_c——柱截面宽度。

① 中国有色工程有限公司：《混凝土结构构造手册》，中国建筑工业出版社 2016 年第 5 版。

3.2.2.2　框架柱截面的估算

框架柱在结构中不仅要承担全部的竖向荷载，而且要承担全部的水平荷载。在初步(方案)设计阶段，框架柱截面估算的精确程度将会影响到施工图设计时的工作量大小。根据工程经验和柱的计算要求，框架柱截面可用下述方法进行估算。

钢筋混凝土框架柱一般多采用矩形截面，初选的截面尺寸可参考同类建筑取用，也可以根据柱支承的楼层面积计算柱中的轴力设计值 N，按照下列公式估算柱截面面积 A_c，然后再确定柱截面边长。柱支承的楼面面积 S 取法如图 3-13 中阴影部分所示。

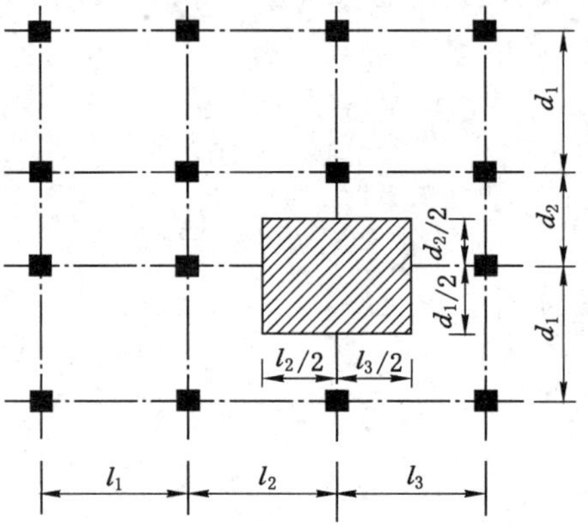

图 3-13　框架柱支承面积示意图

轴力设计值 N 采用式(3-7)计算

$$N = nqS \tag{3-7}$$

式中　n——待估算柱柱顶以上楼层层数；

q——单位面积上的竖向荷载的设计值；

S——柱支承的楼面面积，$S=(l_2+l_3)\times(d_1+d_2)/4$。

非抗震设计时：

$$A_c \geqslant \frac{\beta_m N}{f_c} \tag{3-8}$$

式中　f_c——混凝土轴心抗压强度设计值，现浇框架柱的混凝土强度等级不得低于 C20，当抗震等级为一级时，混凝土强度等级不得低于 C30，抗震设防烈度为 8 度时，混凝土强度等级不宜高于 C70，抗震设防烈度为 9 度时，混凝土强度等级不宜高于 C60；

β_m——考虑弯矩的不利影响的增大系数，一般可以取为 1.05～1.2。

抗震设计时，应考虑轴压比限值，即：

$$A_c \geqslant \frac{\zeta N}{\mu_N f_c} \tag{3-9}$$

式中　ζ——抗震设计的轴力增大系数，框架结构外柱取 1.3，不等跨内柱取 1.25，等跨内柱取 1.2；

μ_N——框架结构中柱的轴压比限值，抗震等级为一级时取 0.65，抗震等级为二级时取 0.75，抗震等级为三级时取 0.85，抗震等级为四级时取 0.9。

柱中的轴力设计值 N，可以采用简化方法进行估算，楼层单位面积的重量 G 为 12～14 kN/m^2，乘以荷载分项系数 1.25(按照恒荷载占 75%、活荷载占 25%初步估算)，再按照柱所分担的楼层面积进行计算，则得到轴力设计值 N。

已知柱截面面积，可以根据下式来确定柱截面边长：

$$b_c = \left(\frac{1}{1.5} \sim 1\right) h_c \tag{3-10}$$

式中　b_c——柱截面宽度；

　　h_c——柱截面高度。

此外，矩形截面柱，抗震等级为四级或层数不超过 2 层时，其最小截面尺寸不宜小于 300 mm，一、二、三级抗震等级且层数超过 2 层时不宜小于 400 mm；圆柱的截面直径，抗震等级为四级或层数不超过 2 层时不宜小于 350 mm，一、二、三级抗震等级且层数超过 2 层时不宜小于 450 mm。柱的剪跨比宜大于 2，柱截面长边与短边的边长比不宜大于 3。

3.2.2.3　梁的计算刚度

在计算框架梁截面惯性矩 I 时，考虑到楼板对梁截面刚度提高的有利影响，可以将梁截面附近一定范围内的板带与框架梁综合考虑，近似视作 T 形(或倒 L 形)截面梁。在框架节点附近，梁受负弯矩，顶部的楼板受拉，即 T 形梁上翼缘受拉，楼板对梁的截面抗弯刚度影响较小；而在框架梁的跨中，梁受正弯矩刚度影响较大，在进行框架整体分析、计算框架梁的截面惯性矩时，为简便起见，仍假定梁的截面惯性矩 I 沿梁轴线不变。

在结构内力与位移计算中，现浇楼面和装配整体式楼面中，框架梁的幅度可考虑楼板的翼缘作用予以相应增大。通常，对于全现浇钢筋混凝土框架，如图 3-14(b)所示的中间框架梁 $I=2.0I_0$，如图 3-14(c)所示的边框架梁 $I=1.5I_0$；对钢筋混凝土装配整体式框架，由于梁与板之间通过后浇叠合层混凝土连成整体，板对梁的刚度有一定提高，如图 3-14(d)所示的可取中间框架梁 $I=1.5I_0$，如图 3-14(e)所示的边框架梁 $I=1.2I_0$；对采用预制板的装配式楼盖，如图 3-14(f)所示，由于预制板与现浇框架梁之间无整体连接，故不考虑板对梁刚度的影响，取 $I=I_0$。这里的 I_0 为框架梁刚度调整前的原始截面惯性矩。需要注意的是，中框架梁刚度增大系数对结构中所有框架梁都起作用，因而它的取值对于结构分析和梁柱配筋都有较大影响。

3.2.3　计算简图的确定

3.2.3.1　计算单元的选取

如图 3-15(a)所示框架结构是一个空间受力体，在纵向、横向框架协同工作，共同承受外荷载作用。在用计算机软件进行分析时，空间结构的内力和侧移计算应采用三维空间结构的计算简图。当使用近似计算方法尤其是手算方法时，就需要对结构进行合理简化。通常在近似计算时，可以假定各榀框架在自身平面内刚度很大，而平面外刚度则很小。这样就可以将空间结构近似分解为纵向框架和横向框架，分别按平面框架进行分析和计算，如图 3-15(b)所示。在竖向荷载作用下，框架结构侧移很小，可以忽略各榀框架之间的相互作用，认为楼面内的竖向荷载由两侧的两榀承重框架分别承担 50%。当采用横向框架承重方案时，截取的横向框架如图 3-15(c)所示，承受图 3-15(b)中横向阴影范围内的全部竖向荷载，而纵向框架不承受竖向荷载；当采用纵向框架承重方案，在进行纵向框架计算时，纵向阴影范围内的全部竖向荷载由图 3-15(d)所示的纵向框架承重，横向框架不承担竖向荷载；当

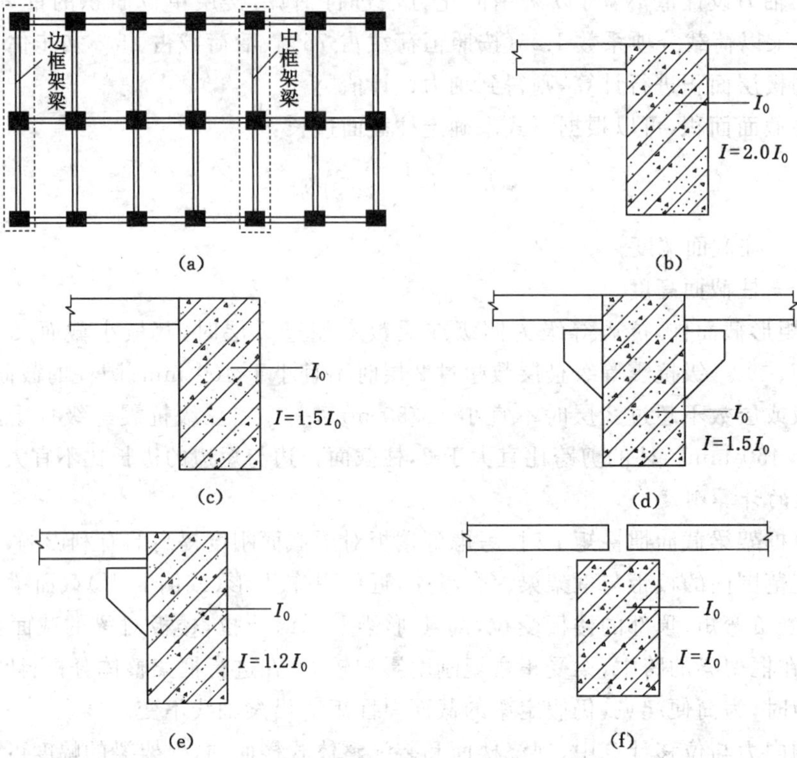

图 3-14　框架梁的刚度取值

(a) 框架梁位置示意图；(b)、(d) 中框架梁断面；(c)、(e) 边框架梁断面；(f) 预制板与现浇框架梁。

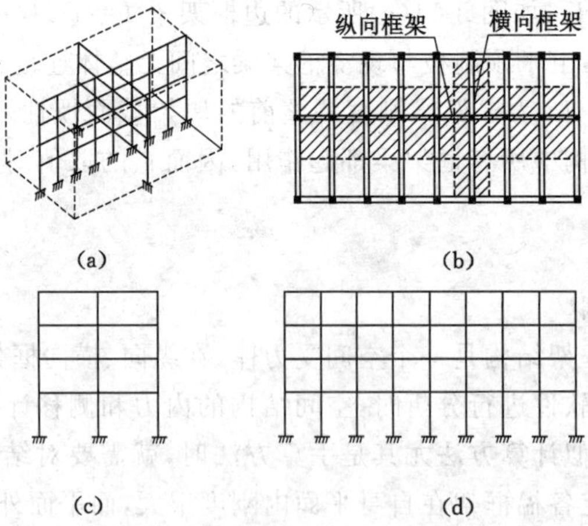

图 3-15　框架结构的平面简化

(a) 框架受力体系；(b) 框架受力范围；(c) 横向框架；(d) 纵向框架。

采用纵横向框架双向承重方案时，应根据竖向荷载的实际传递途径，由纵横向框架共同承担，例如对于现浇双向板楼盖，其竖向荷载的传递途径如图 3-16 所示。

在水平荷载作用下，根据假定横向框架只能承受横向水平荷载，而与其垂直的纵向水平

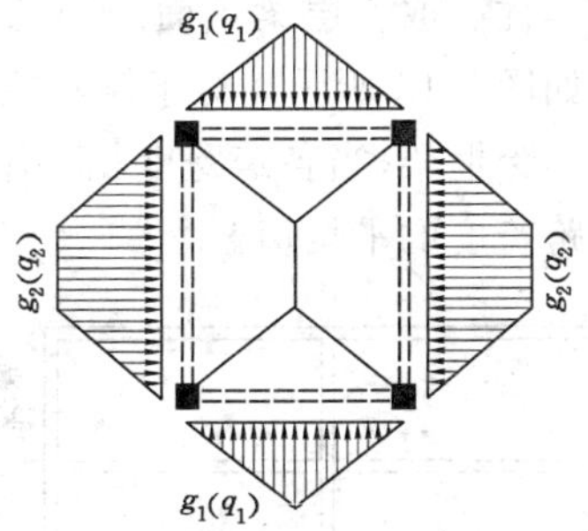

图 3-16　纵横向双向承重框架竖向荷载传递示意图

荷载应由纵向框架承受。在分析图 3-15 所示较为规则的框架结构时，由于通常横向框架的间距相同，作用于各横向框架上的荷载大致相同，框架的抗侧刚度大致相同，因此，各榀横向框架都将产生大致相同的内力与变形，结构初步设计时，一般选取中间有代表性的一榀横向框架进行分析即可；而纵向框架的间距一般不等，作用于纵向框架上的荷载则各不相同，一般应分别进行计算。

3.2.3.2　跨度与层高的确定

在计算简图中，框架杆件用其轴线表示。一般情况下，等截面柱的轴线取截面形心轴，如图 3-17(a)所示。如图 3-17(b)所示的框架结构的上、下层柱截面尺寸不同时，往往取顶层柱的形心线作为轴线，按此计算简图算出的内力是计算简图轴线上的内力，但此轴线不一定是下层柱截面的形心轴，进行下层柱的截面设计时，应将算得的内力转化为下层柱截面形心轴处的内力。

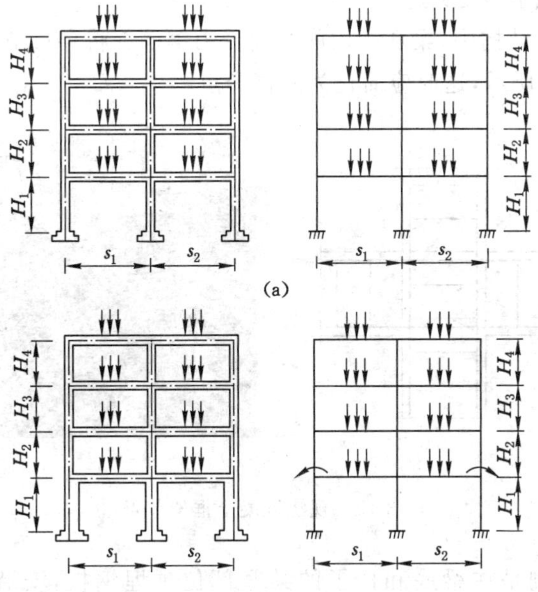

图 3-17　计算简图中杆件的形心轴

(a) 等截面柱；(b) 变截面柱。

框架跨度取柱轴线间的距离，柱高取各层梁顶面之间的结构标高差。对底层柱则取基础顶面到二层梁顶面间的高度，如图 3-18 所示。对于倾斜或折线形横梁，当其坡度小于 1/8 时，可简化为水平直杆。对于不等跨框架，当各跨跨度相差不大于 10％时，可简化为等跨框架，简化后的框架取原跨框架各跨跨度的平均值。

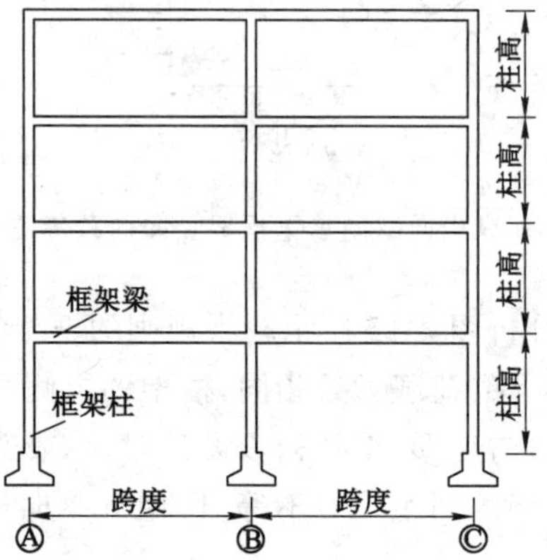

图 3-18　框架柱计算高度

3.2.3.3　节点的简化

框架节点处的约束较为复杂，梁柱节点的试验结果表明，节点弯矩和节点相对转角的关系既非全刚接，也非完全铰接。也就是说，所有的梁柱节点都有一定程度的刚性，不存在理想的刚接节点和铰接节点。在结构计算中，一般要根据其传力效果、施工方案和构造措施，简化为刚接节点和铰接节点处理。

在现浇钢筋混凝土结构中，梁和柱内的纵向受力钢筋都将穿过节点或锚入节点区，以中间节点为例，如图 3-19 所示，这时应简化为刚接节点。

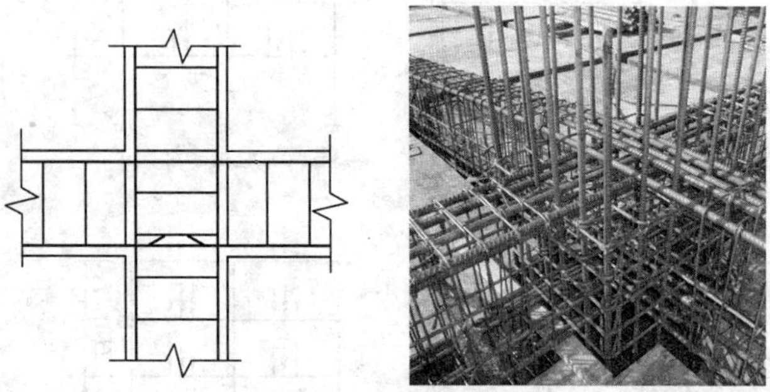

图 3-19　现浇混凝土框架节点

装配式框架结构则是在梁底和柱子的某些部位预埋钢板，安装就位后再焊接起来，由于钢板在其自身平面外的刚度很小，同时焊接质量随机性较大，难以保证结构受力后梁柱间没有相对转动，以中间节点为例，如图 3-20 所示，因此常将这类节点简化成铰接节点。

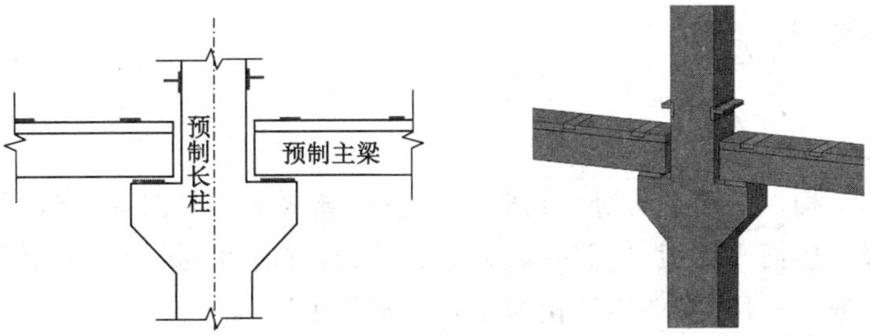

图 3-20 装配式混凝土框架节点

在装配整体式框架结构中，梁(柱)中钢筋在节点处或为焊接，或为搭接，并将现场浇筑部分混凝土。以中间节点为例，如图 3-21 所示，节点左、右梁端均可有效地传递弯矩，因此可认为是刚接节点。当然这种节点的刚性不如现浇式框架好，节点处梁端的实际弯矩要小于计算值。

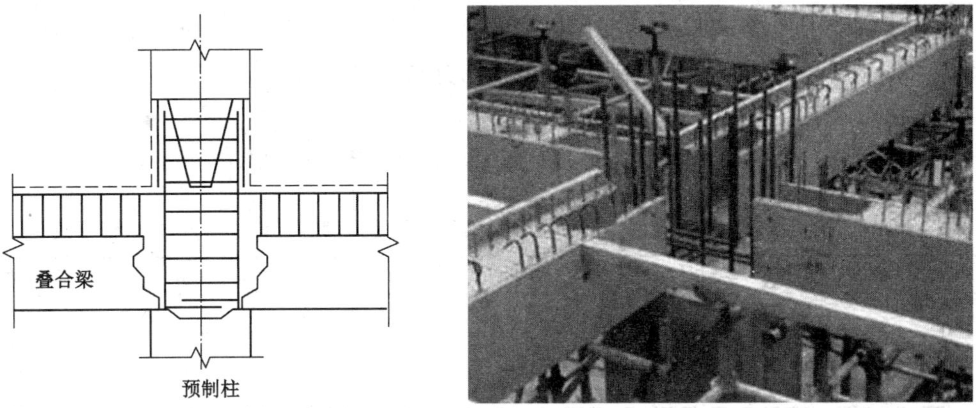

图 3-21 装配整体式混凝土框架节点

框架支座可分为固定支座和铰支座。当为现浇钢筋混凝土时，一般设计成固定支座，如图 3-22(a)所示；当为预制柱杯形基础时，则应视构造措施不同分别简化为固定支座，如图 3-22(b)、(c)所示。

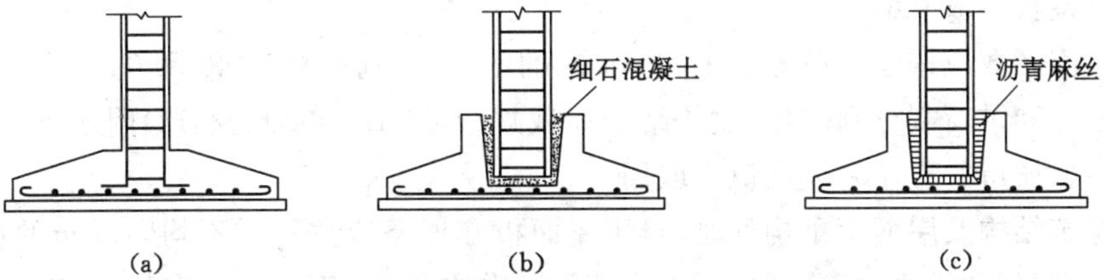

图 3-22 基础支座形式

(a) 现浇；(b)，(c) 预制。

3.3 荷载计算与分析

3.3.1 荷载计算

作用于框架结构上的荷载有竖向荷载和水平荷载两种。竖向荷载包括竖向恒荷载、楼面与屋面活荷载及屋面雪荷载，它们一般为分布荷载，有时也表现为集中荷载。水平荷载包括风荷载和水平地震作用，一般均简化为节点水平集中力。

3.3.1.1 竖向恒荷载

竖向恒荷载，即整个建筑结构构件和非结构构件的自重，应结合建筑结构布置方案，按结构构件的设计尺寸与材料单位体积的自重进行计算确定。

3.3.1.2 楼面与屋面活荷载

(1) 民用建筑楼面均布活荷载

活荷载则主要包括楼(屋)面活荷载、风荷载和雪荷载等。作用在多、高层框架结构上的各种荷载，可按《建筑结构荷载规范》(GB 50009—2012)取用。

作用在楼面上的活荷载，不可能以标准值的大小同时布满在所有的楼面上，因此，在设计梁、墙、柱和基础时，还要考虑实际荷载沿楼面分布变异的情况。

(2) 民用建筑屋面均布活荷载

民用建筑的屋面在其水平投影面上的均布活荷载，按表 3-7 取用。

表 3-7 民用建筑屋面均布活荷载标准值及其组合值系数、频遇值系数和准永久值系数

项次	类别	标准值/(kN/m^2)	组合值系数 ϕ_c	频遇值系数 ϕ_f	准永久值系数 ϕ_q
1	不上人屋面	0.5	0.7	0.5	0
2	上人屋面	2.0	0.7	0.5	0.4
3	屋顶花园	3.0	0.7	0.6	0.5

《建筑结构荷载规范》(GB 50009—2012)规定，屋面均布活荷载不应与雪荷载同时组合。

3.3.1.3 屋面雪荷载

屋面单位水平投影面上的雪荷载标准值，计算方法同式(2-4)。

雪荷载的组合值系数可取 0.7；

频遇值系数可取 0.6；

准永久值系数应按雪荷载分区Ⅰ、Ⅱ和Ⅲ 的不同，分别取 0.5、0.2 和 0。

基本雪压和雪荷载分别应按《建筑结构荷载规范》(GB 50009—2012)附录 E.5 中 50 年一遇的全国各城市的雪压和风压值表取用。

设计建筑结构及屋面承重构件时，对于屋面板和檩条应按积雪不均匀分布的最不利情况取用；对于屋架和拱壳，可分别按积雪全跨均匀分布情况、不均匀分布情况和半跨的均匀分布情况取用；对于框架和柱，可按积雪全跨的均匀分布情况取用。

3.3.1.4 风荷载

风荷载是指风遇到建筑物时在其表面产生的一种压力或吸力。结构上的风荷载与风压、建筑物表面形状以及建筑物的动力特性有关。垂直于建筑物表面的风荷载的标准值的计算方法同式(2-5)。

其中风载体型系数 μ_s 按表 3-8 取用。

表 3-8　风荷载体型系数

类型	体型	体型系数
封闭式房屋和构筑物	正多边形平面	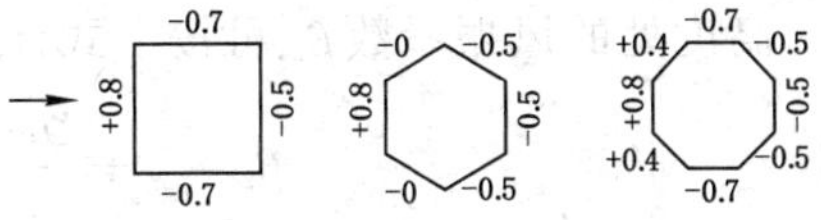
	Y 形平面	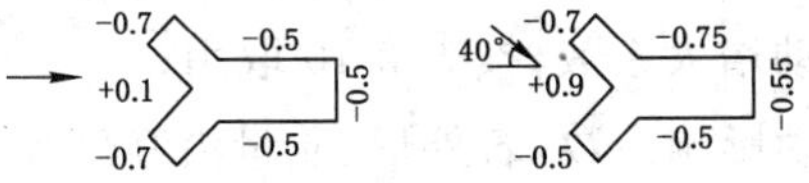
	L 形平面	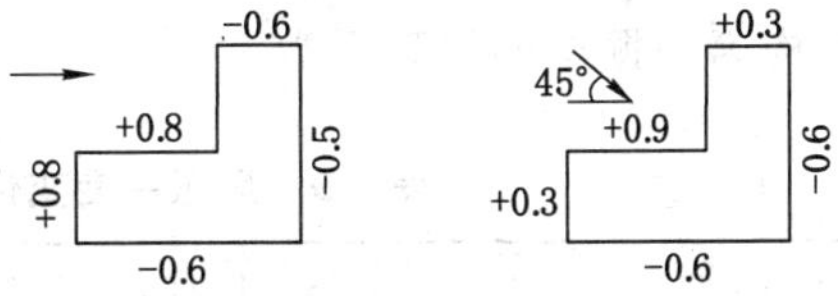
	Π 形平面	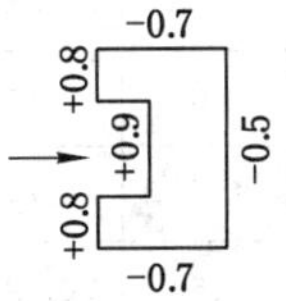
	十字形平面	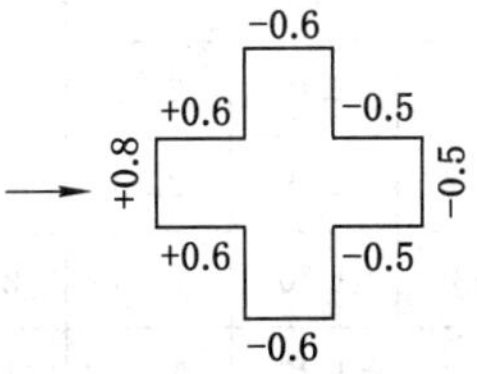
	截角三边形平面	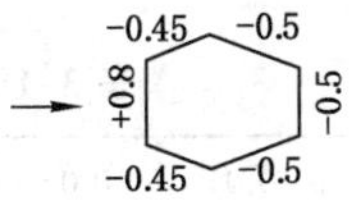
	圆形平面	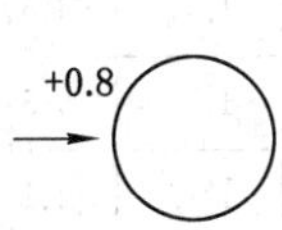
独立墙壁及围墙		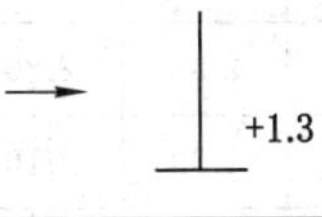

对于特别重要的高层建筑或对风振比较敏感的高层建筑，基本风压应按 100 年重现期的风压值取用；当没有 100 年一遇的风压资料时，也可近似将 50 年一遇的基本风压值乘以增大系数 1.1 取用。

对于基本自振周期 $T_1>0.25$ s 的工程结构（如房屋、屋盖及各种高耸结构），以及高度大于 30 m 且高宽比大于 1.5 的高柔房屋，均应考虑风压脉动对结构发生顺风向风振的影响。对于一般悬臂型结构，如高耸结构或可忽略扭转影响的高层建筑，均可仅考虑第一振型的影响，结构在 z 高度处的风振系数 β_z 可按下式计算：

$$\beta_z = 1 + \frac{\zeta \upsilon \varphi_z}{\mu_z} \tag{3-11}$$

式中 μ_z——风压高度变化系数，按表 3-9 取用；

ζ——脉动增大系数，按表 3-10 取用；

υ——脉动影响系数，若外形、质量沿高度比较均匀，可根据总高度 H 及其与迎风面宽度 B 的比值，按表 3-11 确定；

φ_z——结构第一振型的振型系数。

表 3-9 风压高度变化系数 μ_z

离地面或海平面高度/m		5	10	15	20	30	40	50	60	70	80
地面粗糙度类别	A	1.17	1.38	1.52	1.63	1.80	1.92	2.03	2.12	2.20	2.27
	B	1.00	1.00	1.14	1.25	1.42	1.56	1.67	1.77	1.86	1.95
	C	0.74	0.74	0.74	0.84	1.00	1.13	1.25	1.35	1.45	1.54
	D	0.62	0.62	0.62	0.62	0.62	0.73	0.84	0.93	1.02	1.11
离地面或海平面高度/m		90	100	150	200	250	300	350	400	≥450	
地面粗糙度类别	A	2.34	2.40	2.64	2.83	2.99	3.12	3.12	3.12	3.12	
	B	2.02	2.09	2.38	2.61	2.80	2.97	3.12	3.12	3.12	
	C	1.62	1.70	2.03	2.30	2.54	2.75	2.94	3.12	3.12	
	D	1.19	1.27	1.61	1.92	2.19	2.45	2.68	2.91	3.1	

表 3-10 脉动增大系数 ξ

$\upsilon_0 T_1^2/(\mathrm{kN \cdot s^{-2} \cdot m^{-2}})$	0.01	0.02	0.04	0.06	0.08	0.10	0.20	0.40	0.60
钢结构	1.47	1.57	1.69	1.77	1.83	1.88	2.04	2.24	2.36
有填充墙的房屋钢结构	1.26	1.32	1.39	1.44	1.47	1.50	1.61	1.73	1.81
混凝土及砌体结构	1.11	1.14	1.17	1.19	1.21	1.23	1.28	1.34	1.38
$\upsilon_0 T_1^2/(\mathrm{kN \cdot s^{-2} \cdot m^{-2}})$	0.80	1.00	2.00	4.00	6.00	8.00	10.00	20.00	30.00
钢结构	2.46	2.53	2.80	3.09	3.28	3.43	3.54	3.91	4.14
有填充墙的房屋钢结构	1.88	1.93	2.10	2.30	2.43	2.52	2.60	2.85	3.01
混凝土及砌体结构	1.42	1.44	1.54	1.65	1.72	1.77	1.82	1.96	2.06

表 3-11 脉动影响系数 υ

H/B	地面粗糙度类别	总高度 H/m							
		≤30	50	100	150	200	250	300	350
≤0.5	A	0.44	0.42	0.33	0.27	0.24	0.21	0.19	0.17
	B	0.42	0.41	0.33	0.28	0.25	0.22	0.20	0.18
	C	0.40	0.40	0.34	0.29	0.27	0.23	0.22	0.20
	D	0.36	0.37	0.34	0.30	0.27	0.25	0.24	0.22
1.0	A	0.48	0.47	0.41	0.35	0.31	0.27	0.26	0.24
	B	0.46	0.46	0.42	0.36	0.36	0.29	0.27	0.26
	C	0.43	0.44	0.42	0.37	0.34	0.31	0.29	0.28
	D	0.39	0.42	0.42	0.38	0.36	0.33	0.32	0.31
2.0	A	0.50	0.51	0.46	0.42	0.38	0.35	0.33	0.31
	B	0.48	0.50	0.47	0.42	0.40	0.36	0.35	0.33
	C	0.45	0.49	0.48	0.44	0.42	0.38	0.38	0.36
	D	0.41	0.46	0.48	0.46	0.46	0.44	0.42	0.39
3.0	A	0.53	0.51	0.49	0.42	0.41	0.38	0.38	0.36
	B	0.51	0.50	0.49	0.46	0.43	0.40	0.40	0.38
	C	0.48	0.49	0.49	0.48	0.46	0.43	0.43	0.41
	D	0.43	0.46	0.49	0.49	0.48	0.47	0.46	0.45
5.0	A	0.52	0.53	0.51	0.49	0.46	0.44	0.42	0.39
	B	0.50	0.53	0.52	0.50	0.48	0.45	0.44	0.42
	C	0.47	0.50	0.52	0.52	0.50	0.48	0.47	0.45
	D	0.43	0.48	0.52	0.53	0.53	0.53	0.52	0.50
8.0	A	0.53	0.54	0.53	0.51	0.48	0.48	0.43	0.42
	B	0.51	0.53	0.54	0.52	0.50	0.50	0.46	0.44
	C	0.48	0.51	0.54	0.53	0.52	0.52	0.50	0.48
	D	0.43	0.48	0.54	0.53	0.55	0.55	0.54	0.53

结构振型系数通常应根据结构动力计算的结果确定。作为近似计算，对于外形、质量和刚度沿高度按连续规律变化的悬臂型高耸结构及沿高度比较均匀的高层建筑，其振型系数可根据相对高度 z/H 直接查表 3-12～表 3-14 取用。迎风面宽度较大且截面沿高度不变的高层建筑，当剪力墙和框架均起主要作用时，其前 4 阶振型系数可按表 3-12 取用；迎风面宽度远小于其高度且截面沿高度不变的高耸结构，其前 4 阶振型系数可按表 3-13 取用；对截面沿高度规律变化的高耸结构，其第一振型系数按表 3-14 取用。

表 3-12　截面沿高度不变的高层建筑振型系数参考值

相对高度 z/H	振型序号			
	1	2	3	4
0.1	0.02	−0.09	0.22	−0.38
0.2	0.08	−0.30	0.58	−0.73
0.3	0.17	−0.50	0.70	−0.40
0.4	0.27	−0.68	0.46	0.33
0.5	0.38	−0.63	−0.03	0.68
0.6	0.45	−0.48	−0.49	0.29
0.7	0.67	−0.18	−0.63	−0.47
0.8	0.74	0.17	−0.34	−0.62
0.9	0.86	0.58	0.27	−0.02
1.0	1.00	1.00	1.00	1.00

表 3-13　迎风面宽度远小于其高度且截面沿高度不变的高耸结构的振型系数

相对高度 z/H	振型序号			
	1	2	3	4
0.6	0.46	−0.59	−0.48	0.33
0.7	0.59	−0.32	−0.66	−0.40
0.8	0.79	0.07	−0.40	−0.64
0.9	0.86	0.52	0.23	−0.05
1.0	1.00	1.00	1.00	1.00

表 3-14　截面沿高度规律变化的高耸结构第 1 振型系数

相对高度 z/H	B_H/B_0				
	1.0	0.8	0.6	0.4	0.2
0.1	0.02	0.02	0.01	0.01	0.01
0.2	0.06	0.06	0.05	0.04	0.03
0.3	0.14	0.12	0.11	0.09	0.07
0.4	0.23	0.21	0.19	0.16	0.13
0.5	0.34	0.32	0.29	0.26	0.21
0.6	0.46	0.44	0.41	0.37	0.31
0.7	0.59	0.57	0.55	0.51	0.45
0.8	0.79	0.71	0.69	0.66	0.61
0.9	0.86	0.86	0.85	0.83	0.80
1.0	1.00	1.00	1.00	1.00	1.00

3.3.1.5　地震作用

在选择框架结构体系时必须要考虑建筑的抗震设防类别和抗震设防烈度，结构体系需要具有明确的、合理的地震作用传递途径；应避免因部分结构或构件破坏而导致整个结构丧失抗震能力或者对重力荷载的承载能力；同时结构体系具有良好的变形能力和消耗地震能量的能力。

各类建筑结构的地震作用验算，应符合以下规定：

(1) 一般情况下，应允许在建筑结构的两个主轴方向分别计算水平地震作用并进行抗震验算，各方向的水平地震作用应由该方向抗侧力构件承担。

(2) 有斜交抗侧力构件的结构，当相交角度大于 15°时，应分别计算各抗侧力构件方向的水平地震作用。

(3) 质量和刚度分布明显不对称的结构，应计入双向水平地震作用下的扭转影响；其他情况，允许采用调整地震作用效应的方法计入扭转影响。

(4) 抗震设防烈度为 8 度、9 度时的大跨度和长悬臂结构及抗震设防烈度为 9 度时的高层建筑，应计算竖向地震作用。

各类建筑结构的地震作用计算，应采用以下方法：

(1) 高度不超过 40 m、以剪切变形为主且质量和刚度沿高度分布比较均匀的结构，以及近似于单质点体系的结构，可采用底部剪力法进行计算。

(2) 除(1)项外的建筑结构，宜采用振型分解反应谱法。

(3) 特别不规则的建筑、甲类建筑和表 3-15 所列高度范围的高层建筑，应采用时程分析法进行多遇地震下的补充计算。

表 3-15 采用时程分析的房屋高度范围

抗震设防烈度、场地类别	7 度和 8 度Ⅰ、Ⅱ类场地	8 度Ⅲ、Ⅳ类场地	9 度
房屋高度范围/m	>100	>80	>60

3.3.2 荷载布置

作用于框架上的竖向荷载包括永久荷载和可变荷载，永久荷载是长期作用于结构上的竖向荷载，又称恒荷载；可变荷载是随机作用于结构上的竖向荷载，又称活荷载。永久荷载一旦作用在结构上将不再发生变化，设计时应按恒荷载实际分布和全部作用情况计算框架荷载效应。可变荷载可以单独作用在某跨或某几跨，也可以同时作用在整个框架上，设计时应考虑活荷载最不利布置组合荷载效应。活荷载的最不利位置需要根据截面的位置及最不利内力种类分别确定，常采用如下方法确定荷载的最不利位置。

(1) 逐跨布置法

这种方法是将活荷载逐层逐跨单独作用在结构上，分别算出结构内力，再对控制截面叠加出最不利内力。例如，图 3-23 所示的四跨四层框架，若将楼面(包括屋面)的活荷载逐层逐跨布置，则需要计算 16 种活荷载布置下的框架内力，然后对各种控制截面进行上述各种内力的叠加组合，从中找出最不利内力。显然，这种方法的计算比较冗繁。

(2) 最不利位置法

这种方法对每一控制截面直接由影响线确定最不利荷载布置，然后进行内力计算。图 3-24 表示一无侧移的多层多跨框架某跨作用有活荷载时各杆件的变形曲线。

由图 3-24 所示的框架杆件变形曲线可知，如果某跨梁有活荷载作用，则在该跨的跨中

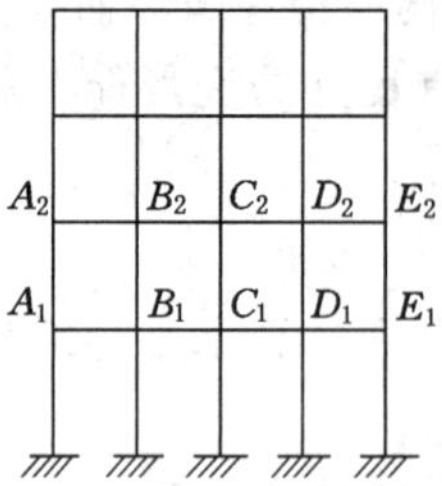

图 3-23　某四跨四层框架

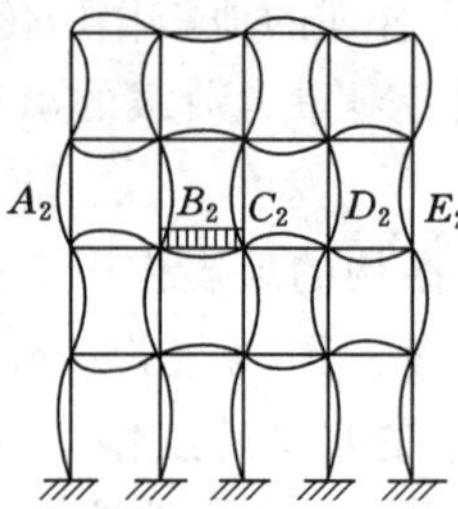

图 3-24　框架杆件变形曲线

产生正弯矩，并在横向隔跨、竖向隔层的各跨跨中引起正弯矩，还在横向邻跨、竖向邻层的各跨跨中引起负弯矩。由此可见，如果要求某跨跨中可能产生的最大正弯矩，则应在该跨布置活荷载，然后沿横向每隔一跨，沿竖向每隔一层的诸跨梁上也要布置活荷载。按照上述活荷载布置规律，对于图 3-23 所给的多层多跨框架，使 B_2C_2 梁的跨中产生最不利正弯矩的活荷载布置如图 3-25(a)所示。这样的活荷载布置同样引起横梁 D_2E_2 等跨梁的跨中产生最不利正弯矩。

由图 3-24 所示的框架杆件变形曲线还可以看出，如果某跨梁作用有活荷载，则在该跨梁的两端产生负弯矩，并在上、下邻层梁的两端引起负弯矩，然后逐层交替出现反号弯矩；还在横向邻跨梁近端引起负弯矩，远端引起正弯矩，然后逐层逐跨交替出现反号弯矩。按此规律，如果要得到图 3-23 所给框架梁 A_2B_2 的杆端 B_2 处的最不利负弯矩，则应在该跨(A_2B_2)和近 B_2 端的跨(B_2C_2)布置活荷载，并在该跨的上、下相邻两跨布置活荷载，然后隔层隔跨交叉布置，如图 3-25(b)所示。如果要得到框架梁 B_2C_2 的杆端 B_2 处的最不利负弯矩，遵循上述荷载布置原则，最不利的活荷载布置如图 3-25(c)所示。

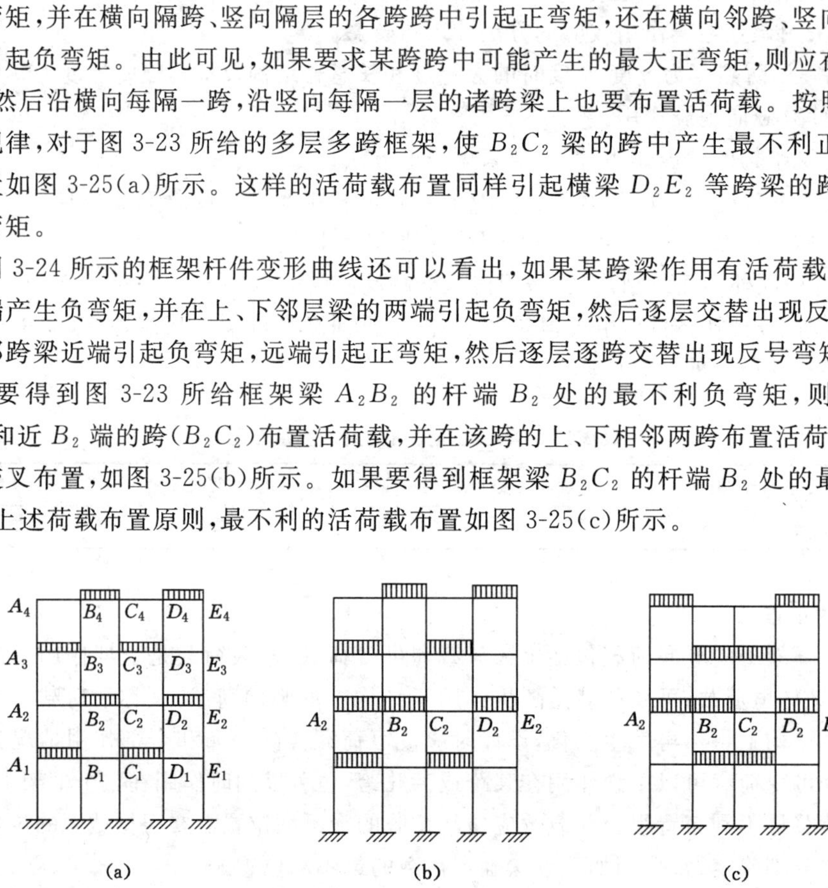

图 3-25　最不利荷载布置

对于框架中其他杆件和其他内力，都可遵循一定的规律得到相应的最不利的活荷载布置。一般来说，对应于一个控制截面的一种内力，就有一种最不利荷载布置，相应地需要进行一次结构内力分析。如果要得到所给四跨四层框架所有控制截面各种最不利的内力，这就需要进行 16 种最不利荷载布置下的内力计算，内力分析次数大大超过分层分跨组合法，计算工作量相当大。

(3) 满布法

考虑活荷载最不利布置计算框架结构内力，计算工作量太大，手算效率很低。在多层及高层民用建筑中，楼面活荷载一般不大，与恒荷载及水平荷载产生的内力相比，楼面活荷载引起的内力所占比例较小。因此，在实际工作中可采用近似的满布荷载法（如图 3-26 所示），即不考虑活荷载的不利布置，按照活荷载全部作用于框架梁上来计算内力。这样求得的框架内力在支座处与按活载最不利布置所得结构非常接近，但跨中弯矩偏小，为安全起见，对跨中弯矩再乘以 1.1～1.2 的放大系数。计算表明，对楼面活荷载标准值不超过 5 kN/m^2 的一般工业与民用多层框架结构，满布荷载法的计算精度和安全度可以满足工程设计要求。

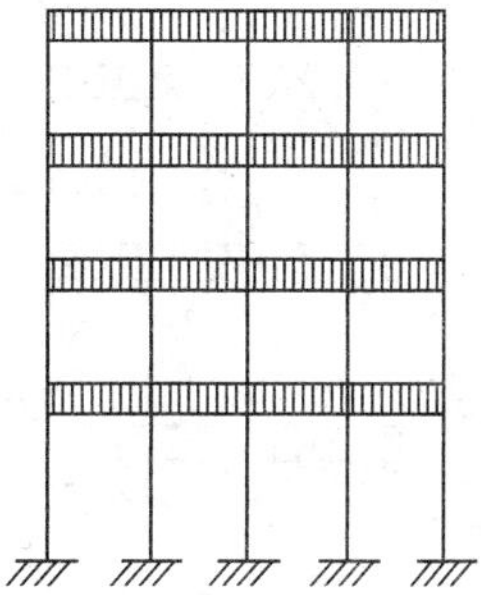

图 3-26　满布法

3.4　内力与侧移的近似计算

在竖向荷载作用下，框架所产生的侧移较小，若按无侧移计算，对结构的内力影响不大；当结构仅在某一层横梁上受竖向荷载作用时，直接承载的框架梁及与之相连的上、下层框架柱端弯矩较大，其他各层梁柱的弯矩均较小，且距离直接承载梁越远，梁柱的弯矩越小。多层框架结构的内力分析可用力法、位移法等结构力学方法编制程序，利用计算机来完成。如采用手算，一般采用近似计算方法。下面主要介绍分层法及弯矩二次分配法的基本概念和计算要点，由于用两种方法采用的假定条件不同，其计算结果的近似程度也有差别，但一般均能满足工程设计的要求。

3.4.1　竖向荷载作用下的分层法

3.4.1.1　分层法基本假定

假定 1：在竖向荷载作用下，多跨多层框架的侧移常可忽略不计。一般来说，在竖向荷载作用下，凡是跨数较多或接近对称的框架，其侧移都很小，结构近似计算时常可忽略其影响。这样框架在竖向荷载作用下的内力分析就可以用力矩分配法计算。

假定 2：每层梁上的荷载只对本层的梁、柱产生弯矩，忽略对其他层的影响。这是因为，荷载在相邻节点产生的固端弯矩，在计算中经过分配、传递、再分配的过程，逐级递减，从而对其他层产生的影响非常小，而且离荷载作用位置越远，影响越小。有了这个假定，就可以将多层框架逐层分解，然后一层一层地单独进行计算。

上述假定中所指的内力不包括柱的轴力，因为横梁上的荷载通过柱逐层传至基础，某层梁的荷载对下部各层柱的轴力均有影响。

分层法适用于结构与荷载沿高度分布比较均匀的多层框架，不宜用于侧移较大或不规则的多层框架结构。

3.4.1.2　分层法的计算步骤

1）框架分层

根据假定 2，可将如图 3-27(a)所示的复杂整体框架结构拆分为如图 3-27(b)所示的相对简单的单层开口框架图。新的计算单元由各层的框架梁和上、下层柱组成一个无侧移刚架（又称为开口框架），这样就可以采用一般的结构力学知识手算各个计算单元（开口框架）的内力。

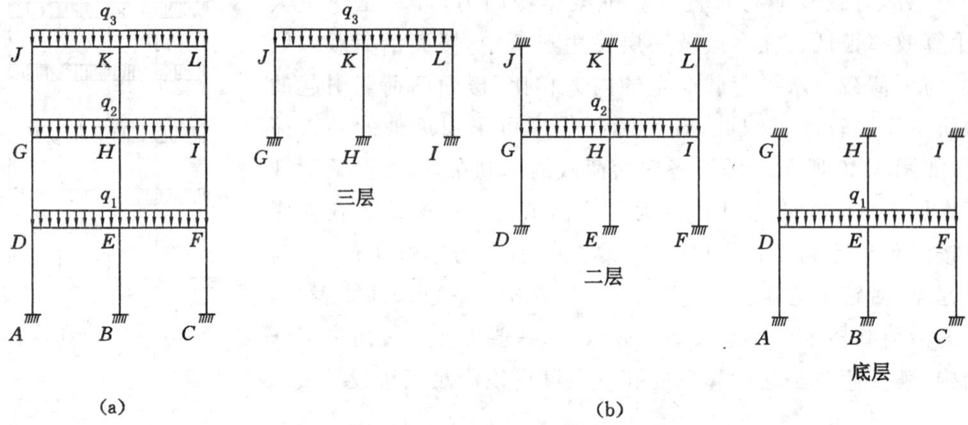

图 3-27　框架拆分计算模型

(a) 整体框架结构;(b) 分层后的开口框架。

2) 用力矩分配法分别计算各开口框架的内力

在各个分层框架的计算模型中,柱的远端均视为固支约束条件。而实际上,底层柱下端为基础的固支约束,与计算假定相符;其余层各柱在柱端由梁来约束,其约束条件弱于基础的约束,实际上应视为弹性固定。对于杆件远端为固定支座和铰接连接的情况,进行折中,得到弹性固定约束时近似的刚度系数和传递系数,如表 3-16 所示。因此,为减小计算误差,应对除底层柱外的其余层各柱的计算参数进行适当修正,如图 3-28 所示。

表 3-16　弹性固定约束时的近似刚度系数和传递系数

约束方式	固定支座	铰接	弹簧铰
刚度系数	$4i(=1\times4i)$	$3i(=0.75\times4i)$	$3.6i(=0.9\times4i)$
传递系数	1/2	0	1/3

注:i 为杆件的线刚度。

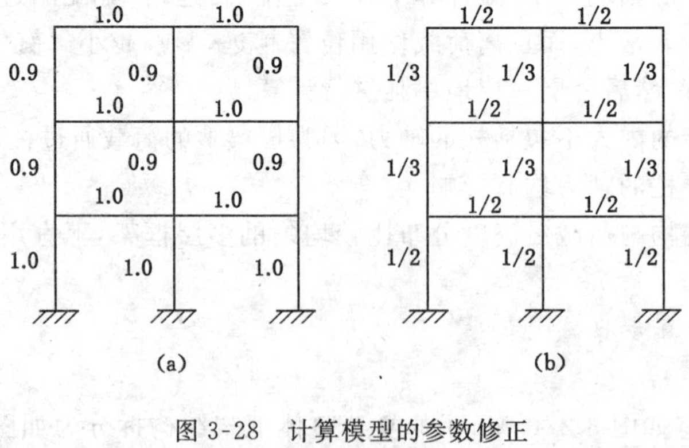

图 3-28　计算模型的参数修正

(a) 线刚度修正系数;(b) 传递系数修正系数。

因而,应根据弹性固定的约束情况对各开口框架的计算参数进行一下修正,如图 3-28

所示，对除底层柱外的其余层各柱的线刚度乘以折减系数 0.9。除底层柱外的上部各层柱的传递系数由 1/2 改为 1/3。

作用于开口框架的梁上的荷载一般为梯形荷载和三角形荷载，在求解荷载作用下梁端的固端弯矩时，可以按固端弯矩等效的原则，将梯形荷载和三角形荷载转换为等效均布荷载，以方便计算，等效转化过程如图 3-29 所示。

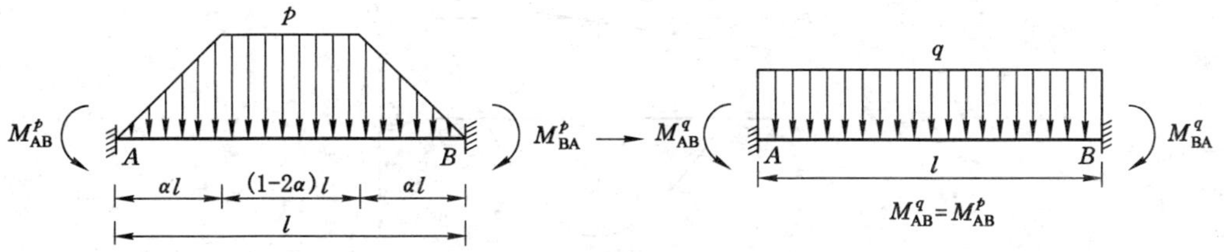

图 3-29　荷载等效计算示意图

转化后的等效均布荷载为：

$$q=(1-2\alpha^2+\alpha^3)p \tag{3-12}$$

对于三角形荷载，当 $\alpha=\dfrac{1}{2}$ 时，$q=\dfrac{5}{8}p$。

进一步可得到相应的固端弯矩为：

$$M^q_{\mathrm{AB}}=M^q_{\mathrm{BA}}=\frac{1}{12}ql^2 \tag{3-13}$$

3）弯矩叠加

在前述计算的基础上，将针对各开口框架计算得到的各杆端弯矩进行叠加，即可得到整个框架的弯矩图。此时，梁端弯矩即为分层法算出的梁端弯矩，而柱端弯矩需由本层柱端弯矩叠加上、下层的传递弯矩得到。

在叠加后的框架弯矩图中，由于相邻层的柱传递的远端弯矩叠加于节点上，因而节点弯矩一般是不平衡的。对于不平衡弯矩较大的节点，可以将不平衡弯矩在本节点再按照各杆件的弯矩分配系数重新分配一次，但是分配的弯矩不再向远端传递。二次分配后，节点的弯矩即可处于平衡状态。

4）计算梁跨中弯矩

如图 3-30 所示，梁的跨中弯矩近似按下式计算：

$$M_{\mathrm{C}}=M_0-\frac{M_{\mathrm{B}}+(-M_{\mathrm{A}})}{2} \tag{3-14}$$

式中　M_{A}、M_{B}——分别为两端支座的杆端弯矩（以顺时针为正），当按满载计算时，采用叠加并经调整后的支座弯矩，若按活荷载不利布置求内力，应按活荷载最不利位置和恒荷载分别计算；

M_0——相应简支梁的跨中弯矩，均布荷载时，$M_0=ql^2/8$，当还作用有集中荷载时，应注意加上集中荷载产生的相应的跨中弯矩值 $\alpha Pl/2$。

5）计算框架梁的剪力

如图 3-31 所示，框架梁的梁端剪力可取该梁为隔离体，利用平衡条件进行计算：

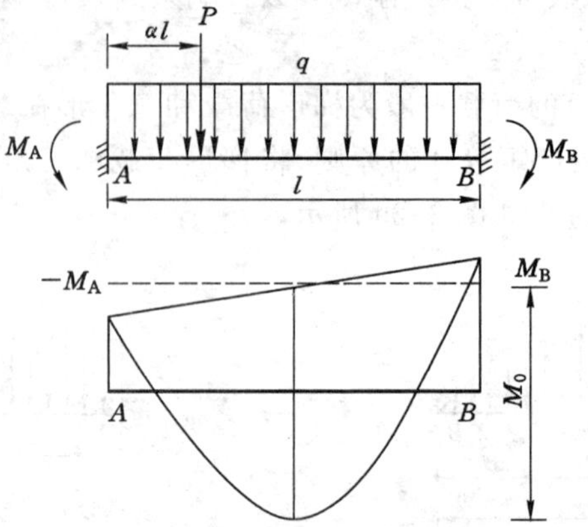

图 3-30　梁跨中弯矩计算示意图

$$V_A = -\frac{M_B + M_A}{l} + \frac{1}{2}ql + (1-\alpha)P$$
$$V_B = -\frac{M_B + M_A}{l} - \frac{1}{2}ql - \alpha P \tag{3-15}$$

式中　V_A、V_B——分别为两端支座的剪力(以使杆件顺时针旋转为正);

M_A、M_B——分别为两端支座的杆端弯矩(以顺时针为正)。

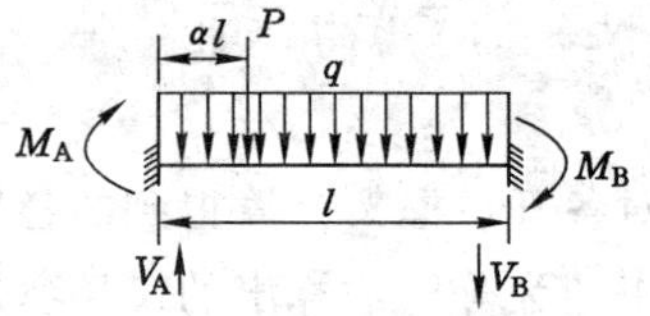

图 3-31　梁剪力计算示意图

6) 柱的轴力计算

各柱的轴力可以根据节点的竖向力平衡计算,如图 3-32 所示。图 3-32 中 G_c 为柱的自重,当计算恒荷载作用下的内力时,柱的轴力应叠加柱的自重;但是当计算活荷载作用下的内力时,柱的自重 G_c 则不应考虑。

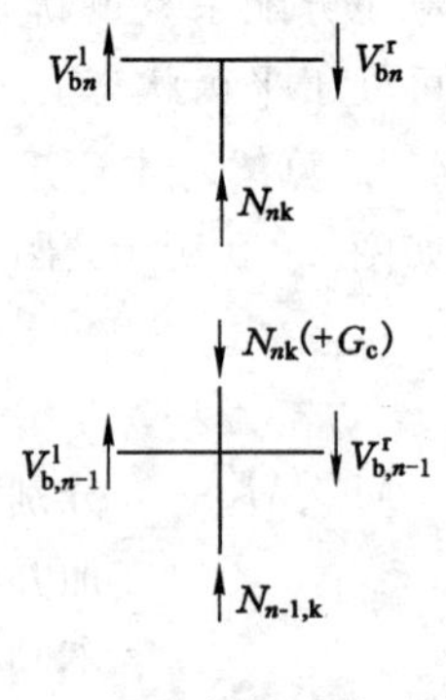

图 3-32　柱轴力计算示意图

分层法适用于节点梁柱线刚度比 $\sum i_b / \sum i_c \geqslant 3$,结构与荷载沿高度分布比较均匀的多层框架的内力分析,满足上述条件,计算假定误差较小,计算结果精度较好。

【例题 3.1】　某三层现浇整体式框架结构如图 3-33 所示,柱截面尺寸均为 400 mm×400 mm,框架梁的截面尺寸如图所示,混凝土强度等级 C25($E=2.8\times10^4$ N/mm^2)。试用分层法计算各杆件的弯矩。

解　求解步骤如下:

(1) 将如图 3-33(a)所示原框架分为 3 个敞口框架,如图 3-33(b)所示。

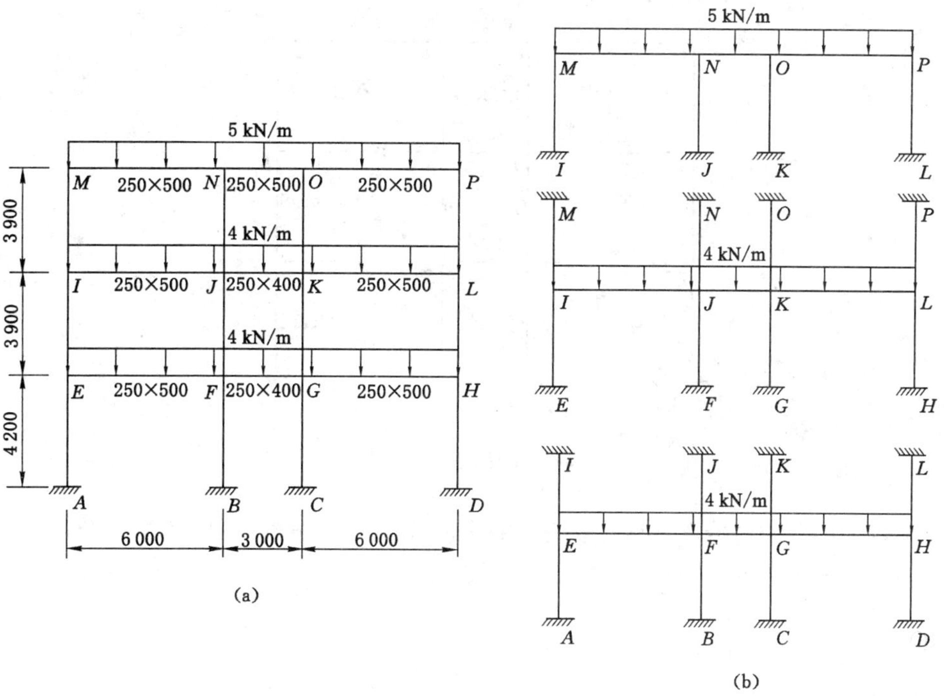

图 3-33 例 3.1 框架简图

(a) 框架计算简图；(b) 分层后敞口框架。

(2) 计算各杆件的惯性矩、线刚度值。

除底层外的各柱线刚度均乘以折减系数 0.9，如图 3-34 中括号内数值。

① 截面惯性矩

$$I_c=\frac{bh^3}{12}=\frac{400\times400^3}{12}=2.13\times10^9\ (\text{mm}^4)$$

$$I_{b1}=\frac{bh^3}{12}=\frac{250\times500^3}{12}=2.60\times10^9\ (\text{mm}^4)$$

$$I_{b2}=\frac{bh^3}{12}=\frac{250\times400^3}{12}=1.33\times10^9\ (\text{mm}^4)$$

② 梁柱线刚度

$$i_{c1}=\frac{E_cI_c}{h_1}=\frac{2.8\times10^4\times2.13\times10^9}{4\ 200}=1.42\times10^{10}\ (\text{N}\cdot\text{mm})$$

$$i_{c2,3}=\frac{E_cI_c}{h_{2,3}}=\frac{2.8\times10^4\times2.13\times10^9}{3\ 900}=1.53\times10^{10}\ (\text{N}\cdot\text{mm})$$

$$i_{b1}=\frac{E_bI_{b_1}}{l_b}=\frac{2.8\times10^4\times2.60\times10^9}{6\ 000}=1.21\times10^{10}\ (\text{N}\cdot\text{mm})$$

$$i_{b2}=\frac{E_bI_{b_2}}{l_b}=\frac{2.8\times10^4\times1.33\times10^9}{3\ 000}=1.24\times10^{10}\ (\text{N}\cdot\text{mm})$$

$$i'_{b2}=\frac{E_bI_{b_1}}{l_b}=\frac{2.8\times10^4\times2.60\times10^9}{3\ 000}=2.42\times10^{10}\ (\text{N}\cdot\text{mm})$$

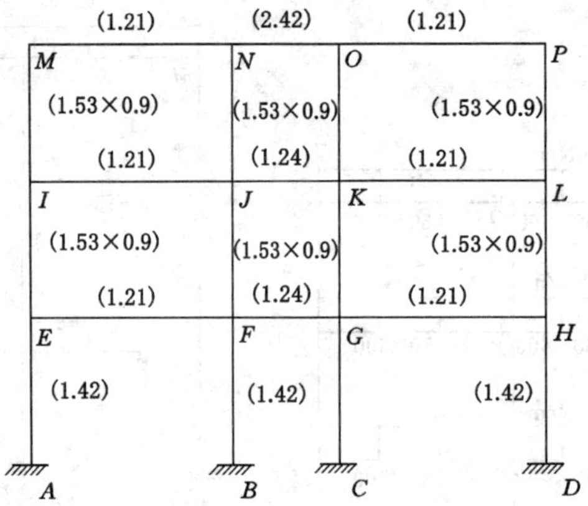

图 3-34　梁柱线刚度（相对值）

(3) 弯矩的分配与传递。计算各开口框架中节点弯矩分配系数，用弯矩分配法计算每一敞口框架的杆端弯矩，底层柱弯矩传递系数仍取 1/2，其余各柱弯矩传递系数取 1/3。具体计算过程如图 3-35 所示。

① 计算各节点弯矩分配系数。

节点 M：

$$\mu_{MN}=\frac{4\times1.21}{4\times(1.21+0.9\times1.53)}=0.468=\mu_{PO}$$

$$\mu_{MI}=\frac{4\times0.9\times1.53}{4\times(1.21+0.9\times1.53)}=0.532=\mu_{PL}$$

节点 N：

$$\mu_{NM}=\frac{4\times1.21}{4\times(1.21+2.42+0.9\times1.53)}=0.242=\mu_{OP}$$

$$\mu_{NJ}=\frac{4\times0.9\times1.53}{4\times(1.21+2.42+0.9\times1.53)}=0.275=\mu_{OK}$$

$$\mu_{NO}=\frac{4\times2.42}{4\times(1.21+2.42+0.9\times1.53)}=0.483=\mu_{ON}$$

节点 I：

$$\mu_{IM}=\frac{4\times1.53\times0.9}{4\times(1.53\times0.9+1.21+0.9\times1.53)}=0.347=\mu_{LP}$$

$$\mu_{IJ}=\frac{4\times1.21}{4\times(1.53\times0.9+1.21+0.9\times1.53)}=0.306=\mu_{LK}$$

$$\mu_{IE}=\frac{4\times0.9\times1.53}{4\times(1.53\times0.9+1.21+0.9\times1.53)}=0.347=\mu_{LH}$$

节点 J：

$$\mu_{JI}=\frac{4\times1.21}{4\times(1.53\times0.9+1.21+0.9\times1.53+1.24)}=0.233=\mu_{KL}$$

$$\mu_{JN}=\frac{4\times1.53\times0.9}{4\times(1.53\times0.9+1.21+0.9\times1.53+1.24)}=0.265=\mu_{KO}$$

$$\mu_{JK}=\frac{4\times1.24}{4\times(1.53\times0.9+1.21+0.9\times1.53+1.24)}=0.238=\mu_{KJ}$$

$$\mu_{JF}=\frac{4\times1.53\times0.9}{4\times(1.53\times0.9+1.21+0.9\times1.53+1.24)}=0.265=\mu_{KG}$$

节点 E：

$$\mu_{EI}=\frac{4\times1.53\times0.9}{4\times(1.21+0.9\times1.53+1.42)}=0.344=\mu_{HL}$$

$$\mu_{EF}=\frac{4\times1.21}{4\times(1.21+0.9\times1.53+1.42)}=0.302=\mu_{HG}$$

$$\mu_{EA}=\frac{4\times1.42}{4\times(1.21+0.9\times1.53+1.42)}=0.354=\mu_{HD}$$

节点 F：

$$\mu_{FE}=\frac{4\times1.21}{4\times(1.21+0.9\times1.53+1.42+1.24)}=0.231=\mu_{GH}$$

$$\mu_{FJ}=\frac{4\times1.53\times0.9}{4\times(1.21+0.9\times1.53+1.42+1.24)}=0.262=\mu_{GK}$$

$$\mu_{FG}=\frac{4\times1.24}{4\times(1.21+0.9\times1.53+1.42+1.24)}=0.236=\mu_{GF}$$

$$\mu_{FB}=\frac{4\times1.42}{4\times(1.21+0.9\times1.53+1.42+1.24)}=0.271=\mu_{GC}$$

② 计算框架固端弯矩。

$$M_{MN}^{F}=-\frac{5\times6^2}{12}=-15\ (kN\cdot m)=M_{OP}^{F}$$

$$M_{NM}^{F}=\frac{5\times6^2}{12}=15\ (kN\cdot m)=M_{PO}^{F}$$

$$M_{NO}^{F}=-\frac{5\times3^2}{12}=-3.75\ (kN\cdot m)$$

$$M_{ON}^{F}=\frac{5\times3^2}{12}=3.75\ (kN\cdot m)$$

$$M_{IJ}^{F}=-\frac{4\times6^2}{12}=-12\ (kN\cdot m)=M_{KL}^{F}$$

$$M_{JI}^{F}=\frac{4\times6^2}{12}=12\ (kN\cdot m)=M_{LK}^{F}$$

$$M_{JK}^{F}=-\frac{4\times3^2}{12}=-3\ (kN\cdot m)$$

$$M_{KJ}^{F}=\frac{4\times3^2}{12}=3\ (kN\cdot m)$$

$$M_{EF}^{F}=-\frac{4\times6^2}{12}=-12\ (kN\cdot m)=M_{GH}^{F}$$

$$M_{FE}^{F}=\frac{4\times6^2}{12}=12\ (kN\cdot m)=M_{HG}^{F}$$

$$M_{FG}^{F}=-\frac{4\times3^2}{12}=-3\ (kN\cdot m)$$

$$M_{GF}^{F}=\frac{4\times3^{2}}{12}=3\ (kN\cdot m)$$

顶层

上柱	下柱	右梁		左梁	上柱	下柱	右梁		左梁	上柱	下柱	右梁		左梁	上柱	下柱
	0.532	0.468		0.242		0.275	0.483		0.483		0.275	0.242		0.468		0.532
	M					*N*					*O*					*P*
		−15.00		15.00			−3.75		3.75			−15.00		15.00		
	7.98	7.02		3.51								−3.51		−7.02		−7.98
		−1.79		−3.57		−4.06	−7.13		−3.57							
	0.95	0.84		0.42			4.43		8.85		5.04	4.44		2.22		
		−0.59		−1.17		−1.33	−2.34		−1.17			−0.52		−1.04		−1.18
	0.31	0.28		14.19		−5.39	−8.79		0.82		0.46	0.41		0.20		
	9.24	−9.24							8.68		5.50	−14.18		−0.10		−0.10
														9.26		−9.26
3.08					−1.80					1.83					−3.09	
I					*J*					*K*					*L*	

中间层

M					*N*					*O*					*P*	
	1.56					−1.10					1.11					−1.55
上柱	下柱	右梁		左梁	上柱	下柱	右梁		左梁	上柱	下柱	右梁		左梁	上柱	下柱
0.347	0.347	0.306		0.233	0.265	0.265	0.238		0.238	0.265	0.265	0.233		0.306	0.347	0.347
	I					*J*					*K*					*L*
		−12.00		12.00			−3.00		3.00			−12.00		12.00		
4.16	4.16	3.67		1.84								−1.84		−3.67	−4.16	−4.16
		−1.27		−2.53	−2.87	−2.87	−2.58		−1.29							
0.44	0.44	0.39		0.20			1.45		2.89	3.21	3.21	2.83		1.42		
		−0.19		−0.38	−0.44	−0.44	−0.39		−0.20			−0.22		−0.43	−0.49	−0.49
0.07	0.07	0.06		11.13	−3.31	−3.31	−4.52		0.10	0.11	0.11	0.10		0.05		
4.67	4.67	−9.34							4.50	3.32	3.32	−11.13		0.01	0.02	0.02
														9.34	−4.63	−4.63
1.56					−1.10					1.11					−1.54	
E					*F*					*G*					*H*	

底层

I					*J*					*K*					*L*	
	1.54					−1.08					1.09					−1.54
上柱	下柱	右梁		左梁	上柱	下柱	右梁		左梁	上柱	下柱	右梁		左梁	上柱	下柱
0.344	0.354	0.302		0.231	0.262	0.271	0.236		0.236	0.262	0.271	0.231		0.302	0.344	0.354
	E					*F*					*G*					*H*
		−12.00		12.00			−3.00		3.00			−12.00		12.00		
4.13	4.25	3.62		1.81								−1.81		−3.62	−4.13	−4.25
		−1.25		−2.50	−2.83	−2.93	−2.55		−1.28							
0.43	0.44	0.38		0.19			1.43		2.85	3.17	3.28	2.79		1.40		
		−0.19		−0.37	−0.42	−0.44	−0.38		−0.19			−0.21		−0.42	−0.48	−0.50
0.07	0.07	0.06		11.13	−3.25	−3.37	−4.50		0.09	0.10	0.11	0.09		0.05		
4.63	4.76	−9.38							4.47	3.27	3.39	−11.14		−0.01	−0.02	−0.02
														9.39	−4.63	−4.77
2.38					−1.69					1.70					−2.38	
A					*B*					*C*					*D*	

图 3-35　弯矩分配法计算过程

(4) 将分层法所得弯矩图叠加，并将 A、D 轴线各节点不平衡弯矩作一次分配，B、C 轴线各节点不平衡弯矩相差不大，不再分配。框架最终弯矩图示于图 3-36 中。

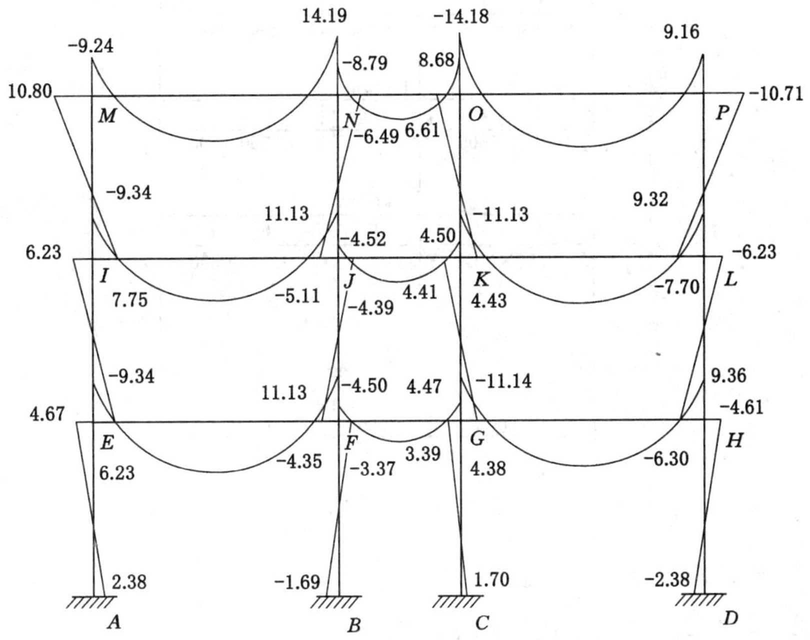

图 3-36　结构弯矩图(单位:kN·m)

3.4.2　竖向荷载作用下的弯矩二次分配法

采用无侧移框架的弯矩分配法计算竖向荷载作用下框架结构的杆端弯矩，由于要考虑任一节点不平衡弯矩对框架所有杆件的影响，因而计算十分冗繁。由分层法可知，多层框架的节点不平衡弯矩对邻近节点影响较大，对较远节点影响较小。为了简化计算，可假定某一节点的不平衡弯矩只对与该节点相交的各杆件的远端有影响，而对其余杆件的影响忽略不计。

计算时，先对各节点不平衡弯矩进行第一次分配，并向远端传递(传递系数均取 1/2)，再将因传递弯矩而产生的新的不平衡弯矩进行第二次分配，整个弯矩分配和传递过程即告结束，此即弯矩二次分配法。

弯矩二次分配法计算框架在竖向荷载作用下的弯矩的步骤如下：

(1) 根据各杆件的线刚度，计算各节点杆端弯矩分配系数；

(2) 计算竖向荷载作用下各跨梁的固端弯矩，并将各节点不平衡弯矩进行第一次分配；

(3) 将所有杆端的分配弯矩向远端传递，传递系数均取 1/2；

(4) 将各节点因传递弯矩而产生的新的不平衡弯矩进行第二次分配，使各节点处于平衡状态；

(5) 将各杆端的固端弯矩、分配弯矩和传递弯矩相加，即得各杆端弯矩。

【例题 3.2】 某三层现浇整体式框架结构，柱截面尺寸均为 400 mm×400 mm，框架梁的截面尺寸如图 3-37 所示，混凝土强度等级 C25($E=2.8\times10^4$ N/mm^2)。试用弯矩二次分配法计算该结构中框架柱和框架梁的弯矩。

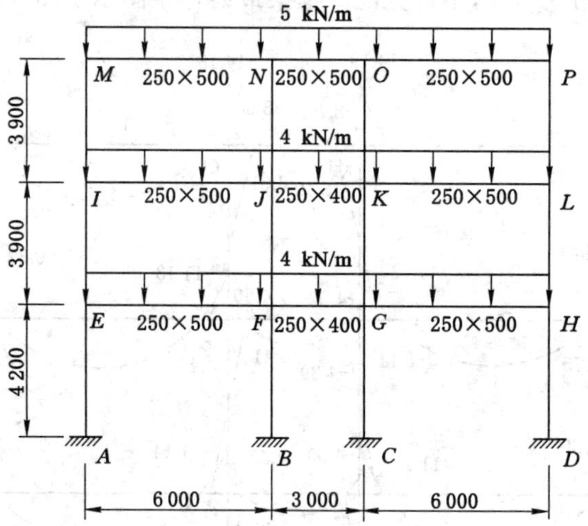

图 3-37 例题 3.2 图

解 (1) 计算梁、柱截面惯性矩

$$I_c = \frac{bh^3}{12} = \frac{400 \times 400^3}{12} = 2.13 \times 10^9 (\text{mm}^4)$$

$$I_{b1} = \frac{bh^3}{12} = \frac{250 \times 500^3}{12} = 2.60 \times 10^9 (\text{mm}^4)$$

$$I_{b2} = \frac{bh^3}{12} = \frac{250 \times 400^3}{12} = 1.33 \times 10^9 (\text{mm}^4)$$

(2) 计算梁柱线刚度

$$i_{c1} = \frac{E_c I_c}{h_1} = \frac{2.8 \times 10^4 \times 2.13 \times 10^9}{4\,200} = 1.42 \times 10^{10} \ (\text{N} \cdot \text{mm})$$

$$i_{c2,3} = \frac{E_c I_c}{h_{2,3}} = \frac{2.8 \times 10^4 \times 2.13 \times 10^9}{3\,900} = 1.53 \times 10^{10} \ (\text{N} \cdot \text{mm})$$

$$i_{b1} = \frac{E_b I_{b_1}}{l_b} = \frac{2.8 \times 10^4 \times 2.60 \times 10^9}{6\,000} = 1.21 \times 10^{10} \ (\text{N} \cdot \text{mm})$$

$$i_{b2} = \frac{E_b I_{b_2}}{l_b} = \frac{2.8 \times 10^4 \times 1.33 \times 10^9}{3\,000} = 1.24 \times 10^{10} \ (\text{N} \cdot \text{mm})$$

$$i'_{b2} = \frac{E_b I_{b1}}{l_b} = \frac{2.8 \times 10^4 \times 2.60 \times 10^9}{3\,000} = 2.42 \times 10^{10} \ (\text{N} \cdot \text{mm})$$

梁柱线刚度如图 3-38 所示。

(3) 计算节点弯矩分配系数

节点 M：

$$\mu_{MN} = \frac{4 \times 1.21}{4 \times (1.21 + 1.53)} = 0.442 = \mu_{PO}$$

$$\mu_{MI} = \frac{4 \times 1.53}{4 \times (1.21 + 1.53)} = 0.558 = \mu_{PL}$$

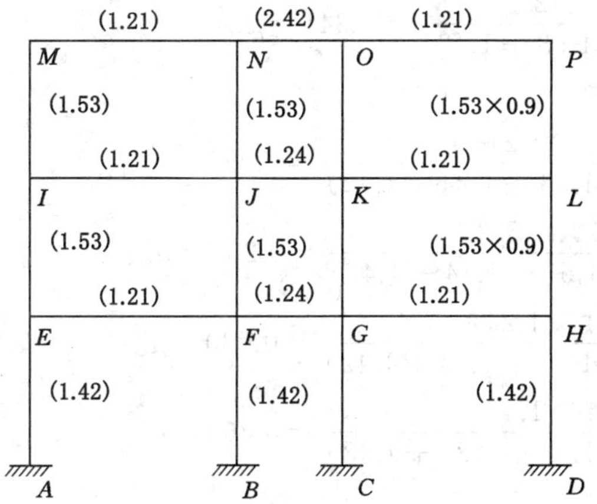

图 3-38　梁柱线刚度(相对值)

节点 N：

$$\mu_{NM}=\frac{4\times1.21}{4\times(1.21+2.42+1.53)}=0.234=\mu_{OP}$$

$$\mu_{NJ}=\frac{4\times1.53}{4\times(1.21+2.42+1.53)}=0.297=\mu_{OK}$$

$$\mu_{NO}=\frac{4\times2.42}{4\times(1.21+2.42+1.53)}=0.469=\mu_{ON}$$

节点 I：

$$\mu_{IM}=\frac{4\times1.53}{4\times(1.21+1.53+1.53)}=0.358=\mu_{LP}$$

$$\mu_{IJ}=\frac{4\times1.21}{4\times(1.21+1.53+1.53)}=0.284=\mu_{LK}$$

$$\mu_{IE}=\frac{4\times1.53}{4\times(1.21+1.53+1.53)}=0.358=\mu_{LH}$$

节点 J、K：

$$\mu_{JI}=\frac{4\times1.21}{4\times(1.21+1.53+1.53+1.24)}=0.220=\mu_{KL}$$

$$\mu_{JN}=\frac{4\times1.53}{4\times(1.21+1.53+1.53+1.24)}=0.278=\mu_{KO}$$

$$\mu_{JK}=\frac{4\times1.24}{4\times(1.21+1.53+1.53+1.24)}=0.224=\mu_{KJ}$$

$$\mu_{JF}=\frac{4\times1.53}{4\times(1.21+1.53+1.53+1.24)}=0.278=\mu_{KG}$$

节点 E：

$$\mu_{EI}=\frac{4\times1.53}{4\times(1.21+1.53+1.42)}=0.368=\mu_{HL}$$

$$\mu_{EF}=\frac{4\times1.21}{4\times(1.21+1.53+1.42)}=0.291=\mu_{HG}$$

$$\mu_{EA}=\frac{4\times 1.42}{4\times(1.21+1.53+1.42)}=0.341=\mu_{HD}$$

节点 F、G：

$$\mu_{FE}=\frac{4\times 1.21}{4\times(1.21+1.53+1.24+1.42)}=0.224=\mu_{GH}$$

$$\mu_{FJ}=\frac{4\times 1.53}{4\times(1.21+1.53+1.24+1.42)}=0.283=\mu_{GK}$$

$$\mu_{FG}=\frac{4\times 1.24}{4\times(1.21+1.53+1.24+1.42)}=0.230=\mu_{GF}$$

$$\mu_{FB}=\frac{4\times 1.42}{4\times(1.21+1.53+1.24+1.42)}=0.263=\mu_{GC}$$

(4) 计算框架固端弯矩

$$M_{MN}^{F}=-\frac{5\times 6^2}{12}=-15\ (\text{kN}\cdot\text{m})=M_{OP}^{F}$$

$$M_{NM}^{F}=\frac{5\times 6^2}{12}=15\ (\text{kN}\cdot\text{m})=M_{POV}^{F}$$

$$M_{NO}^{F}=-\frac{5\times 3^2}{12}=-3.75\ (\text{kN}\cdot\text{m})$$

$$M_{ON}^{F}=\frac{5\times 3^2}{12}=3.75\ (\text{kN}\cdot\text{m})$$

$$M_{IJ}^{F}=-\frac{4\times 6^2}{12}=-12\ (\text{kN}\cdot\text{m})=M_{KL}^{F}$$

$$M_{JI}^{F}=\frac{4\times 6^2}{12}=12\ (\text{kN}\cdot\text{m})=M_{LK}^{F}$$

$$M_{JK}^{F}=-\frac{4\times 3^2}{12}=-3\ (\text{kN}\cdot\text{m})$$

$$M_{KJ}^{F}=\frac{4\times 3^2}{12}=3\ (\text{kN}\cdot\text{m})$$

$$M_{EF}^{F}=-\frac{4\times 6^2}{12}=-12\ (\text{kN}\cdot\text{m})=M_{GH}^{F}$$

$$M_{FE}^{F}=\frac{4\times 6^2}{12}=12\ (\text{kN}\cdot\text{m})=M_{HG}^{F}$$

$$M_{FG}^{F}=-\frac{4\times 3^2}{12}=-3\ (\text{kN}\cdot\text{m})$$

$$M_{GF}^{F}=\frac{4\times 3^2}{12}=3\ (\text{kN}\cdot\text{m})$$

(5) 弯矩二次分配

二次弯矩分配计算过程如图 3-39 所示。

(6) 结构弯矩图

最终框架结构弯矩图如图 3-40 所示。

3.4.3 水平荷载作用下的反弯点法

一般将框架结构承受的如水平风荷载、地震作用等水平荷载，简化为节点水平荷载。结

上柱	下柱	右梁		左梁	上柱	下柱	右梁		左梁	上柱	下柱	右梁		左梁	上柱	下柱
	0.558	0.442		0.234		0.297	0.469		0.469		0.297	0.234		0.442		0.558
	M					*N*					*O*					*P*
		-15.00		15.00			-3.75		3.75			-15.00		15.00		
	8.37	6.63		-2.63		-3.34	-5.28		5.28		3.34	2.63		-6.63		-8.37
	2.15	-1.32		3.32		-1.25	2.64		-2.64		1.25	-3.32		1.32		-2.15
	-0.46	-0.37		-1.10		-1.40	-2.21		2.21		1.40	1.10		0.37		0.46
	10.06	-10.06		14.59		-5.99	-8.60		8.60		5.99	-14.59		10.06		-10.06
0.358	0.358	0.284		0.220	0.278	0.278	0.224		0.224	0.278	0.278	0.220		0.284	0.358	0.358
	I					*J*					*K*					*L*
		-12.00		12.00			-3.00		3.00			-12.00		12.00		
4.30	4.30	3.41		-1.98	-2.50	-2.50	-2.02		2.02	2.50	2.50	1.98		-3.41	-4.30	-4.30
4.19	2.21	-0.99		1.70	-1.67	-1.28	1.01		-1.01	1.67	1.28	-1.70		0.99	-4.19	-2.21
-1.93	-1.93	-1.54		0.05	0.07	0.07	0.05		-0.05	-0.07	-0.07	-0.05		1.54	1.93	1.93
6.56	4.58	-11.12		11.77	-4.10	-3.71	-3.96		3.96	4.10	3.71	-11.77		11.12	-6.56	-4.58
0.368	0.341	0.291		0.224	0.283	0.263	0.230		0.230	0.283	0.263	0.224		0.291	0.368	0.341
	E					*F*					*G*					*H*
		-12.00		12.00			-3.00		3.00			-12.00		12.00		
4.42	4.09	3.49		-2.02	-2.55	-2.37	-2.07		2.07	2.55	2.37	2.02		-3.49	-4.42	-4.09
2.15	0.00	-1.01		1.75	-1.25	0.00	1.04		-1.04	1.25	0.00	-1.75		1.01	-2.15	0.00
-0.42	-0.39	-0.33		-0.34	-0.44	-0.41	-0.35		0.35	0.44	0.41	0.34		0.33	0.42	0.39
6.15	3.70	-9.85		11.39	-4.24	-2.78	-4.38		4.38	4.24	2.78	-11.39		9.85	-6.15	-3.70
1.85					-1.19					1.19					-1.85	
	A					*B*					*C*					*D*

图 3-39 弯矩二次分配法计算过程图

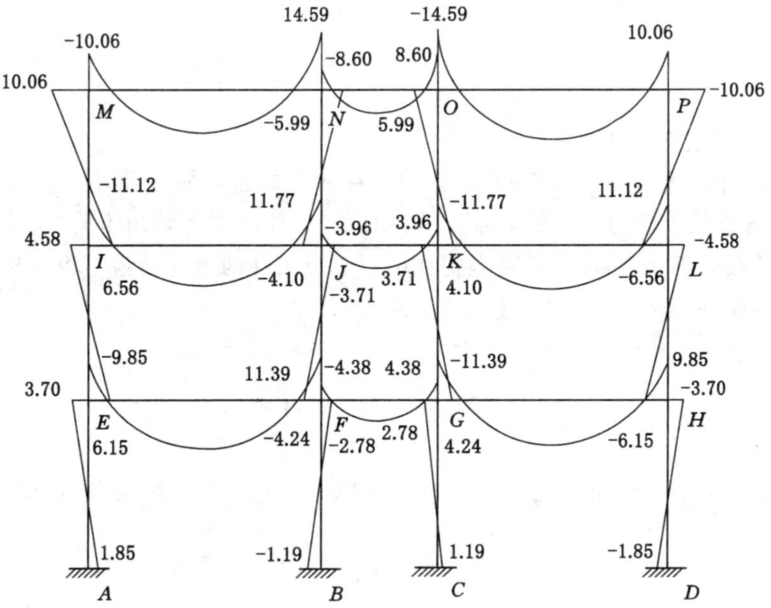

图 3-40 框架弯矩图(kN·m)

构在节点水平荷载作用下，框架节点将产生水平位移和转角位移。如果假定框架梁的线刚度相对框架柱的线刚度为无限大，即框架梁对框架柱是绝对刚性约束，那么在忽略框架柱在轴向的不均匀变形的情况下，节点的转角等于 0。一般认为，当梁的线刚度与柱的线刚度之比大于 3 时，由上述假定引起的误差很小，可满足工程设计的精度要求。由图 3-41 可以看出，在水平荷载作用下，框架结构中以框架柱 AB 为分析对象，发现柱 AB 发生了明显的弯曲，而梁基本上保持直线状态，这说明梁对柱提供了足够的约束，此时节点无明显转角，可近似满足转角为 0 的条件。

在上述假定下，从框架中任意取出一根柱 AB，其边界条件、变形情况和弯矩分布如图 3-42 所示。

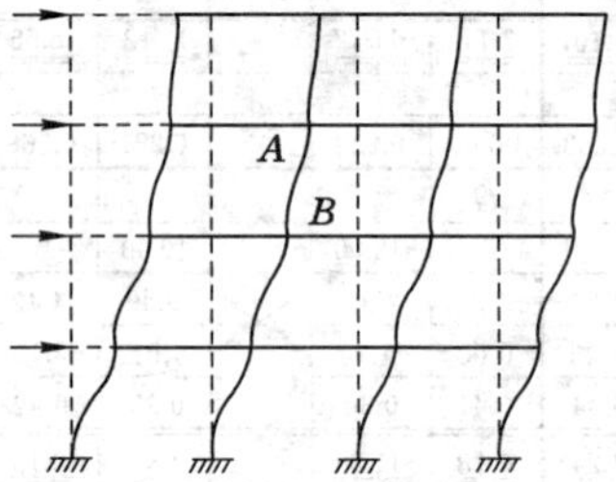

图 3-41　水平荷载作用下的框架变形

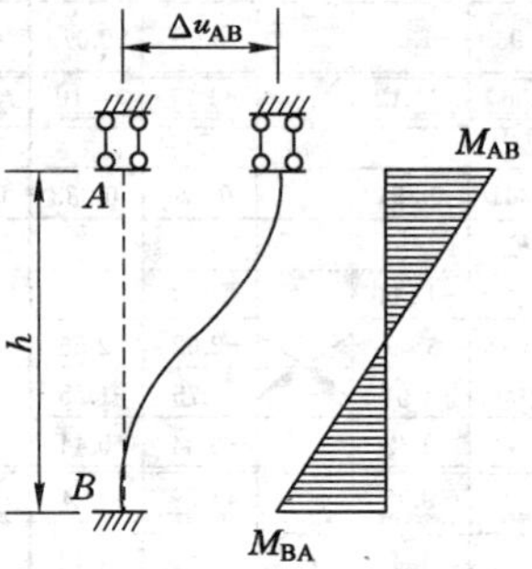

图 3-42　水平荷载作用下框架柱的变形与弯矩

根据结构力学的转角位移方程，柱上、下端的杆端弯矩为：

$$\left.\begin{aligned} M_{AB} &= 4i\theta_A + 2i\theta_B - 6i\,\frac{\Delta u_{AB}}{h} = -6i\,\frac{\Delta u_{AB}}{h} \\ M_{BA} &= 4i\theta_B + 2i\theta_A - 6i\,\frac{\Delta u_{AB}}{h} = -6i\,\frac{\Delta u_{AB}}{h} \end{aligned}\right\} \tag{3-16}$$

其中，根据计算假定 $\theta_A = \theta_B = 0$。

由图 3-42 中的弯矩图可以看到，在柱中存在一弯矩为 0 的点，即反弯点。因为 $M_{AB} = M_{BA}$，所以反弯点位于柱的中点处。需要指出的是，当柱两端的转角不为 0，但转角相等时，柱两端弯矩的数值仍相等，因而反弯点仍在中点。但当柱两端的转角不相等时，反弯点将偏向转角大的一侧，即偏向约束刚度较小的一端。

杆件内的剪力大小可由力矩平衡方程计算，如下式所示：

$$V_{AB} = \frac{|M_{AB} + M_{BA}|}{h} = \frac{12i}{h^2}\Delta u_{AB} \tag{3-17}$$

当杆件两端发生单位相对侧移时，杆件内的剪力定义为抗侧刚度，此处用 d 表示，即

$$d = \frac{V_{AB}}{\Delta u_{AB}} \tag{3-18}$$

将式(3-17)代入式(3-18)，可以得到柱的抗侧刚度：

$$d = \frac{12i_c}{h^2} \tag{3-19}$$

式中　i_c——柱的线刚度；

h——柱的计算长度。

下面将利用柱中点处存在反弯点(针对梁柱线刚度比大于 3 的框架而言)这一特性，来计算分析框架结构在节点水平荷载作用下的各种内力，此分析方法被称为反弯点法。

图 3-43 所示的框架结构共有 n 层、$m-1$ 跨。从第 j 层的反弯点处切开，反弯点处没有弯矩，剪力分别与 $V_{j1},\cdots,V_{jk},\cdots,V_{jm}$ 表示。设第 j 层各柱的层间位移为 $\Delta u_{j1},\cdots,\Delta u_{jk},\cdots,\Delta u_{jm}$。在水平方向上，由静力平衡条件：

$$\sum_{i=j}^{n}F_i=\sum_{k=1}^{m}V_{jk} \tag{3-20}$$

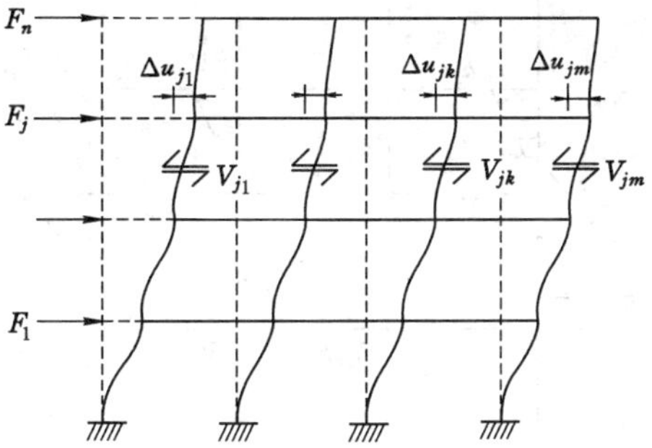

图 3-43　水平荷载作用下的反弯点法

当忽略梁的轴向变形时，各柱的层间位移相等，即

$$\Delta u_{j1}=\Delta u_{j2}=\cdots=\Delta u_{jk}=\cdots=\Delta u_{jm}=\Delta u_j \tag{3-21}$$

对于第 j 层 k 柱，其两端相对侧位移为 Δu_{jk}，相应的剪力根据式(3-18)和式(3-21)可表示为：

$$V_{jk}=d_{jk}\Delta u_{jk}=d_{jk}\Delta u_j \tag{3-22}$$

根据式(3-22)对第 j 层各柱求和，得到：

$$\sum_{k=1}^{m}V_{jk}=\sum_{k=1}^{m}d_{jk}\Delta u_j \tag{3-23}$$

将式(3-20)代入式(3-23)，得到：

$$\sum_{i=j}^{n}F_i=\sum_{k=1}^{m}d_{jk}\Delta u_j \tag{3-24}$$

所以有：

$$\Delta u_j=\frac{\sum_{i=j}^{n}F_i}{\sum_{k=1}^{m}d_{jk}} \tag{3-25}$$

将式(3-25)代入式(3-22)，可求得第 j 层各柱的剪力：

$$V_{jk}=\frac{d_{jk}}{\sum_{k=1}^{m}d_{jk}}\sum_{i=j}^{n}F_i=\eta_{jk}\sum_{i=j}^{n}F_i=\eta_{jk}V_{Fj} \tag{3-26}$$

其中 $\eta_{jk}=\sum_{k=1}^{m}d_{jk}$，$V_{Fj}=\sum_{i=j}^{n}F_i$

式中　η_{jk}——第 j 层第 k 柱的剪力分配系数；

V_{Fj}——水平荷载在第 j 层产生的层间剪力。

利用式(3-26)求得各柱剪力后，根据各柱的反弯点位置，可以求出柱上、下端的弯矩，如图 3-44 所示。

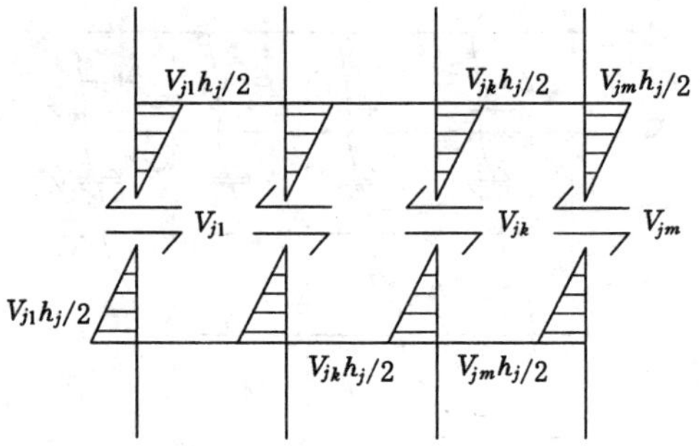

图 3-44　柱端弯矩

对于除底层柱外的其余层各柱，有：

$$M_{cjk}^{t}=M_{cjk}^{b}=V_{jk}\frac{h_j}{2} \tag{3-27}$$

式中　t、b——柱的上端、下端；

c——柱端的弯矩；

j——第 j 层；

k——第 k 柱。

对于底层柱，因为柱底为固支约束，其下端基础的约束刚度大于梁的约束刚度，反弯点较其他层上移。因此，在工程设计中，底层柱的反弯点近似取距基础顶面 2/3 柱高处。于是有：

$$\begin{cases}M_{cjk}^{t}=V_{1k}\dfrac{h_1}{3}\\[2ex]M_{cjk}^{b}=V_{1k}\dfrac{2h_1}{3}\end{cases} \tag{3-28}$$

如图 3-45(a)所示的节点，上、下柱端的弯矩 M_c^t、M_c^b 应按杆件的刚度系数进行分配。即：

$$M_b^l : M_b^r=4i_b^l : 4i_b^r \tag{3-29}$$

根据节点的力矩平衡条件，有：

$$M_b^l + M_b^r = M_c^t + M_c^b \tag{3-30}$$

由式(3-29)和式(3-30),可求得梁端弯矩为：

$$\begin{cases} M_b^l = \dfrac{i_b^l}{i_b^l + i_b^r}(M_c^b + M_c^t) \\ M_b^r = \dfrac{i_b^r}{i_b^l + i_b^r}(M_c^b + M_c^t) \end{cases} \tag{3-31}$$

然后,将梁取为隔离体,如图 3-45(c)所示,根据力矩平衡可得到梁的剪力：

$$V_b^A = V_b^B = -\frac{M_b^A + M_b^B}{l} \tag{3-32}$$

式中　M_b^A、M_b^B——梁 A、B 两端的杆端弯矩(以顺时针为正)；

l——梁的跨度。

已知梁的剪力,由上到下利用节点的竖向力平衡条件,即可求得柱的轴力如图 3-45(d)所示。

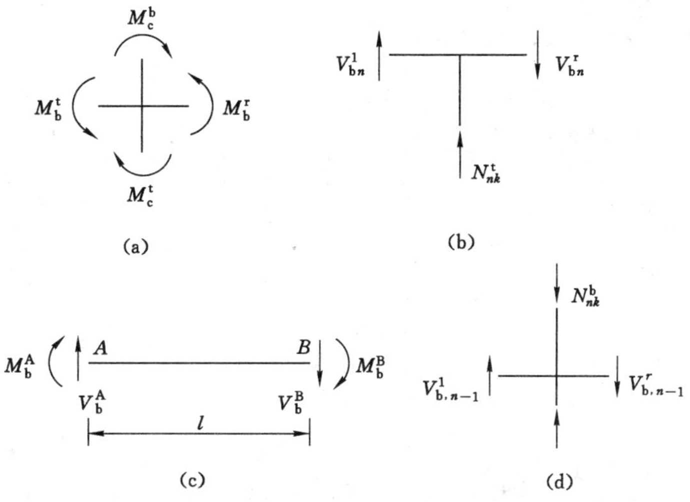

图 3-45　梁端弯矩、剪力与柱轴力计算示意

(a) 节点弯矩;(b) 梁剪力;(c) 梁杆端弯矩;(d) 轴力。

上述反弯点法的计算过程可归纳如下：

(1) 将沿高度分布的水平荷载化为节点水平力；

(2) 计算剪力分配系数,并将层间剪力按剪力分配系数分配给各柱；

(3) 计算柱端弯矩,并按节点平衡计算梁端弯矩；

(4) 梁的剪力由梁左端弯矩与右端弯矩之代数和除以梁跨求得；

(5) 柱的轴力可由上到下逐层叠加梁的剪力求得。

反弯点法利用了节点转角为 0 的条件。

【例题 3.3】　框架结构的计算简图如图 3-46 所示,图中括号内为梁柱线刚度的相对值,试用反弯点法求该框架的梁柱弯矩图。

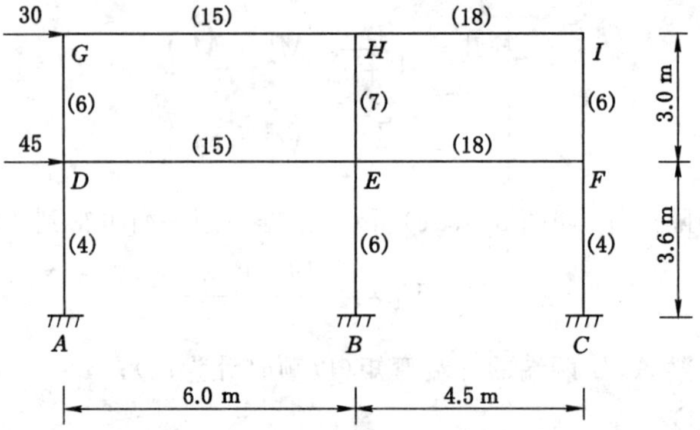

图 3-46　例题 3.3 图

解　计算步骤如下：

(1) 求出各柱反弯点处的剪力值

第二层：

$$V_{DG}=V_{FI}=\frac{\frac{12}{3^2}\times 6}{\frac{12}{3^2}\times(6+7+6)}\times 30=9.47\ (\text{kN})$$

$$V_{EH}=\frac{\frac{12}{3^2}\times 7}{\frac{12}{3^2}\times(6+7+6)}\times 30=11.05\ (\text{kN})$$

第一层：

$$V_{AD}=V_{CF}=\frac{\frac{12}{3.6^2}\times 4}{\frac{12}{3.6^2}\times(4+6+4)}\times(30+45)=21.43\ (\text{kN})$$

$$V_{BE}=\frac{\frac{12}{3.6^2}\times 6}{\frac{12}{3.6^2}\times(4+6+4)}\times(30+45)=32.14\ (\text{kN})$$

(2) 求各柱柱端弯矩

第二层

$$M_{DG}=M_{GD}=M_{FI}=M_{IF}=9.47\times\frac{3}{2}=14.21\ (\text{kN}\cdot\text{m})$$

$$M_{EH}=M_{HE}=11.05\times\frac{3}{2}=16.58\ (\text{kN}\cdot\text{m})$$

第一层

$$M_{AD}=M_{CF}=\frac{2}{3}\times3.6\times21.43=51.43\ (kN\cdot m)$$

$$M_{DA}=M_{FC}=\frac{1}{3}\times3.6\times21.43=25.72\ (kN\cdot m)$$

$$M_{BE}=\frac{2}{3}\times3.6\times32.14=77.14\ (kN\cdot m)$$

$$M_{EB}=\frac{1}{3}\times3.6\times32.14=38.57\ (kN\cdot m)$$

(3) 求各横梁梁端弯矩

第二层

$$M_{GH}=M_{IH}=14.21\ (kN\cdot m)$$

$$M_{HG}=\frac{15}{(15+18)}\times16.58=7.54\ (kN\cdot m)$$

$$M_{HI}=\frac{18}{(15+18)}\times16.58=9.04\ (kN\cdot m)$$

第一层

$$M_{DE}=M_{FE}=M_{DG}+M_{DA}=14.21+25.72=39.93\ (kN\cdot m)$$

$$M_{ED}=\frac{15}{(15+18)}\times(16.58+38.57)=25.07\ (kN\cdot m)$$

$$M_{EF}=\frac{18}{(15+18)}\times(16.58+38.57)=30.08\ (kN\cdot m)$$

(4) 绘制弯矩图(图 3-47)

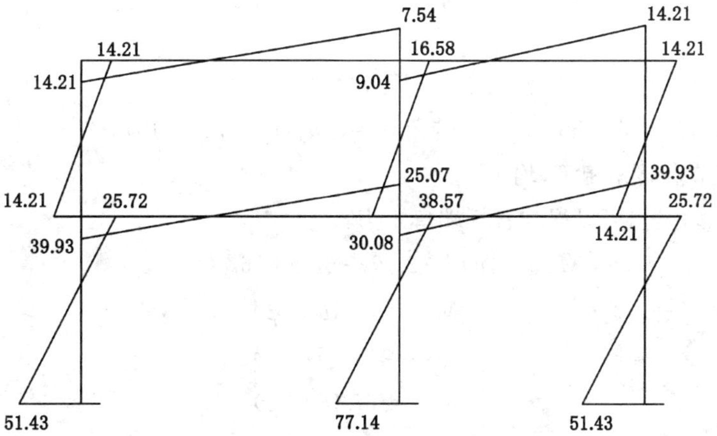

图 3-47　梁柱弯矩图

3.4.4　水平荷载作用下的 D 值法

反弯点法在考虑柱抗侧刚度 D 时，假设节点转角为 0，即假设横梁的线刚度为无穷大。对于层数较多的框架，由于柱轴力增大，柱截面也随着增大，梁柱相对线刚度比较接近，甚至有时柱的线刚度反而比梁的线刚度大，此时上述假设将产生较大误差。此外，反弯点法认为反弯点出现在柱的中点处，实际误差也较大，特别是在最上和最下的几层。武藤清在分析多层框架的受力特点和变形特点的基础上，对框架在水平荷载作用下的计算，提出了修正柱的侧移刚度和调整反弯点高度的方法，称为修正反弯点法或 D 值法。D 值法的计算步骤与反弯点法大致相同，因而计算简单、实用，同时其精度要比反弯点法高，在多、高层建筑结构设计中得到了广泛应用。

3.4.4.1　柱抗侧刚度 D 值的计算

当梁柱线刚度的比值较小时，在水平荷载作用下，框架不仅有侧移，而且各节点还有转角，如图 3-48 所示。

从框架中任取框架柱 AB 进行分析，AB 柱及其周围杆件如图 3-49 所示。为简化分析，做如下假定。

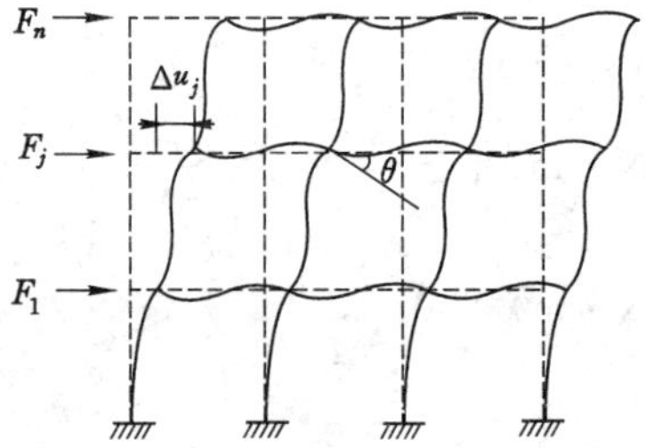

图 3-48　水平荷载作用下框架的变形

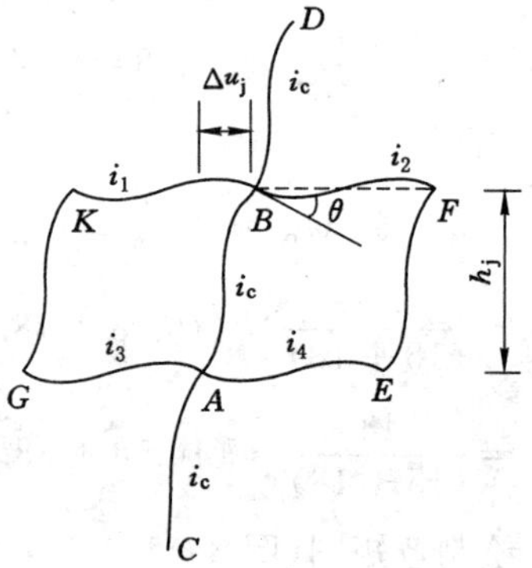

图 3-49　AB 框架柱的抗侧刚度分析

假定 1：柱 AB 与上、下层柱线刚度相等，均为 i_c。

假定 2：柱 AB 与上、下层柱的弦转角 $\varphi_j=\Delta u_j/h_j$ 相等，均为 φ。

假定 3：各节点转角相等，均为 θ。

由转角位移方程，可以得到各杆端弯矩为：

$$M_{AB}=4i_c\theta+2i_c\theta-6i_c\varphi=6i_c(\theta-\varphi) \tag{3-33a}$$

$$M_{BA}=6i_c(\theta-\varphi) \tag{3-33b}$$

$$M_{AC}=6i_c(\theta-\varphi) \tag{3-33c}$$

$$M_{BD}=6i_c(\theta-\varphi) \tag{3-33d}$$

$$M_{AG}=4i_3\theta+2i_3\theta=6i_3\theta \tag{3-33e}$$

$$M_{AE}=6i_4\theta \tag{3-33f}$$

$$M_{BK}=6i_1\theta \tag{3-33g}$$

$$M_{BF}=6i_2\theta \tag{3-33h}$$

式中　θ——柱 AB 以及与柱 AB 相邻的各杆杆端（即 A、B、C、D、E、F、G、H）的转角；

i_c——柱 AB 以及与柱 AB 相邻的两个柱（即柱 AC 及柱 BD）的线刚度；

Δu——柱 AB 以及与柱 AB 相邻的两个柱（即柱 AC 及柱 BD）的层间水平位移；

φ——柱 AB 以及与柱 AB 相邻的两个柱（即柱 AC 及柱 BD）的弦转角；

i_1、i_2、i_3、i_4——与柱 AB 相交的横梁的线刚度。

在 A、B 节点分别由力矩平衡方程得：

$$\sum M_{\mathrm{A}} = M_{\mathrm{AB}} + M_{\mathrm{AC}} + M_{\mathrm{AE}} + M_{\mathrm{AG}} = 0 \tag{3-34a}$$

$$\sum M_{\mathrm{B}} = M_{\mathrm{BA}} + M_{\mathrm{BD}} + M_{\mathrm{BK}} + M_{\mathrm{BF}} = 0 \tag{3-34b}$$

将式(3-34a)与式(3-34b)相加，并结合式(3-33a)～式(3-33h)进行化简，可得：

$$\theta = \frac{2}{2+K}\varphi \tag{3-35a}$$

$$K = \frac{i_1 + i_2 + i_3 + i_4}{2i_{\mathrm{c}}} \tag{3-35b}$$

柱 AB 剪力大小为：

$$V_j = -\frac{M_{\mathrm{AB}} + M_{\mathrm{BA}}}{h_j} = \frac{12i_{\mathrm{c}}}{h_j}(\varphi - \theta) \tag{3-36}$$

将式(3-35)代入式(3-36)，得：

$$V_j = -\frac{M_{\mathrm{AB}} + M_{\mathrm{BA}}}{h_j} = \frac{12i_{\mathrm{c}}}{h_j}\frac{K}{2+K}\varphi = 12i_{\mathrm{c}}\frac{K}{2+K}\frac{\Delta u_j}{h_j^2} = \alpha 12i_{\mathrm{c}}\frac{\Delta u_j}{h_j^2} \tag{3-37a}$$

其中

$$\alpha = \frac{K}{2+K} \tag{3-37b}$$

定义柱 AB 的抗侧刚度为：

$$D = \frac{V_j}{\Delta u_j} \tag{3-38}$$

则：

$$D = \alpha\frac{12i_{\mathrm{c}}}{h_j^2} \tag{3-39}$$

在上述推导中，$K = \dfrac{i_1 + i_2 + i_3 + i_4}{2i_{\mathrm{c}}}$为框架梁柱的刚度比，$\alpha$ 值表示梁柱刚度比对柱抗侧刚度的影响。

当 K 值无限大时，$\alpha = 1$，所以得 D 值与反弯点法中的 d 值相等；当 K 值较小时，$\alpha < 1$，D 值小于 d 值。因此，α 称为柱抗侧刚度修正系数。

对于边柱，令 $i_1 = i_3 = 0$（或 $i_2 = i_4 = 0$），可得：

$$K = \frac{i_2 + i_4}{2i_{\mathrm{c}}} \tag{3-40}$$

对于框架的底层柱，由于底端为固定支座，无转角，亦可采取类似方法推导，过程不再赘述，所得底层柱的 K 值及 α 值不同于上层柱。

现将框架中常用各种情况的 K 值及 α 值的计算公式列于表 3-17 中，以便应用。

表 3-17　柱抗侧刚度修正系数

楼层	简图	K	α
一般柱	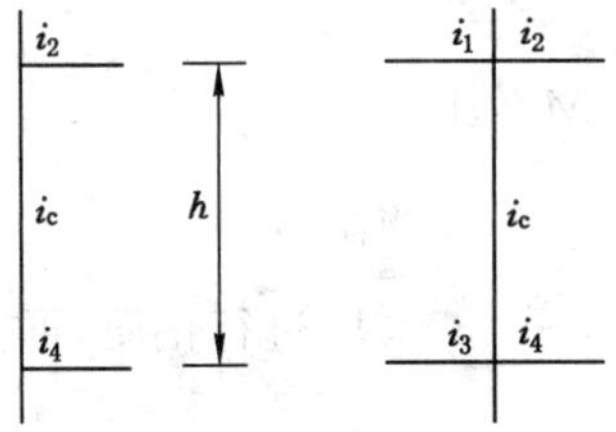	$K=\dfrac{i_1+i_2+i_3+i_4}{2i_c}$	$\alpha=\dfrac{K}{K+2}$
底层柱	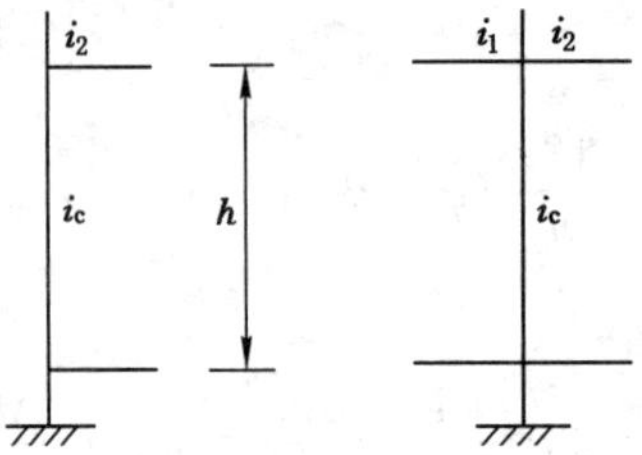	$K=\dfrac{i_1+i_2}{i_c}$	$\alpha=\dfrac{K+0.5}{K+2}$

有了 D 值以后，与反弯点法类似，假定同一层楼层各柱的侧移相等，可得各柱的剪力：

$$V_{ij}=\frac{D_{ij}}{\sum D_{ij}}V_{pj} \tag{3-41}$$

式中　V_{ij}——第 j 层第 i 柱的剪力；

D_{ij}——第 j 层第 i 柱的 D 值；

$\sum D_{ij}$——第 j 层所有 D 值的总和；

V_{pj}——第 j 层由外荷载引起的总剪力。

3.4.4.2　修正反弯点高度

影响柱反弯点高度的主要因素是柱上、下端的约束条件。由图 3-50 可见，当柱两端约束条件为固定或两端转角完全相等(即柱两端的约束刚度相等)时，柱端弯矩相等，其反弯点位于柱子中点。当两端约束刚度不相同时，柱两端的转角就不相等，反弯点将向转角较大的一端移动，也就是移向约束刚度较小的一端。当一端为铰接时(约束刚度为 0)，该端弯矩为 0，反弯点与该端铰重合。

分析表明，影响柱两端约束刚度的主要因素有以下几项：结构总层数及该层所在位置、梁柱线刚度比、荷载形式、上层与下层梁刚度比、上下层层高变化。

对于承受节点水平荷载作用的框架，可做如下假定：

假定 1：同层各节点的转角相等。

假定 2：各层横梁中点无竖向位移。

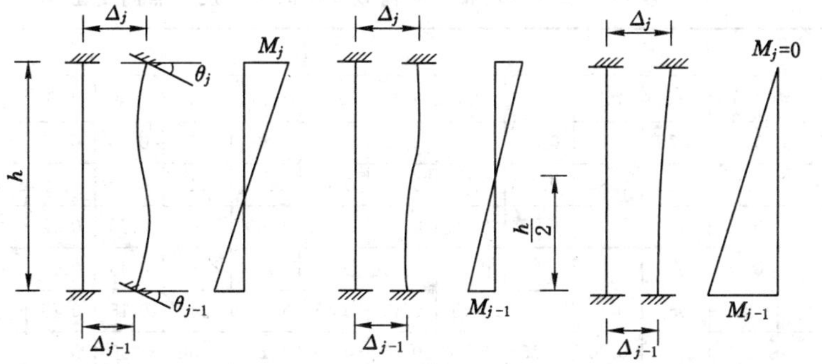

图 3-50　柱上、下端约束条件对反弯点高度的影响

由假定 1，横梁的反弯点在梁的中点，因而此处可以加上一个铰；再由假定 2，此处无竖向位移，图 3-51(a)所示框架可以简化为图 3-51(b)所示的形式。

在该计算简图的基础上，可以柱下端弯矩为未知量，建立基本方程，从而求解得到柱下端弯矩，进而可按下式计算反弯点高度比：

$$y_j = \frac{M_j}{V_j h_j} \tag{3-42}$$

式中　y_j——第 j 层柱的反弯点高度比；

M_j——第 j 层柱的下端弯矩；

V_j——第 j 层柱中的剪力；

h_j——第 j 层的层高。

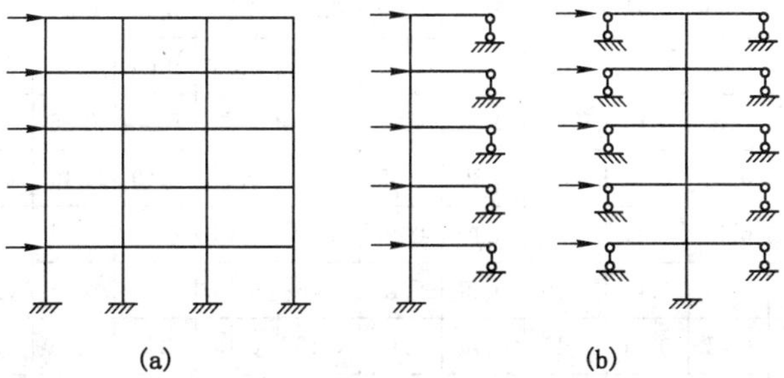

图 3-51　框架在水平荷载下的简化计算简图

(a) 简化前；(b) 简化后。

分别考虑影响反弯点高度的各种因素，通过力学计算，即可得出各种情况下柱中的反弯点高度比，下面分别给出相应的结论。

1) 梁柱线刚度比、层数和层次对反弯点高度的影响

假定框架各层横梁的线刚度、框架柱的线刚度和层高沿框架高度不变(此时亦称为规则框架)，仅考虑梁柱线刚度比、层数和层次对反弯点高度的影响，可以求得各层柱的标准反弯点高度比 y_0 反弯点高度与层高的比值)。应用时可根据荷载类型直接按照 n、j、K 查表 3-18(均布水平荷载作用)和表 3-19(倒三角形水平荷载作用)取值。

表 3-18 规则框架承受均布水平荷载作用时标准反弯点高度比 y_0

n	j	K													
		0.1	0.2	0.3	0.4	0.5	0.6	0.7	0.8	0.9	1.0	2.0	3.0	4.0	5.0
1	1	0.80	0.75	0.70	0.65	0.65	0.60	0.60	0.60	0.60	0.55	0.55	0.55	0.55	0.55
2	2	0.45	0.40	0.35	0.35	0.35	0.35	0.40	0.40	0.40	0.40	0.45	0.45	0.45	0.45
	1	0.95	0.80	0.75	0.70	0.65	0.65	0.65	0.60	0.60	0.60	0.55	0.55	0.55	0.50
3	3	0.15	0.20	0.20	0.25	0.30	0.30	0.30	0.35	0.35	0.35	0.40	0.45	0.45	0.45
	2	0.55	0.50	0.45	0.45	0.45	0.45	0.45	0.45	0.45	0.45	0.45	0.50	0.50	0.50
	1	1.00	0.85	0.80	0.75	0.70	0.70	0.65	0.65	0.60	0.60	0.55	0.55	0.55	0.55
4	4	−0.05	0.05	0.15	0.20	0.25	0.30	0.30	0.35	0.35	0.35	0.40	0.45	0.45	0.45
	3	0.25	0.30	0.30	0.30	0.35	0.40	0.40	0.40	0.40	0.40	0.45	0.50	0.50	0.50
	2	0.65	0.55	0.50	0.50	0.45	0.45	0.45	0.45	0.45	0.45	0.50	0.50	0.50	0.50
	1	1.10	0.90	0.80	0.75	0.70	0.70	0.65	0.65	0.65	0.60	0.55	0.55	0.55	0.55
5	5	−0.20	0.00	0.15	0.20	0.25	0.30	0.30	0.30	0.35	0.35	0.40	0.45	0.45	0.45
	4	0.10	0.20	0.25	0.30	0.35	0.35	0.40	0.40	0.40	0.40	0.45	0.45	0.50	0.50
	3	0.40	0.40	0.40	0.40	0.40	0.45	0.45	0.45	0.45	0.45	0.50	0.50	0.50	0.50
	2	0.65	0.55	0.50	0.50	0.50	0.50	0.50	0.50	0.50	0.50	0.50	0.50	0.50	0.50
	1	1.20	0.95	0.80	0.75	0.75	0.75	0.75	0.65	0.65	0.65	0.55	0.55	0.55	0.55
6	6	−0.30	0.00	0.10	0.20	0.25	0.25	0.30	0.30	0.35	0.35	0.40	0.45	0.45	0.45
	5	0.00	0.20	0.25	0.30	0.35	0.35	0.40	0.40	0.40	0.40	0.45	0.45	0.50	0.50
	4	0.20	0.30	0.35	0.35	0.40	0.40	0.40	0.45	0.45	0.45	0.45	0.45	0.50	0.50
	3	0.40	0.40	0.40	0.45	0.45	0.45	0.45	0.45	0.45	0.45	0.50	0.50	0.50	0.50
	2	0.70	0.60	0.55	0.50	0.50	0.50	0.50	0.50	0.50	0.50	0.50	0.50	0.50	0.50
	1	1.20	0.95	0.85	0.80	0.75	0.70	0.70	0.65	0.65	0.65	0.55	0.55	0.55	0.55
7	7	−0.35	−0.05	0.10	0.20	0.20	0.25	0.30	0.30	0.35	0.35	0.40	0.45	0.45	0.45
	6	−0.10	0.15	0.25	0.30	0.35	0.35	0.35	0.40	0.40	0.40	0.45	0.45	0.50	0.50
	5	0.10	0.25	0.30	0.35	0.40	0.40	0.40	0.45	0.45	0.45	0.45	0.50	0.50	0.50
	4	0.30	0.35	0.40	0.40	0.40	0.45	0.45	0.45	0.45	0.45	0.50	0.50	0.50	0.50
	3	0.50	0.45	0.45	0.45	0.45	0.45	0.45	0.45	0.45	0.45	0.50	0.50	0.50	0.50
	2	0.75	0.60	0.55	0.50	0.50	0.50	0.50	0.50	0.50	0.50	0.50	0.50	0.50	0.50
	1	1.20	0.95	0.85	0.80	0.75	0.70	0.70	0.65	0.65	0.65	0.55	0.55	0.55	0.55
8	8	0.35	−0.15	0.10	0.15	0.25	0.25	0.30	0.30	0.35	0.35	0.40	0.45	0.45	0.45
	7	−0.10	0.15	0.25	0.30	0.35	0.35	0.40	0.40	0.40	0.40	0.45	0.50	0.50	0.50
	6	0.05	0.25	0.30	0.35	0.40	0.40	0.40	0.45	0.45	0.45	0.45	0.50	0.50	0.50
	5	0.20	0.30	0.35	0.40	0.40	0.45	0.45	0.45	0.45	0.45	0.50	0.50	0.50	0.50
	4	0.35	0.40	0.40	0.45	0.45	0.45	0.45	0.45	0.45	0.45	0.50	0.50	0.50	0.50
	3	0.50	0.45	0.45	0.45	0.45	0.45	0.45	0.45	0.50	0.50	0.50	0.50	0.50	0.50
	2	0.75	0.60	0.55	0.55	0.50	0.50	0.50	0.50	0.50	0.50	0.50	0.50	0.50	0.50
	1	1.20	1.00	0.85	0.80	0.75	0.70	0.70	0.65	0.65	0.65	0.55	0.55	0.55	0.55

表 3-18(续)

n	j	K													
		0.1	0.2	0.3	0.4	0.5	0.6	0.7	0.8	0.9	1.0	2.0	3.0	4.0	5.0
9	9	−0.40	0.05	0.10	0.20	0.25	0.25	0.30	0.30	0.35	0.35	0.45	0.45	0.45	0.45
	8	−0.15	0.15	0.25	0.30	0.35	0.35	0.35	0.40	0.40	0.40	0.45	0.45	0.50	0.50
	7	0.05	0.25	0.30	0.35	0.40	0.40	0.40	0.45	0.45	0.45	0.45	0.50	0.50	0.50
	6	0.15	0.30	0.35	0.40	0.40	0.45	0.45	0.45	0.45	0.45	0.50	0.50	0.50	0.50
	5	0.25	0.35	0.40	0.40	0.45	0.45	0.45	0.45	0.45	0.45	0.50	0.50	0.50	0.50
	4	0.40	0.40	0.40	0.45	0.45	0.45	0.45	0.45	0.45	0.45	0.50	0.50	0.50	0.50
	3	0.55	0.45	0.45	0.45	0.45	0.45	0.45	0.45	0.50	0.50	0.50	0.50	0.50	0.50
	2	0.80	0.65	0.55	0.55	0.50	0.50	0.50	0.50	0.50	0.50	0.50	0.50	0.50	0.50
	1	1.20	1.00	0.85	0.80	0.75	0.70	0.70	0.65	0.65	0.65	0.55	0.55	0.55	0.55
10	10	−0.40	−0.05	0.10	0.20	0.25	0.30	0.30	0.30	0.35	0.35	0.40	0.45	0.45	0.45
	9	−0.15	0.15	0.25	0.30	0.35	0.35	0.40	0.40	0.40	0.40	0.45	0.45	0.50	0.50
	8	0.00	0.25	0.30	0.35	0.40	0.40	0.40	0.45	0.45	0.45	0.45	0.50	0.50	0.50
	7	0.10	0.30	0.35	0.40	0.40	0.40	0.45	0.45	0.45	0.45	0.50	0.50	0.50	0.50
	6	0.20	0.35	0.40	0.40	0.45	0.45	0.45	0.45	0.45	0.45	0.50	0.50	0.50	0.50
	5	0.30	0.40	0.40	0.45	0.45	0.45	0.45	0.45	0.45	0.45	0.50	0.50	0.50	0.50
	4	0.40	0.40	0.45	0.45	0.45	0.45	0.45	0.45	0.45	0.50	0.50	0.50	0.50	0.50
	3	0.55	0.50	0.45	0.45	0.45	0.50	0.50	0.50	0.50	0.50	0.50	0.50	0.50	0.50
	2	0.80	0.65	0.55	0.55	0.55	0.50	0.50	0.50	0.50	0.50	0.50	0.50	0.50	0.50
	1	1.30	1.00	0.85	0.80	0.75	0.70	0.70	0.65	0.65	0.65	0.60	0.55	0.55	0.55
11	11	−0.40	−0.05	0.10	0.20	0.25	0.30	0.30	0.30	0.35	0.35	0.40	0.45	0.45	0.45
	10	−0.15	0.15	0.25	0.30	0.35	0.35	0.40	0.40	0.40	0.40	0.45	0.45	0.50	0.50
	9	0.00	0.25	0.30	0.35	0.40	0.40	0.40	0.45	0.45	0.45	0.45	0.50	0.50	0.50
	8	0.10	0.30	0.35	0.40	0.40	0.45	0.45	0.45	0.45	0.45	0.50	0.50	0.50	0.50
	7	0.20	0.35	0.40	0.45	0.45	0.45	0.45	0.45	0.45	0.45	0.50	0.50	0.50	0.50
	6	0.25	0.35	0.40	0.45	0.45	0.45	0.45	0.45	0.45	0.45	0.50	0.50	0.50	0.50
	5	0.35	0.40	0.40	0.45	0.45	0.45	0.45	0.45	0.45	0.50	0.50	0.50	0.50	0.50
	4	0.40	0.45	0.45	0.45	0.45	0.45	0.45	0.50	0.50	0.50	0.50	0.50	0.50	0.50
	3	0.55	0.50	0.50	0.50	0.50	0.50	0.50	0.50	0.50	0.50	0.50	0.50	0.50	0.50
	2	0.80	0.65	0.60	0.55	0.55	0.55	0.55	0.50	0.50	0.50	0.50	0.50	0.50	0.50
	1	1.30	1.00	0.85	0.80	0.75	0.70	0.70	0.65	0.65	0.65	0.60	0.55	0.55	0.55
12层及以上	自上1	−0.40	−0.05	0.10	0.20	0.25	0.30	0.30	0.30	0.35	0.35	0.40	0.45	0.45	0.45
	2	−0.15	0.15	0.25	0.30	0.35	0.35	0.40	0.40	0.40	0.40	0.45	0.45	0.50	0.50
	3	0.00	0.25	0.30	0.35	0.40	0.40	0.40	0.45	0.45	0.45	0.50	0.50	0.50	0.50
	4	0.10	0.30	0.35	0.40	0.40	0.45	0.45	0.45	0.45	0.45	0.50	0.50	0.50	0.50
	5	0.20	0.35	0.40	0.40	0.45	0.45	0.45	0.45	0.45	0.45	0.50	0.50	0.50	0.50
	6	0.25	0.35	0.40	0.45	0.45	0.45	0.45	0.45	0.45	0.45	0.50	0.50	0.50	0.50
	7	0.30	0.40	0.40	0.45	0.45	0.45	0.45	0.45	0.50	0.50	0.50	0.50	0.50	0.50
	8	0.35	0.40	0.45	0.45	0.45	0.45	0.45	0.50	0.50	0.50	0.50	0.50	0.50	0.50

表 3-18(续)

n	j	K													
		0.1	0.2	0.3	0.4	0.5	0.6	0.7	0.8	0.9	1.0	2.0	3.0	4.0	5.0
12层及以上	中间层	0.40	0.40	0.45	0.45	0.45	0.45	0.45	0.50	0.50	0.50	0.50	0.50	0.50	0.50
	4	0.45	0.45	0.45	0.45	0.50	0.50	0.50	0.50	0.50	0.50	0.50	0.50	0.50	0.50
	3	0.60	0.50	0.50	0.50	0.50	0.50	0.50	0.50	0.50	0.50	0.50	0.50	0.50	0.50
	2	0.80	0.65	0.60	0.55	0.55	0.50	0.50	0.50	0.50	0.50	0.50	0.50	0.50	0.50
	1	1.30	1.00	0.85	0.80	0.75	0.70	0.70	0.65	0.65	0.65	0.55	0.55	0.55	0.55

表 3-19 规则框架承受倒三角形分布水平荷载作用时标准反弯点高度比 y_0

n	j	K													
		0.1	0.2	0.3	0.4	0.5	0.6	0.7	0.8	0.9	1.0	2.0	3.0	4.0	5.0
1	1	0.80	0.75	0.70	0.65	0.65	0.60	0.60	0.60	0.60	0.55	0.55	0.55	0.55	0.55
2	2	0.50	0.45	0.40	0.40	0.40	0.40	0.40	0.40	0.40	0.45	0.45	0.45	0.45	0.50
	1	1.00	0.85	0.75	0.70	0.70	0.65	0.65	0.65	0.60	0.60	0.55	0.55	0.55	0.55
3	3	0.25	0.25	0.25	0.30	0.30	0.35	0.35	0.35	0.40	0.40	0.45	0.45	0.45	0.50
	2	0.60	0.50	0.50	0.50	0.50	0.45	0.45	0.45	0.45	0.45	0.50	0.50	0.50	0.50
	1	1.15	0.90	0.85	0.75	0.75	0.70	0.70	0.65	0.65	0.65	0.60	0.55	0.55	0.55
4	4	0.10	0.15	0.20	0.25	0.30	0.30	0.35	0.35	0.35	0.40	0.45	0.45	0.45	0.45
	3	0.35	0.35	0.35	0.40	0.40	0.40	0.40	0.45	0.45	0.45	0.45	0.50	0.50	0.50
	2	0.70	0.60	0.55	0.50	0.50	0.50	0.50	0.50	0.50	0.50	0.50	0.50	0.50	0.50
	1	1.20	0.95	0.85	0.80	0.75	0.70	0.70	0.70	0.65	0.65	0.55	0.55	0.55	0.55
5	5	−0.05	0.10	0.20	0.25	0.30	0.30	0.35	0.35	0.35	0.35	0.40	0.45	0.45	0.45
	4	0.20	0.25	0.35	0.35	0.40	0.40	0.40	0.40	0.40	0.45	0.45	0.50	0.50	0.50
	3	0.45	0.40	0.45	0.45	0.40	0.40	0.45	0.45	0.45	0.45	0.50	0.50	0.50	0.50
	2	0.75	0.60	0.55	0.55	0.50	0.50	0.50	0.50	0.50	0.50	0.50	0.50	0.50	0.50
	1	1.30	1.00	0.85	0.80	0.75	0.70	0.70	0.70	0.65	0.65	0.55	0.55	0.55	0.55
6	6	−0.15	0.05	0.15	0.20	0.25	0.30	0.30	0.35	0.35	0.35	0.40	0.45	0.45	0.45
	5	0.10	0.25	0.30	0.35	0.35	0.40	0.40	0.40	0.45	0.45	0.45	0.50	0.50	0.50
	4	0.30	0.35	0.40	0.40	0.45	0.45	0.45	0.45	0.45	0.45	0.50	0.50	0.50	0.50
	3	0.50	0.45	0.45	0.45	0.45	0.45	0.45	0.45	0.45	0.50	0.50	0.50	0.50	0.50
	2	0.80	0.65	0.55	0.55	0.55	0.55	0.50	0.50	0.50	0.50	0.50	0.50	0.50	0.50
	1	1.30	1.00	0.85	0.80	0.75	0.70	0.70	0.65	0.65	0.65	0.65	0.55	0.55	0.55
7	7	−0.20	0.05	0.15	0.20	0.25	0.30	0.30	0.35	0.35	0.35	0.45	0.45	0.45	0.45
	6	0.05	0.20	0.30	0.35	0.35	0.40	0.40	0.40	0.40	0.45	0.45	0.50	0.50	0.50
	5	0.20	0.30	0.35	0.40	0.40	0.45	0.45	0.45	0.45	0.45	0.50	0.50	0.50	0.50
	4	0.35	0.40	0.40	0.45	0.45	0.45	0.45	0.45	0.45	0.45	0.50	0.50	0.50	0.50
	3	0.55	0.50	0.50	0.50	0.50	0.50	0.50	0.50	0.50	0.50	0.50	0.50	0.50	0.50
	2	0.80	0.65	0.60	0.55	0.55	0.55	0.50	0.50	0.50	0.50	0.50	0.50	0.50	0.50
	1	1.30	1.00	0.90	0.80	0.75	0.70	0.70	0.70	0.65	0.65	0.60	0.55	0.55	0.55

表 3-19(续)

n	j	K													
		0.1	0.2	0.3	0.4	0.5	0.6	0.7	0.8	0.9	1.0	2.0	3.0	4.0	5.0
8	8	−0.20	0.05	0.15	0.20	0.25	0.30	0.30	0.35	0.35	0.35	0.45	0.45	0.45	0.45
	7	0.00	0.20	0.30	0.35	0.35	0.40	0.40	0.40	0.40	0.40	0.45	0.50	0.50	0.50
	6	0.15	0.30	0.35	0.40	0.40	0.45	0.45	0.45	0.45	0.45	0.50	0.50	0.50	0.50
	5	0.30	0.45	0.40	0.45	0.45	0.45	0.45	0.45	0.45	0.45	0.50	0.50	0.50	0.50
	4	0.40	0.45	0.45	0.45	0.45	0.45	0.45	0.50	0.50	0.50	0.50	0.50	0.50	0.50
	3	0.60	0.50	0.50	0.50	0.50	0.50	0.50	0.50	0.50	0.50	0.50	0.50	0.50	0.50
	2	0.85	0.65	0.60	0.55	0.55	0.55	0.50	0.50	0.50	0.50	0.50	0.50	0.50	0.50
	1	1.30	1.00	0.90	0.80	0.75	0.70	0.70	0.70	0.65	0.65	0.60	0.55	0.55	0.55
9	9	−0.25	0.00	0.15	0.20	0.25	0.30	0.30	0.35	0.35	0.40	0.45	0.45	0.45	0.45
	8	0.00	0.20	0.30	0.35	0.35	0.40	0.40	0.40	0.40	0.45	0.45	0.50	0.50	0.50
	7	0.15	0.30	0.35	0.40	0.40	0.45	0.45	0.45	0.45	0.45	0.50	0.50	0.50	0.50
	6	0.25	0.35	0.40	0.40	0.45	0.45	0.45	0.45	0.45	0.45	0.45	0.45	0.45	0.45
	5	0.35	0.40	0.45	0.45	0.45	0.45	0.45	0.45	0.50	0.50	0.50	0.50	0.50	0.50
	4	0.45	0.45	0.45	0.45	0.45	0.50	0.50	0.50	0.50	0.50	0.50	0.50	0.50	0.50
	3	0.65	0.50	0.50	0.50	0.50	0.50	0.50	0.50	0.50	0.50	0.50	0.50	0.50	0.50
	2	0.80	0.65	0.60	0.55	0.55	0.55	0.55	0.50	0.50	0.50	0.50	0.50	0.50	0.50
	1	1.35	1.00	1.00	0.80	0.75	0.70	0.70	0.70	0.65	0.65	0.60	0.55	0.55	0.55
10	10	−0.25	0.00	0.15	0.20	0.25	0.30	0.30	0.35	0.35	0.40	0.45	0.45	0.45	0.45
	9	−0.05	0.20	0.30	0.35	0.35	0.40	0.40	0.40	0.40	0.45	0.45	0.50	0.50	0.50
	8	0.10	0.30	0.35	0.40	0.40	0.40	0.45	0.45	0.45	0.45	0.50	0.50	0.50	0.50
	7	0.20	0.35	0.40	0.40	0.45	0.45	0.45	0.45	0.45	0.50	0.50	0.50	0.50	0.50
	6	0.30	0.40	0.40	0.45	0.45	0.45	0.45	0.45	0.45	0.50	0.50	0.50	0.50	0.50
	5	0.40	0.45	0.45	0.45	0.45	0.45	0.45	0.50	0.50	0.50	0.50	0.50	0.50	0.50
	4	0.50	0.45	0.45	0.45	0.50	0.50	0.50	0.50	0.50	0.50	0.50	0.50	0.50	0.50
	3	0.60	0.55	0.50	0.50	0.50	0.50	0.50	0.50	0.50	0.50	0.50	0.50	0.50	0.50
	2	0.85	0.65	0.60	0.55	0.55	0.55	0.55	0.50	0.50	0.50	0.50	0.50	0.50	0.50
	1	1.35	1.00	0.90	0.80	0.75	0.70	0.70	0.70	0.65	0.65	0.60	0.55	0.55	0.55
11	11	−0.25	0.00	0.15	0.20	0.25	0.30	0.30	0.30	0.35	0.35	0.45	0.45	0.45	0.45
	10	−0.05	0.20	0.25	0.30	0.35	0.40	0.40	0.40	0.40	0.45	0.45	0.50	0.50	0.50
	9	0.10	0.30	0.35	0.40	0.40	0.40	0.45	0.45	0.45	0.45	0.50	0.50	0.50	0.50
	8	0.20	0.35	0.40	0.40	0.45	0.45	0.45	0.45	0.45	0.45	0.50	0.50	0.50	0.50
	7	0.25	0.40	0.40	0.45	0.45	0.45	0.45	0.45	0.45	0.50	0.50	0.50	0.50	0.50
	6	0.35	0.40	0.45	0.45	0.45	0.45	0.45	0.50	0.50	0.50	0.50	0.50	0.50	0.50
	5	0.40	0.45	0.45	0.45	0.45	0.50	0.50	0.50	0.50	0.50	0.50	0.50	0.50	0.50
	4	0.50	0.50	0.50	0.50	0.50	0.50	0.50	0.50	0.50	0.50	0.50	0.50	0.50	0.50
	3	0.65	0.55	0.50	0.50	0.50	0.50	0.50	0.50	0.50	0.50	0.50	0.50	0.50	0.50
	2	0.85	0.65	0.60	0.55	0.55	0.55	0.55	0.50	0.50	0.50	0.50	0.50	0.50	0.50
	1	1.35	1.05	0.90	0.80	0.75	0.70	0.70	0.70	0.65	0.65	0.60	0.55	0.55	0.55

表 3-19(续)

n	j	K													
		0.1	0.2	0.3	0.4	0.5	0.6	0.7	0.8	0.9	1.0	2.0	3.0	4.0	5.0
12层及以上	自上 1	−0.30	0.00	0.15	0.20	0.25	0.30	0.30	0.30	0.35	0.35	0.40	0.45	0.45	0.45
	2	−0.10	0.20	0.25	0.30	0.35	0.40	0.40	0.40	0.40	0.40	0.45	0.45	0.45	0.50
	3	0.05	0.25	0.35	0.40	0.40	0.40	0.45	0.45	0.45	0.45	0.45	0.50	0.50	0.50
	4	0.15	0.30	0.40	0.40	0.45	0.45	0.45	0.45	0.45	0.45	0.45	0.45	0.45	0.45
	5	0.25	0.35	0.40	0.45	0.45	0.45	0.45	0.45	0.45	0.45	0.50	0.50	0.50	0.50
	6	0.30	0.40	0.40	0.45	0.45	0.45	0.45	0.50	0.50	0.50	0.50	0.50	0.50	0.50
	7	0.35	0.40	0.40	0.45	0.45	0.45	0.50	0.50	0.50	0.50	0.50	0.50	0.50	0.50
	8	0.35	0.45	0.45	0.45	0.50	0.50	0.50	0.50	0.50	0.50	0.50	0.50	0.50	0.50
	中层	0.45	0.45	0.45	0.45	0.50	0.50	0.50	0.50	0.50	0.50	0.50	0.50	0.50	0.50
	4	0.55	0.50	0.50	0.50	0.50	0.50	0.50	0.50	0.50	0.50	0.50	0.50	0.50	0.50
	3	0.65	0.50	0.50	0.50	0.50	0.50	0.50	0.50	0.50	0.50	0.50	0.50	0.50	0.50
	2	0.70	0.70	0.60	0.55	0.55	0.55	0.55	0.50	0.50	0.50	0.50	0.50	0.50	0.50
	1	1.35	1.05	0.90	0.80	0.75	0.70	0.70	0.70	0.65	0.65	0.60	0.55	0.55	0.55

2）上下梁线刚度比对反弯点高度的影响

假定上层左右侧横梁的线刚度分别为 i_1、i_2，下层左右侧横梁的线刚度分别为 i_3、i_4。当上层横梁线刚度比下层小时，反弯点上移；反之下移。反弯点高度比的变化以 y_1 表示，正号代表向上移动。y_1 可根据上下横梁线刚度比 α_1 和 K 查表 3-20 取值，其中 $\alpha=(i_1+i_2)/(i_3+i_4)$。当 $\alpha>1$ 时，取 $1/\alpha$ 并查表 3-20，将查得的 y_1 冠以负号。对于底层柱，不考虑 y_1，即取 $y_1=0$。

表 3-20　上下层横梁线刚度比对 y_0 的修正值 y_1

α_1	K													
	0.1	0.2	0.3	0.4	0.5	0.6	0.7	0.8	0.9	1.0	2.0	3.0	4.0	5.0
0.4	0.55	0.40	0.30	0.25	0.20	0.20	0.20	0.15	0.15	0.15	0.05	0.05	0.05	0.05
0.5	0.45	0.30	0.20	0.20	0.15	0.15	0.15	0.10	0.10	0.10	0.05	0.05	0.05	0.05
0.6	0.30	0.20	0.15	0.15	0.10	0.10	0.10	0.10	0.05	0.05	0.05	0.05	0	0
0.7	0.20	0.15	0.10	0.10	0.10	0.10	0.05	0.05	0.05	0.05	0.05	0	0	0
0.8	0.15	0.10	0.05	0.05	0.05	0.05	0.05	0.05	0.05	0	0	0	0	0
0.9	0.05	0.05	0.05	0.05	0	0	0	0	0	0	0	0	0	0

3）层高变化对反弯点高度的影响

若上下层层高与某柱所在层的层高不同时，该柱的反弯点位置将不同于标准反弯点高度。令上层层高和本层层高之比 $h_{i+1}/h_i=\alpha_2$，下层层高和本层层高之比 $h_{i-1}/h_i=\alpha_3$，上层层高发生变化，反弯点高度的变化以 y_2 表示；下层层高发生变化，反弯点高度比的变化以 y_3 表示，则 y_2、y_3 可根据 α_2、α_3 及 K 查表 3-21 得到。对于顶层柱，不考虑修正值 y_2；对底层柱，不考虑修正值 y_3。

表 3-21 上下层高度变化对 y_0 的修正值 y_2 和 y_3

α_2	α_3	K												
		0.1	0.2	0.3	0.4	0.5	0.6	0.7	0.8	0.9	1.0	2.0	3.0	4.0
2.0		0.25	0.15	0.15	0.10	0.10	0.10	0.10	0.10	0.05	0.05	0.05	0.05	0.00
1.8		0.20	0.15	0.10	0.10	0.10	0.05	0.05	0.05	0.05	0.05	0.05	0.00	0.00
1.6	0.4	0.15	0.10	0.10	0.05	0.05	0.05	0.05	0.05	0.05	0.05	0	0	0
1.4	0.6	0.10	0.05	0.05	0.05	0.05	0.05	0.05	0.05	0.05	0	0	0	0
1.2	0.8	0.05	0.05	0.05	0	0	0	0	0	0	0	0	0	0
1.0	1.0	0	0	0	0	0	0	0	0	0	0	0	0	0
0.8	1.2	−0.05	−0.05	−0.05	0	0	0	0	0	0	0	0	0	0
0.6	1.4	−0.10	−0.05	−0.05	−0.05	−0.05	−0.05	−0.05	−0.05	−0.05	0	0	0	0
0.4	1.6	−0.15	−0.10	−0.10	−0.05	−0.05	−0.05	−0.05	−0.05	−0.05	−0.05	0	0	0
	1.8	−0.20	−0.15	−0.10	−0.10	−0.10	−0.10	−0.10	−0.10	−0.10	−0.10	−0.10	0	0
	2.0	−0.25	−0.15	−0.15	−0.01	−0.01	−0.01	−0.01	−0.01	−0.05	−0.05	−0.05	−0.05	0

经过各项修正后，柱底到反弯点的高度 h_f 为：

$$h_f = yh = (y_0 + y_1 + y_2 + y_3)h \tag{3-43}$$

根据式(3-39)求得各柱的抗侧刚度，并按式(3-43)求得各柱的反弯点高度后，即可按反弯点法的步骤求出各柱的剪力、弯矩和轴力，以及梁的弯矩和剪力。

【例题 3.4】 某四层框架结构如图 3-52 所示，采用钢筋混凝土现浇框架梁和框架柱，楼板为预制板，框架梁和框架的截面尺寸如图所示，柱均为 400 mm×400 mm 正方形柱，混凝土强度等级 C20，试用 D 值法求该框架结构在如图所示的水平荷载作用下的弯矩。

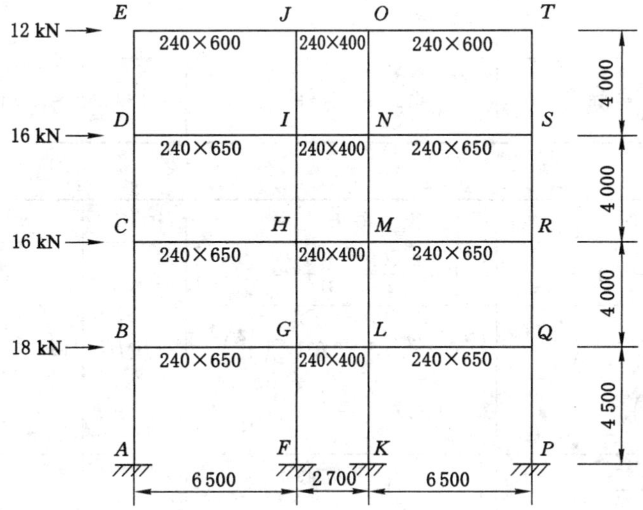

图 3-52 例题 3.4 图

解 （1）梁柱线刚度计算

梁柱位置	截面惯性矩 I/mm^4	线刚度 $i=\frac{EI}{l}\Big/$（N·mm）	相对线刚度
顶层梁	$\frac{240\times600^3}{12}=4.32\times10^9$	$\frac{4.32\times10^9}{6\ 500}E=6.65\times10^5E$	0.787
1～3层梁	$\frac{240\times650^3}{12}=5.49\times10^9$	$\frac{5.49\times10^9}{6\ 500}E=8.45\times10^5E$	1.000
走道梁	$\frac{240\times400^3}{12}=1.28\times10^9$	$\frac{1.28\times10^9}{2\ 700}E=4.74\times10^5E$	0.561
2～4层柱	$\frac{400\times400^3}{12}=2.13\times10^9$	$\frac{2.13\times10^9}{4\ 000}E=5.33\times10^5E$	0.631
底层柱		$\frac{2.13\times10^9}{4\ 500}E=4.74\times10^5E$	0.561

（2）求各柱的剪力值

	柱 DE	柱 IJ	柱 NO	柱 ST	
第四层	$K=\frac{1+0.787}{2\times0.631}=1.416$	$\overline{K}=\frac{2\times0.56+1+0.787}{2\times0.631}=2.303$	同柱 IJ	同柱 DE	$\sum D=1.200\times\left(\frac{12}{4^2}\right)$
	$D=\frac{1.416}{2+1.416}\times0.631\times\left(\frac{12}{4^2}\right)=0.262\times\left(\frac{12}{4^2}\right)$	$D=\frac{2.303}{2+2.303}\times0.631\times\left(\frac{12}{4^2}\right)=0.338\times\left(\frac{12}{4^2}\right)$			
	$V=12\times\frac{0.262}{1.200}=2.62$ kN	$V=12\times\frac{0.338}{1.200}=3.38$ kN	$V=3.38$ kN	$V=2.62$ kN	

	柱 CD	柱 HI	柱 MN	柱 RS	
第三层	$K=\frac{1+1}{2\times0.631}=1.585$	$K=\frac{2\times(1+0.561)}{2\times0.631}=2.474$	同柱 HI	同柱 CD	$\sum D=1.256\times\left(\frac{12}{4^2}\right)$
	$D=\frac{1.585}{2+1.585}\times0.631\times\left(\frac{12}{4^2}\right)=0.279\times\left(\frac{12}{4^2}\right)$	$D=\frac{2.474}{2+2.474}\times0.631\times\left(\frac{12}{4^2}\right)=0.349\times\left(\frac{12}{4^2}\right)$			
	$V=(12+16)\times\frac{0.279}{1.256}=6.22$ kN	$V=(12+16)\times\frac{0.349}{1.256}=7.78$ kN	$V=7.78$ kN	$V=6.22$ kN	

	柱 BC	柱 GH	柱 LM	柱 QR	
第二层	$K=\frac{1+1}{2\times0.631}=1.585$	$K=\frac{2\times(1+0.561)}{2\times0.631}=2.474$	同柱 GH	同柱 BC	$\sum D=1.256\times\left(\frac{12}{4^2}\right)$
	$D=\frac{1.585}{2+1.585}\times0.631\times\left(\frac{12}{4^2}\right)=0.279\times\left(\frac{12}{4^2}\right)$	$D=\frac{2.474}{2+2.474}\times0.631\times\left(\frac{12}{4^2}\right)=0.349\times\left(\frac{12}{4^2}\right)$			
	$V=(12+16+16)\times\frac{0.279}{1.256}=9.77$ kN	$V=(12+16+16)\times\frac{0.349}{1.256}=12.23$ kN	$V=12.23$ kN	$V=9.77$ kN	

	柱 AB	柱 FG	柱 KL	柱 PQ	
第一层	$K=\frac{1}{0.561}=1.783$	$K=\frac{1+0.561}{0.561}=2.783$	同柱 FG	同柱 AB	$\sum D=1.446\times\left(\frac{12}{4.5^2}\right)$
	$D=\frac{0.5+1.783}{2+1.783}\times0.561\times\left(\frac{12}{4.5^2}\right)=0.338\times\left(\frac{12}{4.5^2}\right)$	$D=\frac{0.5+2.783}{2+2.783}\times0.561\times\left(\frac{12}{4.5^2}\right)=0.385\times\left(\frac{12}{4.5^2}\right)$			
	$V=(12+16+16+18)\times\frac{0.338}{1.446}=14.49$ kN	$V=(12+16+16+18)\times\frac{0.385}{1.446}=16.51$ kN	$V=16.51$ kN	$V=14.49$ kN	

(3) 求各柱反弯点高度 yh

根据总层数 m、该柱所在层 n、梁柱线刚度比 $\overline{K}$，查表得到标准反弯点系数 y_0；根据上下横梁线刚度比值 i 查表得修正值 y_1；根据上下层高度变化查表得修正值 y_2、y_3；各层反弯点高度：$yh=(y_0+y_1+y_2+y_3)h$。

	柱 DE	柱 IJ	柱 NO	柱 ST
第四层	$K=1.416, y_0=0.371$	$K=2.305, y_0=0.415$	$y=0.415$	$y=0.378$
	$\alpha_1=\frac{0.787}{1}=0.787, y_1=0.006\,5$	$\alpha_1=\frac{0.787+0.561}{1+0.561}=0.864, y_1=0$		
	$\alpha_3=1, y_3=0$	$\alpha_3=1, y_3=0$		
	$y=0.371+0.006\,5+0=0.378$	$y=0.415+0+0=0.415$		

	柱 CD	柱 HI	柱 MN	柱 RS
第三层	$K=1.585, y_0=0.479$	$K=2.474, y_0=0.474$	$y=0.474$	$y=0.429$
	$\alpha_1=1, y_1=0$	$\alpha_1=1, y_1=0$		
	$\alpha_2=1, y_2=0$	$\alpha_2=1, y_2=0$		
	$\alpha_3=1, y_3=0$	$\alpha_3=1, y_3=0$		
	$y=0.479+0+0=0.479$	$y=0.474+0+0=0.474$		

	柱 BC	柱 GH	柱 LM	柱 QR
第二层	$K=1.585, y_0=0.479$	$K=2.474, y_0=0.50$	$y=0.50$	$y=0.479$
	$\alpha_1=1, y_1=0$	$\alpha_1=1, y_1=0$		
	$\alpha_2=1, y_2=0$	$\alpha_2=1, y_2=0$		
	$\alpha_3=1.13, y_3=0$	$\alpha_3=1.13, y_3=0$		
	$y=0.479+0+0=0.479$	$y=0.50+0+0+0=0.50$		

	柱 AB	柱 FG	柱 KL	柱 PQ
第一层	$K=1.783, y_0=0.560$	$K=2.783, y_0=0.550$	$y=0.550$	$y=0.560$
	$\alpha_2=0.889, y_2=0$	$\alpha_2=0.889, y_2=0$		
	$y=0.56+0=0.560$	$y=0.55+0=0.550$		

(4) 由下面公式求出柱上、下两端弯矩

上柱：$M_{上}=V(1-y)h$；下柱：$M_{下}=Vyh$。再由节点平衡条件和梁的线刚度比求出各梁端弯矩，即可绘出框架弯矩图(图 3-53)。

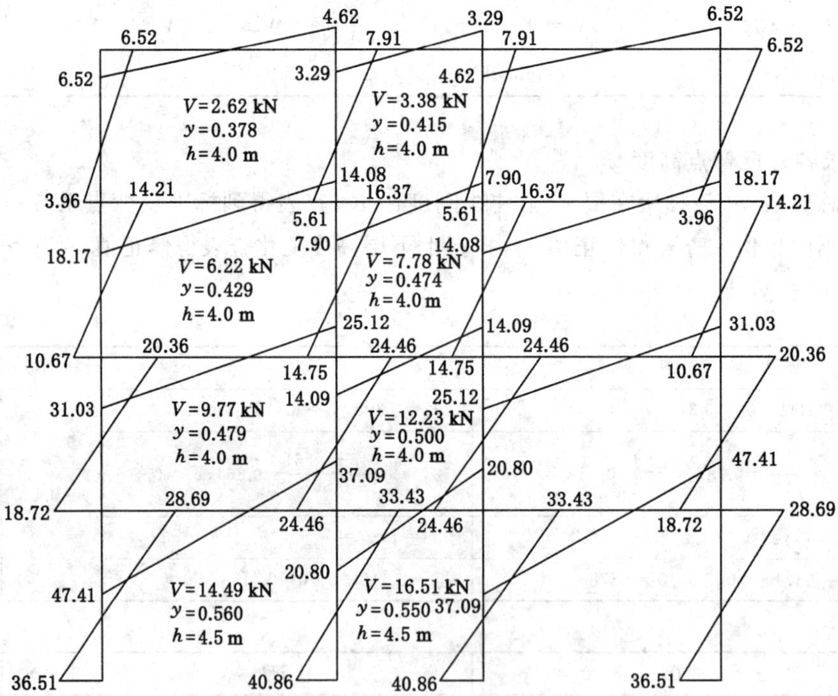

图 3-53　框架弯矩图(单位：kN · m)

3.4.5　水平荷载作用下的悬臂梁法

对于高而窄的框架，在水平荷载作用下，其变形类似于长悬臂梁受横向力作用，以整体弯曲变形为主，柱的轴向变形不可忽略。对于此类框架，在初步计算时，可按悬臂梁法先近似求得柱内轴力，再依次求解剪力和弯矩。

悬臂梁法的基本假定：

假定1：某水平面上各柱的轴向力与其到该层全部柱横截面面积的形心的距离成正比。

假定2：梁柱反弯点分别位于梁柱的中点。

此时框架的计算简图如图3-54所示。

悬臂梁法求解步骤如下：

(1) 取分层隔离体求该层全部柱横截面面积形心位置，形心轴两侧分别承受拉力和压力，按各柱截面到形心的距离确定各柱轴力比，只含一个未知力。

(2) 分层隔离体上的外力矩等于各柱轴力构成的内力矩，由此解得未知力，从而确定各柱轴力。

(3) 取各反弯点间节点为隔离体，依次利用平衡条件求出各反弯点处的轴力和剪力，如图3-55所示。在图3-55中，F_n 为外力，N_A 为已知求得的柱轴力，因而可以根据静力平衡方程求出其余3个未知力。

(4) 根据剪力求得杆端弯矩。

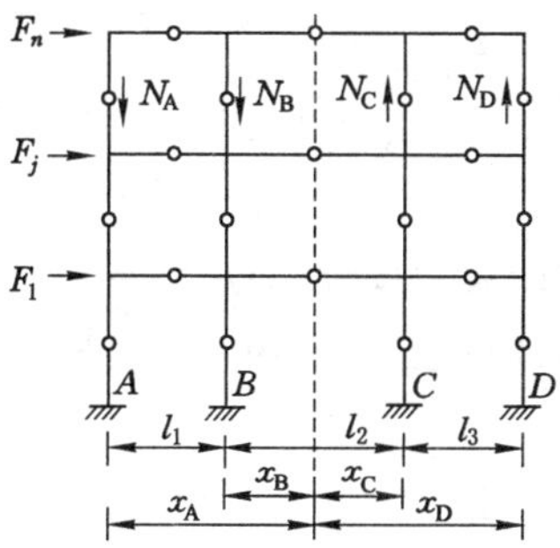

图3-54　悬臂梁法计算简图

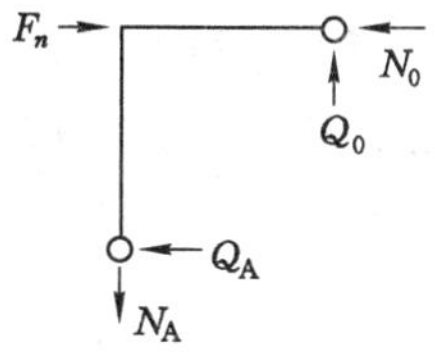

图3-55　悬臂梁法节点单元计算简图

3.4.6　框架结构侧移的近似计算

3.4.6.1　框架结构侧移的组成部分

框架结构的侧移主要由水平荷载引起，通常结构的位移由各杆件的弯曲变形、轴向变形引起。多层框架结构在水平力的作用下会产生侧移，侧移过大将导致填充墙开裂，外墙饰面脱落，影响到建筑物的使用。因此，需要对结构的侧移加以控制。控制侧移包括两部分的内容，一是控制顶层最大侧移，二是控制层间相对位移。

框架结构在水平荷载作用下的变形主要由以下两部分组成：

(1) 由梁、柱杆件的弯曲变形所引起的框架变形，它是由层间剪力引起的，其侧移曲线与悬臂梁的剪切变形曲线相似，故称为总体剪切变形，如图3-56所示。

(2) 由框架柱中杆件轴力引起的柱伸长或压缩所导致的框架变形，它与悬臂梁的弯曲变形一致，故称为总体弯曲变形，如图3-57所示。

3.4.6.2　框架结构侧移的计算

(1) 由梁柱弯曲变形引起的侧移

由框架梁柱弯曲变形引起的侧移如图3-57所示。顶点侧移 u_M 为各层层间位移 Δu_j 之和，即：

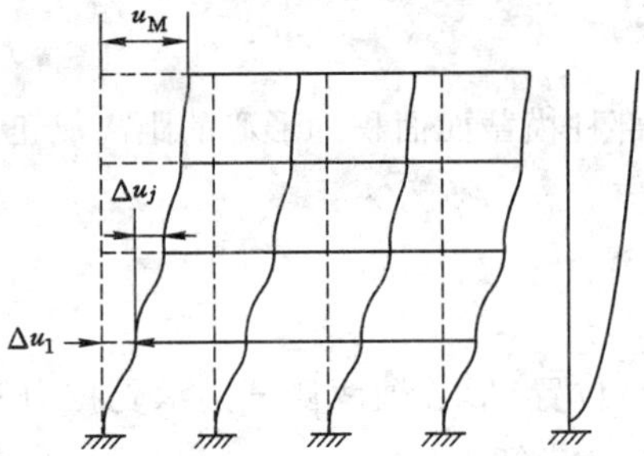

图 3-56　框架总体剪切变形

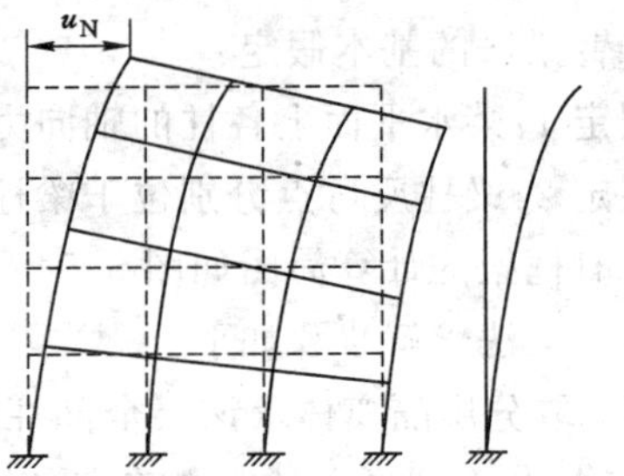

图 3-57　框架总体弯曲变形

$$u_M = \sum_{j=1}^{n} \Delta u_j \tag{3-44}$$

其中

$$\Delta u_j = \frac{V_{jk}}{D_{jk}} = \frac{V_{Fj}}{\sum_{k=1}^{m} D_{jk}} \tag{3-45}$$

式中　V_{jk}——第 j 层第 k 根柱所承担的水平力；

D_{jk}——第 j 层第 k 根柱的抗侧刚度。

对于一般的框架结构，各层柱的抗侧刚度大致相等或较为接近，而层间剪力自上而下逐层增加，因而层间侧移呈自上向下逐层增加的规律，从而使得整个结构的变形曲线表现为剪切型侧移曲线。

(2) 由柱轴向变形引起的侧移

由框架柱轴向变形引起的侧移如图 3-58 所示。杆件轴向变形引起的位移计算公式为：

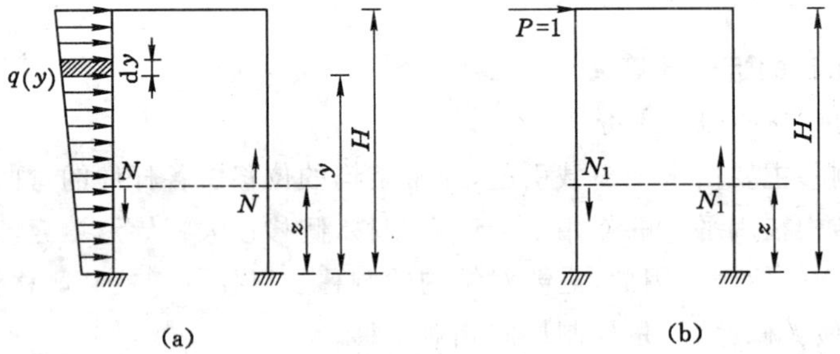

图 3-58　框架柱轴向变形引起的侧移计算

(a) 分布荷载作用下的计算简图；(b) 虚拟单位力作用下的计算简图。

$$u_N = \sum \int_0^H \frac{N_1 N}{EA} dz \tag{3-46}$$

式中　$\sum$——对所有柱求和；

N_1——顶点作用单位水平力时在各柱内产生的轴力；

N——水平外荷载作用下的柱轴力；

A——柱的截面面积；

E——柱的弹性模量。

框架结构在水平荷载作用下，一侧的柱产生轴向拉力，另一侧的柱产生轴向的压力；外侧柱的轴力大，内侧柱的轴力小。为了简化计算，通常忽略内侧柱的轴力，并近似取外侧柱轴力为：

$$N = \pm \frac{M}{B} \tag{3-47}$$

式中　M——上部水平荷载对任意一高度处产生的弯矩；

B——外侧柱之间的距离。

当结构上作用有分布荷载 $q(y)$ 时，如图 3-58(a)所示，在高度 z 处，可以得到荷载作用下的弯矩：

$$M = \int_0^H q(y)\mathrm{d}y(y - z) \tag{3-48}$$

进而由式(3-48)可以得到高度 z 处荷载作用下的轴力：

$$N = \pm \int_0^H \frac{q(y)\mathrm{d}y(y - z)}{B} \tag{3-49}$$

当虚拟单位力作用于结构上时，如图 3-58(b)所示，可以计算得到高度 z 处的轴力为：

$$N = \pm \frac{1 \times (H - z)}{B} \tag{3-50}$$

将式(3-49)和式(3-50)代入位移计算公式(3-46)即可得到顶点侧移。其计算结果与 $q(y)$ 的荷载形式有关。假定柱截面沿高度不变，对于框架受顶点集中水平荷载、均匀分布水平荷载和倒三角形分布荷载的作用，框架柱轴向变形引起的顶点侧移分别为：

$$U_N = \begin{cases} \dfrac{2V_0H^3}{3EAB^2} & \text{(顶点集中荷载)} \\[2ex] \dfrac{V_0H^3}{4EAB^2} & \text{(均匀分布水平荷载)} \\[2ex] \dfrac{11V_0H^3}{30EAB^2} & \text{(倒三角形分布荷载)} \end{cases} \tag{3-51}$$

式中　V_0——水平外荷载在框架底面产生的总剪力；

H——柱总高度；

A——柱的截面面积；

E——柱的弹性模量；

B——外侧柱之间的距离。

从式(3-51)可以看出，当房屋高度越高(H 越大)、宽度越窄(B 越小)，由柱轴向变形引起的顶点侧移 u_N 越大。计算表明，对于高度 $H>50$ m 或 $H/B>4$ 的结构，由柱轴向变形引起的侧移约为梁柱弯曲变形所引起的顶点侧移的 5%～11%。

3.4.6.3　侧移的限值

框架结构的层间侧移过大将导致框架中的隔墙等非承重填充构件开裂，因此应进行结构的侧移验算。结构侧向位移的验算要求层间位移满足下式规定：

$$\Delta u/h=[\Delta u/h] \tag{3-52}$$

式中 h——结构的层高；

Δu——按弹性计算方法计算得到的楼层层间位移；

$[\Delta u/h]$——框架结构的层间位移限值，按弹性方法计算的风荷载或多遇地震标准值作用下的楼层层间最大水平位移与层高之比 $\Delta u/h$ 宜按表 3-22 取用。

表 3-22 框架结构的层间最大位移与层高之比的限值

高度/m	$[\Delta u/h]$
$H\leqslant150$	1/550
$H\geqslant250$	1/500
$150<H<250$	按本表上述取值线性插入取用

注：楼层层间最大位移 u 以楼层最大的水平位移差计算，不扣除整体弯曲变形。

3.4.7 框架结构的二阶效应

对于框架结构，若其高宽比较大，当结构在水平风荷载或地震作用下产生水平位移时，由于位移引起的竖向荷载的偏心又将对结构产生附加弯矩，而附加弯矩又会使结构的侧移进一步加大。这种由于水平位移导致竖向荷载对结构产生的内力与侧移增大的现象称为重力二阶效应(又称为 P-Δ 效应)，如图 3-59 所示。如果由于侧移引起的内力增加最终能与竖向荷载相平衡，那么结构是稳定的，否则结构将出现因 P-Δ 效应引起的整体失稳破坏。

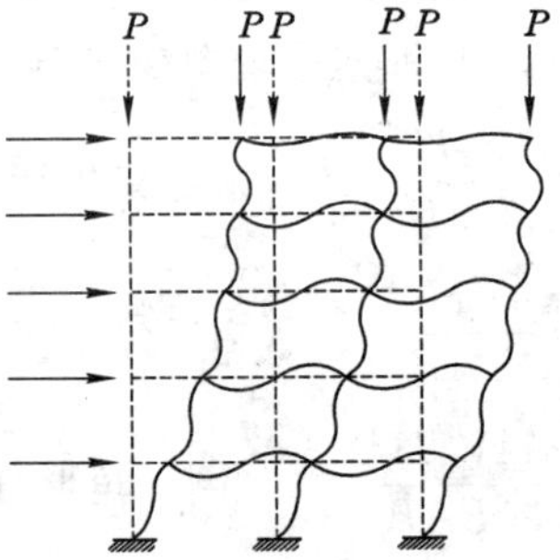

图 3-59 框架结构的 P-Δ 效应

如果保持结构的平面布置和截面尺寸不变，那么随着建筑高度的增大，建筑高宽比会呈线性增大，结构自重也会增大，因而由于结构水平侧移导致的竖向荷载的二阶效应也会逐渐加大，并且其不利影响为非线性增长。

但是，我们应注意到，结构高度增加后，为满足规范规定的水平位移限值，结构的抗侧刚度也要相应提高，这又会削弱重力二阶效应的不利影响。由以上分析可见，不能单纯根据结构高度来确定重力二阶效应影响的大小。实际上 P-Δ 效应的影响因素主要是结构的侧向刚度和结构的自重。因而，限制结构的刚重比(结构的刚度和重力荷载之比)是控制二阶效应的有效途径。

3.5　荷载效应组合

在3.4节中介绍了多层框架结构在竖向荷载及水平荷载作用下其内力的近似计算方法，在实际工程中，框架结构一般同时承受多种荷载。在进行框架结构设计时，需要找出框架梁、柱控制截面的最不利内力，最不利内力是使截面配筋最大的内力。一般来说，并不是所有荷载同时作用时某些截面有最大内力，而是其中一些荷载作用下才能得到最大内力。因此，必须对框架构件的控制截面进行荷载效应组合，然后进行构件的截面设计，以此作为梁柱截面配筋的依据。

3.5.1　控制截面

构件内力往往沿杆件长度发生变化，构件截面有时也会在杆件某处发生改变，设计时应根据构件内力分布特点和截面尺寸变化情况，选取内力较大截面或尺寸改变处截面作为控制截面，组合控制截面的内力进行配筋计算。

框架柱的弯矩沿柱高是呈线性变化的，弯矩最大值在柱的两端，因此可取各层柱的上、下端截面为控制截面。对于框架梁，在水平荷载和竖向荷载共同作用下，剪力沿梁轴线呈线性变化，弯矩一般呈抛物线变化，其两端截面往往是最大负弯矩和最大剪力作用处。因此。除了取梁的两端为控制截面外，还应在跨间取最大正弯矩的截面为控制截面。为了计算简便，不再用求极值的方法确定最大正弯矩控制截面，而直接以梁的跨中截面作为控制截面(跨中截面在有些情况下也可能出现负弯矩)。

由于内力分析时得到的梁弯矩和剪力都是轴线处的内力值，但在进行构件设计或截面配筋时应采用构件端部截面的内力，而不是轴线处的内力。由图3-60可见，两端柱边的弯矩和剪力应按式(3-53)计算。

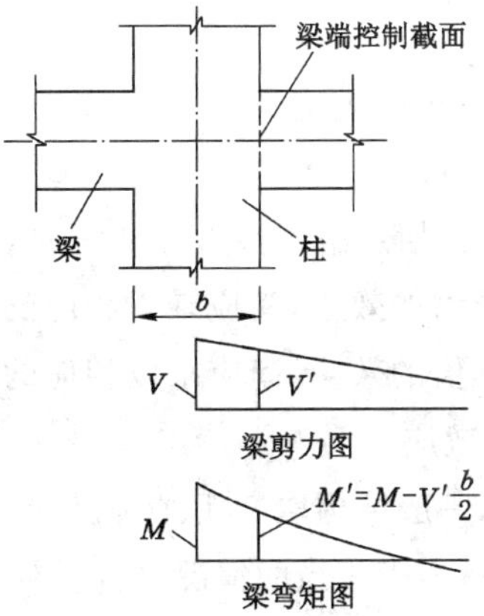

图3-60　梁端控制截面的弯矩和剪力

$$\begin{cases} V' = V - q\dfrac{b}{2} \\ M' = M - V'\dfrac{b}{2} \end{cases} \tag{3-53}$$

式中 V',M'——柱边截面的剪力、弯矩；

V,M——内力计算得到的柱轴线处的剪力、弯矩；

q——作用于梁上的竖向均布荷载。

3.5.2 荷载效应组合规则

结构上作用有各种不同的荷载，在各种荷载单独作用下，我们可以计算得到结构构件在各控制截面处的内力，但是结构上的各种荷载并不可能同时按荷载标准值作用于结构上，因而结构在各种荷载共同作用下的内力并不能简单地进行叠加求和。多种荷载的共同作用应该按照一定的规则进行组合，这就是荷载效应组合问题。

3.5.2.1 *承载能力极限状态验算的荷载效应组合*

结构或构件达到最大承载能力或者达到不适宜继续承载的变形状态，称为承载能力极限状态。

超过承载能力极限状态后，结构或构件就不能满足安全性的要求。

对于承载能力极限状态，应按荷载效应的基本组合进行荷载效应组合，非抗震设计时应采用式(1-1)进行设计。抗震设计时构件的正截面承载力设计值验算公式与非抗震设计时相同，只是需要在有地震作用时考虑承载力调整系数。其他具体要求应按《建筑抗震设计规范》(GB 50011—2010，2016 年版)规定执行。

结构构件的地震作用效应和其他荷载效应的基本组合设计值应按照式(3-54)计算：

$$S=\gamma_G S_{GE}+\gamma_{Eh}S_{Ehk}+\gamma_{Ev}S_{Evk}+\psi_\omega\gamma_\omega S_{\omega k} \tag{3-54}$$

式中 γ_G——重力荷载分项系数，一般情况应采用 1.2，当重力荷载效应对构件承载能力有利时，不应大于 1.0；

γ_{Eh},γ_{Ev}——水平、竖向地震作用分项系数，应按表 3-23 取用；

γ_ω——风荷载分项系数，应采用 1.4；

S_{GE}——重力荷载代表值(建筑的重力荷载代表值应取结构和构配件的自重标准值和各可变荷载组合值之和，各可变荷载的组合值系数，应按规定取用)的效应，有吊车时，尚应包括悬吊物重力标准值的效应；

S_{Ehk}——水平地震作用标准值的效应，尚应乘以相应的增大系数或调整系数；

S_{Evk}——竖向地震作用标准值的效应，尚应乘以相应的增大系数或调整系数；

$S_{\omega k}$——竖向荷载标准值的效应；

ψ_ω——风荷载组合值系数，一般结构取 0，风荷载起控制作用(指风荷载和地震作用产生的总剪力和倾覆力矩相当的情况)的高层建筑应采用 0.2。

表 3-23 地震作用分项系数表

地震作用	γ_{Eh}	γ_{Ev}
仅计算水平地震作用	1.3	0.0
仅计算竖向地震作用	0.0	1.3
同时计算水平与竖向地震作用	1.3	0.5

3.5.2.2　正常使用极限状态验算的荷载效应组合

结构或构件达到正常使用或耐久性能中某项规定限度的状态称为正常使用极限状态。

结构或构件按承载能力极限状态进行计算后，还应该按正常使用极限状态进行验算。

对于正常使用极限状态，应根据不同的设计要求，采用荷载的标准组合、频遇组合或准永久组合，并应按式(1-5)进行设计。

对于标准组合，荷载效应组合的设计值 S_d 应按式(1-6)取用；对于频遇组合应按式(1-8)、(1-9)取用；准永久组合设计值应按式(1-10)取用。

3.5.3　最不利内力

设计框架结构的构件时，必须求出各构件的最不利内力。对于构件某一控制截面，可能存在几组最不利内力组合。例如，对于混凝土框架梁端截面，为了计算其梁顶部配筋，必须找出该截面的最大负弯矩；为了确定梁端底部配筋，必须找出该截面最大正弯矩；还需进一步找出截面最大剪力进行梁端受剪承载力的计算。一般来说，并不是所有荷载同时作用时截面的弯矩即为最大值；而是在某些荷载作用下得到某控制截面的最大正弯矩，在另一些荷载作用下得到此截面的最大负弯矩。

最不利内力的组合有多种，对于框架梁支座截面，最不利内力是最大负弯矩及最大剪力，但也要组合可能出现的正弯矩；对于框架梁的跨中截面，最不利内力是最大正弯矩或可能出现的负弯矩。对于框架柱的上下端截面，可能出现大偏压情况，此时，若弯矩 M 越大、N 越小，构件的受力状态越不利；也可能出现小偏压情况，此时，若轴力 N 越大、M 越大，构件的受力状态越不利。因此，一般框架结构的最不利内力组合可归纳为：

(1) 梁端截面：$+M_{max}$，$-M_{max}$，V。

(2) 梁跨中截面：$+M_{max}$，$-M_{max}$。

(3) 柱端截面：

① $|M|_{max}$及相应的 N，V；

② N_{max}及相应的 M，V；

③ N_{min}及相应的 M，V。

在某些情况下，内力值即使不是最大值或最小值，也可能是最不利的，设计时应加以注意。例如，对混凝土框架柱的小偏压截面，当 N 不是最大值但相应的 M 较大时，配筋可能反而需要多一些，也会成为最不利内力。

3.5.4　弯矩调幅

弯矩调幅是根据整体弹性内力、构件塑性设计原理对竖向荷载下框架梁端负弯矩进行适当降低，在满足安全的前提下人为控制内力重分布达到设计要求的一种方法。

框架结构在承受竖向荷载作用时，如果按照假定为刚接的理论计算值去设计，框架内力是根据计算简图按弹性理论的方法求得的，而实际受力时框架梁无法达到完全刚接，那么实质上是低估了跨中截面的实际弯矩值。按照框架结构的合理破坏形式，在梁端出现塑性铰是允许的，而对于装配整体式框架，节点并非绝对刚性，而梁端实际弯矩将小于其弹性计算值。因此，可以考虑用梁端塑性调幅的方法来体现这一影响。

对于钢筋混凝土框架，在竖向荷载作用下，考虑框架梁端塑性内力重分布。在进行框架结构设计时，一般均对梁端弯矩进行调幅，即人为地减少梁端负弯矩，减少节点附近梁顶面的配筋量，减少支座处的钢筋，尽量避免钢筋打架，混凝土也易于浇捣，以节约钢材，方便施工，保障施工质量。

在对框架梁进行弯矩调幅时，可对梁端负弯矩乘以调幅系数进行调幅，并应符合下列规定：

(1) 对于装配整体式框架，由于接头焊接不牢或由于节点区混凝土灌注不密实等原因，节点容易变形而达不到绝对刚性，梁端负弯矩调幅系数 β 可取为 0.7～0.8；

(2) 对于现浇框架，梁端负弯矩调幅系数 β 可取为 0.8～0.9；

(3) 框架梁端负弯矩调幅后，梁跨中弯矩应按平衡条件相应增大；

(4) 截面设计时，为保证框架梁跨中截面底部钢筋不至于过少，框架梁跨中截面正弯矩设计值不应小于竖向荷载作用下按简支梁计算的跨中弯矩设计值的 50%。

假设某框架梁 AB 在竖向荷载作用下，梁端最大负弯矩分别为 M_{A0}、M_{B0}，梁跨中最大正弯矩为 M_{C0}，则调幅后梁端弯矩可取

$$\begin{cases} M_A = \beta M_{A0} \\ M_B = \beta M_{B0} \end{cases} \tag{3-55}$$

$$M_{C0} + (M_A + M_B)/2 > M_0$$

式中　β——弯矩调幅系数；

M_A，M_B——调幅后框架梁 A、B 端的弯矩；

M_0——按简支梁计算的跨中弯矩。

《混凝土结构设计规范》(GB 50010—2010，2015 年版)中第 5.4.3 条规定，按考虑塑性内力重分布分析方法设计的结构和构件，钢筋混凝土梁支座或节点边缘截面的负弯矩调幅幅度不宜大于 25%；弯矩调整后的梁端截面相对受压区高度不应超过 0.35，且不宜小于 0.10。钢筋混凝土板的负弯矩调幅幅度不宜大于 20%。

在水平荷载作用下，框架梁的跨中处于反弯点的位置，所以框架梁的跨中弯矩较小，框架梁的两端弯矩较大，且两端为异号弯矩。并且框架梁的端部弯矩是由柱端弯矩根据节点平衡分配得来的，如果对水平荷载作用下的框架梁调幅，那就无法去平衡柱端弯矩了。

所以，弯矩调幅只对竖向荷载作用下的内力进行，而水平荷载作用下的弯矩不参加调幅，因此，弯矩调幅应在内力组合之前进行。

3.5.5　内力组合步骤

内力组合具体步骤如下：

(1) 恒荷载、活荷载、风荷载及地震等效荷载分别按各自规律布置，进行内力分析；

(2) 取出各个构件的控制截面内力，经过内力调整后填入内力组合表内；

(3) 分析结构可能出现的若干种组合，将各内力分别乘以相应的荷载分项系数及组合系数；

(4) 按照不利内力的要求分组叠加内力；

(5) 在若干组不利内力中选取最不利的作为构件截面的设计内力。

3.6　框架结构构件的构造设计

3.6.1　材料的要求

3.6.1.1　混凝土强度等级

框架结构的混凝土应符合下列规定：

(1) 抗震设防烈度为9度时不宜超过C60,抗震设防烈度为8度时不宜超过C70。

(2) 框支梁、框支柱以及一级抗震等级的框架梁、柱及节点,不应低于C30;其他各类结构构件,不应低于C20。

3.6.1.2　钢筋

梁、柱、支撑以及剪力墙边缘构件中,其受力钢筋宜采用热轧带肋钢筋。当采用现行国家标准《钢筋混凝土用钢 第2部分:热轧带肋钢筋》(GB 1499.2—2018)中牌号带"E"的热轧带肋钢筋时,其强度和弹性模量应按《混凝土结构设计规范》(GB 50010—2010,2015年版)第4.2节有关热轧带肋钢筋的规定采用。

按一、二、三级抗震等级设计的框架和斜撑构件,其纵向受力普通钢筋应符合下列要求:

(1) 钢筋的抗拉强度实测值与屈服强度实测值的比值不应小于1.25;

(2) 钢筋的屈服强度实测值与屈服强度标准值的比值不应大于1.30;

(3) 钢筋最大拉力下的总伸长率实测值不应小于9%。

3.6.2　框架梁的构造要求

框架梁的设计除应满足计算要求外,还应该满足以下构造要求。

3.6.2.1　钢筋的保护层厚度

构件中受力钢筋的保护层厚度(钢筋外边缘至混凝土表面的距离)不应小于钢筋的公称直径,《混凝土结构设计规范》(GB 50010—2010,2015年版)规定,设计使用年限为50年的混凝土结构,最外层钢筋的保护层厚度应符合表3-24的规定。

表3-24　钢筋的混凝土保护层最小厚度　　单位:mm

环境类别		板、墙、壳	梁、柱、杆
一		15	20
二	a	20	25
	b	25	35
三	a	30	40
	b	40	50

注:1. 混凝土强度等级不大于C25时,表3-24中保护层厚度数值应增加5 mm;

2. 钢筋混凝土基础宜设置混凝土垫层,基础中钢筋的混凝土保护层厚度应从垫层顶面算起,且不应小于40 mm;当无垫层时,不应小于70 mm。

3.6.2.2　钢筋的锚固

当计算中充分利用钢筋的抗拉强度时,受拉钢筋的基本锚固长度应按下式计算:

$$l_{ab}=\alpha \frac{f_y}{f_t}d \tag{3-56}$$

式中　l_{ab}——受拉钢筋的基本锚固长度;

α——钢筋的外形系数,按表3-25取用;

f_t——混凝土轴心抗拉强度设计值,当混凝土强度等级高于C60时,按C60取值;

f_y——钢筋的抗拉强度设计值;

d——钢筋直径。

表 3-25　锚固钢筋的外形系数 α

钢筋类型	光圆钢筋	带肋钢筋	螺旋肋钢丝
α	0.16	0.14	0.13

受拉钢筋的锚固长度应根据锚固条件按下式计算，且不应小于 200 mm：

$$l_a = \zeta_a l_{ab} \tag{3-57}$$

式中　l_a——受拉钢筋的锚固长度；

ζ_a——锚固长度修正系数，对普通钢筋按表 3-26 中所列条件进行取用，当多于一项时，可按连乘计算，但不应小于 0.6，对预应力筋，可取 1.0。

表 3-26　计算锚固长度的修正系数

序号	条件	修正系数
1	带肋的钢筋公称直径大于 25 mm	1.10
2	环氧树脂涂层带肋钢筋	1.25
3	锚固钢筋的保护层厚度为 $3d$	0.8
4	锚固钢筋的保护层厚度为 $5d$	0.7
5	钢筋在混凝土施工过程中易受扰动(如滑模施工)时	1.10
6	纵向受力钢筋的实际配筋面积大于其设计计算面积	设计计算面积与实际配筋面积的比值

梁柱节点中纵向受拉钢筋的锚固要满足《混凝土结构设计规范》(GB 50010—2010，2015 年版)中9.3(Ⅱ)节的要求。

当锚固钢筋的保护层厚度不大于 $5d$ 时，锚固长度范围内应配置横向构造钢筋，其直径不应小于 $d/4$；对梁、柱、斜撑等构件间距不应大于 $5d$，对板、墙等平面构件间距不应大于 $10d$，且均不应大于 100 mm，此处 d 为锚固钢筋的直径。

混凝土结构中的纵向受压钢筋，当计算中充分利用其抗压强度时，其锚固长度不应小于相应受拉锚固长度的 70%。受压钢筋不应采用末端弯钩和一侧贴焊钢筋的锚固措施。

3.6.2.3　钢筋的连接

钢筋的连接可采用绑扎搭接、机械连接或焊接。机械连接接头和焊接接头的类型及质量应符合国家现行有关标准的规定。混凝土结构中受力钢筋的连接接头宜设置在受力较小处；在同一根受力钢筋上宜少设接头；在结构的重要构件和关键传力部位，纵向受力钢筋不宜设置连接接头。

轴心受拉及小偏心受拉杆件的纵向受力钢筋不得采用绑扎搭接；其他构件中的钢筋采用绑扎搭接时，受拉钢筋直径不宜大于 25 mm，受压钢筋直径不宜大于 28 mm。

纵向受拉钢筋绑扎搭接接头的搭接长度，应根据位于同一连接区段内的钢筋搭接接头面积百分率按式(3-58)计算，且不应小于 300 mm：

$$l_l = \zeta_l l_a \tag{3-58}$$

式中　l_l——纵向受拉钢筋的搭接长度；

ζ_1——纵向受拉钢筋搭接长度修正系数，应根据位于同一连接区段内的钢筋搭接接头面积百分率按表 3-27 取用。

表 3-27 纵向受拉钢筋搭接长度修正系数

纵向钢筋搭接接头面积百分率/%	≤25	50	100
ζ_1	1.2	1.4	1.6

构件中的纵向受压钢筋采用搭接连接时，其受压搭接长度不应小于纵向受拉钢筋搭接长度的 70%，且不应小于 200 mm。

3.6.2.4 框架梁截面尺寸

框架梁截面尺寸应符合下列要求：

(1) 截面宽度不宜小于 200 mm；

(2) 截面高度与宽度的比值不宜大于 4；

(3) 净跨与截面高度的比值不宜小于 4。

3.6.2.5 框架梁内纵向钢筋的配置

(1) 伸入梁支座范围内的钢筋不应少于 2 根。

(2) 梁高不小于 300 mm 时，钢筋直径不应小于 10 mm；梁高小于 300 mm 时，钢筋直径不应小于 8 mm。

(3) 梁上部纵向钢筋水平方向的净间距不应小于 30 mm 和 $1.5d$（d 为纵向钢筋最大直径）；梁下部钢筋水平方向的净间距不应小于 25 mm 和 d。当梁的下部纵向钢筋多于两层时，2 层以上钢筋水平方向的中距应比下面 2 层的中距增大 1 倍；各层钢筋之间的净间距不应小于 25 mm 和 d。

(4) 梁端纵向受拉钢筋的配筋率不宜大于 2.5%。沿梁全长顶面和底面至少应各配置 2 根通长的纵向钢筋，对一、二级抗震等级，钢筋直径不应小于 14 mm，且分别不应小于梁两端顶面和底面纵向受力钢筋中较大截面面积的 1/4；对三、四级抗震等级，钢筋直径不应小于 12 mm。

(5)《混凝土结构设计规范》(GB 50010—2010，2015 年版)中规定，框架梁的纵向受拉钢筋的配筋率不应小于表 3-28 中规定的数值。

表 3-28 框架梁纵向受拉钢筋的最小配筋率 单位：%

抗震等级	梁中位置	
	支座	跨中
一级	0.40 和 $80f_t/f_y$ 中的较大值	0.30 和 $65f_t/f_y$ 中的较大值
二级	0.30 和 $65f_t/f_y$ 中的较大值	0.25 和 $55f_t/f_y$ 中的较大值
三、四级	0.25 和 $55f_t/f_y$ 中的较大值	0.20 和 $45f_t/f_y$ 中的较大值

注：f_t 为混凝土轴心抗拉强度设计值；f_y 为钢筋的抗拉强度设计值。

(6) 框架梁两端截面的底部和顶部纵向受力钢筋截面面积的比值，除按计算确定外，一级抗震等级不应小于 0.5；二、三级抗震等级不应小于 0.3。

(7) 钢筋混凝土梁支座截面负弯矩纵向受拉钢筋不宜在受拉区截断。当必须截断时，应符合以下规定：

① 当 $V \leqslant 0.7f_tbh_0$ 时，应延伸至按正截面受弯承载力计算不需要该钢筋的截面以外不小于 $20d$ 处截断，并且从该钢筋强度充分利用截面伸出的长度不应小于 $1.2l_a$。

② 当 $V > 0.7f_tbh_0$ 时，应延伸至按正截面受弯承载力计算不需要该钢筋的截面以外不小于 h_0 且不小于 $20d$ 处截断，并且从该钢筋强度充分利用截面伸出的长度不应小于 $1.2l_a + h_0$。

③ 若按上述规定确定的截断点仍位于负弯矩受拉区内，则应延伸至按正截面受弯承载力计算不需要该钢筋的截面以外不小于 $1.3h_0$ 且不小于 $20d$ 处截断，并且从该钢筋强度充分利用截面伸出的长度不应小于 $1.2l_a + 1.7h_0$。

(8) 对梁的上部纵向架立筋，当梁的跨度小于 4 m 时，直径不宜小于 8 mm；当梁的跨度为 4～6 m 时，直径不应小于 10 mm；当梁的跨度大于 6 m 时，直径不宜小于 12 mm。

(9) 当梁的腹板高度 $h_w \geqslant 450$ mm 时，在梁的两个侧面应沿高度配置纵向构造钢筋，每侧纵向构造钢筋（不包括梁上下部受力钢筋及架立钢筋）的截面面积不应小于腹板截面面积 bh_w 的 0.1%，且其间距不宜大于 200 mm。

3.6.2.6 框架梁内箍筋的配置

(1) 混凝土梁宜采用箍筋作为承受剪力的钢筋，当采用弯起钢筋时，弯起角宜取 45°或 60°；在弯终点外应留有平行于梁轴线方向的锚固长度，且在受拉区不应小于 $20d$，在受压区不应小于 $10d$，d 为弯起钢筋的直径。

(2) 按承载力计算不需要配置箍筋的梁，当截面高度 $h < 150$ mm 时，可不设箍筋；当截面高度 $h = 150 \sim 300$ mm 时，可仅在构件端部各 $l_0/4$ 跨度范围内设置箍筋，l_0 为梁的跨度，但当在构件中部 $l_0/2$ 跨度范围内有集中荷载作用时，则应沿梁全长设置箍筋；当截面高度 $h > 300$ mm 时，应沿梁全长设置箍筋。

(3) 截面高度大于 800 mm 的梁，其箍筋直径不宜小于 8 mm；截面高度不大于 800 mm 的梁，其箍筋直径不应小于 6 mm。

(4) 非抗震设计时，梁中箍筋的最大间距宜符合表 3-29 的要求，当 $V > 0.75f_tbh_0 + 0.05N_{p0}$ 时，箍筋的配筋率尚不应小于 $0.24f_t/f_{yv}$。

表 3-29 梁箍筋最大间距

单位：mm

梁高 h	$V > 0.7f_tbh_0$	$V \leqslant 0.7f_tbh_0$
$150 < h \leqslant 300$	150	200
$300 < h \leqslant 500$	200	300
$500 < h \leqslant 800$	250	350
$h > 800$	300	400

3.6.3 框架柱的计算长度

多层框架结构中的框架梁、框架柱为刚接的时候，各层框架柱的计算长度需要根据约束条件及荷载情况对柱截面的影响来确定。各层柱的计算长度 l_0 可按表 3-30 取用。

表 3-30　框架结构各层柱的计算长度系数

楼盖类型	柱的类别	计算长度系数
现浇结构	底层柱	1.0H
	其余各层柱	1.25H
装配式结构	底层柱	1.25H
	其他各层柱	1.5H

注：H 为框架柱的长度，对于底层柱为基础顶面到一层楼盖顶面的高度，对于其他各层柱为上下两层楼盖顶面之间的高度。

3.6.4　框架柱的构造要求

3.6.4.1　框架柱的截面尺寸

框架柱的截面尺寸应符合下列要求：

(1) 矩形截面柱，抗震等级为四级或层数不超过 2 层时，其最小截面尺寸不宜小于 300 mm；一、二、三级抗震等级且层数超过 2 层时不宜小于 400 mm。圆形柱的截面直径，抗震等级为四级或层数不超过 2 层时不宜小于 350mm；一、二、三级抗震等级且层数超过 2 层时不宜小于 450 mm。

(2) 柱的剪跨比宜大于 2。

(3) 柱截面高度与宽度的比值不宜大于 3。

3.6.4.2　框架柱的纵向钢筋

框架柱的纵向钢筋配置应符合以下要求：

(1) 纵向受力钢筋直径不宜小于 12 mm；全部纵向钢筋的配筋率不宜大于 5%。

(2) 柱中纵向钢筋的净间距不应小于 50 mm，且不宜大于 300 mm。

(3) 偏心受压柱的截面高度不小于 600 mm 时，在柱的侧面上应设置直径不小于 10 mm的纵向构造钢筋，并相应设置复合箍筋或拉筋。

(4) 圆柱中纵向钢筋不宜少于 8 根，不应少于 6 根，且宜沿周边均匀布置。

(5) 在偏心受压柱中，垂直于弯矩作用平面的侧面上的纵向受力钢筋以及轴心受压柱中各边的纵向受力钢筋，其中距不宜大于 300 mm。

(6) 框架边柱、角柱及剪力墙端柱在地震组合下处于偏心受拉时，柱内纵向受力钢筋总截面面积应比计算值增加 25%。

(7) 框架柱中全部纵向受力钢筋的配筋率不应小于表 3-31 中规定的数值，同时每侧的配筋率不应小于 0.2%；对Ⅳ类场地上较高的高层建筑，最小配筋率应按表 3-31 中数值增加 0.1%取用。

表 3-31　框架柱全部纵向受力钢筋最小配筋率　　单位：%

框架柱类型	抗震等级			
	一	二	三	四
中柱、边柱	1.0	0.8	0.7	0.6
角柱	1.1	0.9	0.8	0.7

注：柱全部纵向受力钢筋最小配筋率，当采用 335 MPa 级、400 MPa 级纵向受力钢筋时，应分别按表中数值增加 0.1 和 0.05 采用；当混凝土强度等级为 C60 及以上时，应按表中数值增加 0.1 采用。

3.6.4.3　框架柱的箍筋

框架柱的箍筋配置应满足以下要求：

(1) 箍筋直径不应小于 $d/4$，且不应小于 6 mm，d 为纵向钢筋的最大直径。

(2) 箍筋间距不应大于 400 mm 及构件截面的短边尺寸，且不应大于 $15d$，d 为纵向钢筋的最小直径。

(3) 柱及其他受压构件中的周边箍筋应做成封闭式。

(4) 当柱截面短边尺寸大于 400 mm 且各边纵向钢筋多于 3 根时，或当柱截面短边尺寸不大于 400 mm，但各边纵向钢筋多于 4 根时，应设置复合箍筋。

(5) 柱中全部纵向受力钢筋的配筋率大于 3%时，箍筋不应小于 8 mm，间距不应大于 $10d$，且不应大于 200 mm。箍筋末端应做成 135°弯钩，且弯钩末端平直段长度不应小于 $10d$，d 为纵向受力钢筋的最小直径。

(6) 在配有螺旋式或焊接环式箍筋的柱中，如在正截面受压承载力计算中考虑间接钢筋的作用时，箍筋间距不应大于 80 mm 及 $d_{cor}/5$，且不宜小于 40 mm，d_{cor} 为按箍筋内表面确定的核心截面直径。

对于有抗震要求的框架柱和框支柱的箍筋应符合下列要求：

(1) 上、下端箍筋应加密，箍筋加密区的最大间距和箍筋最小直径应符合表 3-32 的规定。

表 3-32　柱端箍筋加密区的构造要求

抗震等级	箍筋最大间距/mm	箍筋最小直径/mm
一	纵向钢筋直径的 6 倍和 100 中的较小值	10
二	纵向钢筋直径的 8 倍和 100 中的较小值	8
三	纵向钢筋直径的 8 倍和 150(柱根 100)中的较小值	8
四	纵向钢筋直径的 8 倍和 150(柱根 100)中的较小值	6(柱根 8)

注：柱根指底层柱下端的箍筋加密区范围。

(2) 框支柱和剪跨比 $\lambda \leqslant 2$ 的框架柱应在柱全高范围内加密箍筋，且箍筋间距应符合表 3-32 中一级抗震等级的要求。

(3) 一级抗震等级框架柱的箍筋直径大于 12 mm 且箍筋肢距不大于 150 mm 时，以及二级抗震等级框架柱的直径不小于 10 mm 且箍筋肢距不大于 200 mm 时，除底层柱下端外，箍筋间距应允许采用 150 mm；抗震等级框架柱剪跨比不大于 2 时，箍筋直径不应小于 8 mm。

(4) 框架柱的箍筋加密区长度，应取柱截面长边尺寸(或圆形截面直径)、柱净高的 1/6 和 500 mm 中的最大值；一、二级抗震等级的角柱应沿柱全高加密箍筋。底层柱根箍筋加密区长度应取不小于该层柱净高的 1/3；当有刚性地面时，除柱端箍筋加密区外尚应在刚性地面上、下各 500 mm 的高度范围内加密箍筋。此外，框架柱加密区内的箍筋肢距，一级抗震等级不宜大于 200 mm；二、三级抗震等级不宜大于 250 mm 和 20 倍箍筋直径中的较大值；四级抗震等级不宜大于 300 mm。

(5) 一、二、三、四级抗震等级的各类结构的框架柱、框支柱，当柱的剪跨比大于 2，混凝土强度不大于C60时，其轴压比不宜大于表3-33中的限值。所谓轴压比是指柱地震作用组合的轴向压力设计值与柱的全截面面积和混凝土轴心抗压强度设计值乘积之比值。

表3-33 柱轴压比限值

结构体系	抗震等级			
	一级	二级	三级	四级
框架结构	0.65	0.75	0.85	0.90
框架-剪力墙结构、筒体结构	0.75	0.85	0.90	0.95
部分框支剪力墙结构	0.60	0.70		

(6) 对于框架柱箍筋加密区箍筋的体积配筋率而言，应符合如下要求：

柱箍筋加密区箍筋的体积配筋率应满足式(3-59)的要求：

$$\rho_v \geqslant \lambda_v \frac{f_c}{f_{yv}} \tag{3-59}$$

式中 ρ_v——柱箍筋加密区的体积配筋率，计算中应扣除重叠部分的箍筋体积；

f_{yv}——箍筋抗拉强度设计值；

f_c——混凝土轴心抗压强度设计值，当混凝土强度等级低于C35时，按C35取值；

λ_v——最小配箍特征值，应按表3-34取用。

表3-34 柱箍筋加密区的箍筋最小配箍特征值

抗震等级	箍筋形式	轴压比								
		≤0.3	0.4	0.5	0.6	0.7	0.8	0.9	1.0	1.05
一级	普通箍、复合箍	0.10	0.11	0.13	0.15	0.17	0.20	0.23		
	复合螺旋箍或连续复合矩形螺旋箍	0.08	0.09	0.11	0.13	0.15	0.18	0.21		
二级	普通箍、复合箍	0.08	0.09	0.11	0.13	0.15	0.17	0.19	0.22	0.24
	复合螺旋箍或连续复合矩形螺旋箍	0.06	0.07	0.09	0.11	0.13	0.15	0.17	0.20	0.22
三、四级	普通箍、复合箍	0.06	0.07	0.09	0.11	0.13	0.15	0.17	0.20	0.22
	复合螺旋箍或连续复合矩形螺旋箍	0.05	0.06	0.07	0.09	0.11	0.13	0.15	0.18	0.20

注：(1) 普通箍指单个矩形箍筋或单个圆形箍筋；螺旋箍指单个螺旋箍筋；复合箍指由矩形、多边形和圆形箍筋或拉筋组成的箍筋；复合螺旋箍指由螺旋箍与矩形、多边形、圆形箍筋或拉筋组成的箍筋；连续复合矩形螺旋箍指全部螺旋箍为同一根钢筋加工成的箍筋。

(2) 在计算复合螺旋箍的体积配筋率时，其中非螺旋钢筋的体积应乘以换算系数0.8；

(3) 混凝土强度等级高于C60时，箍筋宜采用复合箍、复合螺旋箍或连续复合矩形螺旋箍，当轴压比不大于0.60时，宜按表中数值增加0.02；当轴压比大于0.6时，宜按表中数值增加0.03。

对于一、二、三、四级抗震等级的柱，其箍筋加密区的箍筋体积配筋率分别不应小于0.8%、0.6%和0.4%。

当剪跨比$\lambda \leqslant 2$时，宜采用复合螺旋箍或井字复合箍，其箍筋体积配筋率不应小于1.2%；9度抗震设防烈度一级抗震等级时，不应小于1.5%。

(7) 在箍筋加密区外，箍筋的体积配筋率不宜小于加密区配筋率的一半；对一、二级抗震等级，箍筋间距不应大于 $10d$，对三、四级抗震等级，箍筋间距不应大于 $15d$，d 为纵向钢筋直径。

3.6.5 节点设计

在设计延性框架时，除保证梁、柱构件具有足够承载力和延性外，保证节点区的承载力，使之不过早破坏也十分重要。因为节点区破坏或者变形过大，梁、柱构件就不能再形成抗侧力的框架结构了。

3.6.5.1 配筋要求

梁纵向钢筋在框架中间层端节点的锚固应符合下列要求：

(1) 梁上部纵向钢筋伸入节点的锚固。

① 当采用直线锚固时，锚固长度不应小于 l_a，且应伸过柱中心线，伸过的长度不宜小于 $5d$，d 为梁上部纵向钢筋的直径。

② 当柱截面尺寸不满足直线锚固要求时，梁上部纵向钢筋可采用钢筋端部加机械锚头的锚固方式。梁上部纵向钢筋宜伸至柱外侧纵向钢筋内边，包括机械锚头在内的水平投影锚固长度不应小于 $0.4l_{ab}$，如图 3-61(a)所示。

③ 梁上部纵向钢筋也可采用 90°弯折锚固的方式，此时梁上部纵向钢筋应伸至柱外侧纵向钢筋内边并向节点内弯折，其包含弯弧在内的水平投影长度不应小于 $0.4l_{ab}$，弯折钢筋在弯折平面内包含弯弧段的投影长度不应小于 $15d$，如图 3-61(b)所示。

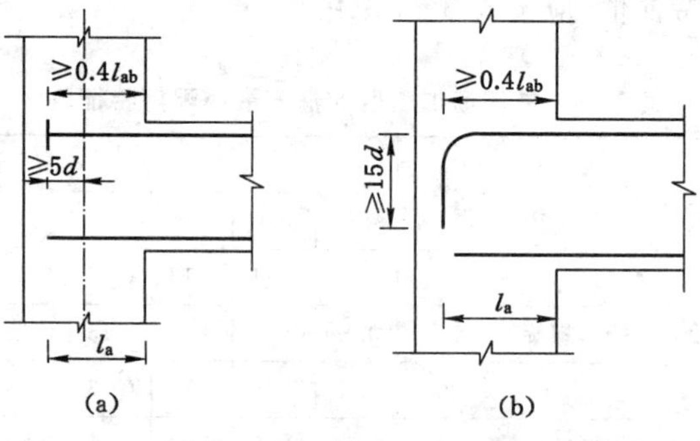

图 3-61 梁上部纵向钢筋在中间层端节点内的锚固

(a) 钢筋端部加锚头锚固；(b) 钢筋末端 90°弯折锚固。

(2) 框架梁下部纵向钢筋伸入端节点的锚固。

① 当计算中充分利用该钢筋的抗拉强度时，钢筋的锚固方式及长度应与上部钢筋的规定相同。

② 当计算中不利用该钢筋的强度或仅利用该钢筋的抗压强度时，伸入节点的锚固长度应符合中间节点梁下部纵向钢筋锚固的规定。

(3) 框架中间层终节点或连续梁中间支座，梁的上部纵向钢筋应贯穿节点或支座，梁的下部纵向钢筋宜贯穿节点或支座。

① 当计算中充分利用钢筋的抗拉强度时，钢筋可采用直线方式锚固在节点或支座内，锚固长度不应小于钢筋的受拉锚固长度 l_a，如图 3-62(a)所示。

② 当柱截面尺寸不足时，可采用钢筋端部加锚头的机械锚固方式，也可采用 90°弯折锚

固的方式。

③ 钢筋可在节点或支座外梁中弯矩较小处设置搭接接头，搭接长度的起始点至节点或支座边缘的距离不应小于 $1.5h_0$，如图 3-62(b)所示。

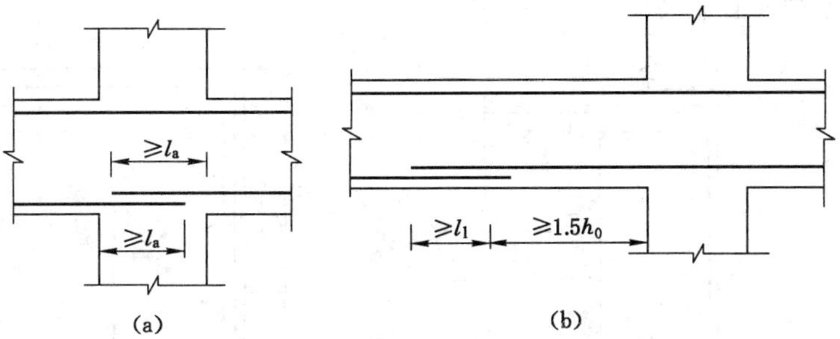

图 3-62　梁下部纵向钢筋在中间节点或中间支座范围的锚固与搭接

(a) 下部纵向钢筋在节点中直线锚固；(b) 下部纵向钢筋在节点或支座范围外的搭接。

(4) 柱纵向钢筋应贯穿中间层的中间节点或端节点，接头应设在节点区以外。柱纵向钢筋在顶层中节点的锚固应符合如下要求：

① 柱纵向钢筋应伸至柱顶，且自梁底算起的锚固长度不应小于 l_a。

② 当截面尺寸不满足直线方式锚固尺寸要求时，可采用弯折锚固措施，如图 3-63(a)所示。

③ 当柱截面尺寸不足时，也可采用钢筋端部加锚头的机械锚固方式，如图 3-63(b)所示。

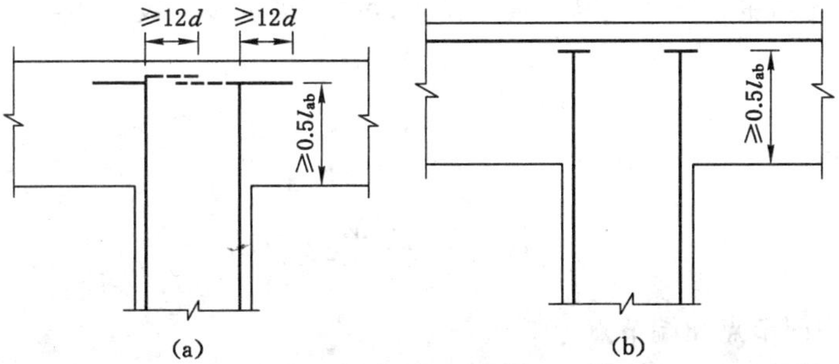

图 3-63　顶层节点中柱纵向钢筋在节点内的锚固

(a) 柱纵向钢筋 90°弯折锚固；(b) 柱纵向钢筋端头加锚板锚固。

(5) 顶层端节点柱外侧纵向钢筋可弯入梁内做梁上部纵向钢筋，也可将梁上部纵向钢筋与柱外侧纵向钢筋在节点及附近部位搭接，搭接方式如图 3-64 所示。搭接接头可沿顶层端节点外侧及梁端顶部布置，搭接长度不应小于 $1.5l_{ab}$，如图 3-64(a)所示。纵向钢筋搭接接头也可沿节点柱顶外侧直线布置，如图 3-64(b)所示。

(6) 顶层端节点处梁上部纵向钢筋的截面面积 A_s 应符合下列规定：

$$A_s \leqslant \frac{0.35\beta_c f_c b_b h_0}{f_y} \tag{3-60}$$

式中　β_c——混凝土强度影响系数；

f_c——混凝土轴心抗压强度设计值；

f_y——钢筋的抗拉强度设计值；

b_b——梁腹板宽度；

h_0——梁截面有效高度。

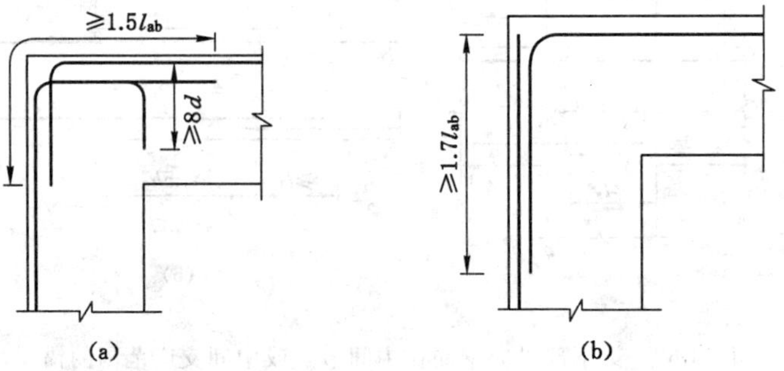

图 3-64 顶层端节点梁、柱纵向钢筋在节点内的锚固与搭接

(a) 搭接接头沿顶层端节点外侧及梁端顶部布置；(b) 搭接接头沿节点外侧直线布置。

3.6.5.2 框架梁柱节点的抗震设计要求

一、二、三级抗震等级的框架应进行节点核心区抗震受剪承载力计算；四级抗震等级的框架节点核心区可不进行计算，但应符合抗震构造措施的要求。框支层中间节点的抗震受剪承载力验算方法及抗震构造措施与框架中间层节点相同。

一、二、三级抗震等级的框架梁柱节点核心区的剪力设计值 V_j 应按下列规定计算：

(1) 顶层中间节点和端节点

① 一级抗震等级的框架结构和 9 度设防烈度的一级抗震等级框架：

$$V_j = \frac{1.15\sum M_{bu_a}}{h_{b0} - a'_s} \tag{3-61}$$

② 其他情况：

$$V_j = \frac{\eta_{jb}\sum M_b}{h_{b0} - a'_s} \tag{3-62}$$

(2) 其他层中间节点和端节点

① 一级抗震等级的框架结构和 9 度设防烈度的一级抗震等级框架：

$$V_j = \frac{1.15\sum M_{bu_a}}{h_{b0} - a'_s}\left(1 - \frac{h_{b0} - a'_s}{H_c - h_b}\right) \tag{3-63}$$

② 其他情况：

$$V_j = \frac{\eta_{jb}\sum M_b}{h_{b0} - a'_s}\left(1 - \frac{h_{b0} - a'_s}{H_c - h_b}\right) \tag{3-64}$$

式中 $\sum M_{bu_a}$——节点左、右两侧的梁端逆时针或顺时针方向实配的正截面抗震受弯承载力所对应的弯矩值之和，可根据实配钢筋面积(计入纵向受压钢筋)和材料强度标准值确定；

$\sum M_b$——节点左、右两侧的梁端逆时针或顺时针方向组合弯矩设计值之和，一级抗震等级框架节点左右梁端均为负弯矩时，绝对值较小的弯矩应取零；

η_{jb}—— 节点剪力增大系数，对于框架结构，一级取1.50，二级取1.35，三级取1.20，对于其他结构中的框架，一级取1.35，二级取1.20，三级取1.10；

h_{b0}、h_b—— 分别为梁的截面有效高度、截面高度，当节点两侧梁高不相同时，取其平均值；

H_c—— 节点上柱和下柱反弯点之间的距离；

a'_s—— 梁纵向受压钢筋合力点至截面近边的距离。

(3) 节点的抗剪承载力

框架梁柱节点核心区受剪的水平截面应符合以下条件：

$$V_j \leqslant \frac{1}{\gamma_{RE}}(0.3\eta_j\beta_c f_c b_j h_j) \tag{3-65}$$

式中 γ_{RE}——承载力抗震调整系数；

β_c——混凝土强度影响系数；

f_c——混凝土轴心抗压强度设计值；

h_j——节点核心区的截面高度，可以取验算方向的柱截面高度 h_c；

b_j——节点核心区的截面有效验算宽度，按表3-35取用；

η_j——正交梁对节点的约束影响系数，按表3-36取用。

表3-35 节点核心区的截面有效验算宽度 b_j

条件	b_j
$b_b \geqslant b_c/2$	b_c
$b_b < b_c/2$	$\min(b_b+0.5h_c, b_c)$
梁与柱的中线不重合，且偏心距 $e_0 \leqslant b_c/4$	$\min(0.5b_b+0.5b_c+0.25h_c-e_0, b_c+0.5h_c, b_c)$

注：b_b 为验算方向梁截面宽度；b_c 为该侧柱截面宽度。

表3-36 正交梁对节点的约束影响系数 η_j

条件		η_j
当楼板为现浇、梁柱中线重合、四侧各梁截面宽度不小于该侧柱截面宽度的1/2，且正交方向梁高度不小于较高框架梁高度的3/4	9度抗震设防	1.25
	6度、7度、8度抗震设防和非抗震	1.50
其他		1.00

(4) 节点区钢筋的锚固与搭接

框架梁和框架柱的纵向钢筋在框架节点区的锚固和搭接应符合下列要求：

① 框架中间层的中间节点处，框架梁的上部纵向钢筋应贯穿中间节点，贯穿中柱的每根梁纵向钢筋直径，对于9度设防烈度的各类框架和一级抗震等级的框架结构，当柱为矩形截面时，不宜大于柱在该方向截面尺寸的1/25，当柱为圆形截面时，不宜大于纵向钢筋所在位置柱截面弦长的1/25；对于一、二、三级抗震等级，当柱为矩形截面时，不宜大于柱在该方向截面尺寸的1/20，当柱为圆形截面时，不宜大于纵向钢筋所在位置柱截面弦长的1/20。

② 对于框架中间层中间节点、中间层端节点、顶层中间节点以及顶层端节点，梁、柱纵向钢筋在节点部位的锚固和搭接应符合图 3-65 所示的构造规定，且均应满足《混凝土结构设计规范》(GB 50010—2010,2015 年版）中第 11.1.7 条规定。图 3-65 中搭接连接的锚固长度 l_{lE}、l_{abE}（钢筋的抗震锚固长度，应按表 3-37 计算）。

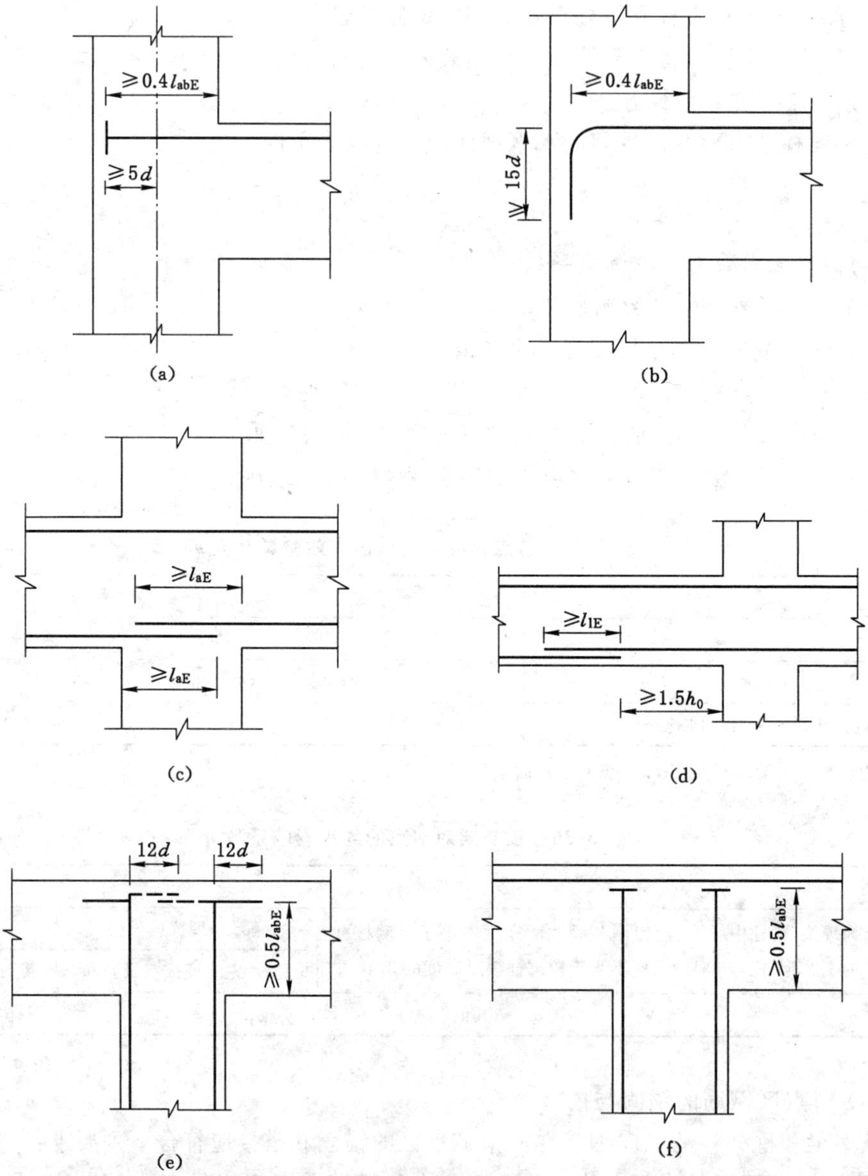

图 3-65　梁和柱的纵向受力钢筋在节点区的锚固和搭接

(a) 中间层端节点梁筋加锚头（锚板）锚固；(b) 中间层端节点梁筋 90°弯折锚固；

(c) 中间层中间节点梁筋在节点内直锚固；(d) 中间层中间节点梁筋在节点外搭接；

(e) 顶层中间节点柱筋 90°弯折锚固；(f) 顶层中间节点柱筋加锚头（锚板）锚固。

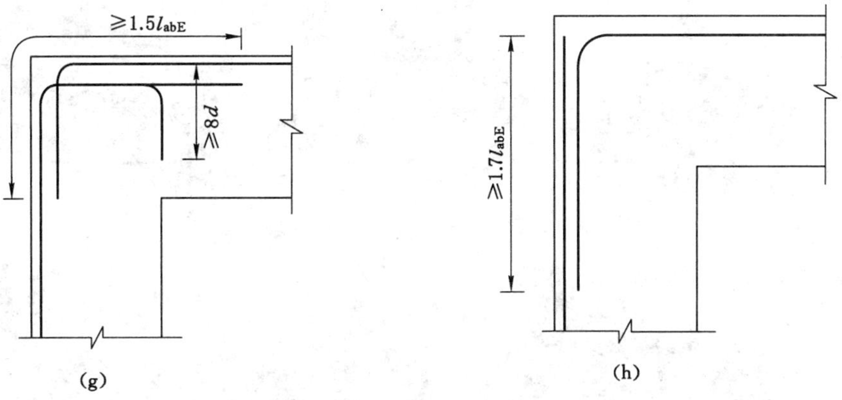

图 3-65(续)

(g) 钢筋在顶层端节点外侧和梁端顶部弯折搭接；(h) 钢筋在顶层端节点外侧直线搭接。

表 3-37　钢筋的抗震锚固长度 l_{abE}

抗震等级	抗震锚固长度
一、二	$l_{abE}=1.15l_{ab}$
三	$l_{abE}=1.05l_{ab}$
四	$l_{abE}=l_{ab}$

③ 在框架节点内应设置水平箍筋，箍筋间距不宜大于 250 mm。

④ 框架节点区箍筋的最大间距、最小直径应满足表 3-32 的要求。对一、二、三级抗震等级的框架节点核心区，配箍特征值分别不宜小于 0.12、0.10 和 0.08，且其箍筋体积配筋率分别不宜小于 0.6%、0.5%和 0.4%。当框架柱的剪跨比不大于 2 时，其节点核心区体积配箍率不宜小于核心区上、下柱端体积配筋率中的较大值。

3.7　框架结构基础设计

3.7.1　基础的类型

基础的作用是将上部结构的荷载可靠地传递给地基，基础既要满足承载力要求，又要具有足够的刚度，以调节可能出现的地基不均匀沉降。多层框架结构中一般采用钢筋混凝土基础，常用的基础形式有独立基础、条形基础、十字交叉基础、片筏基础，必要的时候也可以采用箱形基础和桩基础，如图 3-66 所示。前 5 种基础称为浅基础，桩基础属于深基础。

当层数不多、荷载不大而场地土地质条件较好(地基承载力较高，土层分布均匀)时，多层框架结构可采用柱下独立基础，独立基础是一种分离式的浅基础，如图 3-66(a)所示。独立基础承受一根或者多根柱传来的荷载，基础之间可用拉梁连接在一起以增加其整体性。柱下独立基础有 8 种类型，分别为锥形现浇基础、锥形杯口基础、阶形现浇基础、阶形杯口基础、锥形短柱基础、锥形高杯口基础、阶形短柱基础和阶形高杯口基础。

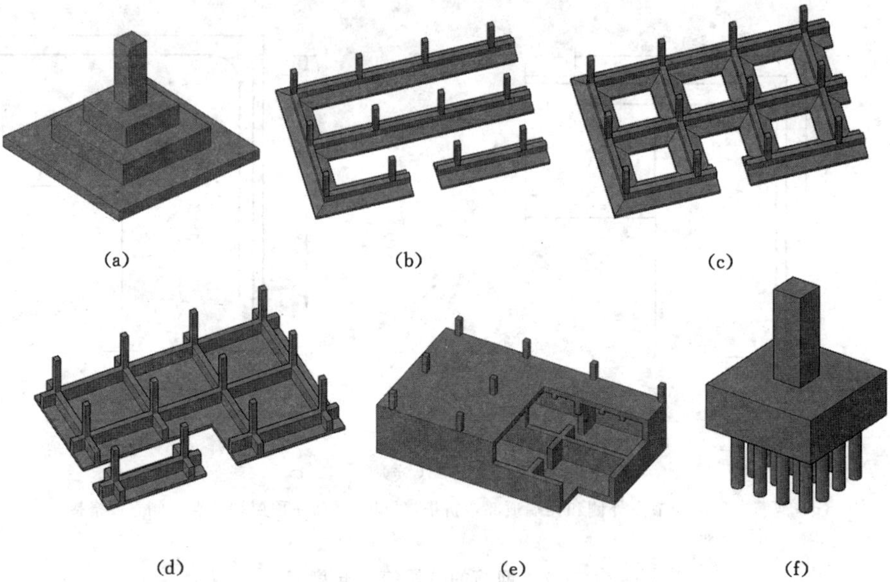

图 3-66 基础类型

(a) 独立基础;(b) 条形基础;(c) 十字交叉基础;(d) 片筏基础;(e) 箱型基础;(f) 桩基础。

当柱距、荷载较大或地基承载力不是很高时,单个基础的底面积将很大,这时可以将单个基础在一个方向连成条形,做成柱下条形基础,如图 3-66(b)所示。条形基础是整体式基础,条形基础与独立基础相比可以适当调节地基可能产生的不均匀沉降,减轻不均匀沉降对上部结构产生的危害。为了既保证一定的底板面积,又增加基础的刚度和调节地基不均匀沉降的能力,柱下条形基础常做成肋梁式的。条形基础的布置方向与承重框架方向一致,即对于横向框架承重方案,在横向布置条形基础,纵向则布置构造连系梁;对于纵向框架承重方案,在纵向布置条形基础,横向则布置构造连系梁。对于纵横向框架承重方案,需要在两个方向布置条形基础,称为十字交叉基础,如图 3-66(c)所示。柱下条形基础在柱网的双向布置,相交于柱位处形成交叉条形基础,使基础底面面积和基础整体刚度相应增大,同时可以减小地基的附加应力和不均匀沉降。十字交叉基础是钢筋混凝土框架结构常用的基础形式之一。

随着上部荷载的增加,所要求的底板面积相应增大,当底板连成一片时即称为片筏基础,如图 3-66(d)所示。片筏基础有平板式和梁板式两种形式。平板式片筏基础,施工简单、方便,但混凝土用量大;梁板式片筏基础,通过布置肋梁增加基础的刚度,因而可以减小板的厚度,但施工较为复杂。在计算筏板时可以采用梁元法或板元法。

当房屋设有地下室时,可以将地下室底板、侧板和顶板连成整体,并设置一定数量的隔板,形成箱形基础,如图 3-66(e)所示。箱形基础的刚度很大,调节地基不均匀沉降的能力很强。箱形基础主要用于高层建筑。需要说明的是,为了形成整体工作,箱形基础的隔墙是必不可少的,如果没有隔墙,则地下室的底板按一般片筏基础设计,顶板按一般楼盖设计,侧板则按承受土压力的板设计。

采用片筏基础后地基的承载力和变形仍不能满足要求时,则需要采用桩基础将上部荷载传至较深的持力层，如图 3-66(f)所示。桩基础是高层建筑的主要基础形式，有时结合地下室常常采用桩-箱复合基础。一般来说浅基础的工程造价比深基础低，但如果持力层较深，为了减少挖土量，多层房屋采用桩基础可能是更为经济的方案。

基础类型的选择需考虑场地土的工程地质情况、上部结构对地基不均匀沉降的敏感程度、上部结构荷载的大小以及现场施工条件等因素。对于大型工程，设计时可以进行必要的技术经济比较，综合考虑后确定。柱下独立基础在第 2 章已做过介绍，下面主要介绍条形基础的设计方法，并对十字交叉基础和片筏基础的设计的要点进行概述。

3.7.2 基础设计的一般要求

3.7.2.1 基础承受的荷载

建筑的上部结构、基础和地基是一个整体，共同作用，较为理想的方法是将三者作为一个整体进行分析。但为了减轻计算的工作量，工程中常常采用简化分析模型，将上部结构与地基基础分开分析。任何一种分析模型都必须满足上部结构与基础、基础与地基之间的力的平衡和变形协调条件。基础受到来自上部结构传来的荷载和地基反力的作用。

在计算地基承载力或桩基承载力时采用荷载的标准组合；在进行基础抗冲切、抗剪、抗弯、局部承压计算时采用荷载的基本组合；在进行沉降计算时采用准永久组合；在进行正常使用阶段的挠度、裂缝计算时取标准组合和准永久组合。

3.7.2.2 基础混凝土

（1）设计使用年限为 50 年，处于非腐蚀环境中的各多层框架结构柱的独立基础、条形基础或筏形基础的混凝土强度等级不应低于 C20。

（2）无扩展基础的混凝土强度等级不应小于 C15。

（3）钢筋混凝土基础的垫层，其混凝土强度等级不应小于 C10，厚度不应小于 70 mm；对采用防水混凝土基础的垫层，其混凝土强度等级不应小于 C15，厚度不应小于 100 mm，在软弱土层中不应小于 150 mm。

3.7.2.3 保护层厚度

（1）对于不同形式的基础，设计使用年限 50 年的混凝土基础钢筋的最小混凝土保护层厚度要求如表 3-38 所示。

表 3-38 基础混凝土钢筋的最小保护层厚度

基础类型及环境		保护层最小厚度/mm
基础底板	有垫层	40
	无垫层	70
	腐蚀环境	50
预制钢筋混凝土桩		45
预制预应力混凝土管桩		35
混凝土灌注桩	微腐蚀环境	50
	腐蚀环境	55
地下工程采用防水混凝土主体结构迎水面		50
对地下室墙体采取可靠的建筑防水做法或防护措施时		25

3.7.2.4　基础、承台、基础梁等地下构件顶面的标高

基础、承台、基础梁(包括基础、承台间的连系梁)等地下构件顶面的标高,一般均应低于室外设计地面、内墙基础顶面也不应高于室内设计地面。确定地下构件顶面的标高时,尚需考虑地下管沟或管线的影响。

3.7.2.5　基础与上部构件之间的钢筋锚固长度

(1) 当基础或承台高度满足混凝土柱或墙内最大直径纵向受拉钢筋的锚固长度 l_a 或 l_{aE}时,可采用直线锚固(图 3-67)。当条形或筏板基础的厚度超过剪力墙伸入基础的竖向钢筋的锚固长度 l_a(l_{aE})时,宜将 1/3～1/2 竖向钢筋伸至基础底的钢筋网片上,以支持剪力墙钢筋骨架,其余钢筋应伸入基础顶面下并按本节(2)中规定缩短锚固长度。为便于施工,在纵向受力钢筋末端可设置 90°弯折构造直钩,其弯折长度不小于 150 mm,并将纵向受力钢筋支承于基础底部的钢筋网上。

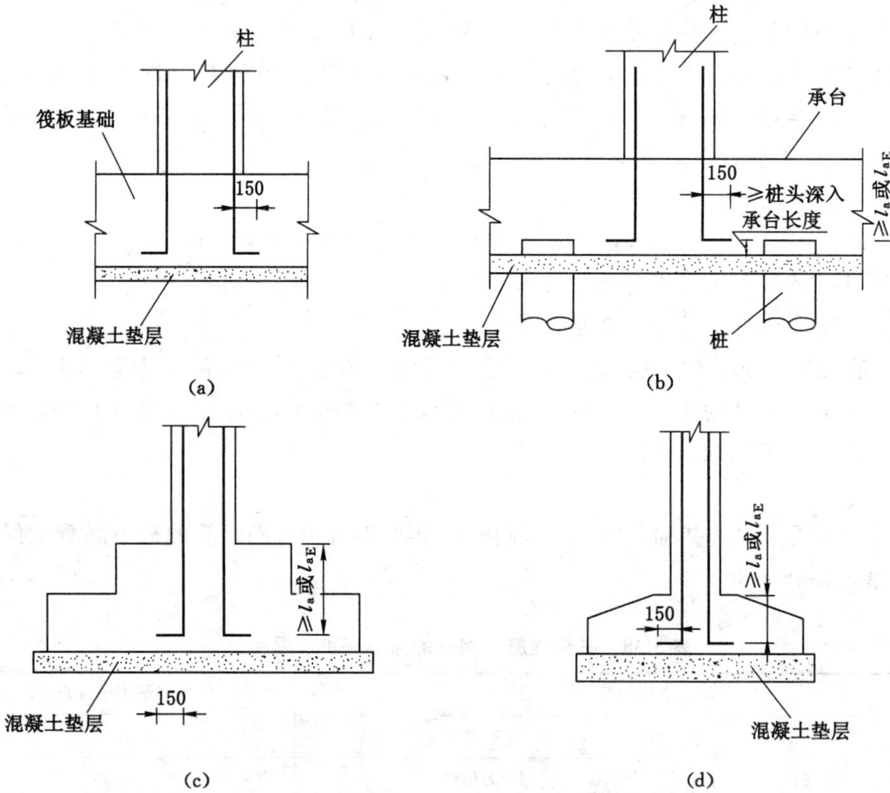

图 3-67　基础或承台高度满足纵向受拉钢筋(或插筋)直线锚固长度要求

(a) 柱内钢筋锚入筏板基础;(b) 柱内钢筋锚入承台;

(c) 柱内钢筋锚入独立基础;(d) 墙内钢筋锚入条形基础。

(2) 当基础或承台高度不满足混凝土柱或墙内最大直径纵向受拉钢筋(或插筋)的锚固长度 l_a 或 l_{aE}时,可根据柱或墙纵向钢筋的锚固具体情况缩短锚固长度,并符合下列要求:

① 当锚固钢筋周边的混凝土保护层厚度为 $3d$ 时,其基本锚固长度可乘以修正系数 0.8;当锚固钢筋周边的混凝土保护层厚度为 $5d$ 时,其基本锚固长度可乘以修正系数 0.7;当

保护层厚度为上述 $3d \sim 5d$ 的中间位时，修正系数可按内插法取值。

② 当在纵向受拉钢筋末端采用弯钩措施时(末端 90°弯钩、弯钩内径 $4d$、弯折后直线段长度 $12d$)，其基本锚固长度可乘以修正系数 0.6，弯钩的自由端宜指向柱中心。

③ 当在纵向受力钢筋末端采用机械锚固措施时，其基本锚固长度可乘以修正系数 0.6。

3.7.2.6 基础中的纵向受力钢筋最小配筋率

各类型钢筋混凝土基础(包括桩基承台)中的纵向受力钢筋通常以设计控制截面的最大弯矩值按计算确定所需配筋量 A_s，此外其配筋量尚需满足该截面受弯最小配筋率 $A_s/bh \geq 0.15\%$ 的要求，其中 b、h 对矩形截面构件为截面宽度及高度。

3.7.3 柱下条形基础设计

3.7.3.1 柱下条形基础尺寸的确定

钢筋混凝土柱下条形基础的截面通常为倒 T 形，当柱距小于或等于 6 m 时，柱下条形基础的梁高宜为柱距的 1/8～1/4。翼板厚度不宜小于 200 mm。当翼板厚度为 200～250 mm时，宜用等厚度翼板；当翼板厚度大于 250 mm 时，宜用变厚度翼板，并且翼板边缘厚度不宜小于 200 mm，其坡度小于或等于 1∶3。

现浇柱与肋梁交界处的平面尺寸宜满足图 3-68 所示的尺寸要求。

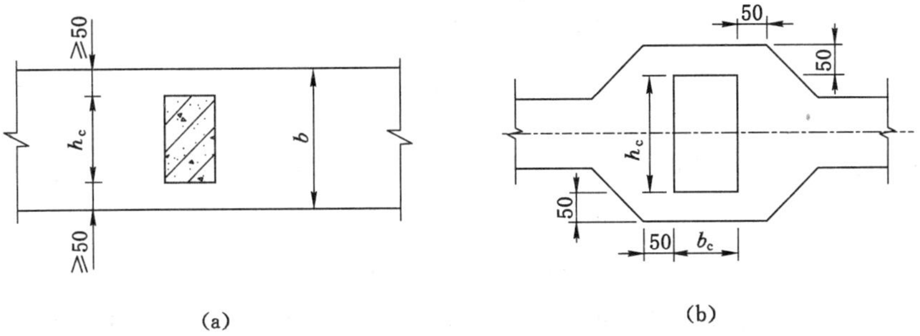

图 3-68 基础肋梁

(a) $h_c < b$ 时；(b) $h_c \geq b$ 时。

为了减小边跨跨中的弯矩，在柱列端部，条形基础的端部应向外伸出。其长度宜为边跨跨距的 0.25 倍，如图 3-69 所示。

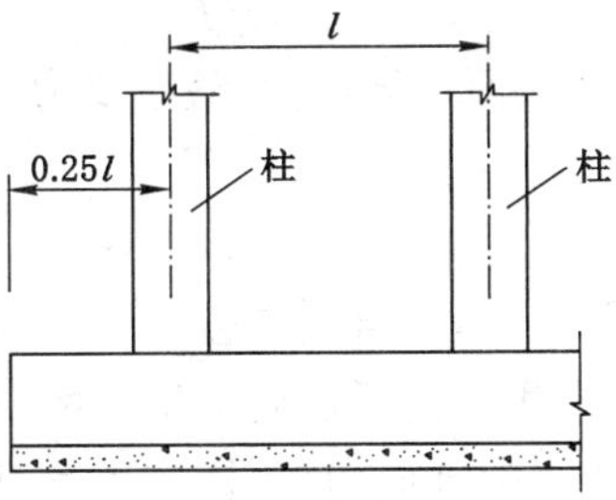

图 3-69 柱列端部肋梁悬挑长度

3.7.3.2 条形基础的内力分析

(1) 确定基底反力和基础底面尺寸

假定基础为刚性基础，可以推出基底反力为线性分布。设条形基础的长为 L，宽为 B（见图 3-70）。基础长度初步确定后，基础底板宽度可按下式计算：

$$B \geqslant \frac{\sum N_i}{(f-\gamma_m d)L} \tag{3-66}$$

式中 $\sum N_i$ ——上部结构传至基础的竖向荷载设计值总和；

L——基础的长；

B——基础的宽；

f——地基承载力特征值；

γ_m——基础及其上覆地基土的平均重力密度；

d——基础埋深。

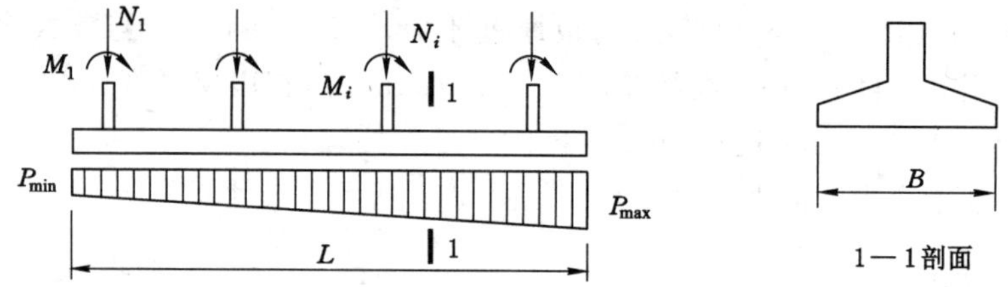

图 3-70 确定条形基础基底反力

由基础的受力平衡条件，可以得到基底反力的最大值和最小值为：

$$\begin{matrix} P_{max} \\ P_{min} \end{matrix} = \frac{\sum N}{BL} \pm \frac{6\sum M}{BL^2} \tag{3-67}$$

式中 $\sum N$ ——竖向荷载总和，包括上部荷载设计值、基础自重设计值和覆土标准值；

$\sum M$ ——荷载对基底形心产生的偏心力矩总和。

基础的长度由轴线尺寸和两端的悬挑长度确定，根据地基承载力要求，可确定基础的宽度 B。

$$\begin{cases} \dfrac{P_{max}+P_{min}}{2} \leqslant f \\ P_{max} \leqslant 1.2f \end{cases} \tag{3-68}$$

式中 P_{max}，P_{min}——分别为基础底面边缘最大、最小反力设计值；

f——地基承载力设计值。

(2) 静力法

对于沿长度方向等截面的基础梁，其自重和覆土重并不会在梁内产生弯矩和剪力，因而进行基础内力分析时，基底反力采用不包括基础自重和覆土重的净反力。

基础梁在基底净反力和柱传来的轴向力、力矩作用下，任一截面的弯矩和剪力可利用理论力学中的截面法很方便地求出。一般可选取若干个截面进行计算，然后绘制弯矩图、剪力图。

(3) 倒梁法

倒梁法将基础梁作为以柱为铰支座的连续梁，可以用结构力学中力法、位移法或弯矩分配法计算。用倒梁法计算所得的支座反力一般并不等于上部柱传来的竖向荷载(即柱的轴力),即当上部结构与基础之间不满足力的平衡条件时,计算结果需要进行调整。在实际中,通过调整局部基底反力来消除这种差异。将支座反力与轴力间的差值(正或负)均匀分布在相应支座两侧各 1/3 跨度范围内,作为基底反力的调整值,然后再进行一次连续梁分析。如果调整后柱的轴力与支座反力的差异仍较大,可继续调整,直至两者基本吻合。

(4) 静力法与倒梁法的比较

对于同一个基础梁,采用静力法和倒梁法计算的结果一般是不同的,除非用倒梁法计算出的支座反力未经调整刚好等于柱轴力时,两者的结果才会一致。一般来说,当层数较少、楼盖刚度较小时,上部结构的刚度较小,静力法比较适用;反之,当层数较多,楼盖刚度较大时,上部结构的刚度较大,倒梁法比较适用。实际工程中的上部结构刚度既不是绝对柔性,也不是绝对刚性,必要时可参考上述两种简化计算结果的内力包络图进行截面设计。

静力法通过将柱的内力直接作用于基础,来满足力的平衡。根据上部结构柔性假定,柱自动具有与接触点基础梁相同的变形。倒梁法的柱与基础铰接,使基础在铰接点具有与柱相同的变形,而力的平衡是通过不断调整局部基底反力来满足的。

条形基础的截面设计包括肋梁和翼板。肋梁需进行受弯承载力计算、受剪承载力计算和抗冲切承载力计算,肋梁的冲切破坏面见图 3-71(a)。翼板需进行受弯承载力计算和抗冲切承载力计算。底板抗弯计算时,翼板冲切破坏面见图 3-71(b)。肋梁的弯矩和剪力由上面的基础内力分析得到,翼板的弯矩可按以肋梁为固定端的悬臂板计算。

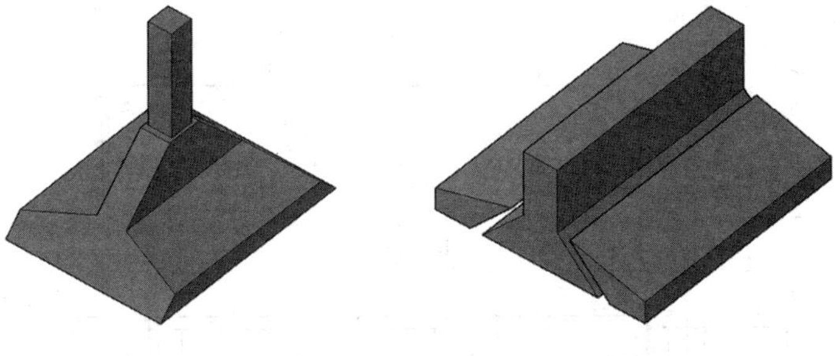

(a)　　　　　　(b)

图 3-71　条形基础的冲切面

(a) 肋梁的冲切破坏;(b) 翼板的冲切破坏。

3.7.3.3　条形基础的配筋

柱下条形基础肋梁顶面和底面的纵向受力钢筋,除满足计算要求外,顶面钢筋按计算配筋全部贯通,底面钢筋中的通长钢筋不应少于底面受力钢筋截面总面积的 1/3。钢筋的直径不应小于 12 mm。

肋梁箍筋应采用封闭式,其直径不应小于 8 mm,间距按计算确定,但不应小于 $15d$(d 为纵向受力钢筋直径),也不应大于 400 mm。肋梁宽度 $b \leqslant 350$ mm 时,采用双肢箍筋;350 mm$<b\leqslant$800 mm 时,采用四肢箍筋;$b>800$ mm 时,采用六肢箍筋。当肋梁腹板高 $h_w \geqslant 450$ mm 时,应在腹板两侧配置不小于直径 12 mm 的纵向构造钢筋。该纵向构造钢筋的间距不宜大于 200 mm,其截面面积不应小于腹板截面面积 bh_w 的 0.1%。翼板的横向受力钢筋由计算确定，但直径不小于 10 mm，间距不应大于 200 mm。纵向分布钢筋的直径为 8～10 mm，间距不大于 250 mm。

在柱下钢筋混凝土条形基础的 T 形和十字形交接处，翼板横向受力钢筋仅沿主要受力轴方向通长放置，而另一轴向的横向受力钢筋，伸入主要受力轴方向底板宽度 1/4 即可（见图 3-72）。当条形基础底板在 L 形拐角处，其底板横向受力钢筋应沿两个轴向通长放置（见图 3-73），分布钢筋在主要受力轴向通长放置，而另一轴向的分布钢筋可在交接边缘处断开。

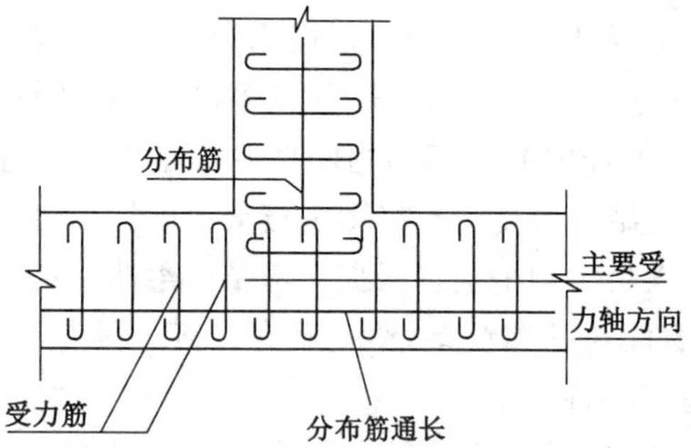

图 3-72　T 形交接处翼板受力钢筋配置构造

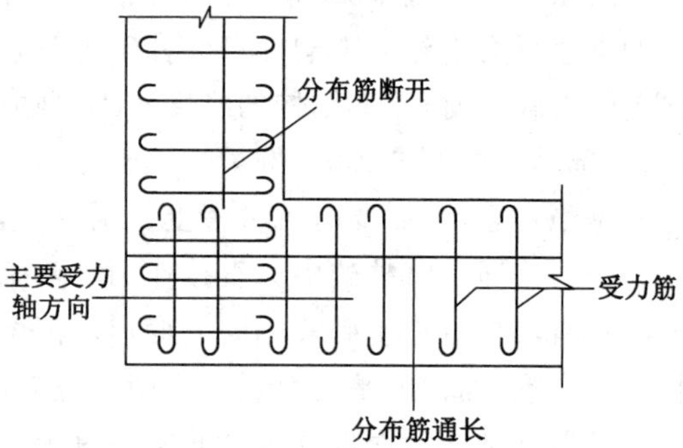

图 3-73　L 形拐角处翼板配筋构造

钢筋混凝土条形基础的肋梁箍筋在中段 $0.4l$ 范围内可增大，但不宜大于 400 mm，见图 3-74。

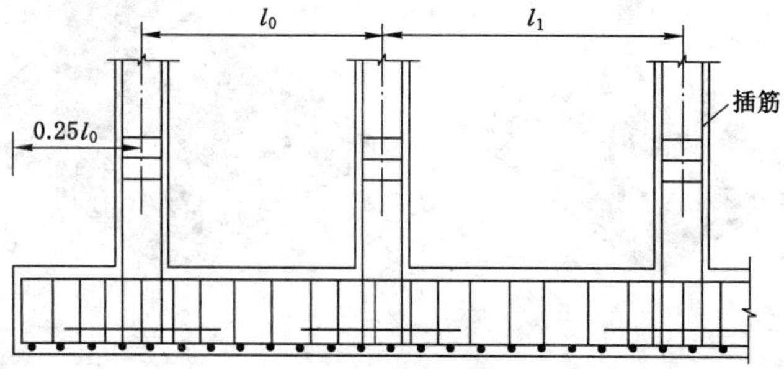

图 3-74　肋梁配筋构造

3.7.4　十字交叉基础的内力分析

十字交叉基础，也可视为双向柱下条形基础，各柱位于两个方向基础的交叉节点处。十字交叉基础的内力分析方法较复杂，柱下十字交叉梁基础可视为双向的柱下条形基础。十字交叉基础在每个方向的条形基础构造及计算与柱下条形基础相同，只是柱传递的竖向荷载由两个方向的条形基础承担，故需在两个方向上进行分配，而柱传递的弯矩 M_x、M_y 直接加于相应方向的基础梁上，不必再做分配，即不考虑基础梁承受的扭矩。柱传递的竖向荷载在正交的两个条形基础上的分配原则必须满足两个条件：

（1）静力平衡条件，即在节点处分配给两个方向条形基础的荷载之和等于柱荷载。

（2）变形协调条件，即分离后两个方向的条形基础在交叉节点处的竖向位移应相等。

按以上原则进行荷载分配显然很复杂，为简化计算，一般采用文克勒地基模型，略去其他节点的荷载对本节点挠度的影响。节点荷载分配的简化计算方法的假定:纵横条形基础的交点均为铰接,一个方向条形基础有转角时不对另一个方向的条形基础引起内力;节点上两个方向的弯矩分别由同向的条形基础承担;不计相邻条形基础上荷载的影响。在两个方向上进行分配,根据上部结构的刚度大小,分为两种情况分别进行简化。

3.7.4.1 上部结构刚度很大时

当上部结构刚度很大时,可以对上部结构作刚性假定,柱作为交叉梁的不动铰支座,如图 3-75(a)所示,基础受到基底反力和交叉节点处的力矩作用。在节点力矩作用下,一个方向的梁受弯,而另一个方向的梁受扭。如果忽略基础梁承受的扭矩,即弯矩由作用方向的梁承担。十字交叉基础可以分解成两组倒置的连续梁,如图 3-75(b)、(c)所示,分别用倒梁法进行计算。

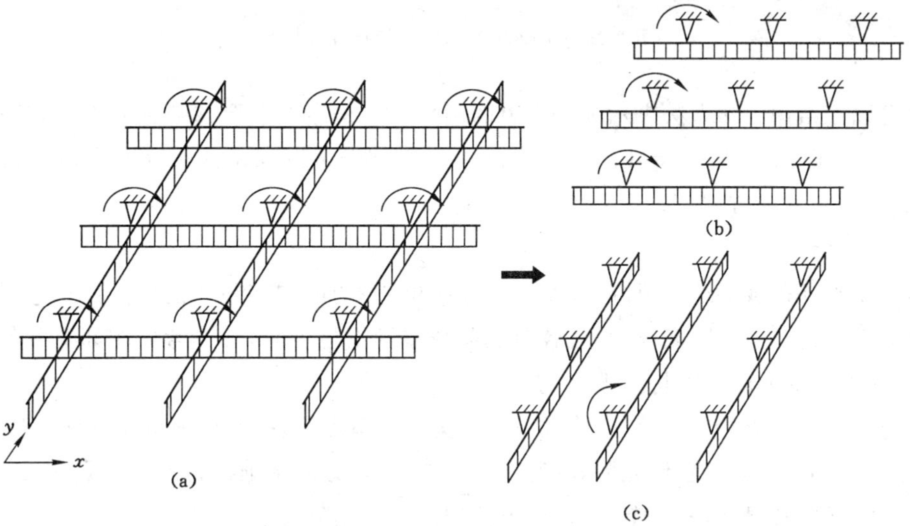

图 3-75 十字交叉基础的简化计算模型

(a) 十字交叉基础;(b) x 向条形基础;(c) y 向条形基础。

3.7.4.2 上部结构刚度很小时

当上部结构刚度很小时,可对上部结构作柔性假定,将柱的轴向力和力矩直接作用在十字交叉基础的交叉节点处,如图 3-76 所示。如果能将节点处的集中力和力矩在纵横两个方向的基础梁上进行分配,则十字交叉基础可以分解为两组基础梁,用静力法计算截面内力。对于弯矩,假定完全由作用方向的基础梁承担;对于集中力,则根据静力平衡条件和变形协调条件确定。

设第 i 节点作用有集中力 N_i,其中 x 方向基础梁承担的集中力为 N_{ix},y 方向基础梁承担的集中力为 N_{iy},则根据节点的静力平衡条件,有:

$$N_i = N_{ix} + N_{iy} \tag{3-69}$$

根据变形协调条件,x 方向基础梁在交叉点处的竖向位移 Δ_{ix} 应该等于 y 方向基础梁在交叉点的竖向位移 Δ_{iy},即:

$$\Delta_{ix} = \Delta_{iy} \tag{3-70}$$

基础梁在节点集中力 N_{ix}(或 N_{iy})、力矩 M_{ix}(或 M_{iy})和基底反力作用下,各节点的竖

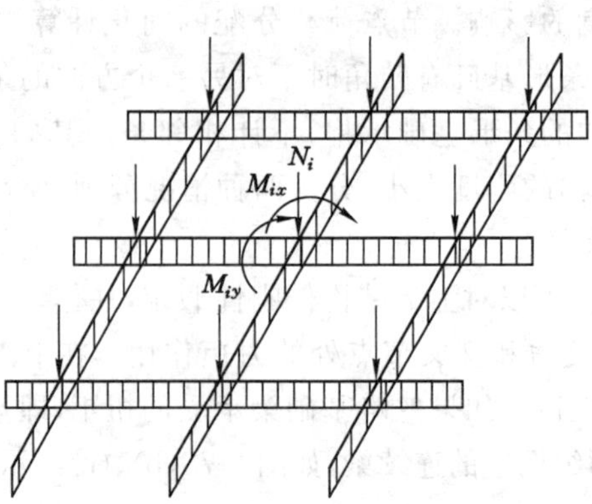

图 3-76　十字交叉基础的简化计算模型

向位移可以用结构力学力法表示为集中力的函数。这样当十字形基础有 n 个节点时，就有 $2n$ 个未知数，即 N_{ix}、$N_{iy}(i=1,\cdots,n)$。对于每个节点可以列出式(3-69)、式(3-70)的方程，共 $2n$ 个，解联列方程可以得到 $2n$ 个未知数。

3.7.4.3　简化方法

考虑到相邻荷载对地基沉降(即基础的竖向位移)的影响随距离的增大而迅速减小，当十字交叉基础的节点间距离较大，且各节点荷载差别不显著时，可不考虑相邻荷载的影响。这样，节点荷载的分配计算将大大简化。

先对节点荷载进行初步分配，将柱节点分为中柱节点、边柱节点和角柱节点。对中柱节点，两个方向的基础梁可看作无限长；对边柱节点，一个方向基础视为无限长梁，而另一方向基础视为半无限长梁；对角柱节点，两个方向均视为半无限长梁。

(1) 中柱节点

作用在节点 i 的集中力 N_i 分成两个集中力 N_{ix} 和 N_{iy}，见图 3-77(a)，分别作用在纵、横两条基础梁上。计算纵、横基础梁在该节点处的竖向位移时，仅考虑 N_{ix} 或 N_{iy} 的作用(即略去其他节点荷载对该节点处位移的影响)，并将纵、横两向的条形基础视作文克勒地基上的无限长梁，则式(3-70)可以表示为：

$$\frac{N_{ix}}{8\lambda_x^3 EI_x}=\frac{N_{iy}}{8\lambda_y^3 EI_y} \tag{3-71}$$

解方程式(3-69)、式(3-71)得到：

$$\begin{cases} N_{ix}=\dfrac{I_x\lambda_x^3}{I_x\lambda_x^3+I_y\lambda_y^3}N_i \\ N_{iy}=\dfrac{I_y\lambda_y^3}{I_x\lambda_x^3+I_y\lambda_y^3}N_i \end{cases} \tag{3-72}$$

式中　I_x、I_y——分别为纵、横向基础梁的截面惯性矩；

λ_x、λ_y——分别为纵、横向基础梁的柔度特征值，$\lambda=\sqrt[4]{\dfrac{kB}{4EI}}$；

k——基床系数；

B——基础梁宽度。

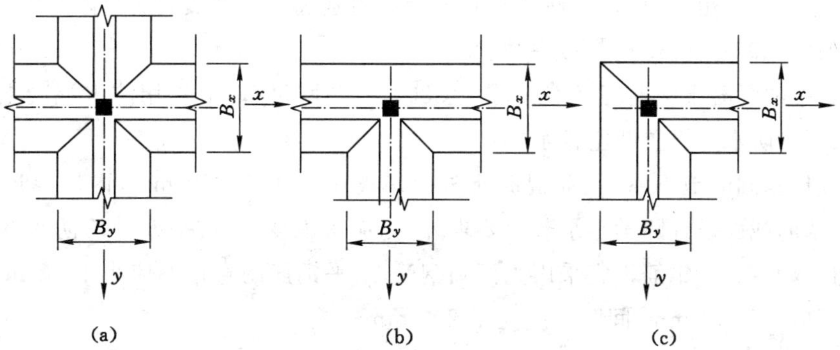

图 3-77 十字交叉基础节点

(a) 中柱节点；(b) 边柱节点；(c) 角柱节点。

(2) 边柱节点

对于如图 3-77(b)所示的边柱节点 i，集中力 N_i 可以分成作用于无限长梁上的集中力 N_{ix} 和作用于半无限长梁上的 N_{iy}。利用静力平衡条件和变形协调条件，与中节点一样，可推导出：

$$\begin{cases} N_{ix} = \dfrac{4I_x\lambda_x^3}{4I_x\lambda_x^3 + I_y\lambda_y^3}N_i \\ N_{iy} = \dfrac{I_y\lambda_y^3}{4I_x\lambda_x^3 + I_y\lambda_y^3}N_i \end{cases} \tag{3-73}$$

(3) 角柱节点

角柱节点集中力分配时，如图 3-77(c)所示，纵、横两向的条形基础视作文克勒地基上的半无限长梁，同理可以得到：

$$\begin{cases} N_{ix} = \dfrac{I_x\lambda_x^3}{I_x\lambda_x^3 + I_y\lambda_y^3}N_i \\ N_{iy} = \dfrac{I_y\lambda_y^3}{I_x\lambda_x^3 + I_y\lambda_y^3}N_i \end{cases} \tag{3-74}$$

按照以上方法进行柱荷载分配后，可分别按两个方向的条形基础计算。但这种计算在交点处基底重叠面积重复计算了一次。结果使地基反力减少，致使计算结果偏于不安全，故按节点荷载分配后还需进行调整。

3.7.5 筏形基础内力分析要点

筏形基础分为梁板式和平板式两种类型，其选型应根据地基土质、上部结构体系、柱距、荷载大小、使用要求以及施工条件等因素确定。

筏形基础的平面尺寸，应根据工程地质条件、上部结构的布置、地下结构底层平面以及荷载分布等因素按有关规定确定。对单幢建筑物，在地基土比较均匀的条件下，基底平面形心宜与结构竖向永久荷载重心重合。

对四周与土层紧密接触带地下室外墙的整体式筏形基础，当地基持力层为非密实的土和岩石，场地类别为Ⅲ类和Ⅳ类，抗震设防烈度为 8 度和 9 度，结构基本自振周期处于特征周期的 1.2 倍～5 倍范围时，按刚性地基假定计算的基底水平地震剪力、倾覆力矩可按设防烈度分别乘以 0.90 和 0.85 的折减系数。

筏形基础的混凝土强度等级不应低于 C30，当有地下室时应采用防水混凝土。对重要建筑，宜采用自防水并设置架空排水层。

采用筏形基础的地下室，钢筋混凝土外墙厚度不应小于 250 mm，内墙厚度不宜小于 200 mm。墙的截面设计除满足承载力要求外，尚应考虑变形、抗裂及外墙防渗等要求。墙体内应设置双面钢筋，钢筋不宜采用光面圆钢筋，水平钢筋的直径不应小于 12 mm，竖向钢筋的直径不应小于 10 mm，间距不应大于 200 mm。

平板式筏基的板厚应满足受冲切承载力的要求。

平板式筏基柱下冲切验算应符合下列规定：平板式筏基柱下冲切验算时应考虑作用在冲切临界截面重心上的不平衡弯矩产生的附加剪力。对基础边柱和角柱冲切验算时，其冲切力应分别乘以 1.1 和 1.2 的增大系数。板的最小厚度不应小于 500 mm。平板式筏基应验算距内筒和柱边缘 h_0 处截面的受剪承载力，当筏板变厚度时，尚应验算变厚度处筏板的受剪承载力。筏板受内筒冲切的临界截面位置如图 3-78 所示。

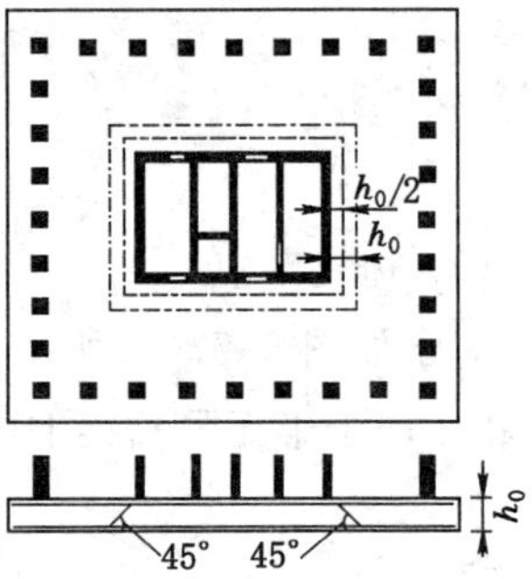

图 3-78　筏板受内筒冲切的临界截面位置图

片筏基础在地基反力的作用下，相当于一个倒置的钢筋混凝土楼盖，扩大了基底的面积，提高了基础的整体性，能有效地调整地基的不均匀沉降。片筏基础分平板式和梁板式两种。其选型应根据工程地质、上部结构体系、柱距、荷载大小及施工条件等因素确定。上部结构刚度较小时，类似于条形基础，可直接将柱子的轴向力和弯矩作用于基础。

根据筏板和上部结构的情况，通常采用如下三种方法计算片筏基础的内力：

(1) 筏板较规则，并且柱距相等时，板截面形状相同的情况下，将筏板离散为板带(或称截条)，按地基上梁计算方法求解内力。该方法忽略了板带间的剪力产生的静力不平衡，是一种近似的计算方法。

(2) 将筏板或肋梁作为地基上板或梁板组合体系计算，如简化的刚性板法和按双向板计算的倒楼盖法。对荷载较复杂、筏板不规则、柱距不等的情况应采用地基上弹性板法。

(3) 如果上部结构和基础的刚度足够大，将片筏基础假设为绝对刚性，在工程实用中可认为是合理的。但在一般情况下，片筏基础属于有限刚度板，上部结构、基础和土是共同作用的，应按共同作用的原理分析，或按弹性地基上矩形板理论计算。随着计算机在土木工程中的应用的发展，片筏基础内力的数值分析方法得到不断完善，其中主要有有限差分法和有限元法。

上部结构刚度较大时，可将片筏基础作为倒置的楼盖，以柱子为支座，基底净反力为荷载，按普通楼盖进行内力分析。梁板式基础按肋梁楼盖计算，平板式基础按无梁楼盖计算。

采用文克勒地基模型，当假定基础为刚性时，基底反力为线性分布，按下式计算

$$\frac{P_{\max}}{P_{\min}}=\frac{\sum N}{BL}\pm\frac{6\sum M_x}{BL^2}\pm\frac{6\sum M_y}{B^2L} \tag{3-75}$$

式中　M_x——上部结构传来的荷载对基底中心在 x 方向的偏心力矩；

M_y——上部结构传来的荷载对基底中心在 y 方向的偏心力矩。

为避免建筑物发生较大的倾斜，并改善基础的受力状况，必要时可调整底板各边的外挑尺寸，使基础接近中心受荷状态，这时基底反力为均匀分布。

练　习　题

3.1　钢筋混凝土框架结构按施工方法的不同分为哪些形式？各有何优缺点？

3.2　框架结构的承重方案有几种？各有何特点？

3.3　框架结构的梁、柱截面尺寸如何确定？应考虑哪些因素？

3.4　怎样确定框架结构的计算简图？当各层柱截面尺寸不同且轴线不重合时应如何考虑？

3.5　简述分层法和弯矩二次分配法的计算步骤。

3.6　试分析框架结构在水平荷载作用下，框架柱反弯点高度的影响因素有哪些？

3.7　在 D 值法中，D 值的物理意义是什么？影响因素有哪些？

3.8　试分析单层单跨框架结构承受水平荷载作用，当梁柱的线刚度比由零变到无穷大时，柱反弯点高度是如何变化的？

3.9　框架结构设计时一般可对梁端负弯矩进行调幅，现浇框架梁与装配整体式框架梁的负弯矩调幅系数取值是否一致？哪个大？为什么？

3.10　水平荷载作用下框架结构的侧移由哪两部分组成？各有什么特点？

3.11　如图 3-79 所示框架结构，各跨梁跨中均作用竖向集中荷载 $P=80$ kN。各层柱截面均为 450 mm×450 mm；各层梁截面相同：左跨梁 250 mm×500 mm，右跨梁 250 mm×450 mm；各层梁、柱混凝土强度等级均为 C35。试分别用分层法和弯矩二次分配法计算该框架梁、柱的弯矩。

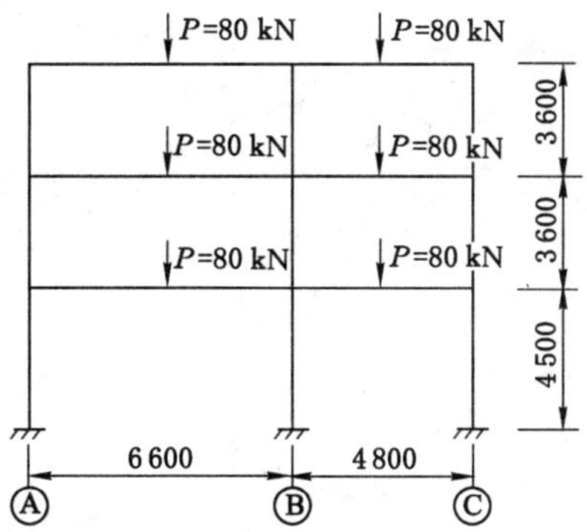

图 3-79　题 3.11 图

3.12　试用反弯点法和 D 值法计算如图 3-80 所示框架在水平荷载作用下的内力，图中括号内为梁、柱线刚度的相对值。

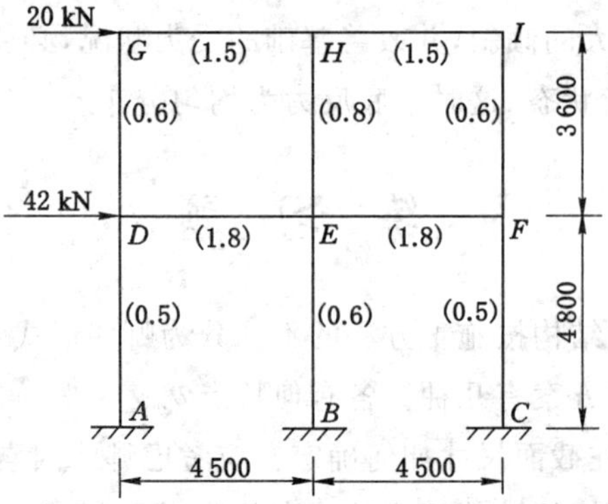

图 3-80　题 3.12 图

3.13　为何要控制框架结构的侧移？如何控制？

3.14　框架结构常用的基础类型有哪些？

4 高层建筑结构设计

【本章要点】

① 掌握高层建筑的结构特点，熟悉高层建筑的设计要求，了解高层建筑的发展概况；

② 熟悉不同结构体系的特点及适用范围，熟悉结构总体布置的原则；

③ 掌握剪力墙的分类方法及判别方法；

④ 掌握剪力墙结构近似计算方法，熟悉框架-剪力墙结构近似计算方法；

⑤ 掌握剪力墙内力设计值确定的方法，掌握墙肢和连梁的设计方法与构造措施。

【本章重点】

① 高层建筑结构体系的特点及其布置原则；

② 剪力墙的分类方法及判别方法；

③ 剪力墙结构的近似计算方法。

【本章难点】

剪力墙的分类方法及判别方法。

4.1 概　述

4.1.1 高层建筑的概念

建筑高度是指建筑物室外地面到其檐口或房屋屋面板的板顶的高度。有关高层建筑的定义目前尚没有统一规定，从理论上讲应按照结构的受力特性来划分，即按水平作用对建筑物的影响程度来划分。

世界高层建筑委员会曾提出将 9 层及 9 层以上的建筑定义为高层建筑，并建议按建筑的高度将其分为 4 类：第一类高层建筑 9～16 层（最高到 50 m）；第二类高层建筑 17～25 层（最高到 75 m）；第三类高层建筑 26～40 层（最高到 100 m）；第四类高层建筑（超高层建筑）40 层以上（高度在 100 m 以上）。

在我国，不同的规程对于高层建筑的规定也有所不同，关于高层建筑的界限规定目前尚未统一。在《高层建筑混凝土结构技术规程》（JGJ 3—2010）中规定，10 层及 10 层以上或房屋高度超过 28 m 的住宅建筑及房屋高度大于 24 m 的其他高层民用建筑为高层建筑。

在《建筑设计防火规范》（GB 50016—2014，2018 年版）中规定，高层建筑是指建筑高度大于 27 m 的住宅建筑和建筑高度大于 24 m 的非单层厂房、仓库和其他民用建筑。

4.1.2 高层建筑的发展

高层建筑的发展体现了人类经济和技术的发展水平，从古代开始，人们就已经在当时的技术水平条件下运用传统的建筑材料建造高层建筑。表 4-1 中列举了部分典型的高层建筑,可以看出,建筑的高度随着时间的推移更新越来越快,所用的材料强度越来越高,结构体系的形式越来越多。

表 4-1　高层建筑结构体系的发展过程中代表

始用年代	建筑物名称	主体高度	结构类型或体系
524	河南省嵩岳寺塔	37 m	筒体结构
652	陕西省大雁塔	64 m	砖木结构
1173	意大利比萨斜塔	55 m	砖石结构
1195	山西省应县木塔	67.31 m	木结构
1883	美国芝加哥家庭保险公司大楼	42 m	钢框架结构
1903	美国辛辛那提城英格尔斯大楼	64 m	框架十剪力墙结构
1931	美国纽约帝国大厦	381 m	钢框架结构
1934	上海国际饭店	83.8 m	钢框架-钢筋混凝土楼板
1959	北京民族饭店	47.4	钢筋混凝土框架结构
1968	广州宾馆	86.7 m	框架-剪力墙结构
1969	美国芝加哥约翰汉考克大厦	343.5 m	筒体结构
1972	美国世界贸易中心	402 m	筒中筒结构
1973	美国芝加哥西尔斯大厦	443	束筒结构
1975	广州白云宾馆	112 m	剪力墙结构
1985	深圳国际贸易中心	160 m	筒中筒结构
1990	北京京广中心	209 m	钢框架-核心筒结构
1990	香港中国银行大厦	315 m	钢-混凝土组合巨型桁架结构
1990	美国费城梅隆银行大厦	242 m	应力蒙皮结构
1993	日本横滨标志大厦	295.8 m	巨型框架结构
1998	上海金茂大厦	365 m	框筒结构
2004	中国台北 101 大楼	509 m	钢与混凝土组合结构
2010	哈利法塔	828 m	核心筒结构
2016	上海中心大厦	632 m	巨型框架-核心筒结构

现代高层建筑是随着城市的发展和科学技术的进步而发展起来的,是商业化、工业化和城市化的结果。现代高层建筑的发展有利于节约用地、解决住房紧张、减少市政基础设施和美化城市空间环境。从某种意义上说,高层建筑是现代化城市的标志。

我国现代高层建筑起源于 20 世纪初的上海,自改革开放以来,随着我国政治、经济、文化的发展,高层建筑结构在我国迅速发展。虽然我国高层建筑的发展晚于其他发达国家,但复杂程度及设计水平并不低,其规模和设计难度在国际上均具有较高水平。近年来国内的高层建筑极为迅速地在各地铺开,高度及层数不断被突破。

在高层建筑结构体系的发展过程中,建筑史上具有典型意义的高层建筑大致地归纳在表 4-1 中。

北京、上海、广州、深圳等地的高层建筑如雨后春笋般发展。特大城市、大城市及沿海发达地区高层建筑的发展，又推动了中小城市高层建筑的发展，形成了迅猛之势。高层建筑结构之所以会不断在中小城市发展，是因为其在结构上、经济上以及审美上都存在着许多优势，超高层建筑往往被当作一个地区的地标。中国已经连续 9 年成为世界上 200 m 以上高层建筑竣工面积最多的国家。世界高层建筑与都市人居学会数据指出，仅 2018 年全球共有 230 座高度超过 200 m 的摩天大楼建成，其中中国约有 130 座摩天大楼竣工，约占全球总数的 56.5%。目前，已建成的世界最高的前 10 栋高层建筑如图 4-1 所示。

建筑物照片

名称	哈利法塔	东京晴空塔	上海中心大厦	麦加皇家钟塔饭店	广州塔	平安国际金融中心	世界贸易中心一号楼	广州周大福金融中心	台北 101 大厦	上海环球金融中心
城市	迪拜	东京	上海	麦加	广州	深圳	纽约	广州	台湾	上海
国别	阿联酋	日本	中国	沙特阿拉伯	中国	中国	美国	中国	中国	中国
现况	完工	完工	完工	完工	完工	完工	完工	完工	完工	完工
竣工	2010	2012	2016	2012	2009	2015	2013	2014	2004	2008
层数	162	–	118	120	112	107	82	111	101	101
高度	828 m	634 m	632 m	601 m	600 m	592.5 m	541 m	530 m	508 m	492 m

图 4-1　已建成的世界最高的前 10 栋高层建筑

此外，现代建筑的高度记录一次次被刷新，第一宝座的高度在 2020 年就有可能易主。目前在建的有可能刷新国际和国内各地建筑高度记录的还有如下建筑：

(1) 位于沙特阿拉伯的吉达塔，规划高度 1 007 m，预计 2020 年建成启用。

(2) 武汉绿地中心大楼的规划高度 636 m，地上 125 层，预计 2020 年建成。它是武汉崭新的地标、现代服务业发展的新载体、城市功能开发的新亮点，将超过此前国内最高的上海中心大厦(632 m)。

随着人口的不断增加，土地使用紧张，往高层建筑发展是更好地利用土地的一个方法。高层建筑的快速发展，一是能够促进商业的发展，二是不占据过多的土地资源。目前，全球摩天大楼数量最多的城市是香港，香港拥有 453 座摩天大楼。随着社会的不断发展，建筑新材料、超强材料将会在高层建筑中进一步开发和应用；同时，新型结构形式的应用也会增多，高层建筑在未来很长一段时间仍将成为城市建设的主体，且仍将朝着超高超大、功能复杂、造型奇特等趋势发展。

4.1.3　高层建筑结构的特点

水平荷载对高层建筑结构的影响大，侧移成为结构设计的主要控制目标之一。高层建筑结构要抵抗竖向和水平荷载，在地震区，还要抵抗地震作用。但在较低的建筑结构中，往往竖向荷载控制着结构设计；随着建筑高度的增大，水平荷载效应逐渐增大；在高层建筑结构中，水平荷载和地震作用却起着决定性作用。荷载效应（轴力 N、弯矩 M 和位移 Δ）可由图 4-2 所示简图得到：

$$N = WH = f(H) \tag{4-1}$$

$$M = \frac{1}{2}qH^2 = f(H^2) \tag{4-2}$$

$$\Delta = \frac{qH^4}{8EI} = f(H^4) \tag{4-3}$$

式中 W——建筑每米高度上的竖向荷载；

q——水平均布荷载；

H——建筑高度；

EI——建筑总体抗弯刚度。

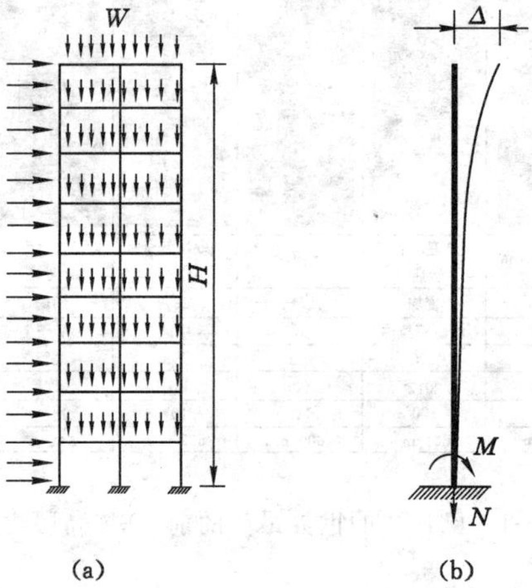

图 4-2　荷载与荷载效应示意图

(a) 荷载示意图；(b) 荷载效应示意图。

由式(4-1)～式(4-3)得到的荷载效应与建筑物高度的关系如图 4-3 所示。从图中可见，随着建筑物高度的增大，位移增加最快。因此，在高层建筑结构设计时，不仅要求结构具有足够的强度，而且还要求有足够的刚度，使结构在水平荷载作用下产生的位移限制在一定的范围内，以保证建筑结构的正常使用和安全。

另外，相对于低层建筑而言，高层建筑相对较柔，因此在地震区，高层建筑结构应具有足够的延性。也就是说，在地震作用下，结构进入弹塑性阶段后，仍具有抵抗地震作用的足够的变形能力，不致倒塌。这样可以在满足使用条件下能达到既安全又经济的设计要求。

综上所述，对于高层建筑结构，抵抗水平力的设计是个关键，设计人员应该很好地理解上述特点，使所设计的结构具有足够的强度、刚度和良好的抗震性能，还要尽可能地提高材料利用率，降低材料消耗和造价。

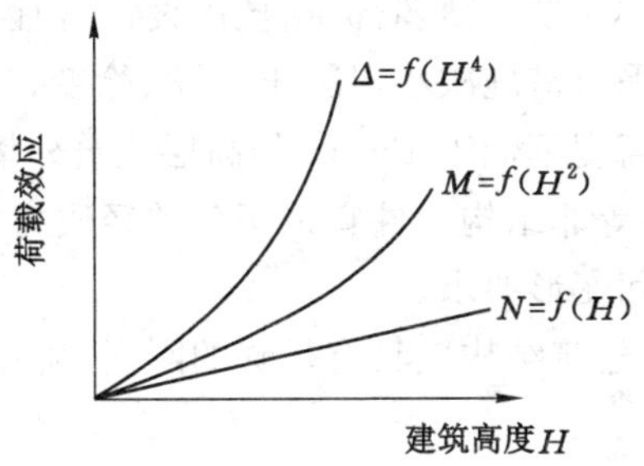

图 4-3　高层结构内力、位移与高度的关系

4.1.4　高层建筑结构设计的基本要求

4.1.4.1　材料

(1) 混凝土

高层建筑混凝土结构宜采用高强、高性能混凝土和高强钢筋；构件内力较大或抗震性能有较高要求时，宜采用型钢混凝土、钢管混凝土构件。

混凝土的强度等级均不应低于 C20，并且在抗震设计时，一级抗震等级框架梁、柱及其节点的混凝土强度等级不应低于 C30；筒体结构的混凝土强度等级不宜低于 C30；地下室楼盖的混凝土强度等级不宜低于 C30；转换层楼板、转换梁、转换柱、箱形转换结构以及转换厚板的混凝土强度等级均不应低于 C30；型钢混凝土梁、柱的混凝土强度等级不宜低于 C30；抗震设计时，框架柱的混凝土强度等级，9 度时不宜高于 C60，8 度时不宜高于 C70；剪力墙的混凝土强度等级不宜高于 C60。

(2) 钢筋

高层建筑混凝土结构的受力钢筋及其性能应符合现行国家标准《混凝土结构设计规范》(GB 50010—2010，2015 年版)的有关规定。按一、二、三级抗震等级设计的框架和斜撑构件，其纵向受力钢筋的抗拉强度实测值与屈服强度实测值的比值不应小于 1.25；钢筋的屈服强度实测值与屈服强度标准值的比值不应大于 1.30；钢筋最大拉力下的总伸长率实测值不应小于 9%。

抗震设计时混合结构中钢材的屈服强度实测值与抗拉强度实测值的比值不应大于 0.85；钢材应有明显的屈服台阶，且伸长率不应小于 20%；钢材应有良好的焊接性能和合格的冲击韧性。

混合结构中的型钢混凝土竖向构件的型钢及钢管混凝土的钢管宜采用 Q345 和 Q235 等级的钢材，也可采用 Q390、Q420 等级或符合结构性能要求的其他钢材；型钢梁宜采用 Q235 和 Q345 等级的钢材。

4.1.4.2　结构体系

高层建筑混凝土结构可采用框架、剪力墙、框架-剪力墙、板柱-剪力墙和筒体结构等结构体系。高层建筑的结构体系应具有必要的承载能力、刚度和延性；应避免因部分结构或构件的破坏而导致整个结构丧失承受重力荷载、风荷载和地震作用的能力；对可能出现的薄弱部位，应采取有效的加强措施。

此外，结构的竖向和水平布置宜使结构具有合理的刚度和承载力分布，避免因刚度和承载力局部突变或结构扭转效应而形成薄弱部位;抗震设计时宜具有多道防线。

高层建筑混凝土结构宜采取措施减小混凝土收缩、徐变、温度变化、基础差异沉降等非荷载效应的不利影响。房屋高度不低于 150 m 的高层建筑外墙宜采用各类建筑幕墙。

高层建筑的填充墙、隔墙等非结构构件宜采用各类轻质材料,构造上应与主体结构可靠连接,并应满足承载力、稳定和变形要求。

在正常使用条件下,高层建筑结构应具有足够的刚度,避免产生过大的位移而影响结构的承载力、稳定性和使用要求。

高层建筑的位移要限制在一定范围内,这是因为:

(1) 过大的位移会使人感觉不舒服。这一点主要是对风荷载而言的,在地震发生时,人的舒适感是次要的。

(2) 过大的位移会使填充墙或建筑装修出现裂缝或损坏,也会使电梯轨道产生变形。

(3) 过大的位移会使主体结构出现裂缝甚至损坏。

(4) 过大的位移会使结构产生附加内力。

正常使用状态(风荷载和小震作用)下,楼层层间最大位移与层高之比 $\Delta u/h$ 不宜大于表 4-2 的限值。

表 4-2　楼层层间最大位移与层高之比的限值

结构高度/m	结构类型	$\Delta u/h$ 限值
$H\leqslant150$	框架	1/550
	框架-剪力墙、框架-核心筒、板柱-剪力墙	1/800
	筒中筒、剪力墙	1/1 000
	框支层	1/1 000
$H\geqslant 250$	各结构类型	1/500
$150<H<250$	各结构类型	线性插入取值

按照我国《建筑抗震设计规范》(GB 50011—2010,2016 年版)提出的“三水准”(小震不坏、中震可修、大震不倒)及“两阶段”(弹性阶段、弹塑性阶段)的设计原则,在罕遇地震作用下,高层建筑结构不能倒塌,这就要求建筑物有足够的刚度,使弹塑性变形在限定的范围内,罕遇地震作用下的弹塑性层间位移角限值按表 4-3 选用。对下列高层建筑结构应进行罕遇地震作用下薄弱层的弹塑性变形验算:

(1) 7~9 度时楼层屈服强度系数小于 0.5 的框架结构;

(2) 甲类建筑和 9 度抗震设防的乙类建筑结构;

(3) 采用隔震和消能减震设计的建筑结构。

表 4-3　层间弹塑性位移角限值

结构类型	$[\theta_p]$
框架结构	1/50
框架-剪力墙结构、框架-核心筒结构、板柱-剪力墙结构	1/100
剪力墙结构、筒中筒结构	1/120
框支层	1/120

4.2 高层建筑结构体系及布置

4.2.1 高层建筑结构的类型

高层建筑采用的结构可分为钢筋混凝土结构、钢结构、钢-钢筋混凝土组合结构等类型。根据不同结构类型的特点，正确选用材料，就成为经济合理地建造高层建筑的一个重要方面。

钢筋混凝土结构具有造价较低、取材丰富，并可浇筑各种复杂断面形状，强度高、刚度大、耐火性和延性良好，结构布置灵活方便，可组成多种结构体系等优点，因此，在高层建筑中得到广泛应用。当前，我国的高层建筑中钢筋混凝土结构占主导地位。到目前为止，我国已建成多幢 200 m 以上的钢筋混凝土建筑。但钢筋混凝土结构的主要缺点是构件占据面积大、自重大、施工速度慢等。例如我国广东国际大厦，63 层，底层柱尺寸已达 1.8 m×2.2 m，占据了大量的空间。

变形更为合理的高层建筑结构为钢和钢筋混凝土相结合的组合结构和混合结构。这种结构可以使两种材料互相取长补短，取得经济合理、技术性能优良的效果。例如，2010 年 1 月完工的目前世界上最高的建筑，位于迪拜的哈利法塔，在－30～601 m 范围内采用了钢筋混凝土剪力墙体系，而 601～828 m 之间为钢结构体系。

组合结构是用钢材来加强钢筋混凝土构件的强度，钢材放在构件内部，外部由钢筋混凝土做成，成为钢骨（或型钢）混凝土构件，也可在钢管内部填充混凝土，做成外包钢构件，成为钢管混凝土。前者可充分利用外包混凝土的刚度和耐火性能，又可利用钢骨减小构件断面和改善抗震性能，现在应用较为普遍。例如北京的香格里拉饭店就采用了钢骨混凝土柱。

混合结构是部分抗侧力结构用钢结构，另一部分采用钢筋混凝土结构（或部分采用钢骨混凝土结构）。多数情况下是用钢筋混凝土做筒（剪力墙），用钢材做框架梁、柱。例如，上海静安希尔顿饭店就是这种混合结构。而上海金茂大厦，是用钢筋混凝土做核心筒，外框用钢骨混凝土柱和钢柱的混合结构。

4.2.2 高层建筑结构体系

结构体系是指结构抵抗外部作用的构件总体组成的方式。在高层建筑中，抵抗水平力成为确定和设计结构体系的关键问题。高层建筑中常用的结构体系有框架结构体系、剪力墙结构体系、框架-剪力墙结构体系、筒体结构体系以及它们的组合。

4.2.2.1 框架结构体系

框架结构体系是由梁、柱构件通过节点连接构成，既承受竖向荷载，也承受水平荷载的结构体系，其典型布置如图 4-4 所示。这种体系适用于多层建筑及高度不大的高层建筑。

框架结构的优点是建筑平面布置灵活，可以做成有较大空间的会议室、餐厅、车间、营业室、教室等。需要时，可用隔断分隔成小房间，或拆除隔断改成大房间，因而使用灵活。外墙用非承重构件，可使立面设计灵活多变。

框架结构可通过合理的设计，使之具有良好的抗震性能。但由于高层框架侧向刚度较小，结构顶点位移和层间相对位移较大，使得非结构构件（如填充墙、建筑装饰、管道设备等）在地震时破坏较严重，这是它的主要缺点，也是限制框架结构高度的原因，一般控制在 10～15 层。

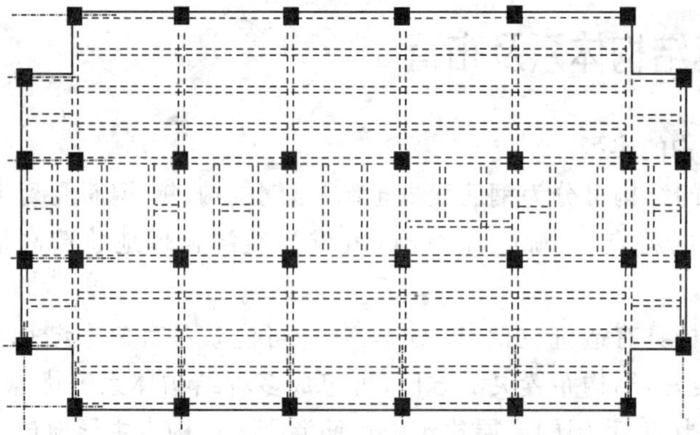

图 4-4　某高层框架结构平面布置图

框架结构构件类型少，易于标准化、定型化；可以采用预制构件，也易于采用定型模板而做成现浇结构，有时还可以采用现浇柱及预制梁板的半现浇半预制结构。现浇结构的整体性好，抗震性能好，在地震区应优先采用。

4.2.2.2　剪力墙结构体系

剪力墙结构体系是利用建筑物墙体承受竖向与水平荷载，并作为建筑物的围护及房间分隔构件的结构体系，其典型布置如图 4-5 所示。

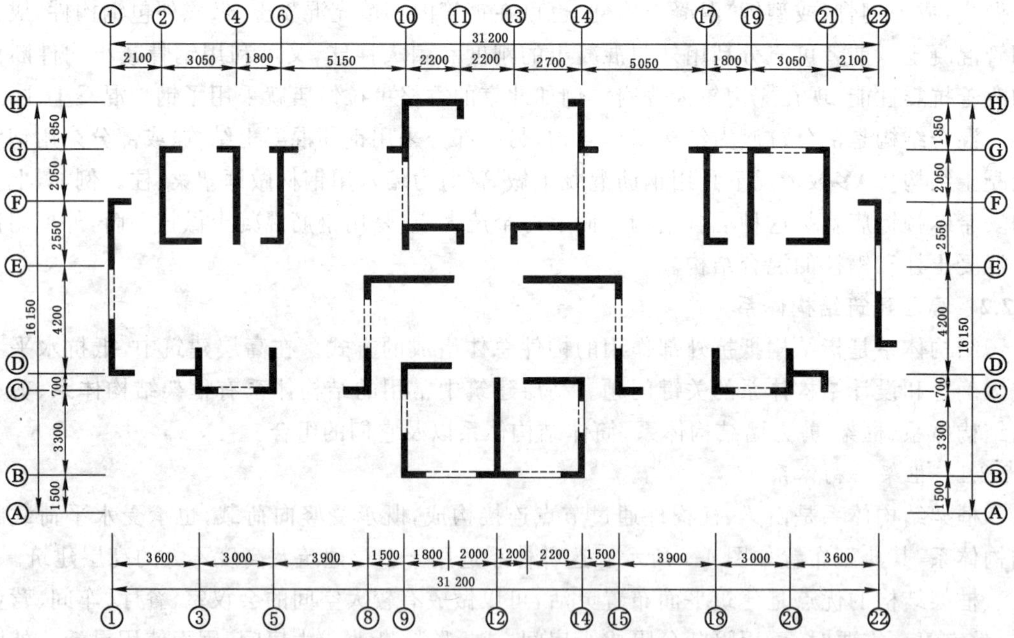

图 4-5　某住宅楼剪力墙结构平面布置图

剪力墙在抗震结构中也称抗震墙。它在自身平面内的刚度大、强度高、整体性好，在水平荷载作用下侧向变形小，抗震性能较强。在国内外历次大地震中，剪力墙结构体系表现出良好的抗震性能，且震害较轻。因此，剪力墙结构在非地震区或地震区的高层建筑中都得到了广泛的应用。在地震区15层以上的高层建筑中采用剪力墙是经济的，在非地震区采用剪力墙建造建筑物的高度可达140 m。目前我国10～30层的高层住宅大多采用这种结构体系。剪力墙结构采用大模板或滑升模板等先进方法施工时，施工速度很快，可节省大量的砌筑填充墙等工作量。

剪力墙结构的墙间距不能太大，平面布置不灵活，难以满足公共建筑的使用要求；此外，剪力墙结构的自重也比较大。为满足旅馆布置门厅、餐厅、会议室等大面积公共房间，以及在住宅底层布置商店和公共设施的要求，可将剪力墙结构底部一层或几层的部分剪力墙取消，用框架来代替，形成底部大空间剪力墙结构和大底盘、大空间剪力墙结构（图4-6）；标准层则可采用小开间或大开间结构。当把底层做成框架柱时，成为框支剪力墙结构，如图4-6(c)所示。

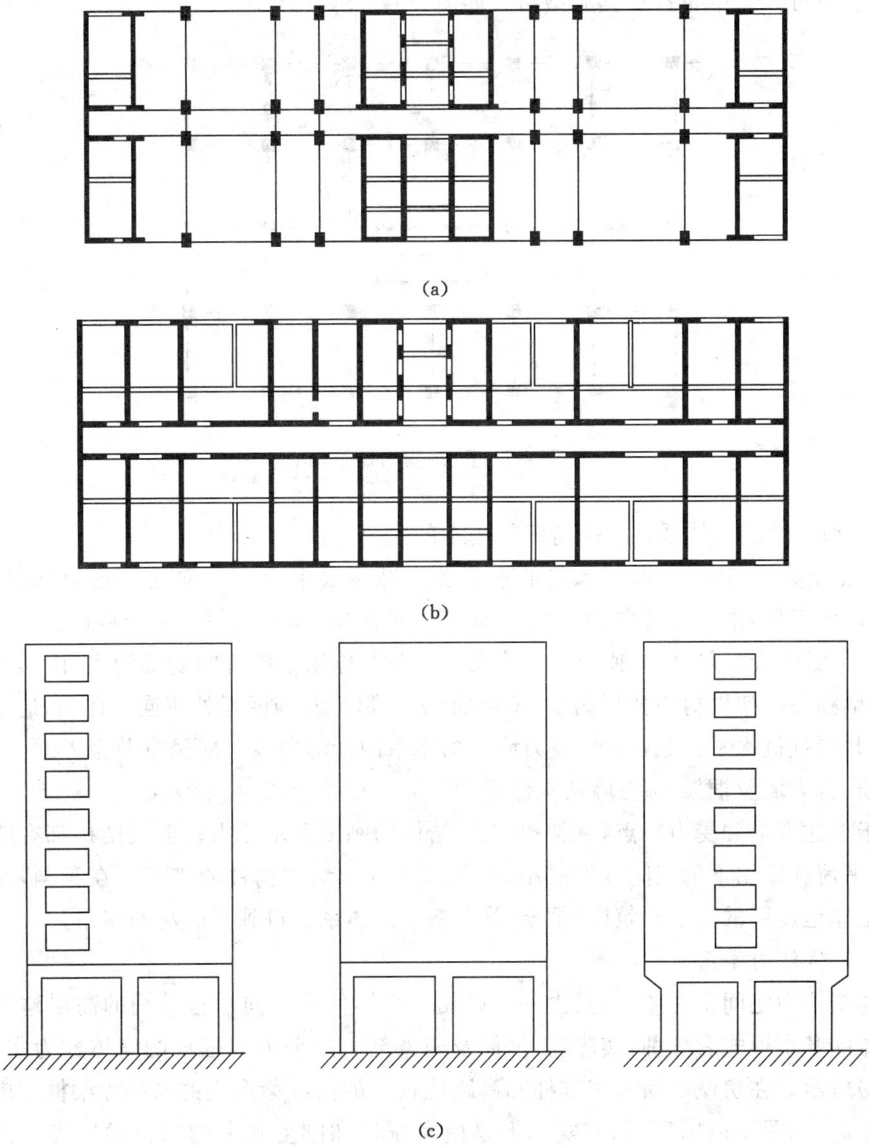

图4-6　底部大空间剪力墙结构

(a) 底层平面示意图；(b) 二层平面示意图；(c) 立面示意图。

这种结构体系，由于底层柱的刚度小，上部剪力墙的刚度大，形成上下刚度突变，在地震作用下底层柱会产生很大的内力及塑性变形，致使结构破坏较严重。因此，在地震区不允许完全使用这种框支剪力墙结构，而需设有部分落地剪力墙。

4.2.2.3 框架-剪力墙结构体系

框架-剪力墙结构体系是在框架结构中布置一定数量的剪力墙所组成的结构体系。框架结构具有侧向刚度差、水平荷载作用下的变形大、抵抗水平荷载能力较低的缺点，但又具有平面布置较灵活、可获得较大的空间、立面处理易于变化的优点；剪力墙结构则具有强度和刚度大、水平位移小的优点与使用空间受到限制的缺点。将这两种体系结合起来，相互取长补短，可形成一种受力特性较好的结构体系，即框架-剪力墙结构体系。剪力墙可以单片分散布置，也可以集中布置。其典型布置如图 4-7 所示。

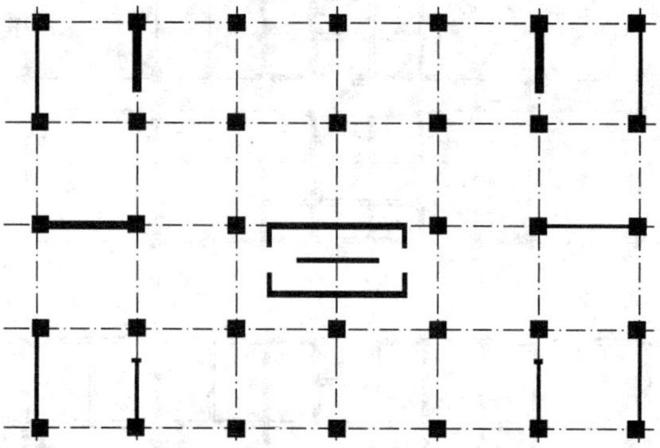

图 4-7　框架-剪力墙结构

框架-剪力墙结构体系在水平荷载作用下的主要特征：

(1) 在受力状态方面，框架承受的水平剪力减少及沿高度方向比较均匀，框架各层的梁、柱弯矩值降低，沿高度方向各层梁、柱弯矩的差距减少，在数值上趋于接近。

(2) 在变形状态方面，单独的剪力墙在水平荷载作用下以弯曲变形为主，位移曲线呈弯曲型；而单独的框架以剪切变形为主，位移曲线呈剪切型；当两者处于同一体系，通过楼板协同工作，共同抵抗水平荷载，框架-剪力墙结构体系的变形曲线一般呈弯剪型。

框架、剪力墙及框架-剪力墙结构体系的变形示意图如图 4-8 所示。

由于上述变形和受力特点，框架-剪力墙结构的刚度和承载力较框架结构都有明显的提高，在水平荷载作用下的层间变形减小，因而减少了非结构构件的破坏。在我国，无论在地震区还是非地震区的高层建筑中，框架-剪力墙结构体系都得到了广泛的应用。

4.2.2.4 筒体结构体系

筒体结构为空间受力体系，是由一个或几个筒体作为竖向承重结构的高层建筑结构体系。筒体的基本形式有三种：实腹筒、框筒及桁架筒。用剪力墙围成的筒体称为实腹筒，如图 4-9(a)所示。在房屋四周由密排柱和高跨比很大的窗群梁形成的密柱深梁框架围成的筒体称为框筒，如图 4-9(b)所示，它实际上是由密排柱和刚度很大的窗裙梁形成的密柱深梁框架围成的筒体。如果筒体的四壁是由竖杆和斜杆形成的桁架组成，则称为桁架筒，如图 4-9(c)所示。如果体系是由上述筒体单元所组成，还可以再组成筒中筒、束筒等。筒体最主

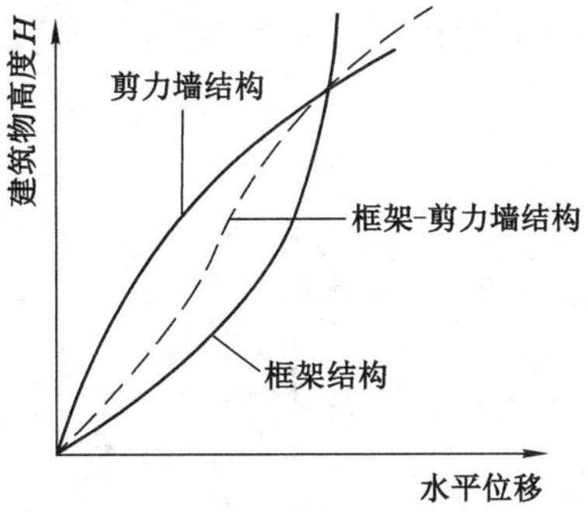

图 4-8 不同结构形式在水平荷载作用下的变形示意图

要的受力特点是它的空间受力性能。无论哪一种筒体，在水平力作用下都可以看成固定于基础上的箱形悬臂构件，它比单片平面结构具有更大的抗侧刚度和承载力，并具有很好的抗扭刚度。因此，该种体系广泛应用于多功能、多用途、层数较多的高层建筑中。

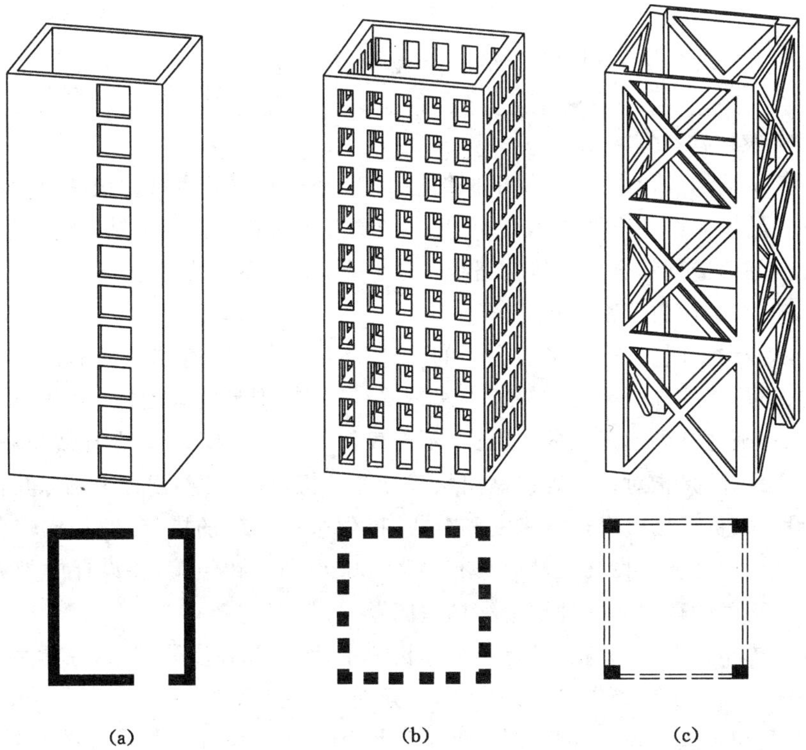

图 4-9 不同结构形式变形关系

(a) 实腹筒；(b) 框筒；(c) 桁架筒。

在高层建筑的发展过程中，结构体系越来越多样化、新颖化，除了上述几种基本的结构体系外，在它们的基础上，又涌现出诸如巨型框架结构、巨型桁架结构、悬挂结构、悬挑结构、应力蒙皮结构等，以及各种结构体系组合而成的综合结构体系。例如，迪拜的哈利法塔，底部采用了钢筋混凝土筒体结构，上部采用钢框架结构体。为了使高度为 828 m 的结构具有较大的侧向刚度，采用一个六边形的核心筒作为整个结构的抗侧结构，横向的剪力墙作为纵向墙的肋，每个端部有四根独立的端柱（图 4-10）。

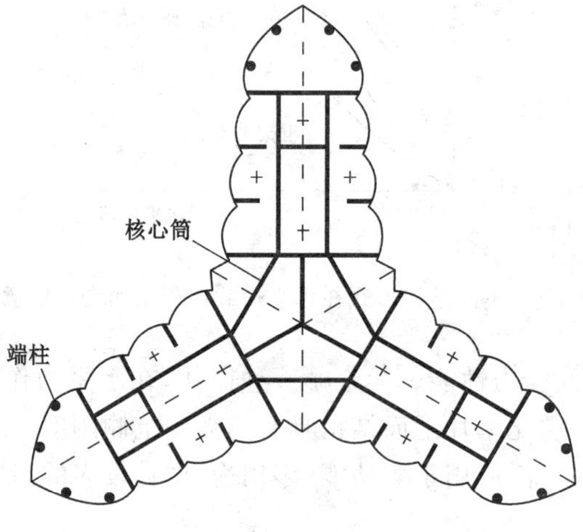

图 4-10　哈利法塔底层筒体布置示意图

4.2.3　高层建筑结构布置原则

在高层建筑结构设计中，不仅要根据结构高度，还应根据是否抗震设防及设防烈度等因素选择合理的结构体系。当结构体系确定后，结构总体布置应当密切结合建筑设计进行，使建筑物具有良好的造型和合理的传力路线。因此，结构体系受力性能与技术经济指标能否做到先进合理，与结构布置密切相关。

理论与实践均表明，一个先进而合理的设计，不能仅依靠力学分析来解决。因为对于较复杂的高层建筑，某些部位无法用解析方法精确计算；特别是在地震区，地震作用的影响因素很多，要求精确计算是不可能的。因此，不能仅仅依赖于“计算设计”，还要正确运用“概念设计”。“概念设计”是指对一些难以做出精确计算分析，或在某些规程中难以具体规定的问题，应该由设计人员运用概念进行判断和分析，以便采取相应的措施，做到比较合理地进行结构设计。概念设计要求设计人员应具有多学科知识和实践经验，在设计中处处都要带着清晰的概念和正确的理解去处理理论和构造问题。

在结构总体布置上，首先在房屋体形、结构体系、刚度和强度分布、构件延性等主要方面创造结构整体的良好抗震条件，从根本上消除建筑中的抗震薄弱环节；然后，再辅以必要的计算、内力调整和构造措施。因此，国内外工程界常将概念设计作为设计的主导，认为它比数值计算更显重要。在抗震规范中所涉及的基本概念主要包括：以预防为主，进行全面规划；尽量选择对抗震有利的场地，尽量避开抗震不利的区域；建筑体型规则；设置多道抗震防线；防止薄弱层塑性变形集中；使结构的强度、刚度和变形能力统一；确保结构的整体性；对非结构构件采取相应的抗震措施。

4.2.3.1　各种结构体系适用的最大高度

《高层建筑混凝土结构技术规程》(JG 3—2010)，对各种结构体系的高层建筑最大适用高度做出了规定。规程中将高层建筑分为两级，即常规高度的高层建筑(A级)和超限高层建筑(B级)。同时，《建筑抗震设计规范》(GB 50011—2010，2016年版)根据建筑使用功能的重要性，将建筑抗震设防类别分为甲类、乙类、丙类、丁类四个抗震设防类别。甲类建筑属于重大建筑工程和地震时可能发生严重次生灾害的建筑，乙类建筑属于地震时使用功能不能中断或需尽快恢复的建筑，丙类建筑属于甲、乙、丁类建筑以外的一般建筑，丁类建筑属于抗震次要建筑。

下面分别给出各种结构体系其适用的最大高度。

(1) A级高度高层建筑最大适用高度

甲类建筑宜按设防烈度提高一度后符合表4-4的要求；乙、丙类建筑宜按设防烈度符合表4-5的要求。

表4-4 A级高度钢筋混凝土高层建筑的最大适用高度 单位：m

结构体系		非抗震设计	抗震设防烈度				
			6度	7度	8度(0.2g)	8度(0.3g)	9度
框架		70	60	50	40	35	
框架-剪力墙		150	130	120	100	80	50
剪力墙	全部落地剪力墙	150	140	120	100	80	60
	部分框支剪力墙	130	120	100	80	50	不应采用
筒体	框架-核心筒	160	150	130	120	100	70
	筒中筒	200	180	150	120	100	80
板柱-剪力墙		110	80	70	55	40	不应采用

(2) B级高度高层建筑最大适用高度

甲类建筑宜按设防烈度提高一度后不宜大于表4-5的要求；乙、丙类建筑宜按设防烈度不宜大于表4-5的要求。

表4-5 B级高度钢筋混凝土高层建筑的最大适用高度 单位：m

结构体系		非抗震设计	抗震设防烈度			
			6度	7度	8度(0.2g)	8度(0.3g)
框架-剪力墙		170	160	140	120	100
剪力墙	全部落地剪力墙	180	170	150	130	110
	部分框支剪力墙	150	140	120	100	80
筒体	框架-核心筒	220	210	180	140	120
	筒中筒	300	280	230	170	150

注：1. 房屋高度指室外地面至主要屋面高度，不包括局部突出屋面的电梯机房、水箱、构架等高度。
2. 部分框支剪力墙结构指地面以上有部分框支剪力墙的剪力墙结构。
3. 平面和竖向均不规则的建筑或位于Ⅳ类场地的建筑，表中数值应适当降低。
4. 甲类建筑，6、7度时宜按本地区设防烈度提高一度后符合本表的要求，8度时应专门研究。
5. 当房屋高度超过表中数值时，结构设计应有可靠数据，并采取有效措施。

对平面和竖向均不规则的结构，最大适用高度应适当降低。超过表内高度的房屋，应进行专门研究，采取必要的加强措施。

依据《装配式混凝土建筑技术标准》(GB/T 51231—2016)，对于装配整体式混凝土结构，最大适用高度应满足表4-6的要求。

表4-6 装配整体式混凝土结构房屋的最大适用高度 单位:m

结构类型	抗震设防烈度			
	6度	7度	8度(0.20g)	8度(0.30g)
装配整体式框架结构	60	50	40	30
装配整体式框架-现浇剪力墙结构	130	120	100	80
装配整体式框架-现浇核心筒结构	150	130	100	90
装配整体式剪力墙结构	130(120)	110(100)	90(80)	70(60)
装配整体式部分框支剪力墙结构	110(100)	90(80)	70(60)	40(30)

4.2.3.2 高宽比限制

高层建筑的高宽比，是对结构刚度、整体稳定、承载能力和经济合理性的宏观控制。从目前大多数常规A级高层建筑来看，这一限值是各方面都可以接受的，也是比较经济合理的。《高层建筑混凝土结构技术规程》(JG 3—2010)3.3.2条规定了各种结构体系的高宽比限制。高层建筑结构的高宽比不宜超过表4-7的限值。

表4-7 钢筋混凝土高层建筑结构适用的最大高宽比

结构类型	非抗震设计	抗震设防烈度		
		6、7度	8度	9度
框架	5	4	3	—
板柱-剪力墙	6	5	4	—
框架-剪力墙、剪力墙	7	6	5	4
框架-核心筒	8	7	6	4
筒中筒	8	8	7	5

对于高层装配整体式混凝土结构，其高宽比不宜超过表4-8中的数值。

表4-8 高层装配整体式混凝土结构适用的最大高宽比

结构类型	抗震设防烈度	
	6度、7度	8度
装配整体式框架结构	4	3
装配整体式框架-现浇剪力墙结构	6	5
装配整体式剪力墙结构	6	5
装配整体式框架-现浇核心筒结构	7	8

4.2.3.3　结构平面布置

（1）平面布置的基本原则

高层建筑按外形的不同可以分为板式和塔式两大类：塔式建筑其平面长宽比 L/B 较小，是高层建筑的主要外形。如圆形、方形、正多边形、L/B 不大的长方形以及 Y 形、井字形等，塔式建筑比较容易实现结构在两个平面方向的动力特性相近；另一类是实际应用相对较少的板式高层建筑，其平面 L/B 相对较大，为了避免短边方向结构的抗侧刚度较小的问题，相应的抗侧力结构单元布置较多，有时也结合建筑平面将其做成折线或曲线形。高层结构平面布置应考虑下列问题。

① 高层建筑的开间、进深尺寸及构件类型规格应尽量少，以利于建筑工业化。

② 尽量采用风压较小的形状，并注意邻近高层房屋对该房屋风压分布的影响，如表面有竖向线条的高层房屋可增加 5%风压，群体高层可增加高达 50%的风压。

③ 平面布置应力求简单、规整、均匀、对称，长宽比不大并尽量减小偏心扭转的影响。在考虑偶然偏心影响的规定水平地震力作用下，楼层竖向构件最大的水平位移和层间位移，A 级高层建筑不宜大于该楼层平均值的 1.2 倍，不应大于该楼层平均值的 1.5 倍；B 级高层建筑、超过 A 级高度的混合结构及复杂高层建筑不宜大于该楼层平均值的 1.2 倍，不应大于该楼层平均值的 1.4 倍。结构扭转为主的第一自振周期 T_t 与平动为主的第一自振周期 T_1 之比，A 级高层建筑不应大于 0.9，B 级高层建筑、超过 A 级高度的混合结构及复杂高层建筑不应大于 0.85。结构的承载力、刚度及质量分布均匀、对称，质量中心与刚度中心尽可能重合，并尽量增大结构的抗扭刚度。结构具有良好的整体性是高层建筑结构平面布置的关键。

④ 结构单元两端和拐角处受力复杂且为温度效应敏感处，设置的楼、电梯间会削弱其刚度，故应尽量避免在端部与拐角处设置楼、电梯间，如必须设置应采用加强措施。

⑤ 当楼板平面比较狭长、有较大的凹入或开洞时，应在设计中考虑其对结构产生的不利影响。有效楼板宽度不宜小于该层楼面宽度的 50%；楼板开洞总面积不宜超过楼面面积的 30%；在扣除凹入或开洞后，楼板在任一方向的最小净宽度不宜小于 5 m，且开洞后每一边的楼板净宽度不应小于 2 m。

（2）建筑结构平面的不规则

平面不规则结构的不规则类型分为扭转不规则、凸凹不规则、楼板局部不连续三种。其相应规定详见表 4-9。

表 4-9　平面不规则类型

不规则类型	定　义
扭转不规则	楼层的最大弹性水平位移（或层间位移），大于该楼层两端弹性水平位移（或层间位移）平均值的 1.2 倍
凸凹不规则	结构平面凹进的一侧尺寸，大于相应投影方向总尺寸的 30%
楼板局部不连续	楼板的尺寸和平面刚度急剧变化，例如，有效楼板宽度小于该层楼板典型宽度的 50%，或开洞面积大于该层楼面面积的 30%，或较大的楼层错层

高层建筑宜选用风作用效应较小的平面形状。建筑平面的长宽比不宜过大，一般宜小

于6,以避免因两端相距太远,振动不同步,产生扭转等复杂的振动而使结构受到损害。为了保证楼板平面内刚度较大,使楼板平面内不产生大的振动变形,建筑平面的突出部分长度 l 应尽可能小。平面凹进时,应保证楼板宽度 B 足够大。Z 形平面则应保证重叠部分 l 足够长。另外,由于在凹角附近,楼板容易产生应力集中,要加强楼板的配筋。平面各部分尺寸(如图 4-11 所示)宜满足表 4-10 的要求。

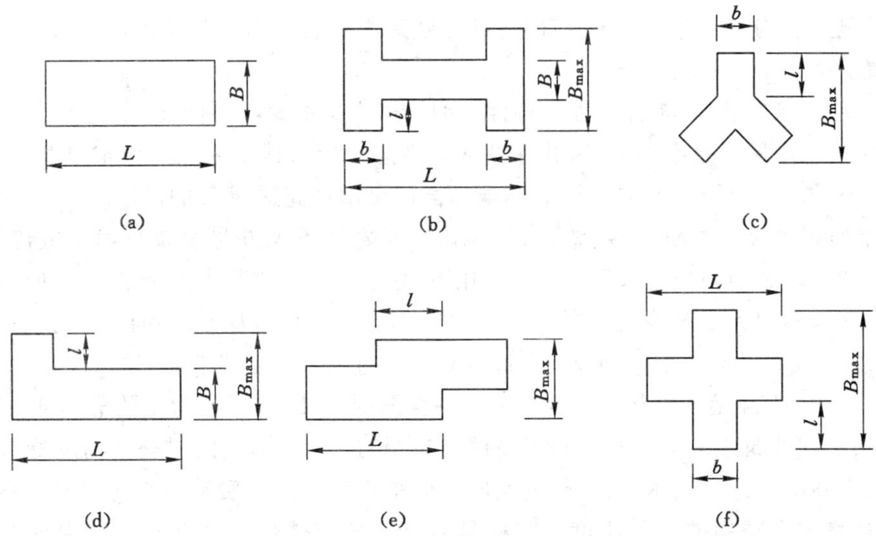

图 4-11　建筑平面

(a) 矩形平面;(b) 工字形平面;(c) 倒 Y 字形平面;(d) L 形平面;(e) Z 字形平面;(f) 十字形平面。

表 4-10　L、l 的限值

抗震设防烈度	L/B	l/B_{max}	l/b
6、7 度	≤6.0	≤0.35	≤2.0
8、9 度	≤5.0	≤0.30	≤1.50

4.2.3.4　结构竖向布置

(1) 结构竖向布置原则

高层建筑中控制侧向位移常常成为结构设计的主要控制因素。而且随着高度增加,倾覆力矩也相应迅速增大。因此,高层建筑的高宽比不宜过大,高层建筑的竖向体型宜规则、均匀,避免有过大的外挑和收进。结构的侧向刚度宜下大上小,逐渐均匀变化。

高层结构竖向除应满足高宽比限值外,还要考虑下面几个问题:

① 有抗震设防要求的建筑物,结构竖向布置要做到刚度均匀且上下连续贯通,避免刚度突变给薄弱层造成震害。构件截面要自下而上逐渐减小,当某层刚度小于上层时,应不小于上层刚度的 70%和其上相邻连续 3 层平均刚度的 80%。结构竖向体型应力求规则、均匀,避免出现承载力沿高度分布不均匀的结构。满足以上要求的建筑结构可按竖向规则结构进行抗震分析。

② 高层建筑宜设地下室,有一定埋深的地下室,可以保证上部结构的稳定,可以充分利

用地下室空间，同时地基承载力还能得到补偿。

(2) 建筑结构竖向不规则

建筑结构竖向不规则的类型分为侧向刚度不规则、竖向抗侧力构件不连续以及楼层承载力突变三种类型。相应的定义详见表 4-11。

表 4-11　竖向不规则类型

不规则类型	定　义
侧向刚度不规则	该层的侧向刚度小于相邻上一层的 70%，或小于其上相邻 3 个楼层侧向刚度平均值的 80%；除顶层外，局部收进的水平向尺寸大于相邻下一层的 25%
竖向抗侧力构件不连续	竖向抗侧力构件（柱、抗震墙、抗震支撑）的内力由水平转换构件（梁、桁架等）向下传递
楼层承载力突变	抗侧力结构的层间受剪承载力小于相邻上一楼层的 80%

楼层外挑内收，结构刚度和质量变化大，在地震作用下易形成较薄弱环节。为此，《高层建筑混凝土结构技术规程》(JGJ 3—2010)规定，抗震设计时，当结构上部楼层收进部分到室外地面的高度 H_1 与房屋高度之比大于 0.2 时，上部楼层收进后的水平尺寸 B_1 不宜小于下部楼层水平尺寸 B 的 0.75 倍，如图 4-12(a)、(b) 所示；当上部结构楼层相对于下部楼层外挑时，下部楼层的水平尺寸 B 不宜小于上部楼层水平尺寸 B_1 的 0.9 倍，且水平外挑尺寸 a 不宜大于 4 m，如图 4-12(c)、(d) 所示。

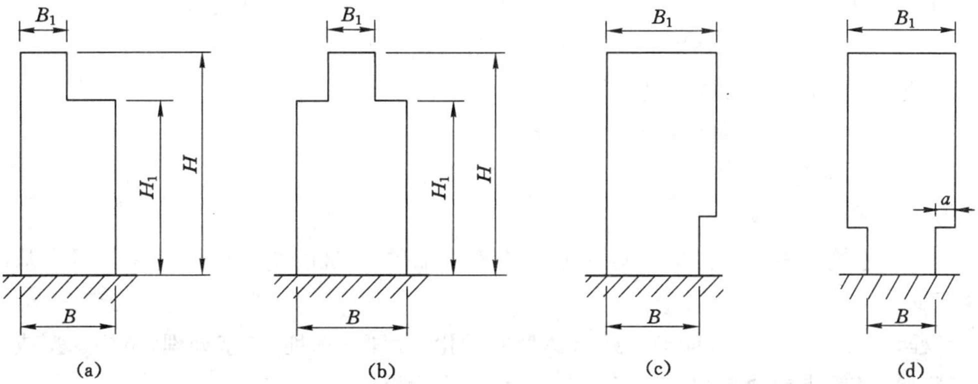

图 4-12　结构竖向收进和外挑示意图

4.2.3.5　变形缝的设置

在高层建筑中，为防止结构因温度变化和混凝土收缩而产生裂缝，常隔一定距离设置温度伸缩缝；在高层部分和低层部分之间，由于沉降不同设置沉降缝；在地震区，建筑物各部分层数、质量、刚度差异过大或有错层时，设置防震缝。温度缝、沉降缝和防震缝将高层建筑划分为若干个结构独立的部分，成为独立的结构单元。

(1) 伸缩缝

高层建筑结构伸缩缝的最大间距宜符合表 4-12 的规定。

表 4-12　伸缩缝的最大间距

结构体系	施工方法	最大间距/m
框架结构	现浇	55
剪力墙结构	现浇	45

注：1. 框架-剪力墙的伸缩缝间距可根据结构的具体布置情况取表中框架结构与剪力墙结构之间的数值；

2. 当屋面无保温或隔热措施、混凝土的收缩较大或室内结构因施工外露时间较长时，伸缩缝间距应适当减小；

3. 位于气候干燥地区、夏季炎热且暴雨频繁地区的结构、伸缩缝的间距宜适当减小。

当采用有效的构造措施和施工措施减小温度和混凝土收缩对结构的影响时，可适当放宽伸缩缝的间距。这些措施可包括但不限于下列方面：

① 顶层、底层、山墙和纵墙端开间等受温度变化影响较大的部位提高配筋率；

② 顶层加强保温隔热措施，外墙设置外保温层；

③ 每 30～40 m 间距留出施工后浇带，带宽 800～1 000 mm，钢筋采用搭接接头，后浇带混凝土宜在 45 d 后浇筑；

④ 采用收缩小的水泥、减少水泥用量、在混凝土中加入适宜的外加剂；

⑤ 提高每层楼板的构造配筋率或采用部分预应力结构。

(2) 沉降缝

高层建筑的主楼与其裙房之间会对地基产生不均匀的压力使结构发生不均匀沉降造成房屋的倾斜、开裂甚至倒塌。因此需要通过设置沉降缝来把高层建筑分割成独立的沉降单体，减小沉降差，防止不均匀沉降的发生。高层建筑的沉降缝需要从基础到上部主体都断开。高层建筑中当遇到下列情况时，需要考虑设置沉降缝：

① 建筑主体的高度和重量悬殊之处；

② 下部的地基土压缩性差异较大时；

③ 结构体系变换处；

④ 基础类型变化处。

当高层建筑与相连的裙房之间设置沉降缝时，高层建筑的基础埋深应大于裙房基础的埋深至少 2 m。

工程设计时，一般尽可能通过建筑体型的优化、合理的选址、地基处理、结构选型或施工顺序等方法降低或减少不均匀沉降，从而不设或少设沉降缝。

(3) 防震缝

抗震设计时，高层建筑宜调整平面形状和结构布置，避免设置防震缝。体型复杂、平立面不规则的建筑，应根据不规则程度、地基基础条件和技术经济等因素的比较分析，确定是否设置防震缝。

设置防震缝时，应符合下列规定：

① 防震缝宽度应符合下列规定：框架结构房屋，高度不超过 15 m 时不应小于 100 mm；超过 15 m 时，6 度、7 度、8 度和 9 度分别每增加高度 5 m、4 m、3 m 和 2 m，宜加宽 20 mm；框架-剪力墙结构房屋不应小于上述规定数值的 70%，剪力墙结构房屋不应小于上述规定数值的 50%，且不宜小于 100 mm。

② 防震缝两侧结构体系不同时，防震缝宽度应按不利的结构类型确定。

③ 防震缝两侧的房屋高度不同时，防震缝宽度可按较低的房屋高度确定。

④ 8、9 度抗震设计的框架结构房屋，防震缝两侧结构层高相差较大时，防震缝两侧框架柱的箍筋应沿房屋全高加密，并可根据需要沿房屋全高在缝两侧各设置不少于两道垂直于防震缝的抗撞墙。

⑤ 当相邻结构的基础存在较大沉降差时，宜增大防震缝的宽度。

⑥ 防震缝宜沿房屋全高设置，地下室、基础可不设防震缝，但在与上部防震缝对应处应加强构造和连接。

⑦ 结构单元之间或主楼与裙房之间不宜采用牛腿托梁的做法设置防震缝，否则应采取可靠措施。

在高层建筑中设置“三缝”，可以解决产生过大变形和内力问题以及抗震问题，但也产生了另外的问题。例如，由于缝的两侧均需布置剪力墙或框架而使结构复杂和建筑使用不便；“三缝”使建筑立面处理困难；地下部分容易渗漏，防水困难等，而更为突出的是，地震时缝两侧结构常因进入弹塑性状态，位移急剧增大发生互相碰撞而造成震害。

实践表明，高层建筑宜调整平面形状和结构布置，采取构造措施和施工措施，尽量不设缝或少设缝；需要设缝时，必须保证必要的缝宽以防止震害。抗震设计时，伸缩缝、沉降缝的宽度均应符合防震缝宽度的要求。

4.2.3.6 基础设计的原则

高层建筑高度大、重量大，在水平力作用下有较大的倾覆力矩与剪力，对基础及地基的要求较高，因此基础的设计是高层建筑结构设计中的一项重要内容。下面给出高层建筑基础设计的一般原则。

(1) 上部结构的特点是选择基础设计方案的重要因素。基础设计时要把地基、基础和上部结构当成一个整体来考虑，当上部结构刚度和整体性较差，地基软弱且不均匀时，基础刚度应适当加强；当上部结构刚度和整体性较好，荷载分布较均匀，地基也比较坚硬时，则基础刚度可适当放宽。

(2) 一般情况下，地基的土质均匀、承载力高、沉降量小时，可以采取天然地基和竖向刚度较小的基础；反之，则应采用人工地基或竖向刚度较大的整体式基础。

(3) 单独基础和条形基础整体性差，竖向刚度小，不容易调整各部分地基的差异沉降，除非将基础搁置在未风化或微风化的岩层上，否则不宜在高层建筑中应用。在层数较少的裙房中应用时，也需在单独柱基之间沿纵、横两个方向增设拉梁，以抵抗可能产生的地基差异沉降。

(4) 当采用桩基时，应尽可能采用单根、单排大直径桩或扩底墩，使上部结构的荷载直接由柱或墙传至桩顶；基础底板因受力很小而可以做得较薄，如果采用多根或多排小直径桩，基础底板就会受到较大弯矩和剪力，从而使板厚增大。

(5) 箱形基础及筏式基础是高层建筑结构常用的形式。

(6) 在地震区，为保证整体结构的稳定性，减小由基础变形引起的上部结构倾斜，基础埋深不能太小。在天然地基或复合地基上，基础埋深不宜小于建筑物高度的 1/15。如果采用桩基，则从桩顶算起，基础埋深不宜小于建筑物高度的 1/18。在非地震区，基础的埋深可适当减小。

(7) 无论何种形式的基础，均不宜直接置于可液化土层上。

4.3 荷载和作用

作用在高层建筑结构上的荷载和作用主要包括恒荷载、活荷载、地震作用等竖向作用，以及风荷载、水平地震作用等水平方向的作用。其中高层建筑结构中的竖向荷载中的重力荷载及活荷载与多层结构相类似，只是竖向荷载值较大，当有侧移发生时将会引起较大的附加弯矩。与多层结构不同的是，水平方向的作用对高层建筑结构产生的内力的影响已经起控制作用，虽然风荷载作用下结构内力的计算方法与前述的多层框架结构的计算方法类似，但是又有部分区别，本节对高层结构荷载效应计算过程中的主要区别之处进行简要说明。

4.3.1 竖向荷载

高层建筑的自重荷载、楼(屋)面活荷载及屋面雪荷载等应按现行国家标准《建筑结构荷载规范》(GB 50009—2012)的有关规定采用。

高层建筑结构在进行重力荷载作用效应分析时，柱、墙、斜撑等构件的轴向变形宜考虑施工过程的影响；复杂高层建筑及房屋高度大于 150 m 的其他高层建筑结构，应考虑施工过程的影响。

恒荷载、楼面活荷载、屋面活荷载及雪荷载对高层建筑结构内力影响的计算方法与多层结构相同，此处不再赘述。

4.3.2 风荷载

空气的流动形成了风，高层建筑结构的风荷载是指空气的流动对结构所产生的压力。风荷载对建筑的作用是不规则的、随机的，因此在计算风荷载时将其简化为静力等效荷载。随着高度的增加，风荷载的影响越来越大，特别是一些柔性的高层建筑，风荷载是结构设计的控制因素。风荷载的计算方法与前述的单层厂房结构、多层框架结构相类似，还有一些与之不同的特点：

(1) 基本风压：基本风压应按照现行国家标准《建筑结构荷载规范》(GB 50009—2012)的规定采用。对风荷载比较敏感的高层建筑，承载力设计时应按基本风压的 1.1 倍采用。

(2) 风荷载体型系数：

① 计算主体结构的风荷载效应时，风荷载体型系数 μ_s 由表 4-13 计算：

表 4-13 高层建筑结构主体风荷载体型系数

结构体型	风荷载体型系数 μ_s
圆形平面建筑	0.8
正多边形及截角三角形平面建筑	$\mu_s=0.8+1.2/\sqrt{n}$
V 形、Y 形、弧形、双十字形、井字形平面建筑	1.4
L 形、槽形和高宽比 H/B 大于 4 的十字形平面建筑	1.4
高宽比 H/B 大于 4、长宽比 L/B 不大于 1.5 的矩形、鼓形平面建筑	1.4

② 在需要更细致地进行风荷载计算的场合，风荷载体型系数可按《高层建筑混凝土结构技术规程》(JGJ 3—2010)附录 B 采用，或由风洞试验确定。

③ 当多栋或群集的高层建筑相互间距较近时，宜考虑风力相互干扰的群体效应。一般

可将单栋建筑的风荷载体型系数 μ_s 乘以相互干扰增大系数，该系数可参考类似条件的试验资料确定；必要时宜通过风洞试验确定。

④ 横风向振动效应或扭转风振效应明显的高层建筑，应考虑横风向风振或扭转风振的影响。横风向风振或扭转风振的计算范围、方法以及顺风向与横风向效应的组合方法应符合现行国家标准《建筑结构荷载规范》(GB 50009—2012)的有关规定。

⑤ 檐口、雨篷、遮阳板、阳台等水平构件，计算局部上浮风荷载时，风荷载体型系数 μ_s 不宜小于 2.0。

(3) 对于房屋高度大于 200 m、或平面形状或立面形状复杂、立面开洞或连体建筑、周围地形和环境较复杂的建筑，宜进行风洞试验判断确定建筑物的风荷载。

(4) 高层建筑结构进行风作用效应计算时，正反两个方向的风作用效应宜按两个方向计算的较大值采用；体型复杂的高层建筑，应考虑风向角的不利影响。

4.3.3　地震作用

高层建筑钢筋混凝土结构的地震效应需根据抗震设防分类、烈度、结构类型和房屋高度采用不同的抗震等级进行抗震设计。在计算高层结构的地震作用时，各抗震设防类别高层建筑的地震作用根据建筑的不同类别进行区分，对于甲类建筑，应按批准的地震安全性评价结果且高于本地区抗震设防烈度的要求确定；乙、丙类建筑，应按本地区抗震设防烈度计算。

目前，计算地震作用的方法主要有底部剪力法、振型分解反应谱法和时程分析法。对于高度不超过 40 m、以剪切变形为主且质量和刚度沿高度分布比较均匀的结构，以及近似于单质点体系的结构，可采用底部剪力法等简化方法。高层建筑结构宜采用振型分解反应谱法，对质量和刚度不对称、不均匀的结构以及高度超过 100 m 的高层建筑结构应采用考虑扭转耦联振动影响的振型分解反应谱法。特别不规则的建筑、甲类建筑等应采用时程分析法进行多遇地震下的补充计算。计算罕遇地震下结构的变形，应采用简化的弹塑性分析方法或弹塑性时程分析法。

高层建筑结构的地震作用计算时，一般情况下应至少在结构两个主轴方向分别计算水平地震作用；有斜交抗侧力构件的结构，当相交角度大于 15°时，应分别计算各抗侧力构件方向的水平地震作用。质量与刚度分布明显不对称的结构，应计算双向水平地震作用下的扭转影响；其他情况，应计算单向水平地震作用下的扭转影响。对于高层建筑中的大跨度、长悬臂结构，7 度(0.15g)、8 度抗震设计时应计入竖向地震作用。9 度抗震设计时应计算竖向地震作用。

计算地震作用时，建筑结构的重力荷载代表值应取永久荷载标准值和可变荷载组合值之和。可变荷载的组合值系数应为：雪荷载取 0.5；楼面活荷载按实际情况计算时取 1.0，按等效均布活荷载计算时，藏书库、档案库、库房取 0.8，一般民用建筑取 0.5。

跨度大于 24 m 的楼盖结构、跨度大于 12 m 的转换结构和连体结构、悬挑长度大于 5 m 的悬挑结构，结构竖向地震作用效应标准值宜采用时程分析方法或振型分解反应谱方法进行计算。时程分析计算时输入的地震加速度最大值可按规定的水平输入最大值的 65%采用，反应谱分析时结构竖向地震影响系数最大值可按水平地震影响系数最大值的 65%采用，但设计地震分组可按第一组采用。

高层建筑中，大跨度结构、悬挑结构、转换结构、连体结构的连接体的竖向地震作用标准值，不宜小于结构或构件承受的重力荷载代表值与表 4-14 所规定的竖向地震作用系数的乘积。

表 4-14　竖向地震作用系数

抗震设防烈度	7 度	8 度		
设计基本地震加速度	0.15g	0.20g	0.30g	0.40g
竖向地震作用系数	0.08	0.10	0.15	0.20

4.4　高层框架结构

在高层建筑结构中，框架也是由框架梁、框架柱及节点组成的，其内力计算和截面设计与多层框架相同。在高层建筑结构中，框架常与剪力墙、筒体等组合作为抗侧力单元协同工作。由于框架结构的内力分析方法、截面的计算方法与多层框架结构相同，因此本节仅对高层建筑结构中与多层结构中的框架设计有区别的地方进行介绍。

在高层建筑结构设计时，框架结构应设计成双向梁柱抗侧力体系。主体结构除个别部位外，不应采用铰接。抗震设计的框架结构不应采用单跨框架。框架结构的填充墙及隔墙宜选用轻质墙体。抗震设计时，框架结构如采用砌体填充墙，其布置应避免形成上、下层刚度变化过大，避免形成短柱，减少因抗侧刚度偏心而造成的结构扭转。

抗震设计时，框架结构的楼梯间的布置应尽量减小其造成的结构平面不规则。宜采用现浇钢筋混凝土楼梯，楼梯结构应有足够的抗倒塌能力。宜采取措施减小楼梯对主体结构的影响。当钢筋混凝土楼梯与主体结构整体连接时，应考虑楼梯对地震作用及其效应的影响，并应对楼梯构件进行抗震承载力验算。

抗震设计时，不应采用部分由砌体墙承重的混合形式。框架结构中的楼、电梯间及局部出屋顶的电梯机房、楼梯间、水箱间等，应采用框架承重，不应采用砌体墙承重。

抗震设计时，框架角柱应按双向偏心受力构件进行正截面承载力设计。

4.5　剪力墙结构

4.5.1　剪力墙结构的布置

剪力墙结构应具有适宜的侧向刚度，一般应将剪力墙按双向布置形成空间结构，避免单向布置剪力墙，避免某一个方向的刚度很大而另外一个方向的刚度较小，其布置应符合下列规定：

(1) 平面布置宜简单、规则，宜沿两个主轴方向或其他方向双向布置，两个方向的侧向刚度不宜相差过大。抗震设计时，不应采用仅单向有墙的结构布置。

(2) 宜自下到上连续布置，避免刚度突变。

(3) 门窗洞口宜上下对齐、成列布置，形成明确的墙肢和连梁；宜避免造成墙肢宽度相差悬殊的洞口设置；抗震设计时，一、二、三级剪力墙的底部加强部位不宜采用上下洞口不对齐的错洞墙，全高均不宜采用洞口局部重叠的叠合错洞墙。

(4) 剪力墙不宜过长,较长剪力墙宜设置跨高比较大的连梁将其分成长度较均匀的若干墙段,各墙段的高度与墙段长度之比不宜小于 3,墙段长度不宜大于 8 m。

抗震设计时,剪力墙底部加强部位的范围,应符合下列规定:

(1) 底部加强部位的高度,应从地下室顶板算起。

(2) 底部加强部位的高度可取底部两层和墙体总高度的 1/10 二者的较大值。

(3) 当结构计算嵌固端位于地下一层底板或以下时,底部加强部位宜延伸到计算嵌固端。

当剪力墙或核心筒墙肢与其平面外相交的楼面梁刚接时,可沿楼面梁轴线方向设置与梁相连的剪力墙、扶壁柱或在墙内设置暗柱,并应符合下列规定:

(1) 设置沿楼面梁轴线方向与梁相连的剪力墙时,墙的厚度不宜小于梁的截面宽度。

(2) 设置扶壁柱时,其截面宽度不应小于梁宽,其截面高度可计入墙厚。

(3) 墙内设置暗柱时,暗柱的截面高度可取墙的厚度,暗柱的截面宽度可取梁宽加 2 倍墙厚。

(4) 应通过计算确定暗柱或扶壁柱的纵向钢筋(或型钢),纵向钢筋的总配筋率不宜小于表 4-15 的规定,当采用 335 MPa、400 MPa 级钢筋时,宜将表中数值分别增大 0.10 和 0.05。

表 4-15 暗柱、扶壁柱纵向钢筋的构造配筋率

设计状况	抗震设计				非抗震设计
	一级	二级	三级	四级	
配筋率/%	0.9	0.7	0.6	0.5	0.5

抗震设计时,高层建筑结构不应全部采用短肢剪力墙;B 级高度高层建筑以及抗震设防烈度为 9 度的 A 级高度高层建筑,不宜布置短肢剪力墙,不应采用具有较多短肢剪力墙的剪力墙结构。当采用具有较多短肢剪力墙的剪力墙结构时,应符合下列规定:

(1) 在规定的水平地震作用下,短肢剪力墙承担的底部倾覆力矩不宜大于结构底部总地震倾覆力矩的 50%。短肢剪力墙是指截面厚度不大于 300 mm、各肢截面高度与厚度之比的最大值大于 4 但不大于 8 的剪力墙,具有较多短肢剪力墙的剪力墙结构是指,在规定的水平地震作用下,短肢剪力墙承担的底部倾覆力矩不小于结构底部总地震倾覆力矩的 30% 的剪力墙结构。

(2) 房屋适用高度应比《高层建筑混凝土结构技术规程》(JGJ 3—2010)规定的剪力墙结构的最大适用高度适当降低,7 度、8 度(0.2g)和 8 度(0.3g)时分别不应大于 100 m、80 m 和 60 m。

4.5.2 剪力墙结构的计算方法

双向布置的剪力墙结构是由一系列纵、横向剪力墙所组成的空间结构体系。由于在竖向荷载作用下剪力墙结构的分析较为简单,而在水平荷载作用下剪力墙结构的受力较为复杂,是由纵横向剪力墙共同承担水平荷载,纵墙的一部分作为横墙的有效翼缘,而横墙的一部分又作为纵墙的有效翼缘,因此需要进行简化才能便于对其进行内力分析。

4.5.2.1 基本假定

当剪力墙的布置满足规定间距的条件时,其内力计算可以采用以下基本假定:

(1) 楼板在自身平面内刚度为无穷大，在平面外刚度为零。这里说的楼板，是指建筑的楼面板。在高层建筑中，由于各层楼面的尺寸较大，再加上楼面的整体性能好，楼板在平面内的变形刚度很大。而在楼面平面外，楼板对剪力墙的弯曲、伸缩变形约束作用较弱，因而将楼板在平面外的刚度视为零。在此假定下，楼板相当于一平面刚体，在水平力的作用下只做平移或转动，从而使各榀剪力墙之间保持变形协调。

(2) 各榀剪力墙在自身平面内的刚度取决于剪力墙本身，在平面外的刚度为零。也就是说，剪力墙只能承担自身平面内的作用力。在这一假定下，就可以将空间的剪力墙结构作为一系列的平面结构来处理，使计算工作大大简化。当然，与作用力方向相垂直的剪力墙的作用也不是完全不考虑，而是将其作为受力方向剪力墙的翼缘来计算，如图 4-13 所示。有效翼缘宽度按表 4-16 中各项的最小值选取。

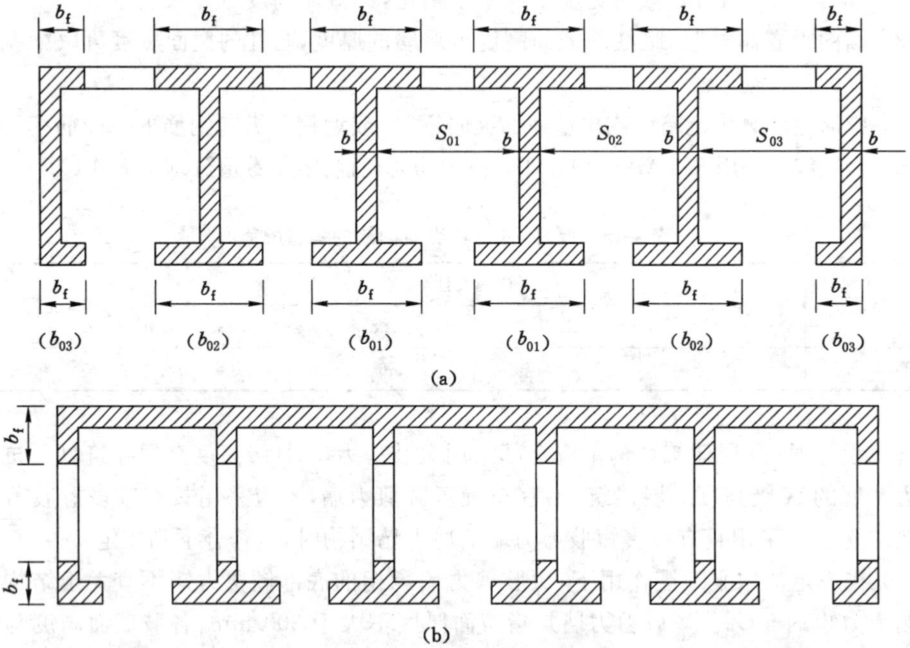

图 4-13　剪力墙的有效翼缘宽度

(a) 横向剪力墙；(b) 纵向剪力墙。

表 4-16　剪力墙有效翼缘宽度

考虑方式	截面形式	
	T 形或 I 形	L 形或[形
按剪力墙间距考虑	$b+S_{01}/2+S_{02}/2$	$b+S_{02}/2$
按翼缘厚度考虑	$b+12h_f$	$b+6h_f$
按门窗洞口考虑	b_{01}	b_{02}
按剪力墙总高度考虑	$H/10$	$H/10$

注：H 为剪力墙总高度。

在此假定下，如图 4-13 所示的剪力墙结构在横向水平力的作用下，就可以按 4 个平面结构来处理。当力的作用线通过该结构的刚度中心时，楼板只产生侧移，不产生扭转，水平力将按各榀剪力墙的抗侧移刚度向各剪力墙分配。

在水平荷载作用下，剪力墙结构的各剪力墙在楼板的约束作用下具有相同的侧向变形，所以各片剪力墙所承担的水平荷载需要按各片剪力墙的抗侧刚度的大小来进行分配。

4.5.2.2　剪力墙的类别

判断剪力墙类型的标准主要包括墙肢长宽比、剪力墙洞口率、墙肢惯性矩移轴和剪力墙整体系数。

(1) 按墙肢截面长度与宽度之比分类

当 $h_w/b_w<5$ 时，一般为柱(一般宜不大于 4)；

当 $h_w/b_w=5\sim8$ 时，为短肢剪力墙；

当 $h_w/b_w>8$ 时，为普通剪力墙；

h_w、b_w 分别为剪力墙墙肢的截面长度和宽度。

(2) 按墙面开洞情况分类

① 整截面剪力墙(整体墙)

不开洞或开洞面积不大于 15%的墙，如图 4-14 所示，且孔洞间净距及孔洞至墙边净距大于孔洞长边尺寸时可以忽略洞口的影响，此类墙为整截面剪力墙。

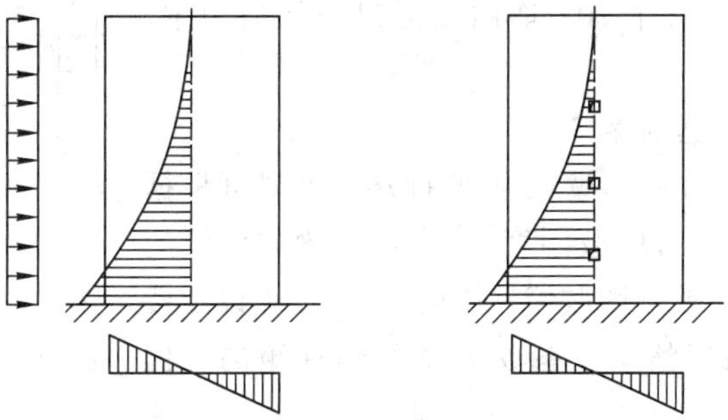

图 4-14　整截面剪力墙弯矩示意图

受力特点：如同一个整体的悬臂墙。在墙肢的整个高度上，弯矩图既不突变，也无反弯点，变形以弯曲型为主。

② 整体小开口剪力墙

整体小开口剪力墙的开洞面积大于 15%但仍较小，或孔洞间净距、孔洞至墙边净距不大于孔洞长边尺寸的墙为整体小开口剪力墙，这时孔洞对墙的受力变形有一定影响，如图 4-15 所示。

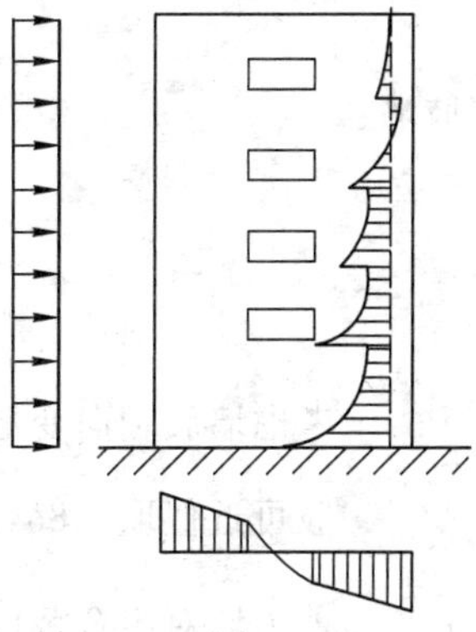

图 4-15　整体小开口剪力墙弯矩示意图

受力特点：弯矩图在连系梁处发生突变，但在整个墙肢高度上没有或仅仅在个别楼层中才出现反弯点。整个剪力墙的变形仍以弯曲型为主。

③ 双肢及多肢剪力墙(又称联肢墙)

开洞较大、洞口成列布置的墙为双肢或多肢剪力墙，如图 4-16 所示。

受力特点：与整体小开口墙相似。

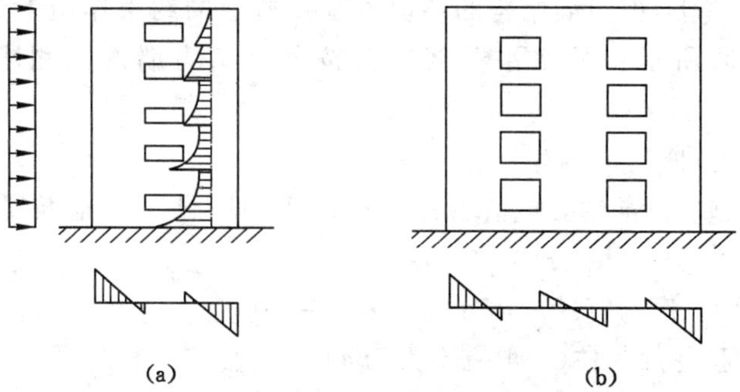

图 4-16　双肢及多肢剪力墙弯矩示意图

(a) 双肢剪力墙；(b) 多肢剪力墙。

④ 壁式框架

洞口尺寸大、连梁线刚度大于或接近墙肢线刚度的墙为壁式框架，如图 4-17 所示。

受力特点：柱的弯矩图在楼层处有突变，而且在大多数楼层中都出现反弯点。整个剪力墙的变形以剪切型为主，与框架结构的受力相似。

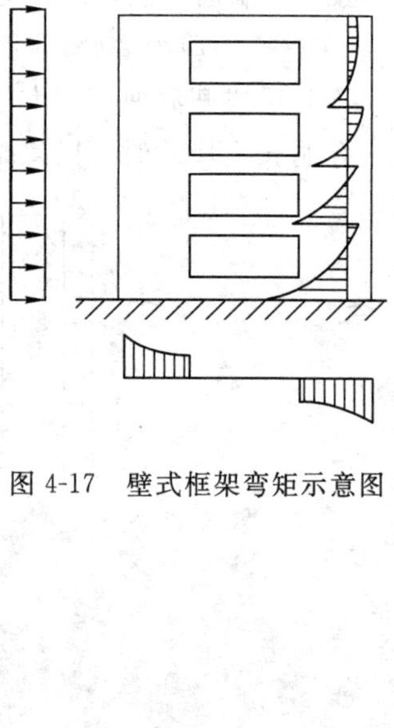

图 4-17　壁式框架弯矩示意图

4.5.2.3　剪力墙的分类判别界限

整体小开口墙、连肢墙和壁式框架的分类界限可根据整体性系数 α（也称连梁与墙肢刚度比，表示连梁与墙肢的刚度相对大小的一个系数）、墙肢惯性矩的比值 I_n/I 以及楼层层数确定，该界限根据整体性系数 α、墙肢惯性矩的比值 I_n/I 以及楼层层数确定。

(1) 整体性系数 α

双肢墙：

$$\alpha = H\sqrt{\frac{12I_b a^2}{Th(I_1+I_2)l_0^3}} \tag{4-4}$$

多肢墙：

$$\alpha = H\sqrt{\frac{12}{Th\sum_{j=1}^{m+1} I_j}\sum_{j=1}^{m}\frac{I_{bj}a_j^2}{l_{bj}^3}} \tag{4-5}$$

式中　T——考虑墙肢轴向变形的影响系数，$T=\sum_{i=1}^{m} A_i y_i / I$，3～4 肢可近似取 0.8，5～7 肢可近似取 0.85，8 肢以上可近似取 0.9；

I——剪力墙对组合截面形心的惯性矩，$I=\sum_{j=1}^{m+1} I_j + \sum_{j=1}^{m} A_j y_j$；

I_n——扣除墙肢惯性矩后剪力墙的惯性矩，$I_n = I - \sum_{j=1}^{m+1} I_j$；

I_{bj}——第 j 列连梁的折算惯性矩，$I_{bj} = \dfrac{I_{bj0}}{1+\dfrac{30\mu I_{bj0}}{A_{bj} l_{bj}^2}}$；

I_1，I_2——墙肢 1、2 的截面惯性矩；

m——洞口列数；

h——层高；

H——剪力墙总高度；

a_j——第 j 列洞口两侧墙肢轴线距离；

I_{bj}——第 j 列连梁计算跨度，取为洞口宽度加梁高的一半；

I_j——第 j 墙肢的截面惯性矩；

I_{bj0}——第 j 连梁截面惯性矩(刚度不折减)；

μ——截面形状系数，矩形截面时 $\mu=1.2$，I 形截面取 μ 等于墙全截面面积除以腹板毛截面面积；

A_{bj}——第 j 列连梁的截面面积；

l_0——不计两端刚域的连梁长度；

l_{bj}——第 j 连梁的计算长度。

(2) 分类界限

① 当 $\alpha \leqslant 1$ 时，认为连梁约束作用很小，按独立墙肢计算；

② 当 $1 < \alpha < 10$ 且 $I_n/I \leqslant \xi$ 时，按联肢墙计算；

③ 当 $\alpha \geqslant 10$ 且 $I_n/I \leqslant \xi$ 时，按整体小开口墙计算；

④ 当 $\alpha \geqslant 10$ 但 $I_n/I > \xi$ 时，按壁式框架计算。

ξ——系数，由 α 及层数按表 4-17 取用。

表 4-17 系数 ξ 的数值

α	层数					
	8	10	12	16	20	≥30
10	0.886	0.948	0.975	1.000	1.000	1.000
12	0.886	0.924	0.950	0.994	1.000	1.000
14	0.853	0.908	0.934	0.978	1.000	1.000
16	0.844	0.896	0.923	0.964	0.988	1.000
18	0.836	0.888	0.914	0.952	0.978	1.000
20	0.831	0.880	0.906	0.945	0.970	1.000
22	0.827	0.875	0.901	0.940	0.965	1.000
24	0.824	0.871	0.897	0.936	0.960	0.989
26	0.822	0.867	0.894	0.932	0.955	0.986
28	0.820	0.864	0.890	0.929	0.952	0.982
≥30	0.818	0.861	0.887	0.926	0.950	0.979

4.5.2.4 剪力墙的计算方法

剪力墙所承受的竖向荷载，一般是结构自重和楼面荷载，通过楼面传递到剪力墙。竖向荷载除了在连梁(门窗洞口上的梁)内产生弯矩以外，在墙肢内主要产生轴力。可以按照剪力墙的受荷面积简单计算。

在水平荷载作用下，剪力墙受力分析实际上是二维平面问题，精确计算应该按照平面问题进行求解。可以借助于计算机，用有限元方法进行计算。计算精度高，但工作量较大。在工程设计中，可以根据不同类型剪力墙的受力特点，进行简化计算。

(1) 整体墙和整体小开口剪力墙

在水平力的作用下，整体墙类似于一个悬臂构件，可以按照悬臂构件来计算剪力墙的截面弯矩和剪力。整体小开口剪力墙，由于洞口的影响，墙肢间应力分布不再是直线，但偏离不大，墙肢洞口高度方向没有反弯点出现，截面受力后基本上保持为平面，正应力大体按直线分布。可以在整体墙计算方法的基础上加以修正。

(2) 联肢墙

如果剪力墙上所开洞口的面积较大时，联肢墙是由一系列连梁约束的墙肢组成，剪力墙截面的正应力已不成直线分布，个别地方还出现了反弯点，这种类型的剪力墙称为联肢墙，可以采用连续化方法近似计算，采用解微分方程的方法求解联肢剪力墙的内力和位移。

将连系梁和墙肢的连接点连续分散到整个高度上，并且忽视连系梁的轴向变形对墙肢水平位移的影响，各墙肢的变形曲线相似，各连系梁的反弯点位于梁的跨中。在连系梁的跨中切开，在断面处只有剪力，且跨中无竖向位移。引起连系梁在跨中的变形主要包括墙肢的弯剪变形、轴向变形和连梁自身的弯剪变形，三者在跨中之和为零。据此剪力变形平衡方程，解此微分方程即可求出联肢剪力墙的内力，根据内力与变形的关系即可求得剪力墙的位移。

(3) 壁式框架

当剪力墙的开洞面积较大时，并且连系梁的线刚度与墙肢的线刚度接近时，墙肢的弯矩图除了在连系梁处发生突变，而且所有连系梁间的墙肢都有反弯点，此时剪力墙的受力性能接近于框架。同时，由于节点处的刚度较大，因此节点处不产生变形，壁式框架可以简化为带刚域的框架，用 D 值法计算其内力和变形。

(4) 框支剪力墙和开有不规则洞口的剪力墙

此两类剪力墙比较复杂，最好采用有限元法借助于计算机进行计算。

4.5.3 整体墙的计算

当门窗洞口的面积之和不超过剪力墙侧面积的 15%，且洞口间净距及孔洞至墙边的净距大于洞口长边尺寸时，即为整截面剪力墙。

(1) 整体墙的等效截面积和惯性矩

截面积 A_q 取无洞口截面的横截面面积 A 乘以修正系数 γ_0，即：

$$A_q = \gamma_0 A \tag{4-6}$$

式中 $\gamma_0 = 1 - 1.25\sqrt{A_d/A_0}$；

A_d——剪力墙上洞口总立面面积；

A_0——剪力墙墙面总面积。

惯性矩 I_q 取有洞口墙段与无洞口墙段截面惯性矩沿竖向的加权平均值：

$$I_q = \frac{\sum I_j h_j}{\sum h_j} \tag{4-7}$$

式中　I_j——剪力墙沿竖向第 j 段的惯性矩，有洞口时按组合截面计算；

h_j——各段相应的高度。

（2）内力计算

内力计算按悬臂构件，可以计算到整体墙在水平荷载下各截面的弯矩和剪力。

（3）侧移计算

整体墙是一悬臂构件，在水平荷载作用下，其变形以弯曲变形为主，侧移曲线为弯曲型。但是，由于剪力墙截面尺寸较大，宜考虑剪切变形的影响。针对倒三角荷载、均布荷载、顶部集中力这三种工程中常见的水平荷载形式，整体墙的顶点侧移可以按照公式(4-8)计算：

$$\Delta = \begin{cases} \dfrac{11}{60}\dfrac{V_0 H^3}{EI_q}\left(1 + \dfrac{3.64\mu EI_q}{H^2 GA_q}\right) & \text{（倒三角形荷载）} \\ \dfrac{1}{8}\dfrac{V_0 H^3}{EI_q}\left(1 + \dfrac{4\mu EI_q}{H^2 GA_q}\right) & \text{（均布荷载）} \\ \dfrac{1}{3}\dfrac{V_0 H^3}{EI_q}\left(1 + \dfrac{3\mu EI_q}{H^2 GA_q}\right) & \text{（顶部集中荷载）} \end{cases} \tag{4-8}$$

式中　Δ——整体墙的顶点侧移；

V_0——底部截面总剪力，即全部水平力之和；

H——整体剪力墙的高度；

E——混凝土的弹性模量；

I_q——整截面墙的截面惯性矩；

μ——截面剪应力分布不均匀系数；

G——混凝土的剪切模量；

A_q——剪力墙的截面面积。

为了计算、分析方便，将 EI_d 视为剪力墙的等效刚度，即将剪力墙考虑弯曲、剪切和轴向变形后的最终顶点位移按照位移相等的原则，等效成只考虑弯曲变形的竖向悬臂杆的刚度。常将式(4-8)写成如下形式：

$$\Delta = \begin{cases} \dfrac{11}{60}\dfrac{V_0 H^3}{EI_d} & \text{（倒三角形荷载）} \\ \dfrac{1}{8}\dfrac{V_0 H^3}{EI_d} & \text{（均布荷载）} \\ \dfrac{1}{3}\dfrac{V_0 H^3}{EI_d} & \text{（顶部集中荷载）} \end{cases} \tag{4-9}$$

式中　I_d——等效惯性矩，取 $G=0.4E$，近似可取为：

$$I_d = \frac{I_q}{1 + \dfrac{9\mu I_q}{H^2 A_q}} \tag{4-10}$$

4.5.4　小开口整体墙的计算

小开口整体墙在水平荷载作用下，截面上的正应力不再符合直线分布，墙肢中存在局部弯矩。如果外荷载对剪力墙截面上的弯矩用$M_p(x)$来表示，那么它将在剪力墙中产生整体弯曲弯矩$M_u(x)$和局部弯曲弯矩$M_l(x)$：

$$M_p(x)=M_u(x)+M_l(x) \tag{4-11}$$

分析发现，符合小开口整体墙的判断条件$\alpha \geqslant 10$且$I_A/I \leqslant Z$时，局部弯曲弯矩在总弯矩$M_p(x)$中所占的比重较小，一般不会超过15%。因此，可以按如下简化的方法计算：

(1) 墙肢弯矩

$$M_i(x)=0.85M_p(x)\frac{I_i}{I}+0.15M_p(x)\frac{I_i}{\sum I_i} \tag{4-12}$$

(2) 墙肢轴力

$$N_i=0.85M_p(x)\frac{A_i y_i}{I} \tag{4-13}$$

(3) 墙肢剪力

墙肢剪力可以根据墙肢截面积和惯性矩的平均值按下式进行分配：

$$V_i=\frac{1}{2}V_p\left(\frac{A_i}{\sum A_i}+\frac{I_i}{\sum I_i}\right) \tag{4-14}$$

式中　V_p——外荷载对剪力墙截面的总剪力。

有了墙肢的内力后，按照上下层墙肢的轴力差即可算得连梁的剪力，进而计算得到连梁的端部弯矩。

需要注意的是，当小开口剪力墙中有个别细小的墙肢时，由于细小墙肢中反弯点的存在，需对细小墙肢的内力进行修正，修正后细小墙肢弯矩为：

$$M_i'(x)=M_i(x)+V_j(x)h_j'/2 \tag{4-15}$$

式中　h_j'——细小墙肢的高度，即洞口净高。

4.5.5 双肢墙的计算

双肢墙是联肢墙中最简单的一类，一列规则的洞口将剪力墙分为两个墙肢，两个墙肢通过一系列洞口之间的连梁相连，连梁相当于一系列连杆，可以采用连续连杆法进行计算。

4.5.5.1 基本假定

(1) 将在每一楼层处的连梁离散为均布在整个层高范围内的连续化连杆。这样就把有限点的连接问题变成了连续的无限点连接问题。随着剪力墙高度的增加，这一假设对计算结果的影响减小。

(2) 连梁的轴向变形忽略不计。连梁在实际结构中的轴向变形一般很小，忽略不计对计算结果影响不大。在这一假定下，楼层同一高度处两个墙肢的水平位移将保持一致，使计算工作大为简化。

(3) 假定在同一高度处，两个墙肢的截面转角和曲率相等。按照这一假定，连杆的两端转角相等，反弯点在连杆的中点。

(4) 各个墙肢、连梁的截面尺寸、材料等级及层高沿剪力墙全高都是相同的。

由此可见，连续连杆法适用于开洞规则、高度较大，由上到下墙厚、材料及层高都不变的联肢剪力墙。剪力墙越高，计算结果越准确；对低层、多层建筑中的剪力墙，计算误差较大。对于墙肢、连梁截面尺寸、材料等级、层高有变化的剪力墙，如果变化不大，可以取平均值进行计算；如果变化较大，则该方法不适用。

4.5.5.2　**力法方程的建立**

如图 4-18 所示，将连杆在中点切开，由于连梁中点是反弯点，切口处弯矩为零，只有剪应力 $\tau(x)$和正应力 $\sigma(x)$。正应力 $\sigma(x)$与求解无关，在以下分析中不予考虑。

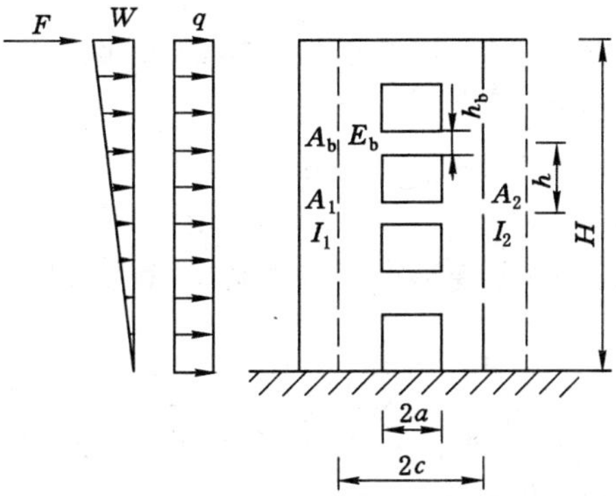

(a)

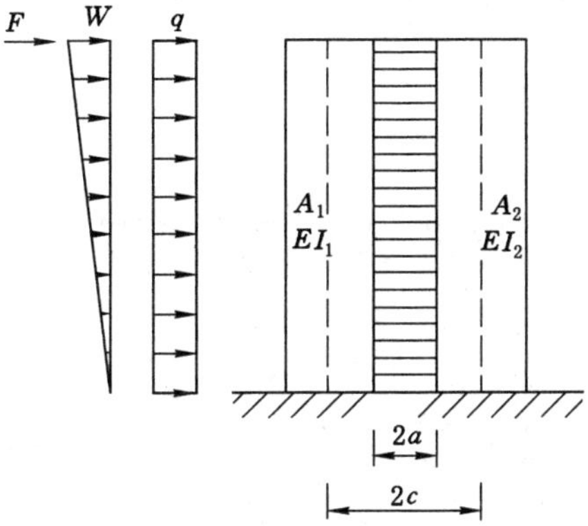

(b)

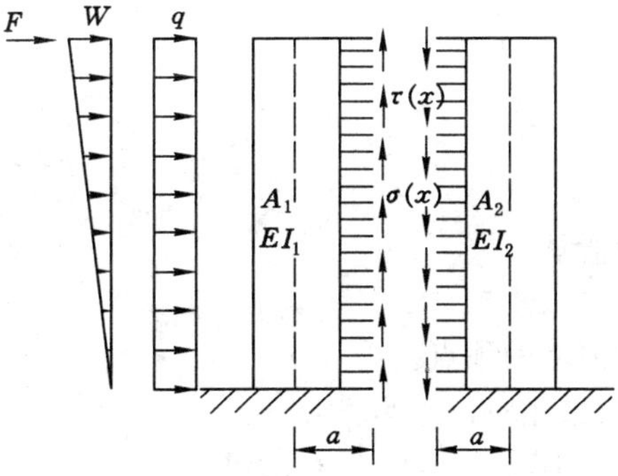

(c)

图 4-18　双肢墙的计算简图和基本体系

(a) 结构基本体系；(b) 连杆连续化计算简图；(c) 断开后的计算体系。

连杆切口处沿 $\tau(x)$方向的变形连续条件可用下式表示：

$$\delta_1+\delta_2+\delta_3=0 \tag{4-16}$$

式中　δ_1——切口处由于墙肢的弯曲和剪切变形产生的切口相对位移；

δ_2——由于墙肢的轴向变形产生的切口位移；

δ_3——连杆弯曲变形和剪切产生的切口相对位移。

(1) δ_1 的计算

在墙肢弯曲变形时，连杆要跟随着墙肢做相应转动，如图 4-19 所示。假设墙肢的侧移曲线为 y_m，则相应的墙肢转角 θ_m 为：

$$\theta_m = \frac{dy_m}{dx} \tag{4-17}$$

两墙肢的转角相等，由墙肢弯曲变形产生的相对位移为[以位移方向与剪应力 $\tau(x)$ 方向相同为正]：

$$\delta_{1m} = -2c\theta_m = -2c\frac{dy_m}{dx} \tag{4-18}$$

式中　c——两墙肢轴线间距离的一半。

墙肢在剪力作用下产生水平错动，连杆切口在 $\tau(x)$ 方向没有相对位移，因此可以得到：

$$\delta_1 = \delta_{1m} = -2c\theta_m = -2c\frac{dy_m}{dx} \tag{4-19}$$

(2) δ_2 的计算

如图 4-20 所示，在水平力的作用下，两个墙肢的轴向力数值相等，一拉一压，其与连杆剪应力 $\tau(x)$ 的关系为：

$$N(x) = \int_0^x \tau(x)dx \tag{4-20}$$

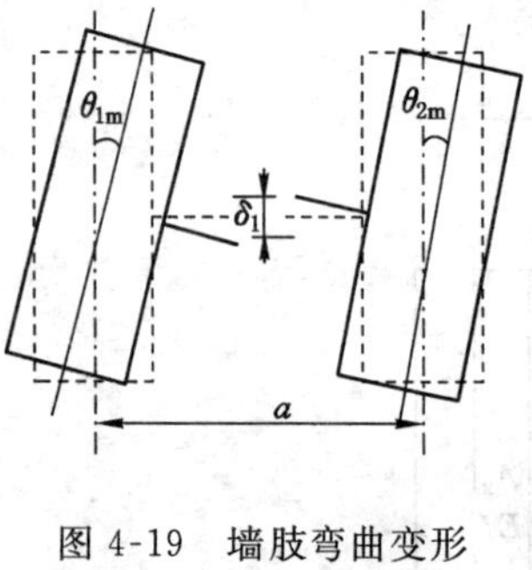

图 4-19　墙肢弯曲变形

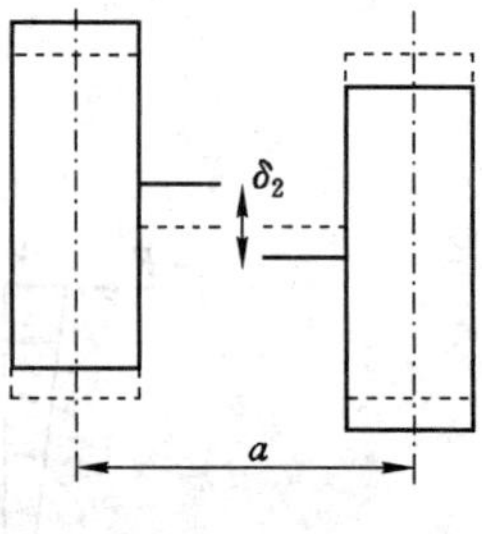

图 4-20　墙肢轴向变形

其中，坐标原点取在剪力墙的顶点。

由轴向力产生的连杆切口相对位移为：

$$\delta_2 = \int_x^H \frac{N(x)dx}{EA_1} + \int_x^H \frac{N(x)dx}{EA_2} = \frac{1}{E}\left(\frac{1}{A_1}+\frac{1}{A_2}\right)\int_x^H N(x)dx = \frac{1}{E}\left(\frac{1}{A_1}+\frac{1}{A_2}\right)\int_x^H\int_0^x \tau(x)dxdx \tag{4-21}$$

(3) δ_3 的计算

如图 4-21 所示，在计算连梁弯曲和剪切变形所产生的相对位移 δ_3 时，由于连杆是连续分布的，取微段高度 dx 连杆进行分析。该连杆的截面积为 $\frac{A_L}{h}dx$，惯性矩为 $\frac{I_L}{h}dx$，切口处剪力为 $\tau(x)dx=\tau dx$，连杆总长度为 $2a$，则：

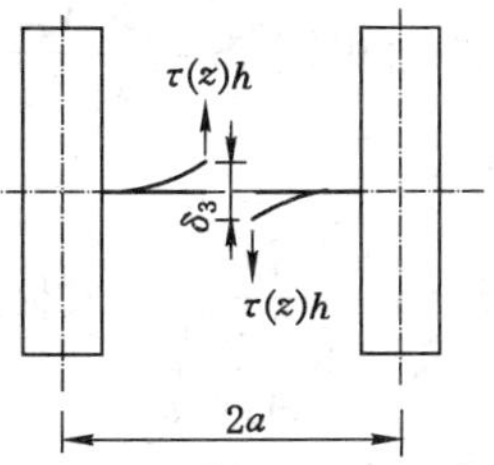

图 4-21　连梁的弯曲和剪切变形

① 连杆弯曲变形产生的相对位移 $\delta_{3\mathrm{m}}$

顶部集中力作用下的悬臂杆件，顶点侧移为 $\Delta_{\mathrm{m}}=\dfrac{PH^3}{3EI}$，则

$$\delta_{3\mathrm{m}}=2\frac{\tau(x)\mathrm{d}xa^3}{3E\dfrac{I_{\mathrm{L}}}{h}\mathrm{d}x}=2\frac{\tau(x)ha^3}{3EI_{\mathrm{L}}} \tag{4-22}$$

② 连杆剪切变形产生的相对位移 $\delta_{3\mathrm{V}}$

在顶部集中力作用下，由剪切变形产生的顶点侧移为 $\Delta_{\mathrm{V}}=\dfrac{\mu PH}{GA}$，则

$$\delta_{3\mathrm{V}}=2\frac{\mu\tau(x)\mathrm{d}xa}{G\dfrac{A_{\mathrm{L}}}{h}\mathrm{d}x}=2\frac{\mu\tau(x)ha}{GA_{\mathrm{L}}} \tag{4-23}$$

$$\delta_3=\delta_{3\mathrm{m}}+\delta_{3\mathrm{V}}=\frac{2\tau(x)ha^3}{3EI_{\mathrm{L}}}\left(1+\frac{3\mu EI_{\mathrm{L}}}{A_{\mathrm{L}}Ga^2}\right) \tag{4-24}$$

将式(4-19)、式(4-21)、式(4-24)代入式(4-16)有：

$$-2c\theta_{\mathrm{m}}+\frac{1}{E}\left(\frac{1}{A_1}+\frac{1}{A_2}\right)\int_x^H\int_0^x\tau(x)\mathrm{d}x\,\mathrm{d}x+\frac{2\tau(x)ha^3}{3EI_{\mathrm{L}}}\left(1+\frac{3\mu EI_{\mathrm{L}}}{A_{\mathrm{L}}Ga^2}\right)=0 \tag{4-25}$$

令 $m(x)=2c\tau(x)$，针对不同的水平荷载，式(4-25)通过两次微分，整理可以得到：

$$m(x)''-\frac{\alpha^2}{H^2}m(x)=\begin{cases}-\dfrac{\alpha_1^2}{H^2}V_0\left[1-\left(1-\dfrac{x}{H}\right)^2\right] & \text{(倒三角形荷载)}\\ -\dfrac{\alpha_1^2}{H^2}V_0\dfrac{x}{H} & \text{(均布荷载)}\\ -\dfrac{\alpha_1^2}{H^2}V_0 & \text{(顶部集中力)}\end{cases} \tag{4-26}$$

式中　$m(x)$——连杆两端对剪力墙中心约束弯矩之和；

α_1——未考虑墙肢轴向变形的整体参数，$\alpha_1^2=\dfrac{6H^2}{h\sum I_i}D$；

D——连梁的刚度系数，$D=\dfrac{\tilde{I}_{\mathrm{L}}c^2}{a^3}$；

α——考虑墙肢轴向变形的整体参数，$\alpha^2=\alpha_1^2+\dfrac{3H^2D}{hcS}$；

S——双肢组合截面形心轴的面积矩，$S=\dfrac{2cA_1A_2}{A_1+A_2}$；

H——剪力墙总高度和层高；

$\tilde{I}_L$——连梁的等效惯性矩，$\tilde{I}_L=\dfrac{I_L}{1+\dfrac{3\mu EI_L}{A_LGa^2}}$，实际上是把连梁弯曲变形和剪切变形都按弯曲变形来表示的一种折算惯性矩。

4.5.5.3 基本方程的解

作如下代换：$m(x)=\Phi(x)V_0\dfrac{\alpha_1^2}{\alpha^2}$，$\xi=\dfrac{x}{h}$，式(4-26)则变为：

$$\Phi(\xi)''-\alpha^2\Phi(\xi)=\begin{cases}-\alpha^2[1-(1-\xi)^2] & \text{(倒三角形荷载)}\\ -\alpha^2\xi & \text{(均布荷载)}\\ -\alpha^2 & \text{(顶部集中力)}\end{cases} \tag{4-27}$$

微分方程的解由通解和特解两部分组成。式(4-27)的通解为

$$\Phi=C_1ch(\alpha\xi)+C_2sh(\alpha\xi) \tag{4-28}$$

其特解为：

$$\Phi_t=\begin{cases}1-(1-\xi)^2-\dfrac{2}{\alpha^2} & \text{(倒三角形荷载)}\\ \xi & \text{(均布荷载)}\\ 1 & \text{(顶部集中力)}\end{cases} \tag{4-29}$$

引入边界条件：

① 墙顶部：$x=0$，$\xi=0$，剪力墙顶弯矩为零，即

$$\theta_m{}'=-\frac{d^2y_m}{dx^2}=0 \tag{4-30}$$

② 墙底部：$x=H$，$\xi=1$，剪力墙底部转角为零，即

$$\theta_m=0 \tag{4-31}$$

即可求得针对不同水平荷载时方程的解。在工程设计中，一般采用查表法。

4.5.5.4 双肢墙的内力计算

(1) 连梁内力计算

在分析过程中，曾将连梁离散化，那么连梁的内力就是一层之间连杆内力的组合。

① j 层连梁的剪力

取楼面处高度 ξ，查表可得到 $m_j(\xi)$，则 j 层连梁的剪力为：

$$V_{Lj}=m_j(\xi)\frac{h}{2c} \tag{4-32}$$

② j 层连梁端部弯矩

$$M_{Lj}=V_{Lj}a \tag{4-33}$$

(2) 墙肢内力计算

① 墙肢轴力

墙肢轴力等于截面以上所有连梁剪力之和，一拉一压，大小相等。

$$N_1 = N_2 = \sum_{s=j}^{n} V_{Ls} \tag{4-34}$$

② 墙肢弯矩、剪力的计算

墙肢弯矩、剪力可以按已求得的连梁内力，结合水平荷载进行计算，也可以根据上述基本假定，按墙肢刚度简单分配：

墙肢弯矩
$$\begin{cases} M_1 = \dfrac{I_1}{I_1 + I_2} M_j \\ M_2 = \dfrac{I_2}{I_1 + I_2} M_j \end{cases} \tag{4-35}$$

式中　M_j——剪力墙截面弯矩，$M_j = M_{pj} - N_1 \cdot 2c$，即

$$M_j = M_{pj} - \sum_{s=j}^{n} m_j(\xi) h \tag{4-36}$$

墙肢剪力
$$V_i = \frac{\tilde{I}_i}{\sum \tilde{I}_i} V_{pj}$$

式中　M_{pj}，V_{pj}——分别为剪力墙计算截面上由外荷载产生的总弯矩和总剪力；

$\tilde{I}_i$——考虑剪切变形后，墙肢的折算惯性矩，$\tilde{I}_i = \dfrac{I_i}{1 + \dfrac{12\mu E I_i}{G A_i h^2}}$。

4.5.5.5　双肢墙的位移

双肢墙的位移也由弯曲变形和剪切变形两部分组成，主要以弯曲变形为主。如果其位移以弯曲变形的形式来表示，相应惯性矩即为等效惯性矩。对应三种水平荷载的等效惯性矩为：

$$I_{eq} = \begin{cases} \sum I_i / [(1-T) + T\Psi_a + 3.64\gamma^2] & \text{(倒三角形荷载)} \\ \sum I_i / [(1-T) + T\Psi_a + 4\gamma^2] & \text{(均布荷载)} \\ \sum I_i / [(1-T) + T\Psi_a + 3\gamma^2] & \text{(顶部集中荷载)} \end{cases} \tag{4-37}$$

式中　I_{eq}——双肢剪力墙的等效惯性矩；

T——轴向变形影响系数，$T = \alpha_1^2 / \alpha_2^2 = I_n / I$；

γ——考虑墙肢剪切变形的影响系数；

Ψ_a——与 α 有关的参数，计算时可查表 4-18。

$$\Psi_a = \begin{cases} \dfrac{60}{11}\dfrac{1}{a^2}\left(\dfrac{2}{3} + \dfrac{2\mathrm{sh}a}{a^2\mathrm{ch}a} - \dfrac{2}{a^2\mathrm{ch}a} - \dfrac{\mathrm{sh}a}{a\,\mathrm{ch}a}\right) & \text{(倒三角形荷载)} \\ \dfrac{8}{a^2}\left(\dfrac{1}{2} + \dfrac{1}{a^2} - \dfrac{1}{a^2\mathrm{ch}a} - \dfrac{\mathrm{sh}a}{a\,\mathrm{ch}a}\right) & \text{(均布荷载)} \\ \dfrac{3}{a^3}\left(1 - \dfrac{1}{a}\dfrac{\mathrm{sh}a}{\mathrm{ch}a}\right) & \text{(顶部集中荷载)} \end{cases}$$

表 4-18　Ψ_a 值表

a	倒三角形荷载	均布荷载	顶部集中荷载	a	倒三角形荷载	均布荷载	顶部集中荷载
1.000	0.720	0.722	0.715	11.000	0.026	0.027	0.022
1.500	0.537	0.540	0.528	11.500	0.023	0.025	0.020
2.000	0.399	0.403	0.388	12.00	0.022	0.023	0.019
2.500	0.302	0.306	0.290	12.500	0.020	0.021	0.017
3.000	0.234	0.238	0.222	13.000	0.019	0.020	0.016
3.500	0.186	0.190	0.175	13.500	0.017	0.018	0.015
4.000	0.151	0.155	0.140	14.000	0.016	0.017	0.014
4.500	0.125	0.128	0.115	14.500	0.015	0.016	0.013
5.000	0.105	0.108	0.096	15.000	0.014	0.015	0.012
5.500	0.089	0.092	0.081	15.500	0.013	0.014	0.011
6.000	0.077	0.080	0.069	16.000	0.012	0.013	0.010
6.500	0.067	0.070	0.060	16.500	0.012	0.013	0.010
7.000	0.058	0.061	0.052	17.000	0.011	0.012	0.009
7.500	0.052	0.054	0.046	17.500	0.010	0.011	0.009
8.000	0.046	0.048	0.041	18.000	0.010	0.011	0.008
8.500	0.041	0.043	0.036	18.500	0.009	0.010	0.008
9.000	0.037	0.039	0.036	19.000	0.009	0.009	0.007
9.500	0.034	0.035	0.029	19.500	0.008	0.009	0.007
10.000	0.031	0.032	0.027	20.000	0.008	0.009	0.007
10.000	0.028	0.030	0.024	20.500	0.008	0.008	0.006

采用等效惯性矩，按照整体悬臂墙来计算双肢墙顶点位移。

4.5.6　壁式框架的计算

如图 4-22 所示，壁式框架的计算简图取壁梁（即连梁）和壁柱（墙肢）的轴线。由于连梁和壁柱截面高度较大，在连梁和壁柱的结合区域形成一个弯曲和剪切变形很小、刚度很大的区域。这个区域一般称作刚域。因而，壁式框架是杆件端部带有刚域的变截面刚架。其计算方法可以采用 D 值法，但是需要对梁、柱刚度和柱子反弯点高度进行修正。

连梁、壁柱端部刚域的取法如图 4-22 所示。

(1) 带刚域杆件的刚度系数

如图 4-23 所示，带刚域杆件的梁端约束弯矩系数可以由结构力学的方法计算得到：

$$m_{12}=\frac{6EI(1+a-b)}{l(1-a-b)^3(1+\beta_i)}=6ci \tag{4-38}$$

$$m_{21}=\frac{6EI(1-a+b)}{l(1-a-b)^3(1+\beta_i)}=6c'i \tag{4-39}$$

式中　β_i——考虑剪切变形影响后的附加系数，$\beta_i=\dfrac{12\mu EI}{GAl'^2}$。

与普通杆件的梁端约束弯矩系数相比较，即可知道带刚域杆件的刚度系数为：

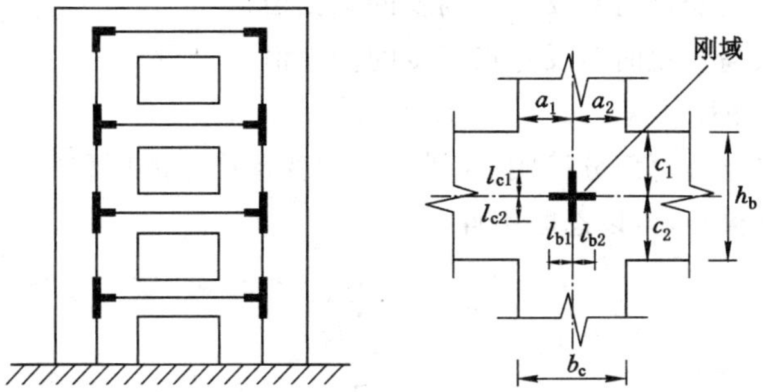

图 4-22 壁式框架

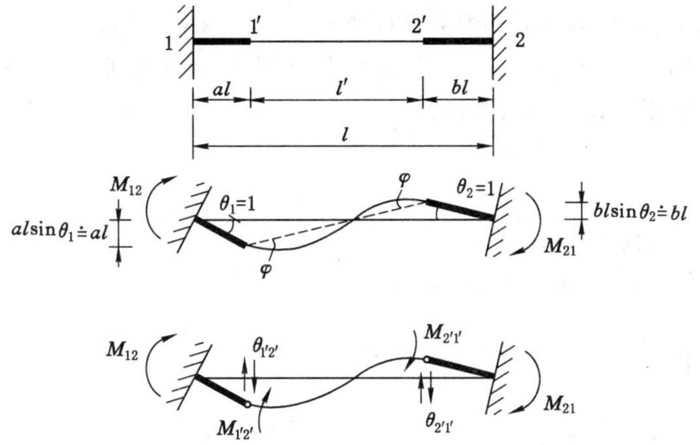

图 4-23 带刚域杆件的变形

左端： $K_{12}=ci$

右端： $K_{21}=c'i$

杆件折算刚度系数： $K=\dfrac{c+c'}{2}i$

(2) 壁柱的抗推刚度 D

有了带刚域杆件的刚度系数，就可以把带刚域杆件按普通杆件来对待。壁柱的抗推刚度 D 计算式为：

$$D=\alpha K_c\frac{12}{h^2} \tag{4-40}$$

(3) 反弯点高度的修正

壁柱反弯点高度按下式计算：

$$y=a+sy_0+y_1+y_2+y_3 \tag{4-41}$$

式中 a——柱的下端刚域长度系数；

s——壁柱扣除刚域部分柱的净高与层高的比值；

y_0——标准反弯点高度比，上、下梁的平均相对刚度与壁柱相对刚度的比值；

y_1——壁柱上、下梁线刚度变化时对反弯点高度的修正值；

y_2——上层层高变化时对反弯点高度的修正值；

y_3——下层层高变化时对反弯点高度的修正值。

(4) 壁式框架的侧移计算

壁式框架的侧移也由两部分组成，即梁柱弯曲变形产生的侧移和柱子变形产生的侧移。轴向变形产生的侧移很小，可以忽略不计。

层间侧移：
$$\delta_j = \frac{V_j}{\sum D_{ji}} \tag{4-42}$$

顶点侧移：
$$\Delta = \sum \delta_j \tag{4-43}$$

【例题 4.1】 某剪力墙结构，抗震等级为一级，抗震设防烈度为 8 度，其中首层一墙段的墙肢截面为$b_w = 200$ mm，$h_w = 2\ 200$ mm，混凝土强度等级 C40。经分析并与荷载效应和地震作用效应组合，剪力墙墙肢底部剪力设计值$V_w' = 309$ kN，弯矩设计值$M_w = 434$ kN·m，轴向压力设计值 $N = 515.7$ kN，重力荷载代表值作用下墙肢轴向压力设计值 $N = 1\ 354$ kN。试对该剪力墙进行截面设计。

解 (1) 验算墙肢截面剪压比

$$h_{w0} = h_w - a_s = 2\ 200 - 200 = 2\ 000\ (\text{mm})$$

底部加强部位的剪力设计值为

$V_w = \eta_{vw} V_w' = 1.6 \times 309 = 494.4\ (\text{kN})$

剪跨比 $\lambda = \dfrac{M_w}{V_w' h_{w0}} = \dfrac{434}{309 \times 2} = 0.70 < 2.5$

$V_w \leqslant \dfrac{1}{\gamma_{RE}}(0.15\beta_c f_c b_w h_{w0}) = \dfrac{1}{0.85} \times 0.15 \times 1 \times 19.1 \times 200 \times 2\ 000 = 1\ 348.2 \times 10^3\ (\text{N})$

(2) 斜截面受剪承载力验算

配置水平分布钢筋ϕ10 @200，配筋率 $\rho_v = \dfrac{393 \times 2}{1\ 000 \times 200} = 0.393\% > 0.25\%$，墙肢$\lambda = 0.70 < 1.5$，取 $\lambda = 1.5$，偏心受压时

$$V_w \leqslant \frac{1}{\gamma_{RE}}\left[\frac{1}{\lambda - 0.5}\left(0.4 f_t b_w h_{w0} \pm 0.1 N \frac{A_w}{A}\right) + 0.8 f_{yh} \frac{A_{sh}}{s} h_{w0}\right]$$
$$= \frac{1}{0.85} \times \left[\frac{1}{1.5 - 0.5} \times (0.4 \times 1.71 \times 200 \times 2\ 000 + 0.1 \times 515.7 \times 10^3) + 0.8 \times 210 \times \frac{78.54 \times 2}{200} \times 2\ 000\right] = 693.0 \times 10^3\ (\text{N}) = 693.0\ (\text{kN})$$

(3) 正截面偏心受压承载力验算

竖向分布钢筋为双排ϕ10 @200，在墙肢中竖向分布钢筋总截面面积

$$A_{sw} = \frac{2 \times 78.54 \times 1\ 400}{200} \approx 1\ 100\ (\text{mm}^2)$$

$$x = \frac{(\gamma_{RE} N' + A_{sw} f_{yw}) h_{w0}}{\alpha_1 f_c b_w h_{w0} + 1.5 A_{sw} f_{yw}} = \frac{(0.85 \times 515.7 \times 10^3 + 1\ 100 \times 210) \times 2\ 000}{1 \times 19.1 \times 200 \times 2\ 000 + 1.5 \times 1\ 100 \times 210}$$
$$= 167.6\ (\text{mm}) < \xi_b h_{w0} = 0.55 \times 2\ 000 = 1\ 100\ (\text{mm})$$

属于大偏心受压。

$$M_{sw}=\frac{1}{2}(h_{w0}-1.5x)^2\frac{A_{sw}f_{yv}}{h_{w0}}=\frac{1}{2}\times(2\ 000-1.5\times167.6)^2\times\frac{1\ 100\times210}{2\ 000}$$
$$=1.77\times10^8(\text{N}\cdot\text{mm})$$
$$M_c=\alpha_1 f_c b_w x\left(h_{w0}-\frac{x}{2}\right)=1.0\times19.1\times200\times167.6\times\left(2\ 000-\frac{167.6}{2}\right)$$
$$=12.27\times10^8(\text{N}\cdot\text{mm})$$

对称配筋时：

$$A_s'=A_s=\frac{\gamma_{RE}\left[M_w+N'\left(h_{w0}-\frac{h_w}{2}\right)\right]+M_{sw}-M_c}{f_y(h_{w0}-a_s')}$$
$$=\frac{0.85\times\left[434\times10^6+515.7\times10^3\times\left(2\ 000-\frac{2\ 200}{2}\right)\right]+1.77\times10^8-12.27\times10^8}{300\times(2\ 000-200)}$$
$$=3\ 358.2\ (\text{mm}^2)$$

故选取 9ϕ22，实际配筋面积为 3 421 mm^2。

(4) 验算墙肢截面轴压比

重力荷载代表值作用下墙肢轴向压力设计值 $N=1\ 354$ kN，轴压比为：

$$\mu_N=\frac{N}{Af_c}=\frac{1\ 354\times10^3}{200\times2\ 200\times19.1}=0.161$$

轴压比小于 0.5。

(5) 计算纵向钢筋截面面积

按约束边缘构件范围 $l_c=0.2h_w=0.2\times2\ 200=440(\text{mm})$，阴影长度取 400 mm，抗震等级一级时纵向钢筋截面面积为：

$$A_s=A_s'=200\times400\times1.2\%=960\ (\text{mm}^2)$$

且不应该小于 6ϕ16，故配置 6ϕ16。

4.6 框架-剪力墙结构

4.6.1 框架-剪力墙的协同工作

4.6.1.1 协同工作原理

前面我们分别分析了框架结构和剪力墙结构的受力特征，这两种结构体系在水平荷载下的变形规律是完全不同的。框架的侧移曲线是剪切型，曲线凹向原始位置；而剪力墙的侧移曲线是弯曲型，曲线凸向原始位置。在框架-剪力墙结构（以下简称框-剪结构）中，由于楼盖在自身平面内刚度很大，在同一高度处框架、剪力墙的侧移基本相同。这使得框-剪结构的侧移曲线既不是剪切型，也不是弯曲型，而是一种弯、剪混合型，简称弯剪型。如图 4-24所示，在结构底部，框架将把剪力墙向右拉；在结构顶部，框架将把剪力墙向左推。因而，框-剪结构底部侧移比纯框架结构的侧移要小一些，比纯剪力墙结构的侧移要大一些；其顶部侧移则正好相反。框架和剪力墙在共同承担外部荷载的同时，二者之间为保持变形协调还存在着相互作用。框架和剪力墙之间的这种相互作用关系，即为协同工作原理。

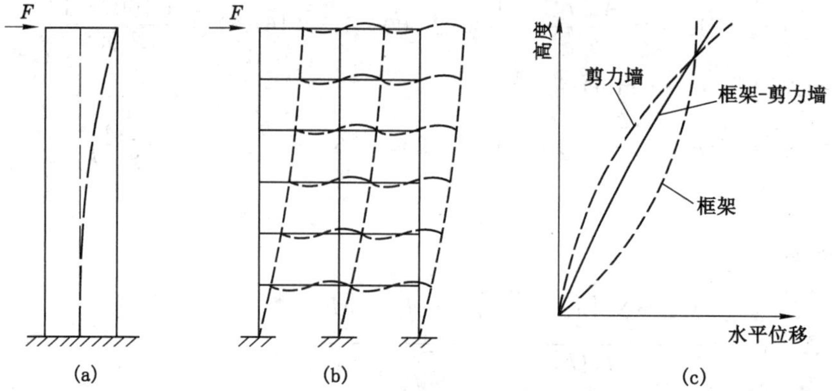

图 4-24 框架-剪力墙结构侧移曲线

(a) 纯剪力墙；(b) 纯框架；(c) 框架-剪力墙结构变形示意图。

4.6.1.2 基本假定与计算简图

(1) 基本假定

① 楼板在自身平面内的刚度为无穷大，平面外刚度为零

这一点同剪力墙结构分析时的假定是一样的。在此假定下，一个结构区段内的所有框架和剪力墙将协同变形，没有相对变形。

② 结构区段在水平荷载作用下，不存在扭转

这一假定是为了分析方便而提出来的。没有扭转只有平移时，一个结构区段内所有框架、剪力墙在同一楼层标高处侧移相等，从而使分析大为简化。实际结构中，在水平力作用下，结构出现扭转是不可避免的。需要指出的是，扭转的存在不仅使计算工作大为复杂，而且对结构的受力也是十分不利的。

(2) 框-剪结构的计算简图

在上述假定下，框-剪结构受水平力作用时，在同一楼层处，所有框架、剪力墙的水平位移是相同的。此时，可以将所有剪力墙综合在一起，称作总剪力墙；将所有框架也综合在一起，称作总框架。总框架和总剪力墙之间，通过楼板相联系，从而可以按平面结构来处理。结构的计算简图取决于框架和剪力墙之间的联系方式，有以下两种情况：

① 铰接体系

在剪力墙平面内，没有连系梁与剪力墙相连，框架和剪力墙之间只是通过楼板相连。由于我们假定楼盖在平面外的刚度为零，楼板将只能传递水平力，不能传递弯矩，即楼板的作用可以简化为铰接连杆，这种体系即为铰接体系。总框架和总剪力墙之间在楼层处通过铰接连杆相连接，如图 4-25所示。

② 刚接体系

在剪力墙平面内，有连系梁与剪力墙相连。这样，剪力墙在弯曲变形时，必然受到连系梁对剪力墙的约束作用，连系梁不仅有轴向力，还有弯矩。总剪力墙和总框架之间就不再是铰接连杆，连杆和总剪力墙之间应该是刚接。连杆和总框架之间仍是铰接，这是因为连梁对框架的约束作用可以在柱子抗推刚度 D 的计算中考虑。这种体系即为刚接体系，如图 4-26 所示。

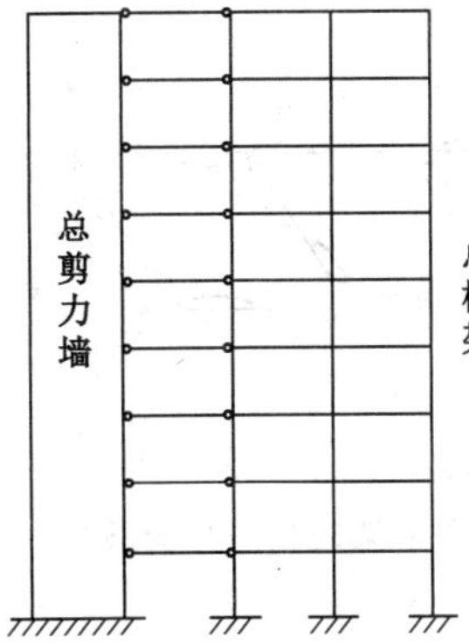

图 4-25 铰接体系

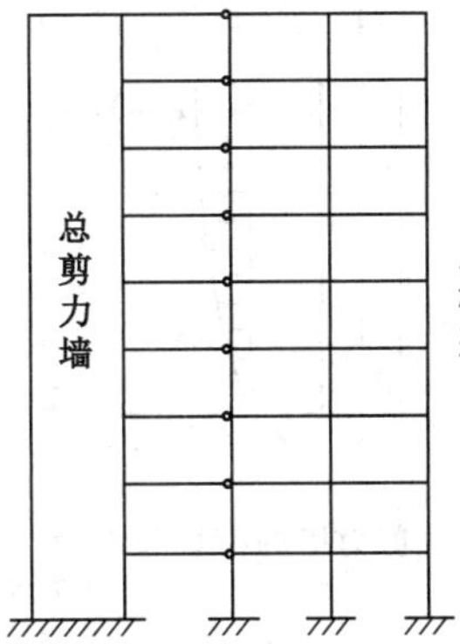

图 4-26 刚接体系

4.6.1.3 计算方法

类似于连肢墙，框-剪结构的计算仍可采用连续连杆法。将总框架、总剪力墙之间的连梁离散为无限连续的连杆，切断连杆暴露出分布力 $p_F(x)$，刚接体系中还有 $m(x)$，利用变形协调条件求得 $p_F(x)$、$m(x)$，即可求得有关结构的内力。

4.6.2 总框架的剪切刚度计算

总框架的剪切刚度是指使框架某一层产生单位剪切变形所需要的作用力，用 C_F 来表示。

按照上述定义，框架产生单位剪切变形时，该层柱子顶部相对于柱底的水平侧移为层高 h，根据柱子抗推刚度的定义，总框架在该层的剪切刚度为：

$$C_F = h\sum D_{ji} \tag{4-44}$$

式中 D_{ji}——第 j 层第 i 根柱子的抗推刚度。

如果考虑柱子轴向变形对侧移（刚度）的影响，总框架的剪切刚度应小于 C_F，用 C_{F0} 来表示：

$$C_{F0} = \frac{\delta_m}{\delta_m + \delta_n} C_F \tag{4-45}$$

式中 δ_m、δ_n——分别表示框架弯曲变形、轴向变形产生的顶点侧移。

4.6.3 框-剪结构铰接体系在水平荷载下的内力计算

4.6.3.1 基本方程及其一般解

假设框-剪结构所受水平荷载为任意荷载 $p(x)$，将连杆离散化后切开，露出连杆的内力为轴力 $p_f(x)$，如图 4-27 所示，则对总剪力墙有：

$$E_W I_W \frac{d^4 y}{dx^4} = p(x) - p_f(x) \tag{4-46}$$

对总框架，如图 4-28 所示，按总框架剪切刚度的定义有：

$$V_f = C_f\theta = C_f \frac{dy}{dx} \tag{4-47}$$

微分一次，得到：

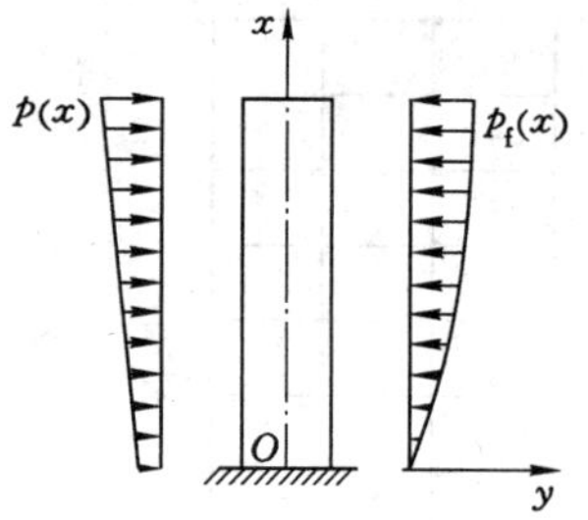

图 4-27　总剪力墙的荷载和内力

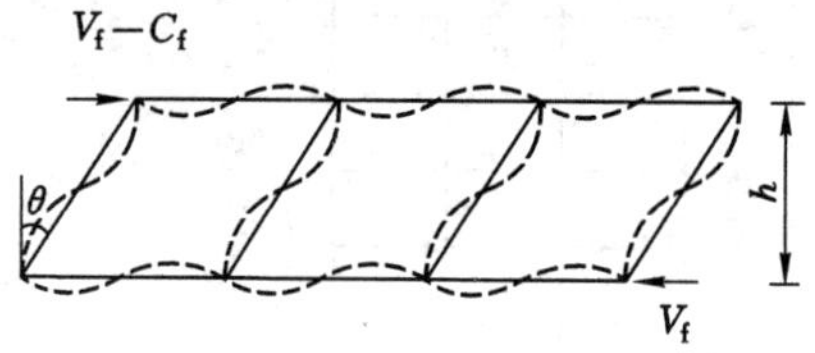

图 4-28　总框架的受力与变形

$$\frac{\mathrm{d}V_{\mathrm{f}}}{\mathrm{d}x}=C_{\mathrm{f}}\frac{\mathrm{d}^2y}{\mathrm{d}x^2}=-p_{\mathrm{f}}(x) \tag{4-48}$$

将式(4-46)代入式(4-48)，整理即可得到铰接体系的基本方程：

$$\frac{\mathrm{d}^4y}{\mathrm{d}x^4}-\frac{C_{\mathrm{f}}}{E_{\mathrm{W}}I_{\mathrm{W}}}\frac{\mathrm{d}^2y}{\mathrm{d}x^2}=\frac{p(x)}{E_{\mathrm{W}}I_{\mathrm{W}}} \tag{4-49}$$

令

$$\lambda=H\sqrt{\frac{C_{\mathrm{f}}}{E_{\mathrm{W}}I_{\mathrm{W}}}},\xi=\frac{x}{H}$$

λ 称为刚度特征值，反映了总框架和总剪力墙之间刚度的相对关系。

$$\frac{\mathrm{d}^4y}{\mathrm{d}\xi^4}-\lambda^2\frac{\mathrm{d}^2y}{\mathrm{d}\xi^2}=\frac{p(\xi)H^4}{E_{\mathrm{W}}I_{\mathrm{W}}} \tag{4-50}$$

式(4-50)的一般解为：

$$y=C_1+C_2\xi+A\,\mathrm{sh}\lambda\xi+B\,\mathrm{ch}\lambda\xi+y_1 \tag{4-51}$$

式中　y_1——式(4-51)的特解，与具体荷载有关。

4.6.3.2　框-剪结构铰接体系的内力计算

针对具体荷载，引入边界条件，即可求得上述微分方程的解 y，进而求得结构内力：

$$\theta=\frac{\mathrm{d}y}{\mathrm{d}x}=\frac{1}{H}\frac{\mathrm{d}y}{\mathrm{d}\xi} \tag{4-52}$$

$$M_{\mathrm{W}}=E_{\mathrm{W}}I_{\mathrm{W}}\frac{\mathrm{d}\theta}{\mathrm{d}x}=E_{\mathrm{W}}I_{\mathrm{W}}\frac{\mathrm{d}^2y}{\mathrm{d}x^2}=\frac{E_{\mathrm{W}}I_{\mathrm{W}}}{H^2}\frac{\mathrm{d}^2y}{\mathrm{d}\xi^2} \tag{4-53}$$

$$V_{\mathrm{W}}=-\frac{\mathrm{d}M_{\mathrm{W}}}{\mathrm{d}x}=-\frac{E_{\mathrm{W}}I_{\mathrm{W}}}{H^3}\frac{\mathrm{d}^3y}{\mathrm{d}\xi^3} \tag{4-54}$$

$$V_{\mathrm{f}}=V_{\mathrm{p}}-V_{\mathrm{W}} \tag{4-55}$$

式中　M_{W}——总剪力墙弯矩；

V_{W}——总剪力墙剪力；

V_{f}——总框架剪力。

由于计算复杂，一般采用图表(见附图 B)，针对不同的水平荷载、刚度特征值 λ，可查表得到总剪力墙的弯矩、剪力和位移。

(1) 剪力墙的弯矩和剪力

利用图表计算得总剪力墙某一高度处的弯矩 M_{Wj} 和剪力 V_{Wj} 以后，将其按剪力墙的等效刚度在剪力墙之间进行分配：

剪力墙的弯矩：
$$M_{Wji}=\frac{EI_{di}}{\sum EI_{di}}M_{Wj} \tag{4-56}$$

剪力墙的剪力：
$$V_{Wji}=\frac{EI_{di}}{\sum EI_{di}}V_{Wj} \tag{4-57}$$

(2) 框架的内力

总框架剪力等于外荷载产生的剪力减去总剪力墙剪力：

$$V_{fj}=V_{pj}-V_{Wj} \tag{4-58}$$

柱子剪力按抗推刚度 D 分配：

$$V_{cji}=\frac{D_{ji}}{\sum_{i=1}^{m}D_{ji}}V_{fj} \tag{4-59}$$

由柱剪力，采用 D 值法，即可求得梁、柱内力。

4.6.4　框-剪结构刚接体系在水平荷载下的内力计算

刚接体系与铰接体系的最大区别在于连梁对剪力墙约束弯矩的存在。仍采用连续连杆法计算，将连梁离散后在铰接点处切开，暴露出的内力除了 $p_f(x)$之外，还有沿剪力墙高度分布的约束弯矩 $m(x)$，如图 4-29 所示。

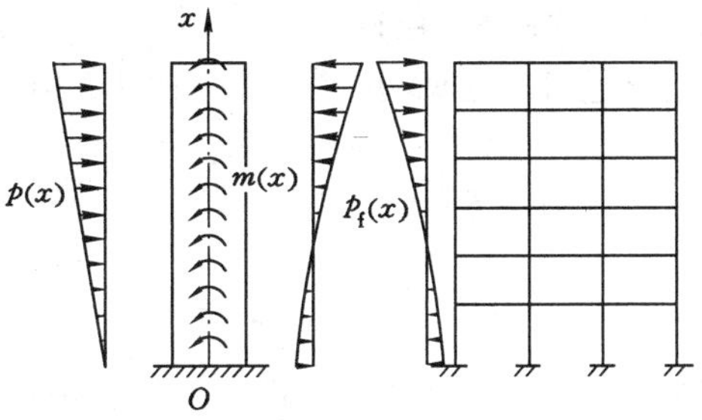

图 4-29　刚接体系等效模型

4.6.4.1　刚接连梁的端部约束弯矩系数

连梁与剪力墙相连，如果将连梁的长度取到剪力墙的中心，则连梁端部刚度非常大，可以视为刚性区段，即刚域，刚域的取法同壁式框架。

同样假定楼板平面内刚度为无穷大、同层所有节点转角相等，在水平力的作用下连梁端部只有转角，没有相对位移。把连梁端部产生单位转角所需的弯矩称作梁端约束弯矩系数，用 m 表示，如图 4-30 所示。

由图 4-30 可知：

$$m_{12}=\frac{6EI(1+a-b)}{l(1-a-b)^3} \tag{4-60}$$

$$m_{21}=\frac{6EI(1+b-a)}{l(1-a-b)^3} \tag{4-61}$$

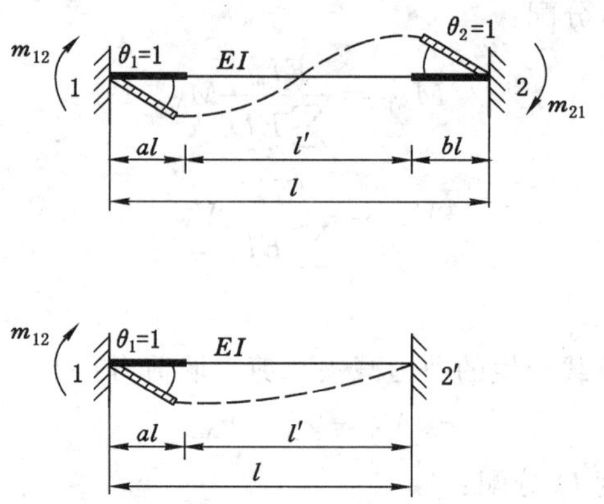

图 4-30 刚接连梁的梁端约束弯矩

式中没有考虑连梁剪切变形的影响。如果考虑连梁剪切变形的影响,则应在以上两式中分别除以 $1+\beta,\beta=\dfrac{12\mu EI}{GAl^2}$。

根据梁端约束弯矩系数,即可求得梁端约束弯矩:

$$M_{12}=m_{12}\theta \tag{4-62}$$

$$M_{21}=m_{21}\theta \tag{4-63}$$

按公式(4-62)、(4-63)计算的结果,连梁的弯矩一般较大,配筋太多。实际工程设计中,为了减少配筋,允许对连梁进行塑性调幅,即将式中的 EI 用 $\beta_h EI$ 来代替,一般 β_h 不小于 0.55。

将集中约束弯矩在层高范围内分布,有:

$$m_{ij}=\frac{M_{ij}}{h}=\frac{m_{ij}}{h}\theta \tag{4-64}$$

一层内有 n 个连梁和剪力墙的刚接点时,连梁对总剪力墙的总线约束弯矩为:

$$m=\sum_{1}^{n}\frac{m_{ij}}{h}\theta \tag{4-65}$$

4.6.4.2 基本方程及其解

按照悬臂墙内力与侧移的关系有:

$$E_W I_W \frac{d^2 y}{dx^2}=M_W \tag{4-66}$$

总剪力墙弯矩为:

$$M_W=\int_x^H p(\lambda)(\lambda-x)d\lambda-\int_x^H m\,d\lambda-\int_x^H p_F(\lambda)(\lambda-x)d\lambda \tag{4-67}$$

合并式(4-66)、式(4-67),并对 x 作两次微分,有:

$$E_W I_W \frac{d^4 y}{dx^4}=p(x)-p_F(x)+\sum\frac{m_{ij}}{h}\frac{d^2 y}{dx^2} \tag{4-68}$$

引入铰接体系的 $p_f(x)$,整理得到:

$$\frac{d^4 y}{dx^4}-\frac{C_f+\sum\frac{m_{ij}}{h}}{E_W I_W}\frac{d^2 y}{dx^2}=\frac{p(x)}{E_W I_W} \tag{4-69}$$

式(4-69)即为刚接体系的基本方程。

引入参数λ、ξ

$$\lambda=H\sqrt{\frac{C_F+\sum\frac{m_{ij}}{h}}{E_W I_W}}=H\sqrt{\frac{C_m}{E_W I_W}} \tag{4-70}$$

$$\xi=\frac{x}{H} \tag{4-71}$$

式(4-69)可整理为：

$$\frac{d^4 y}{d\xi^4}-\lambda^2\frac{d^2 y}{d\xi^2}=\frac{p(\xi)H^4}{E_W I_W} \tag{4-72}$$

该方程与铰接体系的基本方程完全相同，只是刚接体系的刚度特征值λ的计算公式不同。

4.6.4.3　框-剪结构内力计算

利用附图B计算时，需要注意以下两个方面：

(1) 刚度特征值λ不同。在刚接体系里考虑了连梁约束弯矩的影响。

(2) 利用附图B查到的弯矩即为总剪力墙的弯矩，而查到的剪力不是总剪力墙的剪力。因为刚接连梁约束弯矩的存在，利用附图B查到的剪力实际是$\overline{V}_W=V_W-m$，为此引入广义剪力。

剪力墙广义剪力：

$$\overline{V}_W=V_W-m \tag{4-73}$$

框架广义剪力：

$$\overline{V}_F=V_F+m \tag{4-74}$$

外荷载产生的剪力仍然由总剪力墙和总框架承担，即：

$$V_p=\overline{V}_W+\overline{V}_F=V_W+V_F \tag{4-75}$$

由此可计算得到$\overline{V}_F=V_p-\overline{V}_W$，将广义框架剪力近似按刚度比分开，得到总框架剪力和梁端总约束弯矩：

$$V_F=\frac{C_F}{C_m}\overline{V}_F \tag{4-76}$$

$$m=\frac{\sum\frac{m_{ij}}{h}}{C_m}\overline{V}_F \tag{4-77}$$

求得总剪力墙的剪力：

$$V_W=\overline{V}_W+m \tag{4-78}$$

具体单片剪力墙的内力和框架梁柱内力的计算与铰接体系相同。

4.6.4.4　刚接连梁内力计算

按照式(4-77)求得连梁总线约束弯矩m后，利用每根梁的约束弯矩系数m_{ij}，将m按比例分配：

$$m'_{ij}=\frac{m_{ij}}{\sum m_{ij}}m \tag{4-79}$$

梁的端部(剪力墙中心处)弯矩:

$$M_{ij}=m'_{ij}h \tag{4-80}$$

则连梁剪力为:

$$V_{L}=\frac{M_{12}+M_{21}}{l} \tag{4-81}$$

梁端弯矩为:

$$M'_{12}=M'_{21}=V_{L}l_{n}/2 \tag{4-82}$$

式中 l_n——连梁净跨。

4.6.5 框架-剪力墙的受力和位移特征

4.6.5.1 侧向位移特征

框-剪结构的侧向位移形状如图4-31所示,与框-剪结构的刚度特征值λ有关。如果框架结构的抗侧刚度较小时,λ较小,那么剪力墙的影响较大,如果λ=0,即为纯剪力墙结构;如果剪力墙的抗弯刚度很小时,λ较大,框架结构的影响较大,如果λ=∞,即为纯框架结构。

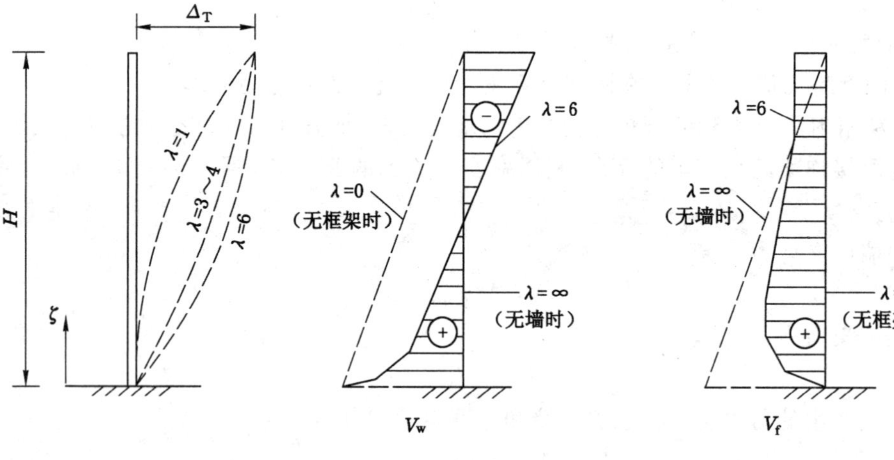

图4-31 框-剪结构变形曲线及剪力分配

(1) 当λ很小时(λ≤1)

总框架的刚度与总剪力墙相比很小,结构所表现出来的特性类似于纯剪力墙结构。侧移曲线像独立的悬臂柱一样,以弯曲变形为主。

(2) 当λ很大时(λ≥6)

总框架的刚度比总剪力墙要大得多,结构类似于纯框架结构,以剪切变形为主。

(3) 当1<λ<6时

总框架和总剪力墙刚度相当,介于弯曲和剪切变形之间,侧移曲线为弯剪形。

4.6.5.2 荷载与剪力的分布特征

总框架和总剪力墙的剪力分布如图4-31所示,荷载分配如图4-32所示。

(1) 框架承受的荷载在上部为正值(同外荷载作用方向相同),在底部为负值。这是因为框架和剪力墙单独承受荷载时,其变形曲线是不同的。二者共同工作后,必然产生上述荷

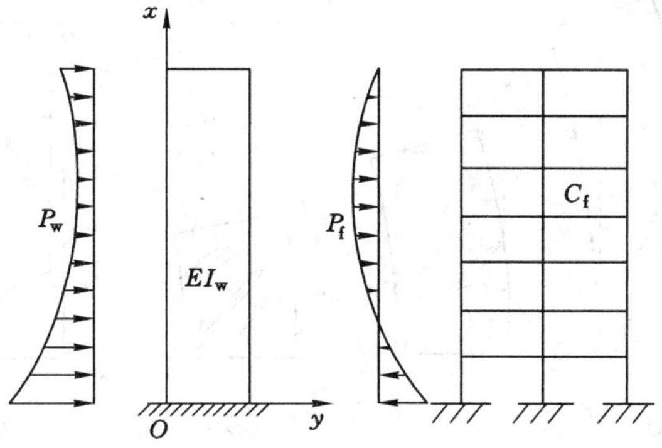

图 4-32　框-剪结构的荷载分配示意图

载分配形式。

(2) 框架和剪力墙顶部剪力都不为零。因为变形协调，框架和剪力墙顶部存在着集中力的作用，这也要求在设计时，要保证顶部楼盖的整体性。

(3) 框架的最大剪力在结构中部($\xi=x/H=0.3\sim0.6$)，且最大值的位置随 λ 值的增大而向下移动。

(4) 由于没有考虑剪力墙的剪切变形影响，因此求得框架基底处全部剪力为零，即底部剪力全由剪力墙承受。这一结论与实际受力情况不相符。为了弥补这一不足，现行规范规定各层总框架的总剪力 V_f 不小于 20%的基底总剪力。

4.7　剪力墙截面设计

剪力墙承受轴力、弯矩、剪力的共同作用，符合钢筋混凝土压弯构件的基本规律。但是与柱相比，剪力墙的截面薄而长，沿截面长方向要布置许多分布钢筋，同时，截面抗剪问题也较为突出。这使得剪力墙和柱截面的配筋计算与构造都有所不同。

悬臂剪力墙可能出现如图 4-33 所示的几种破坏情况。在实际工程中，为了改善平面剪力墙的受力变形特征，结合建筑设计使用功能要求，在剪力墙上开设洞口而以连梁相连，以使单肢剪力墙的高宽比显著提高，从而使剪力墙墙肢发生延性的弯曲破坏。若墙肢高宽比较小，一旦墙肢发生破坏，将是变形较小的脆性剪切破坏，设计时应尽可能增大墙肢高宽比以避免脆性的剪切破坏。

剪力墙配筋一般为端部纵筋、竖向分布筋和水平分布筋。竖向钢筋抗弯，水平钢筋抗剪，需要分别进行正截面抗弯承载力和斜截面抗剪承载力的计算。必要时，还要进行抗裂度或裂缝宽度的验算，楼层间剪力墙有时还应作平面外承载力的验算。

4.7.1　墙肢截面承载力计算

4.7.1.1　正截面承载力计算

和柱截面一样，墙肢受力形态也分为大偏压、小偏压、大偏拉和小偏拉四种情况。墙肢内的竖向分布筋对正截面抗弯有一定的作用，应予以考虑。

(1) 大偏心受压($\xi\leqslant\xi_b$)

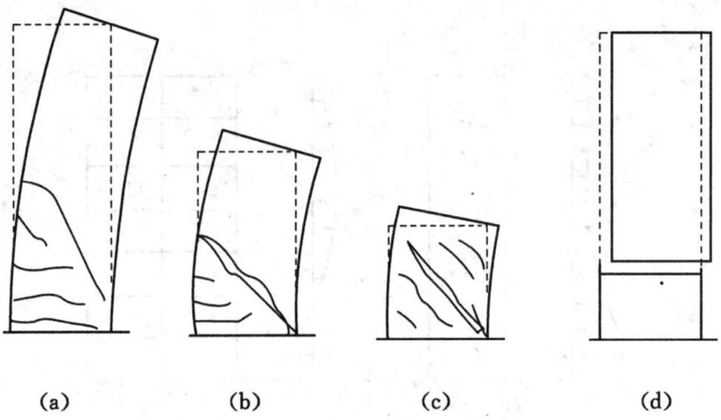

图 4-33　悬臂剪力墙的破坏形态

(a) 弯曲破坏；(b) 弯剪破坏；(c) 剪切破坏；(d) 滑移破坏

当 $\xi \leqslant \xi_b$ 时，构件为大偏心受压。破坏形式为拉区钢筋屈服后压区混凝土压碎破坏，压区纵筋一般能达到受压屈服。

大偏压极限状态下端部受拉纵筋应力达到屈服，竖向分布筋直径较小，受压时不能考虑其作用；在拉区，靠近中和轴时竖向分布筋应力也较低，只考虑 $h_{w0}-1.5x$（x 为名义受压区高度）范围内的竖向分布筋，如图 4-34 所示。

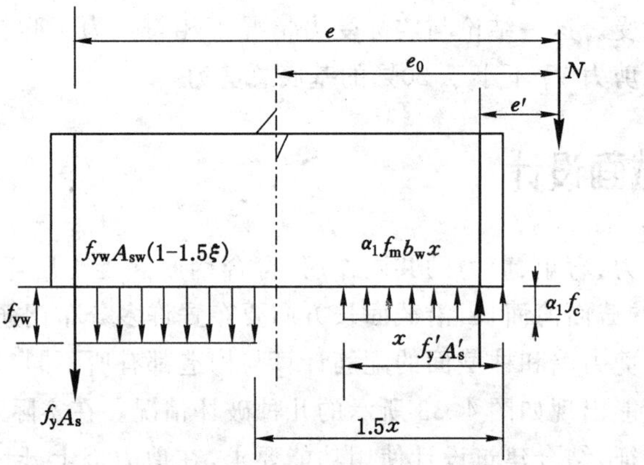

图 4-34　大偏心受压截面应力分布

以矩形截面为例，按照力、力矩的平衡，可以写出基本公式。式中各符号意义如图 4-34 所示。

$$N \leqslant \alpha_1 f_c b_w x + A_s' f_y - A_s f_y - (h_{w0} - 1.5x)\frac{A_{sw}}{h_{w0}} f_{yw} \tag{4-83}$$

$$Ne \leqslant \alpha_1 f_c b_w x (h_{w0} - 0.5x) + f_y' A_s' (h_{w0} - a_s') - f_{yw} A_{yw} \frac{(h_{w0} - 1.5x)^2}{2h_{w0}} \tag{4-84}$$

其中

$$e = e_0 + \frac{h_w}{2} - a_s$$

工程设计中，一般是按构造要求先确定竖向分布筋 A_{sw}，设墙肢内竖向分布钢筋的配筋

率为 ρ_{sw}，对称配筋时，由式(4-85)计算受压区高度为：

$$x=\frac{N+f_{yw}b_w h_{w0}\rho_{sw}}{\alpha_1 f_c b_w+1.5 f_{yw}b_w\rho_{sw}} \tag{4-85}$$

$$A_s=A_s'=\frac{Ne-\alpha_1 f_c b_w x(h_{w0}-0.5x)+0.5 f_{yw}\rho_{sw}b_w(h_{w0}-1.5x)^2}{f_y'(h_{w0}-a_s')} \tag{4-86}$$

当墙肢截面为 T 形或 I 形时，可参照相应的偏压构件列出计算公式，对分布筋的处理方法与矩形截面相同。

(2) 小偏心受压($\xi>\xi_b$)

在小偏心受压时(如图 4-35 所示)，截面全部或大部分受压，受拉部分的钢筋应力达不到屈服，因此所有竖向分布筋的作用不予考虑，基本公式为：

$$N\leqslant\alpha_1 f_c b_w x+f_y'A_s'-\sigma_s A_s \tag{4-87}$$

$$Ne\leqslant\alpha_1 f_c b_w x(h_{w0}-\frac{x}{2})+A_s'f_y'(h_{w0}-a') \tag{4-88}$$

$$\sigma_s=\frac{f_y}{\xi_b-0.8}(\xi-0.8) \tag{4-89}$$

求解上述方程，即可求出钢筋面积。

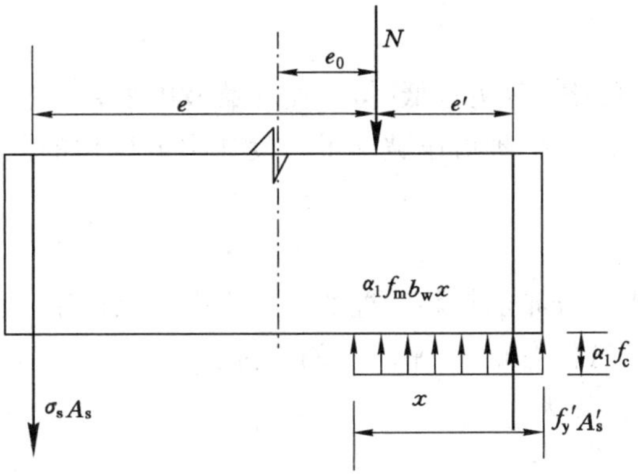

图 4-35　小偏心受压截面应力分布

小偏心受压时需要验算剪力墙平面外的稳定，此时可以按轴心受压构件计算。

(3) 大偏心受拉

当墙肢截面承受轴向拉力时，大、小偏心受拉按下式判断：

$e_0\geqslant\frac{h_w}{2}-a$ 时，为大偏心受拉；

$e_0<\frac{h_w}{2}-a$ 时，为小偏心受拉。

剪力墙一般不可能出现小偏心受拉，规范也不允许出现小偏心受拉破坏。采用对称配筋时，按下式近似计算其正截面承载力：

$$N\leqslant\frac{1}{\frac{1}{N_{0u}}+\frac{e_0}{M_{wu}}} \tag{4-90}$$

式中 $N_{0u}=2A_s f_y+A_{sw} f_{yw}$；

$M_{wu}=A_s f_y(h_{w0}-a')+0.5A_{sw} f_{yw}(h_{w0}-a_s')$。

在内力组合中考虑地震作用时，公式的右边应考虑抗震承载力调整系数，即在上述承载力公式的右边除以 γ_{RE}，γ_{RE}取 0.85。

4.7.1.2 斜截面抗剪承载力计算

剪力墙中斜裂缝有两种情况：一是弯剪斜裂缝，斜裂缝先是由弯曲受拉边缘出现水平裂缝，然后斜向发展形成斜裂缝；二是腹剪斜裂缝，腹板中部主拉应力超过混凝土的抗拉强度后开裂，然后裂缝斜向向构件边缘发展。

(1) 斜裂缝出现后墙肢的剪切破坏形式

① 剪拉破坏

当水平分布钢筋(简称腹筋)没有或很少时发生剪拉破坏。斜裂缝一出现就很快形成一条主裂缝，使墙肢劈裂而丧失承载能力。

② 剪压破坏

当腹筋配置合适时，腹筋可以抵抗斜裂缝的开展。随着斜裂缝的进一步扩大，混凝土受剪区域逐渐减小，最后在压、剪应力的共同作用下剪压区混凝土压碎。剪力墙水平分布筋的计算主要依据这种破坏形式。

③ 斜压破坏

剪力墙截面过小或混凝土等级过低时，即使在墙肢中配置了过多的腹筋，当腹筋应力还没有充分发挥作用时，混凝土已被剪压破碎了。设计中剪压比的限制就是为了防止这种形式的破坏。

(2) 抗剪承载力计算

剪力墙中的竖向、水平分布筋对斜裂缝的开展都有约束作用。但是在设计中，常将二者的功能分开，竖向分布筋抵抗弯矩，水平分布筋抵抗剪力。

斜截面抗剪承载力公式为：

① 无震组合

$$V_w \leqslant \frac{1}{\lambda-0.5}\left(0.5f_t b_w h_{w0} \pm 0.13N\frac{A_w}{A}\right)+f_{yh}\frac{A_{sh}}{S}h_{w0} \tag{4-91}$$

② 有震组合

$$V_w \leqslant \frac{1}{\gamma_{RE}}\left[\frac{1}{\lambda-0.5}\left(0.4f_t b_w h_{w0} \pm 0.1N\frac{A_w}{A}\right)+0.8f_{yh}\frac{A_{sh}}{S}h_{w0}\right] \tag{4-92}$$

式中 A——混凝土剪力墙计算截面全面积；

A_w——墙肢截面的腹板面积；

N——剪力墙的轴向压力或拉力设计值，抗震设计时应考虑地震作用效应组合，当 N 为轴向压力设计值时，要求 $N\leqslant 0.2f_c b_w h_w$，当 N 为压力时取“+”，拉力时取“−”；

A_{sh}、f_{sh}、S——水平分布钢筋的总截面积、设计强度、间距；

λ——截面剪跨比，按 $\lambda=\dfrac{M_w}{V_w h_w}$ 计算，当 $\lambda<1.5$ 时取 $\lambda=1.5$，当 $\lambda>2.2$ 时取 $\lambda=2.2$。

当轴向拉力使得公式右边小括号内的计算值小于 0 时，取其等于 0，公式变为：

$$V_{w} \leqslant f_{yh} \frac{A_{sh}}{S} h_{w0} \tag{4-93}$$

$$V_{w} \leqslant \frac{1}{\gamma_{RE}} \left(0.8 f_{yh} \frac{A_{sh}}{S} h_{w0}\right) \tag{4-94}$$

(3) 剪力墙设计剪力的调整

《高层建筑混凝土结构技术规程》(JGJ 3—2010)规定，在抗震设计时，剪力墙底部加强区范围内，考虑“强剪弱弯”的要求，一、二、三级抗震等级时应按下式调整，四级抗震等级及无地震作用组合时可不调整：

$$V = \eta_{vw} V_{w} \tag{4-95}$$

式中 η_{vw}——剪力增大系数，一级为 1.6，二级为 1.4，三级为 1.2。

9 度抗震设计时尚应符合：

$$V = 1.1 \frac{M_{wua}}{M_{w}} V_{w} \tag{4-96}$$

(4) 剪力墙截面尺寸及剪压比的限值

① 截面尺寸

一、二级抗震等级设计时，底部加强部位：不应小于层高或剪力墙无支长度的 1/16，且不应小于 200 mm；其他部位：不应小于层高或剪力墙无支长度的 1/20，且不应小于 160 mm。

三、四级抗震等级设计时，底部加强部位：不应小于层高或剪力墙无支长度的 1/20，且不应小于 160 mm；其他部位：不应小于层高或剪力墙无支长度的 1/25，且不应小于 160 mm。

非抗震设计时，不应小于层高或剪力墙无支长度的 1/25，且不应小于 160 mm。

② 剪压比限值

无地震作用组合时：

$$V_{w} \leqslant 0.25 \beta_{c} f_{c} b_{w} h_{w0} \tag{4-97}$$

有地震作用组合时，依据剪跨比的大小不同，包含如下两种情况：

剪跨比 $\lambda > 2.5$ 时：

$$V_{w} \leqslant \frac{1}{\gamma_{RE}} (0.2 \beta_{c} f_{c} b_{w} h_{w0}) \tag{4-98}$$

剪跨比 $\lambda \leqslant 2.5$ 时：

$$V_{w} \leqslant \frac{1}{\gamma_{RE}} (0.15 \beta_{c} f_{c} b_{w} h_{w0}) \tag{4-99}$$

4.7.2 连梁的设计

剪力墙中的连梁受有弯矩、剪力、轴力的共同作用。一般情况下，轴力较小，多按受弯构件设计。跨高比小于 5 的连梁应按连梁设计，跨高比不小于 5 的连梁宜按框架梁设计。

4.7.2.1 抗弯承载力计算

连梁通常采用对称配筋，其承载力公式为：

$$M_{b} \leqslant f_{y} A_{s} (h_{b0} - a_{s}') \tag{4-100}$$

式中 M_{b}——连梁的弯矩设计值；

f_{y}——钢筋的抗拉强度设计值；

A_s——钢筋的截面面积；

h_{b0}——连梁的截面有效高度；

a_s'——连梁的受压区端部钢筋合力点到受压混凝土边缘的距离。

在抗震设计中，要求做到"强墙弱梁"，即连梁端部塑性铰要早于剪力墙。为做到这一点，可以将连梁端部弯矩进行塑性调幅。方法是将弯矩较大的几层连梁端部弯矩均取为连梁最大弯矩的 80%。为了保持平衡，可将弯矩较小的连梁端部弯矩相应提高。

4.7.2.2 抗剪承载力计算

(1) 剪力设计值的调整

① 无地震作用组合以及有地震作用组合的四级抗震等级时，应取考虑水平风荷载或水平地震作用组合的剪力设计值；

② 有地震作用组合的一、二、三级抗震等级时，连梁的剪力设计值应按下式进行调整：

$$V_b = \eta_{vb}\frac{M_b^l + M_b^r}{l_n} + V_{Gb} \tag{4-101}$$

式中 η_{vb}——连梁剪力增大系数，一级取 1.3，二级取 1.2，三级取 1.1。

9 度抗震设计时尚应符合：

$$V_b = 1.1\frac{M_{bua}^l + M_{bua}^r}{l_n} + V_{Gb} \tag{4-102}$$

(2) 剪压比限值

无地震作用组合时：

$$V_b \leqslant 0.25\beta_c f_c b_b h_{b0} \tag{4-103}$$

有地震作用组合时，依据跨高比的大小不同，包含如下两种情况：

跨高比大于 2.5 时：

$$V_b \leqslant \frac{1}{\gamma_{RE}}(0.2\beta_c f_c b_b h_{b0}) \tag{4-104}$$

跨高比不大于 2.5 时：

$$V_b \leqslant \frac{1}{\gamma_{RE}}(0.15\beta_c f_c b_b h_{b0}) \tag{4-105}$$

(3) 抗剪承载力

多数情况下，连梁的跨高比都比较小，属于深梁。但是，其受力特点与垂直荷载下的深梁却大不相同。在水平荷载下，连梁两端作用着符号相反的弯矩，剪切变形较大，容易出现剪切裂缝。尤其是在地震反复荷载作用下，斜裂缝会很快扩展到对角，形成交叉的对角剪切破坏。其中跨高比小于 2.5 时连梁抗剪承载力更低。连梁抗剪承载力计算公式如下。

无地震作用组合时：

$$V_b \leqslant 0.7 f_t b_b h_{b0} + f_{yv}\frac{A_{sv}}{S}h_{b0} \tag{4-106}$$

有地震作用组合时，依据跨高比的大小不同，包含如下两种情况：

跨高比大于 2.5 时：

$$V_b \leqslant \frac{1}{\gamma_{RE}}\left(0.42 f_t b_b h_{b0} + f_{yv}\frac{A_{sv}}{S}h_{b0}\right) \tag{4-107}$$

跨高比不大于 2.5 时：

$$V_b \leqslant \frac{1}{\gamma_{RE}}\left(0.38 f_t h_b h_{b0} + 0.9 f_{yv} \frac{A_{sv}}{S} h_{b0}\right) \tag{4-108}$$

4.8　筒体结构的受力分析

筒体结构具有很大的抗侧力刚度和抗扭能力，因此筒体结构拥有良好的空间受力性能，并兼有造型美观、使用灵活以及整体性强等优点，适用于超高层建筑。目前超高层建筑大部分采用筒体结构。筒体结构可以是由剪力墙组成的空间薄壁筒体，也可以是由密柱深梁形成的框筒组成，水平荷载由一个或多个空间受力的竖向筒体承受。

4.8.1　筒体结构的类型

筒体结构的类型很多，筒体根据不同的分类标准可以分为不同的类型。按构件形式可以分为实腹筒和空腹筒。用剪力墙围成的筒体称为实腹筒，如图 4-36(a)所示。在实腹筒的墙体上开出许多规则的窗洞所形成的开孔筒体称为框筒，如图 4-36(b)所示，它实际上是由密排柱和刚度很大的窗裙梁形成的密柱深梁框架围成的筒体。

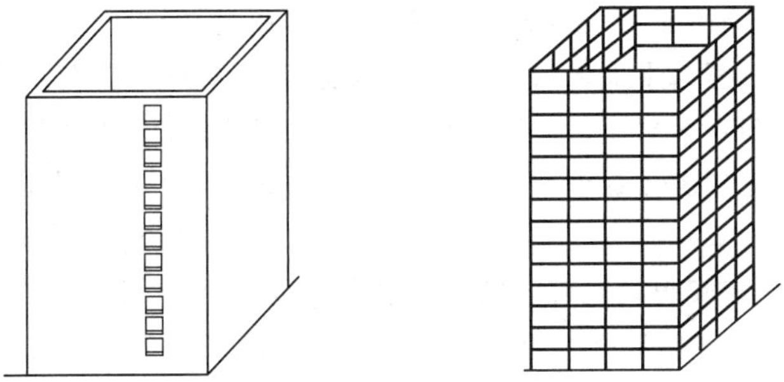

(a)　　(b)

图 4-36　筒体的类型

(a) 实腹筒；(b) 框筒。

按筒的组合形式、布置方式和数目的多少，可以分为框筒结构、筒中筒结构、束筒结构以及框架-核心筒结构等(如图 4-37 所示)。其中框架-核心筒结构虽然也有筒体，但是这种结构与框筒、筒中筒、束筒结构的组成和传力体系有很大区别，需要认识它们的异同，掌握不同的受力特点和设计要求。

4.8.2　筒体的受力性能

(1) 实腹筒

实腹筒是一个封闭的箱形截面空间结构，由于各层楼面结构的支撑作用，整个结构呈现很强的整体工作性能。在剪力墙结构中，仅考虑平行于水平力方向的剪力墙参与工作，实腹筒则不同。理论分析和实验表明，实腹筒的整个截面变形基本符合平截面假定。在水平荷载作用下，不仅平行于水平力方向的腹板参与工作，与水平力垂直的翼缘也完全参与工作。

单榀剪力墙和实腹筒在水平荷载下截面的正应力分布类似，但是因此实腹筒比剪力墙具有更高的抗弯承载力。剪力墙既承受弯矩又承受剪力作用，而筒体的弯矩主要由翼缘承

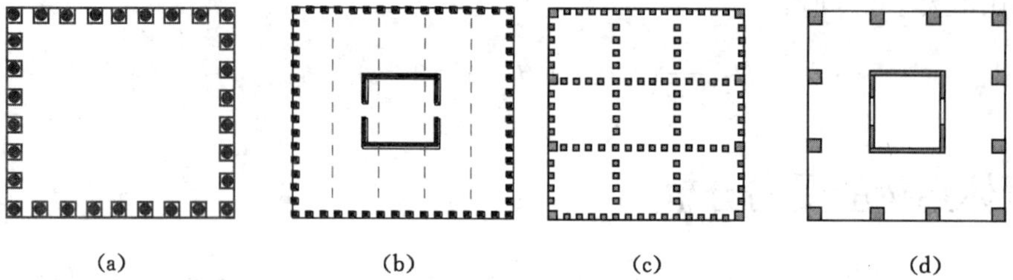

图 4-37　组合筒体的类型

(a) 框筒结构；(b) 筒中筒结构；(c) 束筒结构；(d) 框架-核心筒结构。

担，剪力主要由腹板承担。

实腹筒体的变形主要由弯曲变形和剪切变形组成。当筒体高宽比小于 1 时，结构在水平荷载下的侧向位移以剪切变形为主，位移曲线呈剪切型；当筒体高宽比大于 4 时，结构侧向位移以弯曲变形为主，位移曲线呈弯曲型；当高宽比介于 1～4 之间时，侧向位移曲线介于剪切型与弯曲型之间。高层建筑中实腹筒的高宽比一般均大于 4。

(2) 框筒

框筒由密排柱和高跨比很大的裙梁组成，它与普通框架结构的受力有很大的不同。普通框架是平面结构，仅考虑平面内的承载能力和刚度，而忽略平面外的作用；框筒结构在水平荷载作用下，除了与水平力平行的腹板框架参与工作外，与水平力垂直的翼缘框架也参与工作，其中水平剪力主要由腹板框架承担，整体弯矩则主要由一侧受拉、另一侧受压翼缘框架承担。

框筒的受力特性与实腹筒也有区别。在水平荷载作用下，框筒水平截面的竖向应变不再符合平截面假定。图 4-38(a)中的实线表示框筒实际竖向应力分布，虚线表示实腹筒的竖向应力分布，即符合平截面假定的应力分布。由图可见，框筒的腹板框架和翼缘框架在角区附近的应力大于实腹筒体，而在中间部分的应力均小于实腹筒体，这种现象称为剪力滞后。

如果将筒体的箱形截面等效成工字形截面，由梁理论，横截面沿腹板和翼缘方向均存在剪应力，如图 4-38(b)所示。根据剪应力互等原理，与横截面垂直的方向存在着大小相等的剪应力，这种剪应力是依靠裙梁来传递的。而裙梁的竖向剪切刚度比实腹筒体要小得多，相应的剪切变形不可忽略，从而使截面的正应变无法保持线性变化。

剪力滞后使部分中柱的承载能力得不到发挥，结构的空间作用减弱。裙梁的刚度越大，剪力滞后效应越小；框筒的宽度越大，剪力滞后效应越明显。因而为减小剪力滞后效应，应限制框筒的柱距、控制框筒的长宽比。成束筒相当于增加了腹板框架的数量，剪力滞后效应大大缓和，所以抗侧刚度比框筒结构和筒中筒结构大。

设置斜向支撑和加劲层是减少剪力滞后的有效措施。在框筒结构竖向平面内设置 X 形支撑，可以增大框筒结构的竖向剪切刚度，从而减小剪力滞后效应。在钢框筒结构中常采用这种方法。加劲层一般设置在顶层和中间设备层。

当框筒的高宽比较小时，整体弯曲作用不明显，水平荷载主要由腹板框架承担，翼缘框架的轴力很小，由此合成的力矩很小。一般认为当高宽比超过 3 时，空间作用才明显。

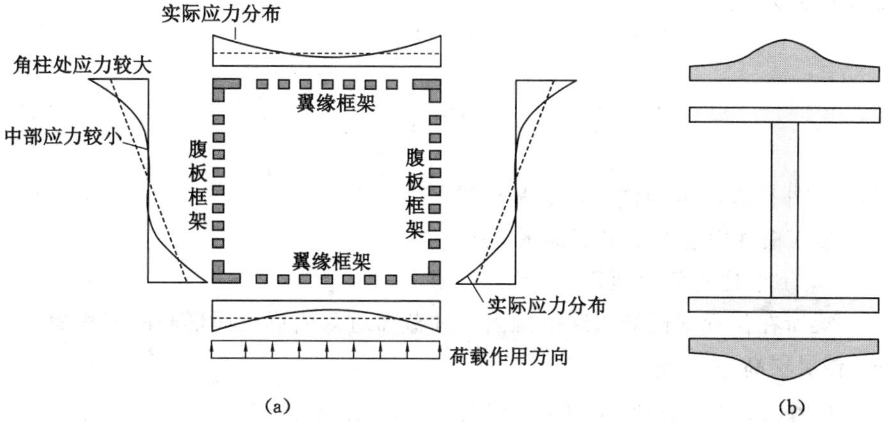

图 4-38 框筒结构的受力特点示意图

(a) 框筒结构的正应力分布;(b) 等效工字形截面的剪应力分布。

4.8.3 筒体结构的简化分析方法

筒体结构是复杂的三维空间结构,它由空间杆件和薄壁杆件组成。在实际工程中多采用三维空间结构分析方法,已有多种结构分析软件可用,例如 PKPM、盈建科、EATABS 等。但在初步设计阶段,为了选择结构截面尺寸,需要进行简单的估算。下面简单介绍针对矩形或其他规则筒体结构的近似分析方法。

(1) 框筒结构

矩形框筒的翼缘框架由于存在剪力滞后效应,在水平荷载作用下,中间若干柱的轴力较小。为简化计算,假定翼缘框架中部若干柱不承担轴力,而其余柱构成的截面符合平截面假定。对于图 4-39(a)所示的矩形框筒,截面简化为图 4-39(b)所示的双槽形截面。等效槽形截面的有效宽度 b,取以下三种情况的最小值:框筒腹板框架全宽 B 的 1/2;框筒翼缘框架全宽 L 的 1/3;框筒总高度 H 的 1/10。

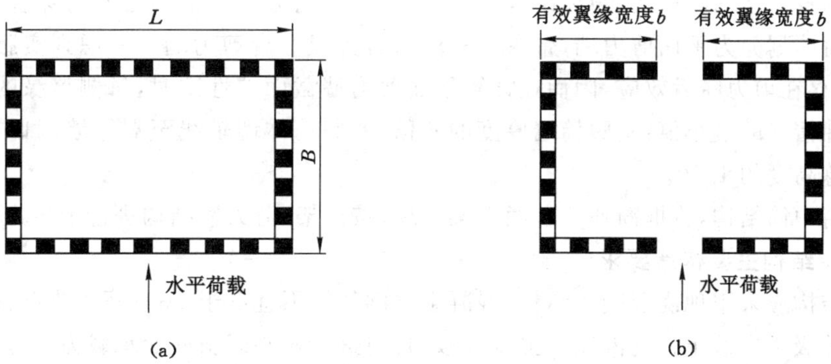

图 4-39 框筒结构的等效槽形截面示意图

将双槽形作为整体截面,利用材料力学公式可以求出整体弯曲应力和剪应力。单根柱范围内的弯曲正应力合成柱的轴力,层高范围内的剪应力构成了裙梁的剪力,因此,框筒柱的轴力和裙梁的剪力为：

$$N_{cj}=\frac{Mr_jA_{cj}}{I_f} \tag{4-109}$$

$$V_{bj}=\frac{VS_jh}{I_f} \tag{4-110}$$

式中 M,V——外荷载产生的楼层弯矩和楼层剪力；

r_j——第 j 根柱中心至槽形截面形心的距离；

A_{cj}——第 j 根柱的截面面积；

S_j——梁所在位置到框筒边缘范围内各柱截面对双槽形截面形心的面积矩；

h——楼层层高；

I_f——双槽形截面的惯性矩，$I_f=\sum I_{cj}+\sum A_{cj}r_j^2$；

I_{cj}——各柱的惯性矩。

裙梁的弯矩可根据反弯点在梁净跨中点的假定，按下式确定：

$$M_{bj}=\frac{l_{0j}}{2}V_{bj} \tag{4-111}$$

式中 l_{0j}——裙梁的净跨。

各柱受到的剪力可近似按壁式框架的抗侧刚度 D 进行分配，即：

$$V_{cj}=\frac{D_i}{\sum D_i}V \tag{4-112}$$

$$M_{cj}=\frac{h}{2}V_{cj} \tag{4-113}$$

矩形框筒结构的内力近似分析方法除了上面介绍的等效槽形截面法外，还有等代角柱法和展开平面框架法等。

(2) 框架-筒体结构及筒中筒结构

框架-筒体结构的受力性能类似框架-剪力墙结构，因而可参照其分析方法。对于具有两个相互垂直对称轴的框架-筒体结构，可以在两个方向分别将框架合并为综合框架，将箱形截面的筒体划分为平面剪力墙(带翼缘)，然后合并成综合剪力墙。考虑到实腹筒宽度较大时，也会存在剪力滞后效应，因而在计算平面剪力墙截面惯性矩时，每侧翼缘的有效宽度取以下三种情况的最小值：实腹筒墙厚度的 6 倍，实腹筒体墙轴线至翼缘墙洞口边的距离，实腹筒体总高度的 1/10。

对于筒中筒结构，将框筒作为普通框架处理，按框架-剪力墙结构进行水平力的分配。

4.8.4 筒体结构主要构造要求

筒体结构应采用现浇混凝土结构，混凝土强度等级不宜低于 C30；框架节点核心区的混凝土强度等级不宜低于柱的混凝土强度等级，且应进行核心区斜截面承载力计算；特殊情况下不应低于柱混凝土强度等级的 70%，但应进行核心区斜截面和正截面承载力验算。

由于剪力滞后，框筒结构中各柱的竖向压缩量不同，角柱压缩变形最大，因而楼板四角下沉较多，出现翘曲现象。设计楼板时，外角板宜设置双层双向附加构造钢筋(见图 4-40)，对防止楼板角部开裂具有明显效果，其单层单向配筋率不宜小于 0.3%，钢筋的直径不应小于 8 mm，间距不应大于 150 mm，配筋范围不宜小于外框架(或外筒)至内筒外墙中距的 1/3

和 3 m。

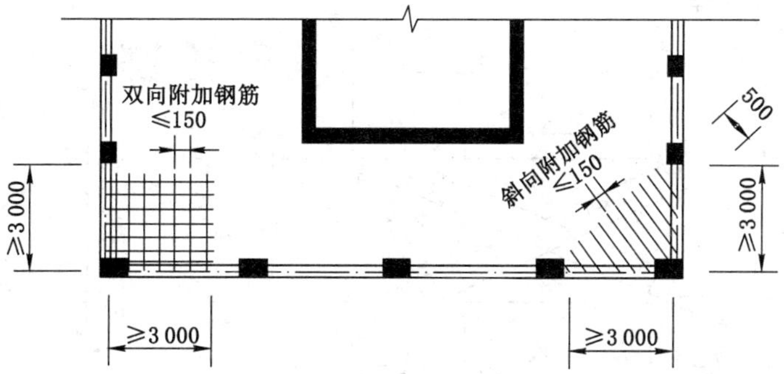

图 4-40　板角附加钢筋

核心筒由若干剪力墙和连梁组成，其截面设计和构造措施还应符合剪力墙结构的有关规定，各剪力墙的截面形状应尽量简单；截面形状复杂的墙体应按应力分布配置受力钢筋。此外，考虑到核心筒系筒体结构的主要承重和抗侧力结构，筒角又是保证核心筒整体作用的关键部位，其边缘构件应适当加强，底部加强部位约束边缘构件沿墙肢的长度不应小于墙肢截面高度的 1/4，约束边缘构件范围内应全部采用箍筋。

外框筒梁和内筒连梁的截面尺寸应符合下列规定：

(1) 持久、短暂设计状况

$$V_b \leqslant 0.25\beta_c f_c b_b h_{b0} \tag{4-114}$$

(2) 地震设计状况

依据跨高比的大小，包含如下两种情况。

跨高比大于 2.5 时：

$$V_b \leqslant \frac{1}{\gamma_{RE}} \cdot 0.20\beta_c f_c b_b h_{b0} \tag{4-115}$$

跨高比不大于 2.5 时：

$$V_b \leqslant \frac{1}{\gamma_{RE}} \cdot 0.15\beta_c f_c b_b h_{b0} \tag{4-116}$$

式中　V_b——外框筒梁或内筒连梁剪力设计值；

b_b——外框筒梁或内筒连梁截面宽度；

h_{b0}——外框筒梁或内筒连梁截面的有效高度；

β_c——混凝土强度影响系数，应按《高层建筑混凝土结构技术规程》(JGJ 3—2010)第 6.2.6 条规定采用。

外框筒梁和内筒连梁的构造配筋，非抗震设计时，箍筋直径不应小于 8 mm，间距不应大于 150 mm；抗震设计时，箍筋直径不应小于 10 mm，箍筋间距沿梁长不变，且不应大于 100 mm，当梁内设置交叉暗撑时，箍筋间距不应大于 200 mm；框筒梁上、下纵向钢筋的直径均不应小于 16 mm，腰筋的直径不应小于 10 mm，间距不应大于 200 mm。

跨高比不大于 2 的框筒梁和内筒连梁宜采用交叉暗撑，跨高比不大于 1 的框筒梁和内筒连梁应采用交叉暗撑，要求梁的截面宽度不宜小于 400 mm，全部剪力应由暗撑承担(见

图 4-41)。每根暗撑应由 4 根纵向钢筋组成,纵筋直径不应小于 14 mm,其总面积应按公式(4-117)、式(4-118)计算。

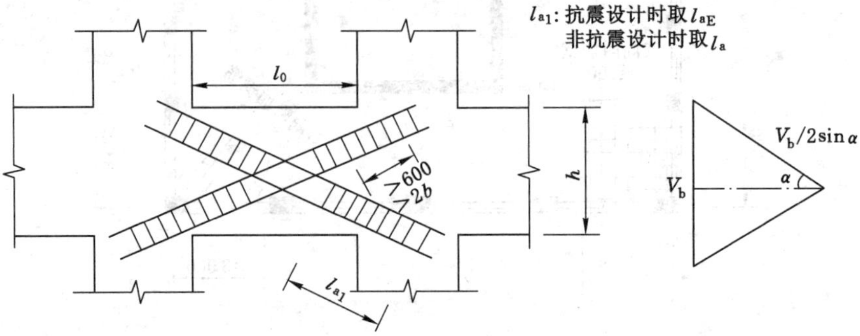

图 4-41　梁内交叉暗撑的配筋

(1) 持久、短暂设计状况

$$A_s \geqslant \frac{V_b}{2f_y \sin\alpha} \tag{4-117}$$

(2) 地震设计状况

$$A_s \geqslant \frac{\gamma_{RE} V_b}{2f_y \sin\alpha} \tag{4-118}$$

式中　α——暗撑与水平线的夹角;

V_b——外框筒或内筒连梁的剪力设计值。

两个方向暗撑的纵向钢筋均应采用矩形箍筋或螺旋箍筋绑成一体,箍筋直径不应小于 8 mm,间距不应大于 150 mm 及梁截面宽度的一半;端部加密区的箍筋间距不应大于 100 mm,加密区长度不应小于 600 mm 及梁截面宽度的 2 倍;纵筋伸入竖向构件的长度,非抗震设计时为 l_a,抗震设计时宜取 $1.15l_a$,其中 l_a 正为钢筋的锚固长度。

核心筒外墙的截面厚度不应小于层高的 1/20 及 200 mm,对一、二级抗震设计的底部加强部位不宜小于层高的 1/16 及 200 mm,不满足时,应进行墙体稳定性计算,必要时可增设扶壁柱或扶壁墙;在满足承载力要求以及轴压比限值(仅对抗震设计)时,核心筒内墙可适当减薄,但不应小于 160 mm;核心筒墙体的水平、竖向配筋不应少于 2 排;抗震设计时,核心筒的连梁,宜通过配置交叉暗撑、设水平缝或减小梁截面的高宽比等措施来提高连梁的延性。

4.9　巨型框架结构

4.9.1　巨型框架结构的发展和应用

巨型框架结构也被称为主次框架结构,主框架为巨型框架,次框架为普通框架。巨型框架结构是 20 世纪 60 年代末兴起的一种新的结构形式,1969 年建成的匹茨堡美国钢铁大厦是最早采用巨型框架结构的建筑。中国尊、广州东塔、深圳亚洲大酒店、深圳新华大厦、北京电视中心、日本的 NEC 办公大楼等建筑也都采用了典型的巨型框架结构。目前,已经建成的钢筋混凝土结构中,采用巨型框架结构的代表性建筑如表 4-19 所示。

表 4-19 采用巨型框架结构的代表性建筑

序号	地点	建筑名称	结构形式	高度/m
1	中国北京	中国尊	巨型框架+核心筒	528
2	日本东京	东京新市府大厦	巨型框架	243
3	日本东京	NEC 办公大楼	巨型框架	180
4	中国广州	广州东塔	巨型框架+核心筒	530
5	中国深圳	深圳亚洲大酒店	巨型框架	114.1
6	中国深圳	深圳新华大厦	巨型框架	127
7	中国深圳	深圳国际金融大厦	巨型框架	134.8
8	中国上海	上海中心大厦	巨型框架+核心筒	632
9	美国匹茨堡	美国钢铁大厦	巨型框架+巨型桁架核心筒	256.3
10	新加坡	新加坡华侨银行大厦	巨型框架	201
11	中国厦门	厦门国际金融大厦	巨型框架+核心筒	90.75
12	中国南京	南京电信局多媒体综合大楼	巨型框架	140.5
13	德国法兰克福	德国法兰克福商业银行新大楼	巨型框架	298.7
14	中国台北	台北 101 大楼	巨型框架+核心筒	508
15	中国天津	天津 117 大楼	巨型框架+核心筒	596.5

4.9.2 巨型框架结构的组成及类型

巨型框架采用主、次框架二级受力体系，是由大型构件巨型梁、巨型柱等组成的主结构与由常规梁、柱构件组成的次结构共同工作的结构体系，典型巨型框架的空间组成示意图如图 4-42所示。

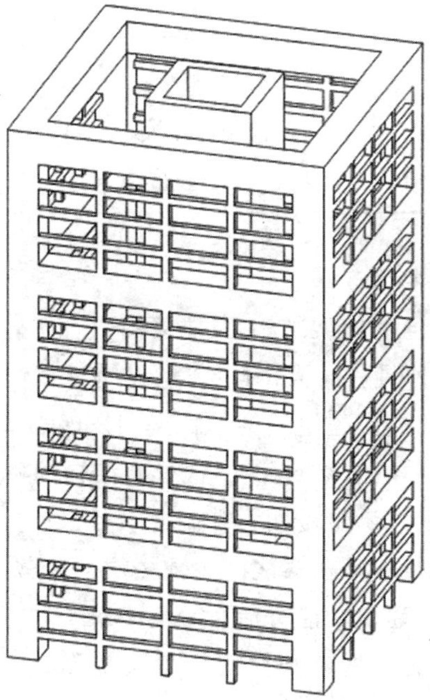

图 4-42 典型巨型框架的空间组成示意图

巨型框架中的主框架结构截面几何尺度、面积、惯性矩等很大，而次框架构件截面几何尺度、面积、惯性矩等相对很小，两者不是同一数量级。巨型柱的尺寸常超过一个普通框架的柱距，通常由楼、电梯井或大截面实体柱组成，形式上可以是巨大的实腹钢骨混凝土柱、空间格构式桁架或筒体。如广州东塔的 8 根巨型钢管混凝土柱在底部最大轮廓尺寸为 3.5 m×5.6 m，香港中银大厦的巨型框架柱为 4.8 m×4.1 m 的型钢混凝土柱，日本神户 TC 大厦的巨型柱为 6.5 m×6.5 m 的钢桁架筒柱，上海中心大厦的巨型柱为 3.7 m×5.3 m 的型钢混凝土柱。因此，巨型框架结构的刚度更大、抗倾能力更高。巨型梁一般每隔几个或者十几个楼层设置一道，梁高一般占一个或者几个楼层高。巨型梁采用高度在一层以上的平面或空间格构式桁架，形式上可以是巨型桁架梁、预应力混凝土巨型梁。

目前，巨型框架的类型按照不同的分类依据可以划分为如表 4-20 所示的不同类型。

表 4-20　巨型框架的类型及代表工程

序号	分类依据	类型	工程应用实例
1	主结构的组成材料	巨型钢筋混凝土框架	香港中银大厦
		巨型钢骨混凝土框架	上海中心大厦
		巨型钢管-混凝土组合框架	湖北科技新馆
		巨型钢-混凝土组合框架	深圳新华大厦
		巨型钢框架	高雄市银行大厦
2	主结构的组成部分	巨型框架	日本 NEC 办公大楼
		巨型框架-筒体	美国钢铁大厦
		巨型框架-支撑	上海证券大厦
		巨型框架-桁架	香港中银大厦
3	主次结构受力形式	支撑式巨型框架	新加坡华侨银行大厦
		悬挂式巨型框架	香港汇丰银行大楼
		悬挂复合支撑式巨型框架	日本川崎医院大楼

4.9.3　巨型框架结构的主要特点

巨型框架结构不同于普通的框架结构，其主要特点如下：

(1) 巨型框架结构是一种具有巨大抗侧刚度，结构整体性能非常好，主次结构传力路线明确的结构，刚好能够满足超高层建筑结构的特点和发展需求。

(2) 巨型框架结构中由于主框架的存在，次框架结构的柱不必连续，因此巨型框架结构能够提供较大的使用空间，可以满足楼面大开洞要求，可以自由划分空间、丰富立面设置；由于次框架结构中的柱仅仅承受巨型横梁之间少数楼层的荷载，所以次框架柱的截面较小，甚至可以做成无柱中庭，以满足建筑功能灵活布置的要求。

(3) 组成巨型框架结构的主框架和次框架共同工作，主次框架的荷载传递路径清晰。主框架是承载的主体，承受全部的竖向荷载和水平荷载；次框架承受自身荷载和小部分侧向荷载并将竖向荷载传递给主框架。

(4) 巨型框架结构中其主框架结构和次框架结构的结构形式和所用材料可以灵活多变,主结构和次结构可以采用不同的结构体系和组成材料。因此,巨型框架结构体系可以有各种灵活的变化和组合。

(5) 从施工角度来看,巨型框架结构可以先完成其主框架的施工,待主框架结构完成后分开各个工作面同时施工次结构,能够显著缩短施工的工期。

4.9.4 巨型框架结构的布置

巨型框架体系是由柱距较大的巨型柱和巨型梁组成的,巨型柱通常为立体桁架柱,是有四片桁架形成的立体构件,一般布置在建筑平面的周边。

在平面方向巨型框架的框架柱常布置在周边,能充分发挥其材料性能,以及其巨大刚度在增强结构整体稳定性、抗倾覆能力、抗侧刚度、抗扭能力等方面的优势。广州东塔的平面布置示意图如图 4-43 所示。

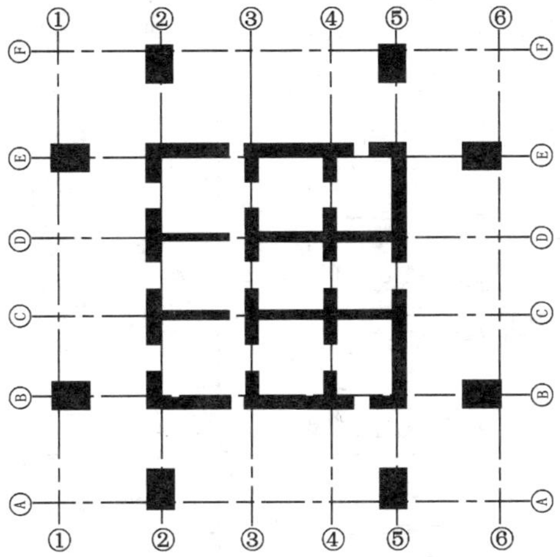

图 4-43 广州东塔巨型框架柱平面布置示意图

立面布置时,巨型梁通常为立体桁架,一般几层设一道,在两层空间桁架巨型梁之间设置次框架结构,以承担空间桁架层之间的楼面荷载,并将这些楼面荷载通过次框架的柱子传递给巨型梁及巨型柱。深圳新华大厦的结构立面布置示意图如图 4-44 所示。

4.9.5 巨型框架结构的分析方法

目前,巨型框架结构的分析方法仍然较少,常用如下两种简化分析思路:① 仅将次结构及其荷载看作巨型框架主结构的荷载,但不考虑其作为结构作用的承载能力;② 将巨型框架结构中的主结构和次结构都按空间刚架进行计算。巨型框架结构中主框架柱刚域的存在较为明显,因此对主框架柱产生一定的区域约束作用。巨型框架的计算简图示意图见图 4-45。

巨型框架结构体系的良好受力性能和灵活的结构布置能力满足了超高层建筑发展的需要,因此,可以作为大体量的超高层建筑、连体建筑的备选方案之一。

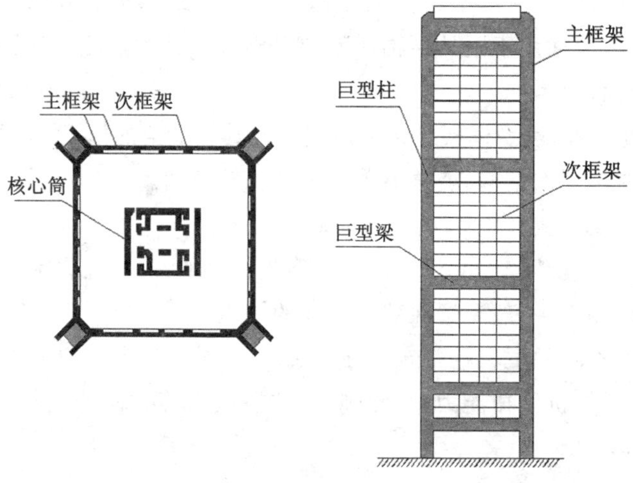

图 4-44 深圳新华大厦的结构立面布置示意图

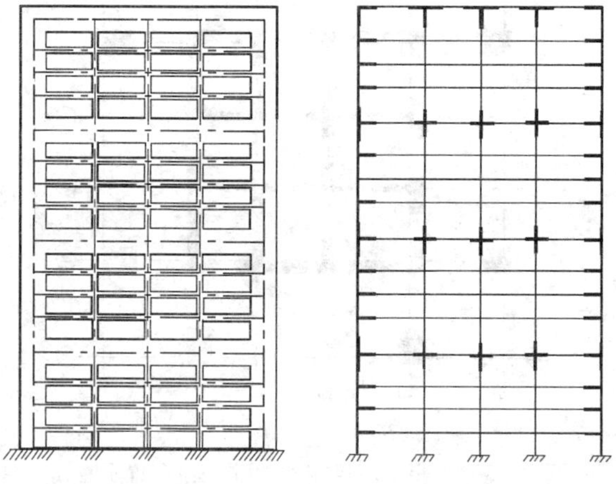

图 4-45 典型巨型框架的简化示意图

(a) 巨型框架结构立面图;(b) 巨型框架结构简图。

4.10 高层建筑结构的基础设计

高层建筑的基础设计,应综合考虑建筑场地的工程地质和水文地质状况、上部结构的类型和房屋高度、施工技术和经济条件等因素,使建筑物不致发生过量沉降或倾斜,满足建筑物正常使用要求;还应了解邻近地下构筑物及各项地下设施的位置和标高等,减少与相邻建筑的相互影响,高层建筑宜设地下室。高层建筑基础的混凝土强度等级不宜低于 C25。

高层建筑应采用整体性好、能满足地基承载力和建筑物容许变形要求并能调节不均匀沉降的基础形式。当地质条件好且能满足地基承载力和变形要求时,也可采用交叉梁式基础或其他形式的基础。如果高层建筑的高度不是太高,地基土承载特性较好,上部结构刚度较大时，宜采用筏形基础或带桩基的筏形基础。如果上部结构荷载大，地基土弱时，可以采用整体性好、刚度大的箱形基础，箱形基础能够协调地基的不均匀变形，使上部荷载均匀地传递到地基上，因此箱形基础在高层建筑中得到广泛应用。当地基承载力或变形不满足设计要求时，例如在软弱地基或可能液化的地基上，可采用承载力高、沉降小的桩基础。

在地震区，高层建筑宜避开对抗震不利的地段；当条件不允许避开不利地段时，应采取可靠措施，使建筑物在地震时不致由于地基失效而破坏，或者产生过量下沉或倾斜。

基础设计宜采用当地成熟可靠的技术；宜考虑基础与上部结构相互作用的影响。施工期间需要降低地下水位的，应采取避免影响邻近建筑物、构筑物、地下设施等安全和正常使用的有效措施；同时还应注意施工降水的时间要求，避免停止降水后水位过早上升而引起建筑物上浮等问题。

在重力荷载与水平荷载标准值或重力荷载代表值与多遇水平地震标准值共同作用下，高宽比大于4的高层建筑，基础底面不宜出现零应力区；高宽比不大于4的高层建筑，基础底面与地基之间零应力区面积不应超过基础底面面积的15%。质量偏心较大的裙楼与主楼可分别计算基底应力。

高层建筑结构的基础应有一定的埋置深度。在确定埋置深度时，应综合考虑建筑物的高度、体型、地基土质、抗震设防烈度等因素。基础埋置深度可从室外地坪算至基础底面，并且天然地基或复合地基，可取房屋高度的1/15；对于桩基础，不计桩长，可取房屋高度的1/18。

当建筑物采用岩石地基或采取有效措施时，在满足地基承载力、稳定性要求的前提下，基础埋深可适当放松。当地基可能产生滑移时，应采取有效的抗滑移措施。

高层建筑的基础和与其相连的裙房的基础，设置沉降缝时，应考虑高层主楼基础有可靠的侧向约束及有效埋深；不设沉降缝时，应采取有效措施减少差异沉降及其影响。

抗震设计时，独立基础宜沿两个主轴方向设置基础系梁；剪力墙基础应具有良好的抗转动能力。

练　习　题

4.1　高层建筑结构的受力特点有哪些？

4.2　为什么要限制高层建筑结构的层间侧向位移？工程设计中如何限制结构的层间侧向位移？

4.3　常见的高层建筑结构体系有哪几种？

4.4　框架-剪力墙结构体系的受力和变形有哪些特点？

4.5　高层建筑结构的建筑平面和立面布置要注意哪些问题？

4.6　简述剪力墙的分类及其标准。

4.7　整截面剪力墙、整体小开口剪力墙、双肢剪力墙、壁式框架的受力各有何特点？

4.8　剪力墙的整体性系数 α 对结构的内力分布和变形有什么影响？

4.9　在剪力墙结构分类判别时，为什么要同时采用 α 和 I_n/I 这两个参数？α 的大小说明了什么？I_n/I 的大小说明了什么？

4.10　什么是剪力墙的等效刚度？

4.11 剪力墙的布置原则是什么？哪些部位宜布置剪力墙？

4.12 框架-剪力墙结构刚度特征值 λ 的物理意义是什么？λ 大小的变化对结构的内力分布、侧向位移曲线有什么影响？

4.13 筒体结构分为哪些类型？

4.14 筒体结构的受力特点有哪些？

4.15 巨型框架结构的特点有哪些？

附　　录

附图 A　单阶柱柱顶反力与位移系数

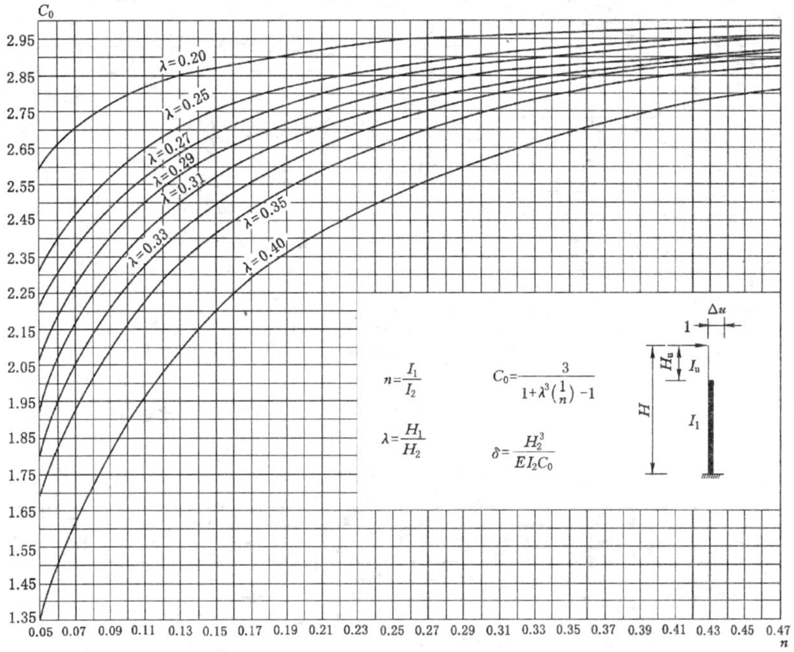

附图 A-1　柱顶单位水平力作用下反力系数 C_0 与位移系数

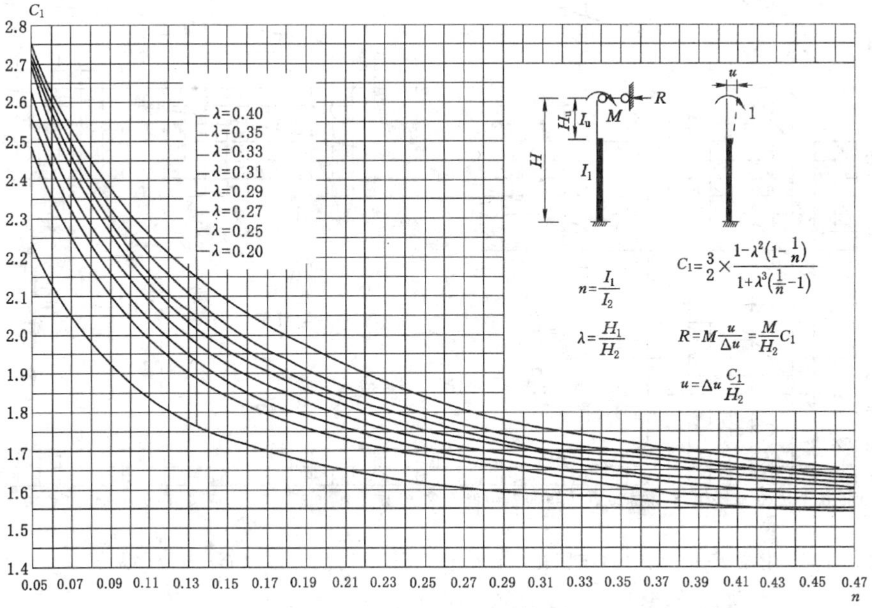

附图 A-2　柱顶单位水平力作用下反力系数 C_1 与位移系数

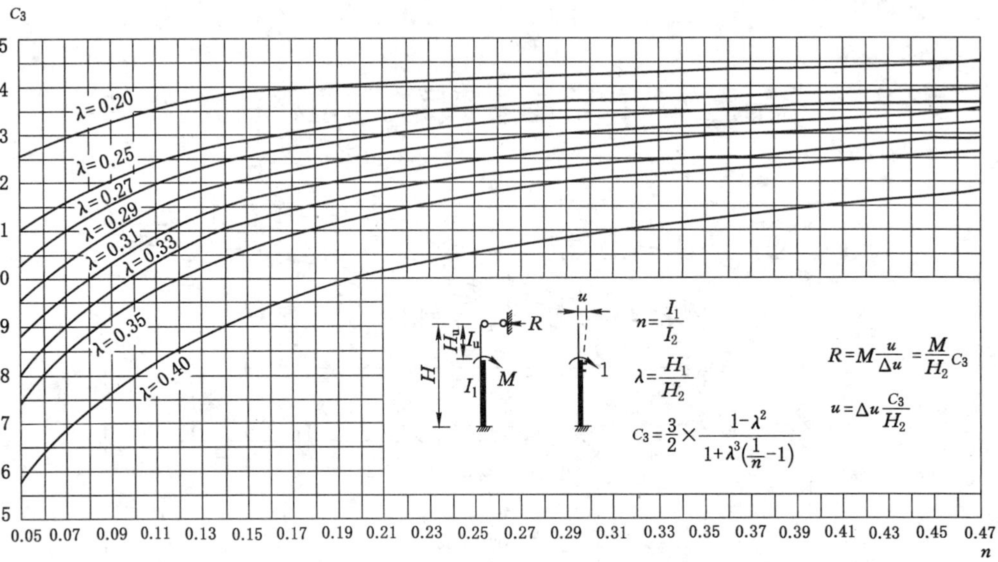

附图 A-3 力矩作用在牛腿面时反力系数 C_3 与位移系数

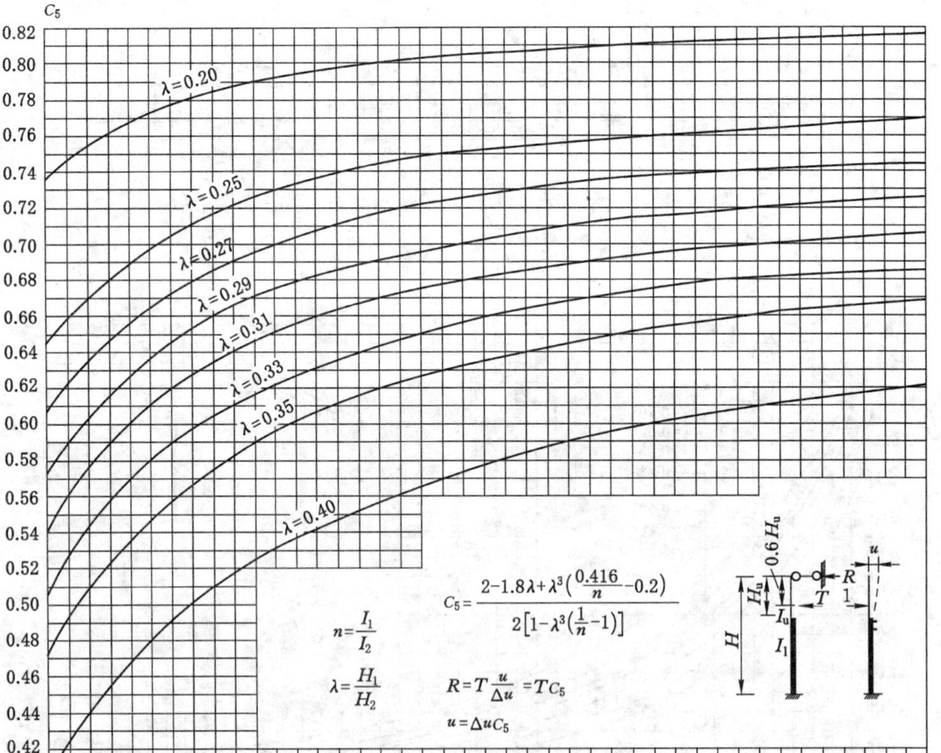

附图 A-4 集中力作用在上柱($y=0.6H_u$)时反力系数 C_5 与位移系数

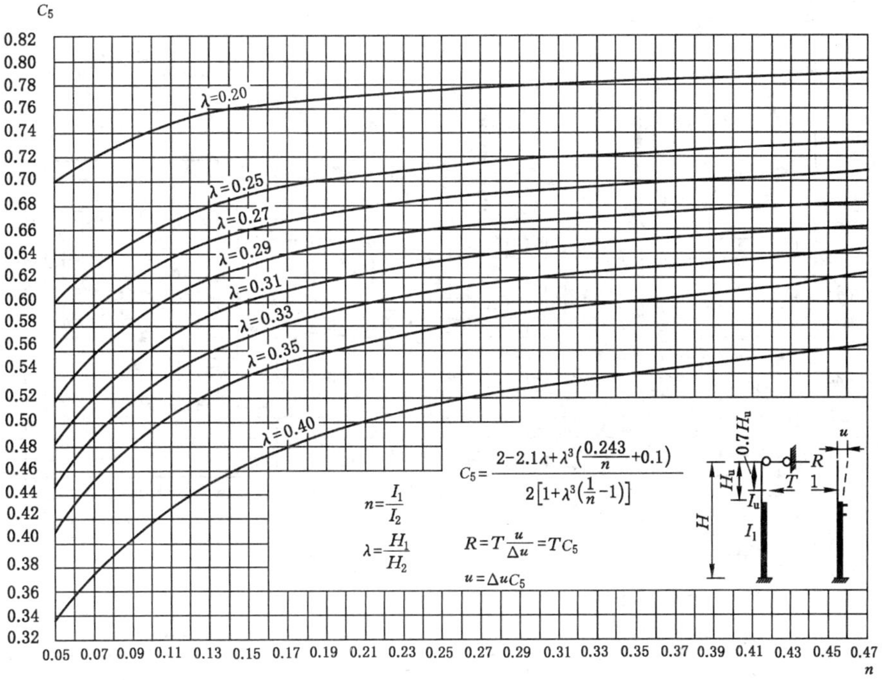

附图 A-5 集中力作用在上柱($y=0.7H_u$)时反力系数 C_5 与位移系数

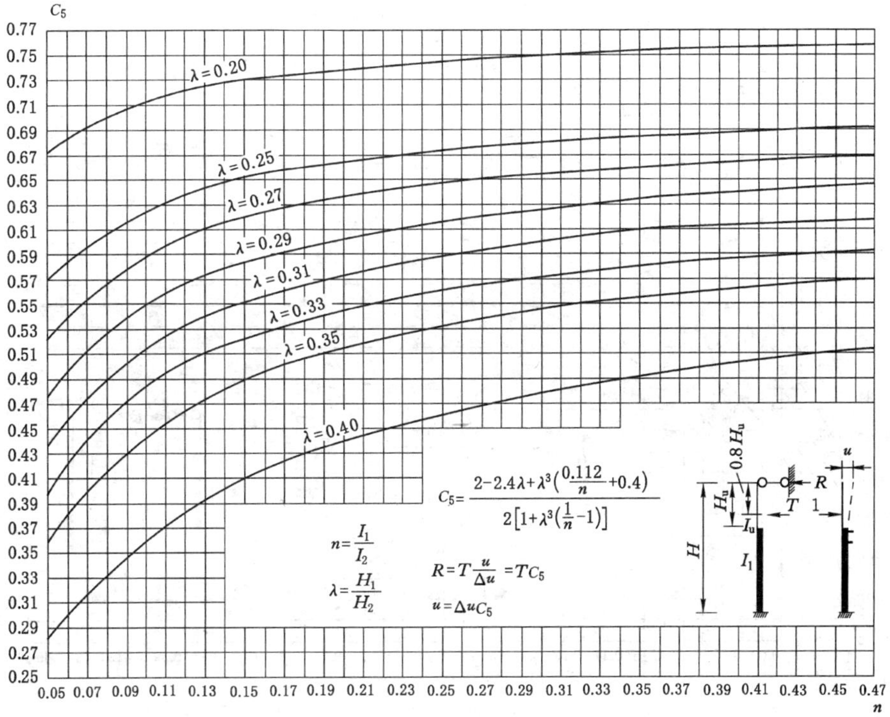

附图 A-6 集中力作用在上柱($y=0.8H_u$)时反力系数 C_5 与位移系数

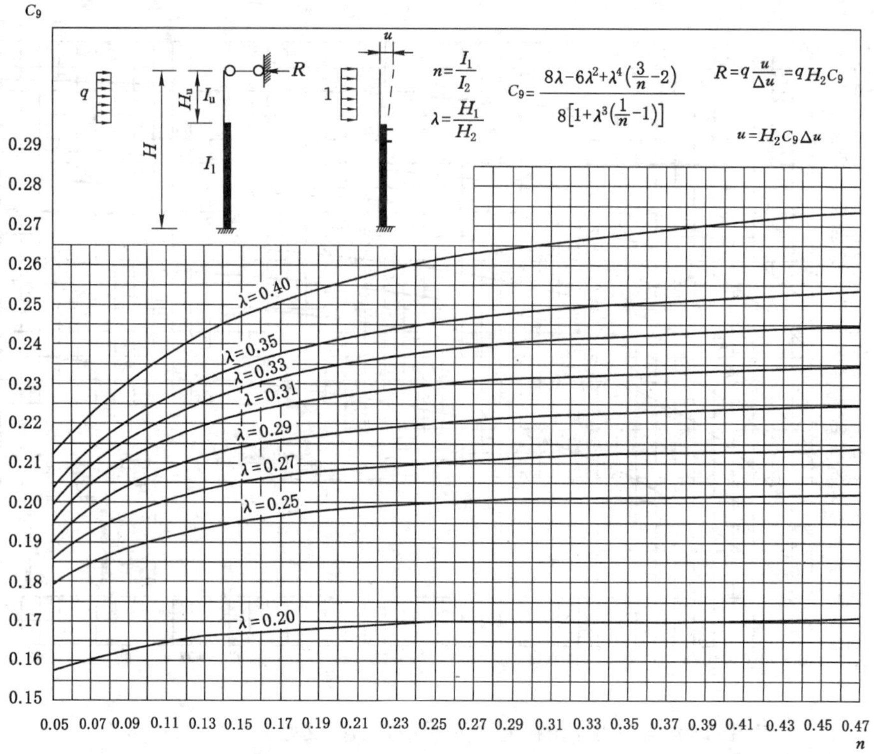

附图 A-7　均布荷载作用在整个上下柱时反力系数 C_9 与位移系数

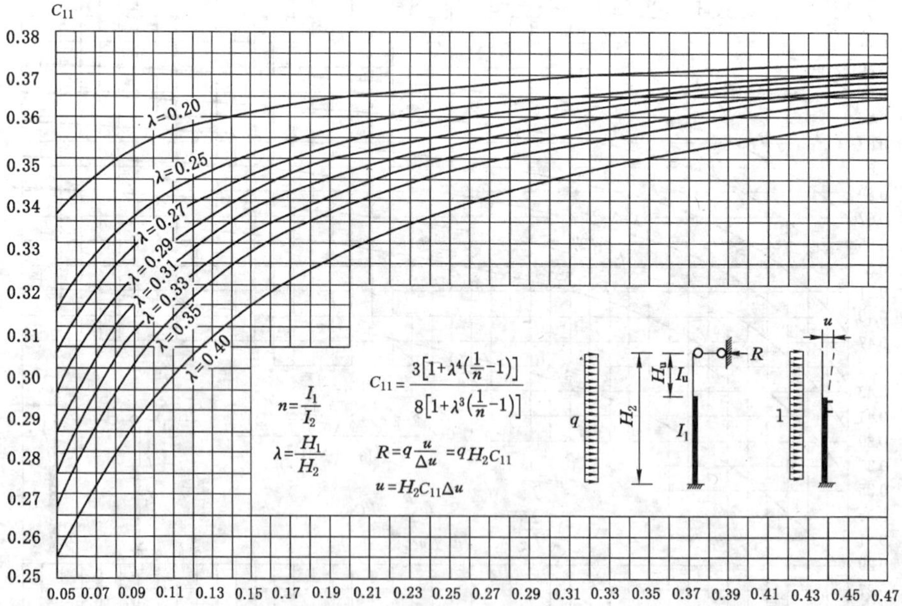

附图 A-8　均布荷载作用在整个上下柱时反力系数 C_{11} 与位移系数

附图 B　剪力墙位移、弯矩与剪力系数

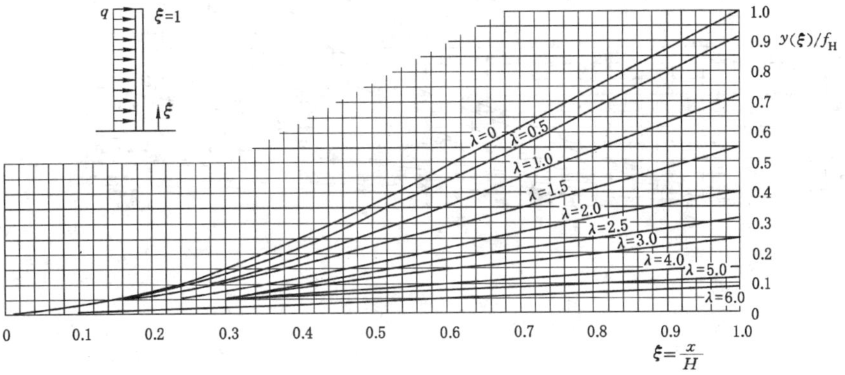

附图 B-1　均布荷载剪力墙位移系数

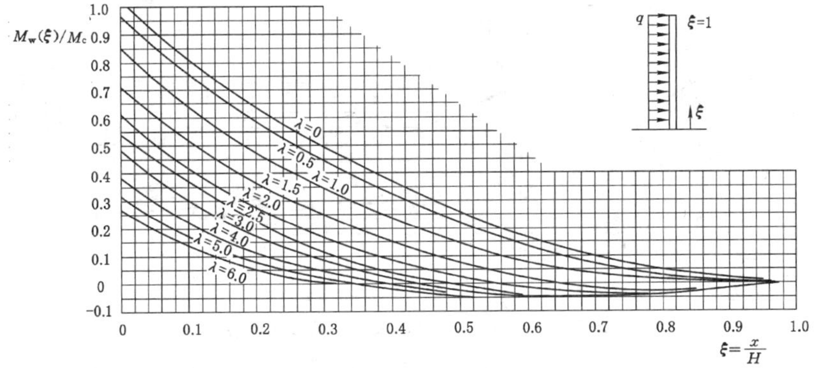

附图 B-2　均布荷载剪力墙弯矩系数

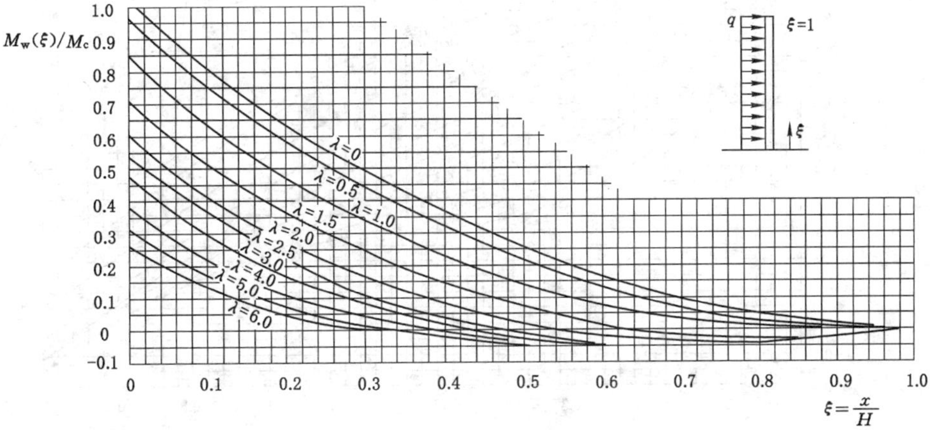

附图 B-3　均布荷载剪力墙剪力系数

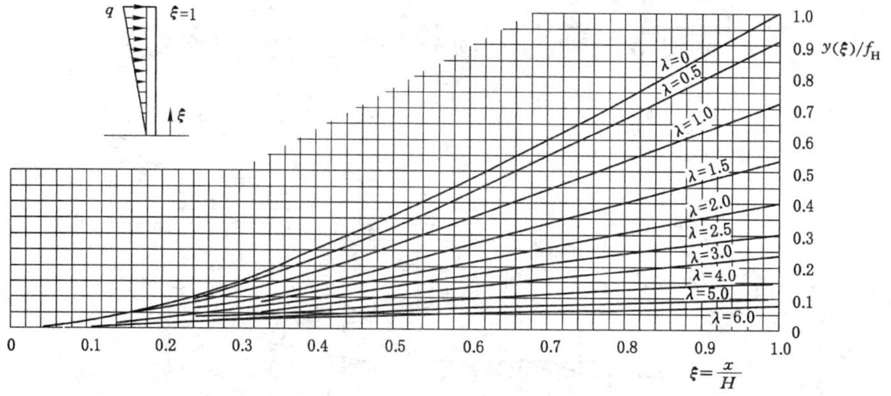

附图 B-4　倒三角荷载剪力墙位移系数

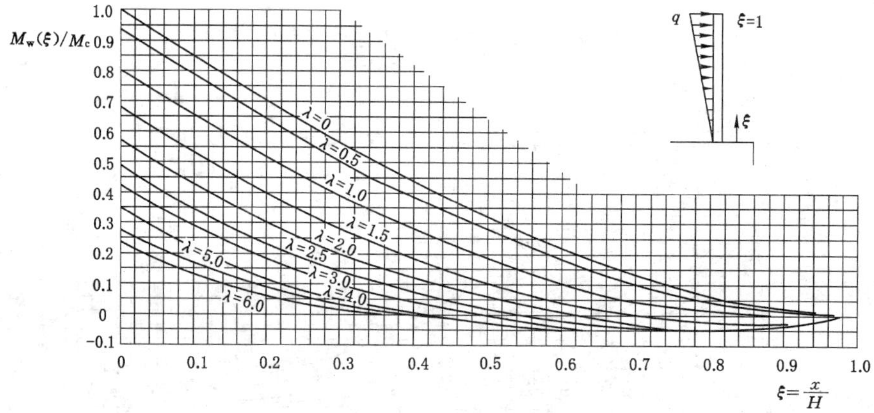

附图 B-5　倒三角荷载剪力墙弯矩系数

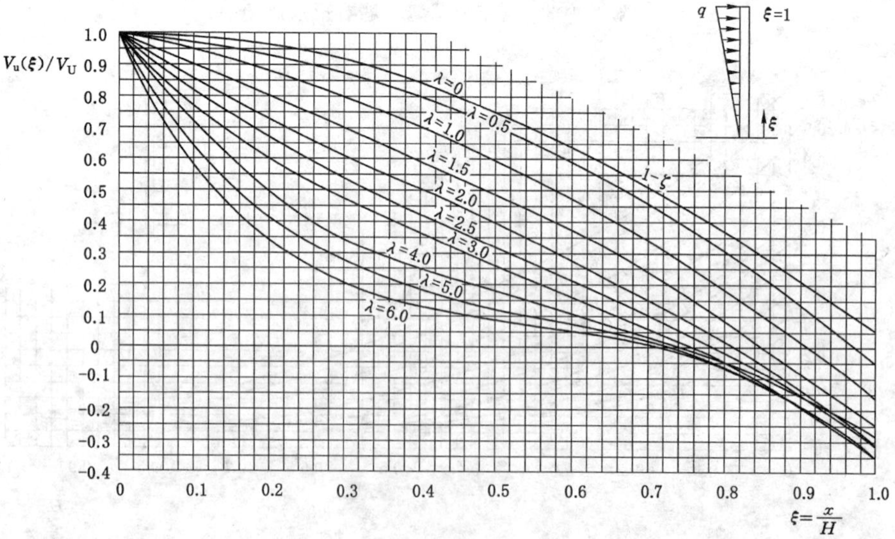

附图 B-6　倒三角荷载剪力墙剪力系数

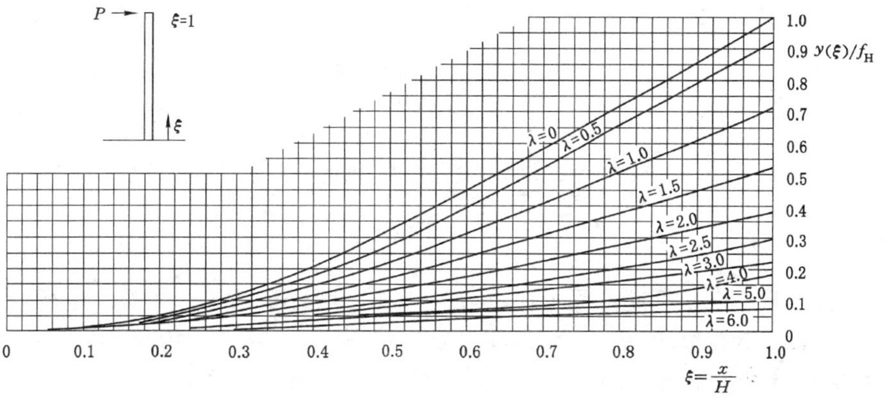

附图 B-7　顶部集中荷载剪力墙位移系数

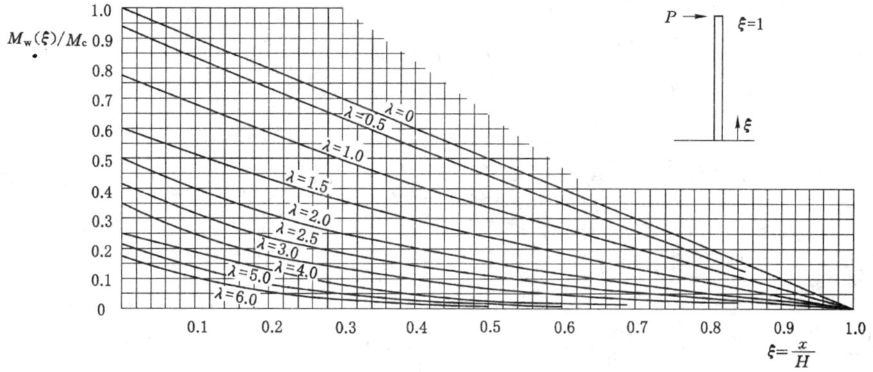

附图 B-8　顶部集中荷载剪力墙弯矩系数

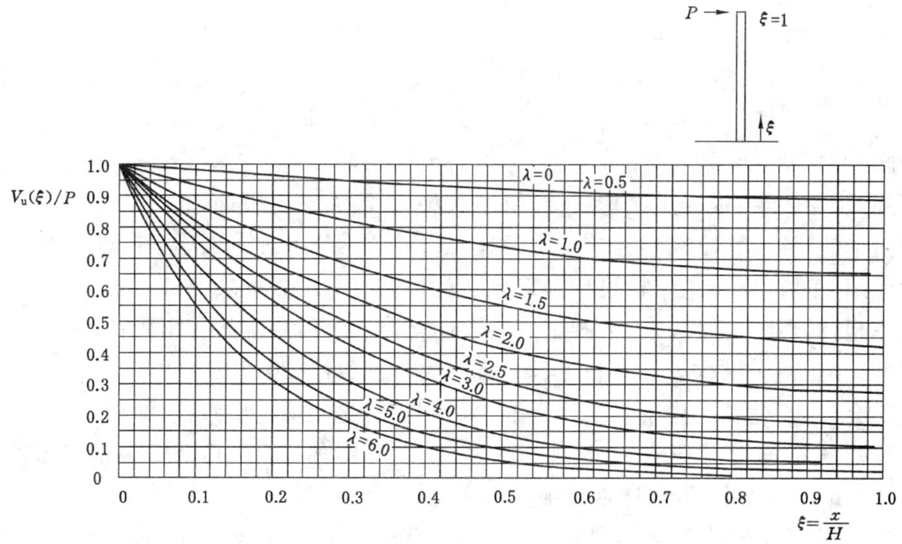

附图 B-9　顶部集中荷载剪力墙剪力系数

参考文献

[1] 戴自强，赵彤，谢剑. 钢筋混凝土房屋结构[M]. 3 版. 天津：天津大学出版社，2002.
[2] 东南大学，天津大学，同济大学. 混凝土结构(中册)：混凝土结构与砌体结构设计[M]. 6 版.北京：中国建筑工业出版社，2016.
[3] 方鄂华. 高层建筑钢筋混凝土结构概念设计[M]. 2 版. 北京：机械工业出版社，2014.
[4] 郭靳时，金菊顺，庄新玲. 钢筋混凝土结构设计[M]. 武汉：武汉大学出版社，2013.
[5] 郭庆勇，崔晓明. 钢筋混凝土结构设计[M]. 哈尔滨：哈尔滨工程大学出版社，2015.
[6] 郭仕群. 高层建筑结构设计[M]. 成都：西南交通大学出版社，2017.
[7] 黄林青. 高层钢筋混凝土结构设计[M]. 重庆：重庆大学出版社，2014.
[8] 季韬，黄志雄. 多高层钢筋混凝土结构设计[M]. 北京：机械工业出版社，2007.
[9] 建筑结构设计手册编辑组. 建筑结构设计手册：排架计算[M]. 2 版. 北京：中国工业出版社，1971.
[10] 雷庆关，吴金荣. 混凝土结构设计[M]. 武汉：武汉大学出版社，2015.
[11] 李九阳，张自荣，沙勇，等. 高层建筑结构设计[M]. 北京：中国电力出版社，2017.
[12] 梁兴文，李艳，李波，等. 混凝土结构设计[M]. 重庆：重庆大学出版社，2014.
[13] 梁兴文，史庆轩.混凝土结构设计 [M]. 3 版.北京：中国建筑工业出版社，2016.
[14] 刘立平，田砾，邹祖银，等. 高层建筑结构[M]. 武汉：武汉理工大学出版社，2015.
[15] 吕西林. 高层建筑结构[M]. 武汉：武汉理工大学出版社，2003.
[16] 罗福午. 单层工业厂房结构设计[M]. 北京：清华大学出版社，1990.
[17] 舒士霖，邵永治，赵羽习，等. 钢筋混凝土结构[M]. 3 版.杭州：浙江大学出版社，2013.
[18] 宋玉普，王清湘. 钢筋混凝土结构[M]. 北京：机械工业出版社，2005.
[19] 谭皓. 高层建筑结构[M]. 北京：中国电力出版社，2018.
[20] 万胜武，吴晓春. 混凝土结构设计[M]. 武汉：武汉大学出版社，2016.
[21] 王祖华，蔡健，徐进. 高层建筑结构设计[M]. 广州：华南理工大学出版社，2008.
[22] 薛建阳，王威. 混凝土结构设计[M]. 北京：中国电力出版社，2011.
[23] 张季超，吴珊瑚，王晖，等. 混凝土结构设计[M]. 北京：高等教育出版社，2017.
[24] 张晋元. 混凝土结构设计[M]. 天津：天津大学出版社，2012.
[25] 赵广会. 高层建筑结构手算实例详解[M]. 北京：化学工业出版社，2016.
[26] 中国建筑标准设计研究院.国家建筑标准设计图集.单层工业厂房钢筋混凝土柱：05G335[M]. 北京：中国计划出版社，2007.
[27] 中国建筑标准设计研究院. 国家建筑标准设计图集.钢筋混凝土吊车梁：2015 年合订本：15G323-1～2[M]. 北京：中国计划出版社，2016.
[28] 中国建筑标准设计研究院. 国家建筑标准设计图集.钢筋混凝土基础梁：16G320[M].

北京：中国计划出版社，2016.
[29] 中国建筑标准设计研究院. 国家建筑标准设计图集.钢筋混凝土屋面梁：2004 年合订本：04G353-4～6[M]. 北京：中国计划出版社，2005.
[30] 中国建筑标准设计研究院有限公司. 装配式混凝土建筑技术标准：GB/T 51231—2016[S]. 北京：中国建筑工业出版社，2017.
[31] 中国建筑科学研究院. 高层建筑混凝土结构技术规程：JGJ 3—2010 [S]. 北京：中国建筑工业出版社，2010.
[32] 中国建筑科学研究院. 混凝土结构设计规范：2015 年版：GB 50010—2010[S]. 北京：中国建筑工业出版社，2015.
[33] 中国建筑科学研究院. 建筑地基基础设计规范：GB 50007—2011[S]. 北京：中国建筑工业出版社，2011.
[34] 中国建筑科学研究院. 建筑结构荷载规范：GB 50009—2012[S]. 北京：中国建筑工业出版社，2012.
[35] 中国建筑科学研究院. 建筑抗震设计规范：2016 年版：GB 50011—2010[S]. 北京：中国建筑工业出版社，2017.
[36] 中国建筑科学研究院有限公司. 建筑结构可靠性设计统一标准：GB 50068—2018[S]. 北京：中国建筑工业出版社，2018.
[37] 中国有色工程有限公司. 混凝土结构构造手册[M]. 5 版.北京：中国建筑工业出版社，2016.
[38] 中元国际工程设计研究院. 国家建筑标准设计图集.钢筋混凝土折线形屋架：04G314[M]. 北京：中国计划出版社，2005.
[39] 中元国际工程设计研究院. 国家建筑标准设计图集.预应力混凝土折线形屋架：04G415-1[M]. 北京：中国计划出版社，2005.
[40] 周克荣. 混凝土结构设计[M]. 上海：同济大学出版社，2001.
[41] 朱彦鹏，田稳苓，马成松，等. 混凝土结构设计[M]. 上海：同济大学出版社，2004.